普通高等教育"十一五"国家级规划教材

全国高等院校数字化课程规划教材

供高职高专各专业使用

高 等 数 学

（第三版）

主　编　王小平

副主编　杨丽梅　李　辉　赵　明

编　委　（按姓氏汉语拼音排序）

李　辉　泰山护理职业学院

王小平　中国药科大学理学院

阎航宇　中国药科大学理学院

杨丽梅　运城护理职业学院

杨明明　四川护理职业学院

赵　明　江西医学高等专科学校

庄红波　四川中医药高等专科学校

科学出版社

北　京

举报电话：010-64030229；010-64034315；13501151303（打假办）

内 容 简 介

本书是根据教育部关于高职高专高等数学课程教学基本要求，考虑到高职高专的特点，结合医学(护理、医学检验技术等)和药学相关专业的需要，在前两版(国家级规划教材)的基础上修订而成的.

全书共 8 章，分别为函数、极限和连续，一元函数微分学，一元函数积分学，多元函数微分学，二重积分，常微分方程，线性代数初步，MathStudio 与数学实验. 习题形式多样，有练一练、习题和单元测试，方便学生进行练习和检测；每章前的数学家介绍和每章后的阅读材料，让数学文化贯穿全书.

本书可供高职高专各专业使用.

图书在版编目（CIP）数据

高等数学 / 王小平主编. —3 版. —北京：科学出版社，2018.8
普通高等教育"十一五"国家级规划教材
ISBN 978-7-03-057605-7

Ⅰ. ①高… Ⅱ. ①王… Ⅲ. ①高等数学-医学院校-教材 Ⅳ. ①O13

中国版本图书馆 CIP 数据核字（2018）第 113112 号

责任编辑：刘恩茂 李香叶 / 责任校对：杨聪敏
责任印制：赵 博 / 封面设计：金舵手世纪

科 学 出 版 社 出版
北京东黄城根北街 16 号
邮政编码：100717
http://www.sciencep.com

北京市密东印刷有限公司 印刷
科学出版社发行 各地新华书店经销

*

2004 年 9 月第 一 版 开本：787×1092 1/16
2018 年 8 月第 三 版 印张：18 1/4
2020 年 12 月第二十五次印刷 字数：433 000

定价：48.00 元
（如有印装质量问题，我社负责调换）

前　言

本书秉承"渗透数学思想，优化教学内容，服务医药需要，加强数学应用"的理念，以"传承、优化、实验"为原则，在前两版的基础上进行了修订.

1. 传承数学文化

本书每章开篇用简练的语言介绍一位历史上有名的数学家(如牛顿、莱布尼茨等)，让数学家带领我们走进相关的章节，同时介绍相关的数学史，让学生了解概念的来龙去脉，每章最后增加阅读材料(共 8 篇)，精选了三次数学危机、蝴蝶效应和美丽的分形等内容，开拓学生的视野.

2. 优化教学内容

第三版还进一步优化了教学内容，加强和高中数学内容的衔接，并做了下列四个方面的调整：① 第 1 章补充了三角函数和反三角函数的知识；② 附录补充了参数方程和极坐标方程的知识，也便于利用 MathStudio 作出曲面的图形；③ 进一步精选了"练一练"的题目，尽可能以选择题的形式出现，对难点进行分解，对重点进行检查和强化；④ 调整了少数例题和习题.

3. 加强数学实验

以 MathStudio 代替 Mathematica，让人人参与数学实验. 手机软件 MathStudio 是高级的"图形处理器"，是"傻瓜"版的 Mathematica，虽然还有一些 bug，但不可否认的是带来了数学学习习惯和学习方式的一场变革. 将 MathStudio 参与到数学学习中去，必将改变人们的学习习惯，激发学习的兴趣，使学习变得更加主动，更有创造力.

MathStudio 容量小(1.3M)，安装简单，使用方便，学习一小时即可入门. 伴随着智能手机的推广，它可随时随地供我们学习使用，具有以下特点：① 快捷的计算功能，如微积分中极限、微分和积分都可以用它进行运算；② 丰富的曲线作图功能，使函数的极限、极值和零点的研究变得直观；③ 强大的曲面作图功能，任意地平移、旋转、放大，加深了对三维曲面的分析；④ 可控的动画功能，slider 语句可控制图形随参数的变化而变化；⑤ 简单的编程功能，是后续的计算机课程的接口.

考虑到各院校的实际教学需要，建议一元微积分(第 1，2，3 章)安排 66 课时，并首先花 1 课时介绍第 8 章 MathStudio 与数学实验，便于学生们入门以后进行自学. 为此我们开设了 MathStudio 讨论群，QQ 号为 639657877，读者可在群文件中获取各种版本的 MathStudio 文件，同时可交流使用过程中的心得体会.

编　者

2018 年 3 月 20 日

目　　录

第1章　函数、极限和连续

柯西(Augustin Louis Cauchy, 1789—1857)(图 1-1), 法国数学家, 业绩永存的数学大师. 他自幼聪明好学, 对物理学、力学和天文学都作过深入的研究; 他是一位多产的数学家, 一生共发表论文约 800 篇, 他的名字出现在许多定理、公式中.

他在数学上最大的贡献是在微积分中引入极限概念, 并以极限为基础建立了逻辑清晰的分析体系. 由他提出的极限定义的 ε 方法, 后经魏尔斯特拉斯改进, 已成为今天所有微积分教科书上的典范.

图 1-1　柯西

学 习 目 标

1. 理解函数、复合函数、基本初等函数、初等函数、分段函数的概念, 理解函数的极限、无穷小、连续性等概念.

2. 了解反函数定义、函数的性质, 了解左右极限的概念、无穷小量的比较、闭区间上连续函数的性质.

3. 掌握基本初等函数的图像和性质、复合函数的分解, 掌握极限的运算法则、两个重要极限、无穷小等价代换.

4. 会求函数的定义域和值域, 求连续函数和分段函数的极限.

---

17 世纪后期, 牛顿、莱布尼茨创立微积分学, 成功地解决了力学、天文等领域中的许多问题, 但是微积分这座大厦的基础还不牢固. 在一百多年中, 数学家经历了一个漫长而艰苦的认识逐步深化的过程, 到了 19 世纪, 柯西、魏尔斯特拉斯等引入极限论、实数论, 使微积分理论严格化.

高等数学研究的主要内容是微积分, 它研究的对象是函数—— 一种刻画变量间相互关系的数学模型, 主要是具有连续性的函数. 它研究的主要内容是微分和积分, 而它们的基础是极限——刻画运动中函数的变化趋势. 本章在复习和补充函数知识的基础上, 主要介绍函数极限和连续性的基本知识, 为今后的微积分学习打下坚实的基础.

第 1 节　函　数

一、函数的概念

1. 函数的定义

定义 1　设 x 和 y 是某一变化过程中的两个变量, D 是给定的一个实数集合, 如果对于 D 中的每一个值 x, 按照一定的对应法则(对应规律), 变量 y 都有唯一确定的值和它对

应，则称 y 是 x 的函数，记为

$$y = f(x)$$

其中 x 称为自变量，y 称为因变量，f 称为对应法则，集合 D 称为**函数的定义域**. 当 x 在 D 中取值 x_0 时，按照对应法则 f，y 有唯一确定的值 y_0 和它对应，则 y_0 称为函数 $f(x)$ 在 x_0 处的**函数值**，即 $y_0 = f(x_0)$. 所有函数值构成一个集合，称为**函数的值域**，通常用 M 表示，即 $M = \{y \mid y = f(x), x \in D\}$.

从工程的角度，我们可以将函数理解成一台机器，有一个进口 (x) 和一个出口 (y)，f 对应相应的加工过程(如图 1-2 把"函数"看成"机器").

● 对应法则 f 可以用其他字母，如 g, h, ω, F, G 等表示，不同的函数可以用不同的字母表示.

● 函数的定义域和对应法则是构成函数的两要素，两个函数只有当它们的定义域和对应法则完全相同时才是相同的函数.

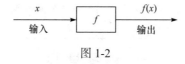

图 1-2

2. 函数的定义域

函数的定义域是构成函数的重要因素之一，因此研究函数时必须注意函数的定义域. 在考虑实际问题时，应根据问题的实际意义来确定定义域，如球体积 $V = \dfrac{4}{3}\pi R^3$ 中，R 为球的半径，只能取非负值.

对于用数学式子表示的函数，定义域是使函数表达式有意义的自变量 x 的取值范围，它是一个非空数集. 求函数的定义域，需要考虑以下几个因素:

(1) 函数中含有偶次方根时，被开方数不能为负数.

(2) 函数中含有分式时，分母不能为零.

(3) 函数中含有对数函数、三角函数等，需要根据它们的定义域来确定函数的定义域，此时往往需要解不等式组.

函数的定义域可以用集合表示，也可以用区间表示，如函数 $y = \sqrt{x-1}$ 的定义域为 $\{x \mid x \geqslant 1\}$ 或 $[1, +\infty)$.

● **邻域**是一种特殊的区间，设 $x_0 \in R$，δ 是大于零的实数，开区间 $(x_0 - \delta, x_0 + \delta)$ 称为点 x_0 的 δ 邻域，记作 $U(x_0, \delta)$，与不等式 $|x - x_0| < \delta$ 相对应，即

$$U(x_0, \delta) = \{x \mid x_0 - \delta < x < x_0 + \delta\}$$

● 不包括 x_0 的邻域也称为 x_0 的 δ **去心邻域** (图 1-3)，记作 $\overset{\circ}{U}(x_0, \delta)$，与不等式 $0 < |x - x_0| < \delta$ 相对应，即

$$\overset{\circ}{U}(x_0, \delta) = \{x \mid x_0 - \delta < x < x_0 + \delta, x \neq x_0\}$$

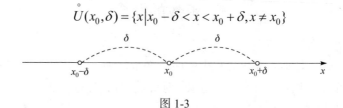

图 1-3

例1 求函数 $y = \sqrt{\dfrac{2+x}{2-x}} + \dfrac{1}{\ln x}$ 的定义域.

解 要使函数 $y = \sqrt{\dfrac{2+x}{2-x}} + \dfrac{1}{\ln x}$ 有意义，必须有

$$\begin{cases} \dfrac{2+x}{2-x} \geqslant 0 \\ 2-x \neq 0 \\ x > 0 \\ \ln x \neq 0 \end{cases}$$

解之得 $0 < x < 1$ 或 $1 < x < 2$，所以，函数 $y = \sqrt{\dfrac{2+x}{2-x}} + \dfrac{1}{\ln x}$ 的定义域 $D = (0,1) \bigcup (1,2)$.

3. 分段函数

有这样一种函数，它们在不同的区间上具有不同的表达式，我们称之为**分段函数**，在医药学研究和日常生活中经常会遇到这样的函数.

例2 根据某试验，血液中胰岛素浓度 C（单位：ml）与时间 t(min) 的关系为

$$C(t) = \begin{cases} t(10-t), & 0 \leqslant t \leqslant 5, \\ 25e^{-k(t-5)}, & t > 5, \end{cases} \quad \text{其中 } k \text{ 为常数}$$

这里 $C(t)$ 为分段函数，不是两个函数，定义域为 $D = \{t \mid 0 \leqslant t \leqslant 5\} \bigcup \{t \mid t > 5\} = \{t \mid t \geqslant 0\}$. 一般地，**分段函数的定义域是各个定义区间的并集.**

练一练

1. 函数 $y = \dfrac{\sqrt{1-x^2}}{x}$ 的定义域是_____.

2. 函数 $y = \dfrac{x}{\ln x}$ 的定义域为( ).

A. $(0,+\infty)$ B. $(0,1)$ C. $(0,e)$ D. $(0,1) \bigcup (1,+\infty)$

二、函数的表示法

函数的表示方法通常有三种：解析法、表格法和图像法.

1. 解析法

用表达式来表达函数的变量与变量之间对应关系的方法称为解析法. 解析法也称公式法，如 $y = x^2 +1$，$y = \sin 2x + 3$ 等. 这种形如 $y = f(x)$ 的函数叫做**显函数**，如果函数变量之间的对应关系由方程 $F(x,y) = 0$ 来确定，这样的函数称为**隐函数**，如 $x^2 + y^2 = 1$ 等.

如果对于定义域中的每个 x 值，对应的 y 值只有一个，这样的函数叫做**单值函数**，否则叫做**多值函数**，以后不加特殊说明，我们通常讨论单值函数.

2. 表格法

用列表的形式表示变量之间对应关系的方法称为表格法. 表 1-1 是 2000—2014 年上海商品房均价(元/m²)的数据表.

表 1-1

年份	2000	2001	2002	2003	2004	2005	2006	2007	2008	2009	2010	2011	2012	2013	2014
均价	3326	3359	4007	4989	6385	6698	8237	10292	13411	15800	20995	21584	22461	24143	29582

自然科学和社会科学通过实验得到离散数据,进行定量分析,常需要进行**数据拟合**,得到相应的解析式,而拟合的好坏可通过统计方法分析. 第 4 章将要介绍的最小二乘法就是一种数据拟合的方法,并可以进行预测和分析.

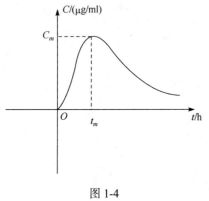

图 1-4

3. 图像法

用图形表示函数关系的方法称为图像法.

例 3 血药浓度-时间曲线用来反映血管外用药(如口服、皮下注射等)中血药浓度与时间的关系曲线,简称 $C\text{-}t$ 曲线,如图 1-4 所示. 我们发现:随着药物不断被吸收,血药浓度持续上升,这一阶段为**吸收相**,此段时间内吸收大于消除;当 $t=t_{\max}$ 吸收与消除达到平衡时,血药浓度达到峰值 $C_{\max}$;在此之后,消除大于吸收,血药浓度持续下降,这一阶段为**消除相**.

三、函数的基本性质

所谓函数的基本性质,是指函数的单调性、奇偶性、周期性和有界性.

1. 函数的单调性

设函数 $y = f(x)$ 在区间 I 上有定义,如果对于区间 I 上的任意两点 x_1, x_2,当 $x_1 < x_2$ 时,都有

$$f(x_1) < f(x_2) \quad (\text{或 } f(x_1) > f(x_2))$$

则称函数 $y = f(x)$ 在区间 I 上单调增加(或单调减少).

例如,函数 $y = x^2 - 1$ 在区间 $(0, +\infty)$ 上是单调增加的,在 $(-\infty, 0)$ 上是单调减小的,但在其定义域 $(-\infty, +\infty)$ 上却不是单调的(图 1-5). 又如函数 $y = x^3$ 在其定义域 $(-\infty, +\infty)$ 上是单调增加的(图 1-6).

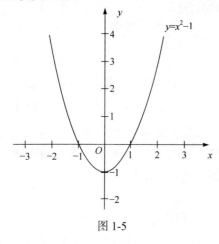

图 1-5

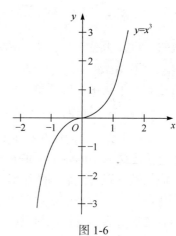

图 1-6

2. 函数的奇偶性

设函数 $y=f(x)$ 的定义域 D 关于原点对称，若对于 D 中的任意 x，均有 $f(-x)=f(x)$，则称函数 $y=f(x)$ 为**偶函数**. 若对于 D 中的任意 x，均有 $f(-x)=-f(x)$，则称函数 $y=f(x)$ 为**奇函数**. 既不是偶函数也不是奇函数的函数称为**非奇非偶函数**.

如函数 $y=x^2-1$，$y=\cos x$ 等是偶函数，$y=x^3$，$y=\sin x$，$y=\lg\left(x+\sqrt{x^2+1}\right)$ 等是奇函数.

- 偶函数的图形关于 y 轴对称，奇函数的图形关于原点对称(图 1-5、图 1-6).
- 只有当函数 $y=f(x)$ 的定义域关于原点对称时，才有可能讨论它的奇偶性.

3. 函数的周期性

设函数 $y=f(x)$ 的定义域为 D，如果存在不为零的常数 T，使得对于 D 中的任意 x 均有

$$f(x+T)=f(x)$$

恒成立，则称函数 $y=f(x)$ 为**周期函数**，称 T 为函数 $y=f(x)$ 的周期. 通常我们所说的周期函数的周期是指函数的最小正周期.

例如，函数 $y=\sin x$ 的周期是 2π，函数 $y=\tan x$ 的周期是 π，函数 $y=A\sin(\omega x+\varphi)$ 的周期是 $\dfrac{2\pi}{\omega}$.

4. 函数的有界性

设函数 $y=f(x)$ 在区间 I 上有定义，如果存在一个正数 M，使得对于任意的 $x\in I$，均有

$$|f(x)|\leqslant M$$

成立，则称函数 $y=f(x)$ 在区间 I 上**有界**；如果这样的正数 M 不存在，则称函数 $y=f(x)$ 在区间 I 上**无界**.

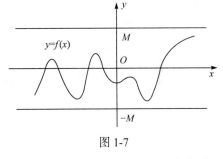

图 1-7

如函数 $y=\sin x$ 在 $(-\infty,+\infty)$ 上有界，$y=x^3$ 在 $(-\infty,+\infty)$ 无界，但在区间 $[1,2]$ 上是有界的. 因此，讨论一个函数有界或无界，需指出其相应的区间.

直观上看，函数 $f(x)$ 在区间 I 上有界，其图形位于两条平行的直线 $y=M$ 和 $y=-M$ 之间，图 1-7 是函数 $f(x)$ 在区间 I 上有界的几何解释.

练一练

1. 下列函数在定义域上是有界的为(　　).

A. $\tan x$　　　　B. $\sin\dfrac{1}{x}$　　　　C. $\dfrac{1}{x}$　　　　D. $\ln x$

四、反　函　数

定义 2 设函数 $y=f(x)$ 的定义域为 D，值域为 M，如果对于 M 中的任意一个值 y，D 中均有唯一确定的值 x 和它相对应，那么变量 x 是变量 y 的函数，我们称之为函数 $y=f(x)$ 的**反函数**，记为 $x=f^{-1}(y)$.

习惯上，我们把 x 看成是自变量，y 是因变量，所以函数 $y=f(x)$ 的反函数写成

$y = f^{-1}(x)$.

● 反函数 $y = f^{-1}(x)$ 的定义域和值域分别是函数 $y = f(x)$ 的值域和定义域.

● 在同一平面坐标内,函数 $y = f(x)$ 与其反函数 $y = f^{-1}(x)$ 的图像关于直线 $y = x$ 对称(图 1-8).

● 求函数 $y = f(x)$ 的反函数的步骤:①由函数 $y = f(x)$ 的表达式中反解出 $x = f^{-1}(y)$;②判断 $x = f^{-1}(y)$ 是否单值,如单值,则存在反函数,否则不存在反函数;③如存在反函数,在 x 的表达式中将 x 和 y 互换即可.

例 4 求函数 $y = \sqrt{x-2}$ 的反函数.

解 由 $y = \sqrt{x-2}$ 得 $y^2 = x-2$,解出 $x = y^2 + 2$,由于对任意 $y \geqslant 0$,$x = y^2 + 2$ 是唯一的,所以其反函数存在,即函数 $y = \sqrt{x-2}$ 的反函数是

$$y = x^2 + 2, \quad x \in [0, +\infty)$$

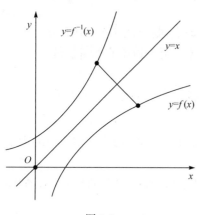

图 1-8

说明:并不是每一个函数都有反函数,如由 $y = x^2$ 解出 $x = \pm\sqrt{y}$. 此时对每一个非负实数 y,有两个 x 与之对应,所以 $y = x^2$ 没有反函数.

五、三角函数和反三角函数

1. 三角函数

高中已介绍 $y = \sin x$,$y = \cos x$,$y = \tan x$ 的图像和性质,我们还需了解余切函数 $y = \cot x = \dfrac{1}{\tan x}$,余割函数 $y = \csc x = \dfrac{1}{\sin x}$,正割函数 $y = \sec x = \dfrac{1}{\cos x}$.

6 个三角函数之间有如下关系:

(1)**平方关系** $\sin^2 x + \cos^2 x = 1$,$\sec^2 x = 1 + \tan^2 x$,$\csc^2 x = 1 + \cot^2 x$;

(2)**倒数关系** $\tan x \cdot \cot x = 1$,$\sec x \cdot \cos x = 1$,$\csc x \cdot \sin x = 1$;

(3)**商数关系** $\tan x = \dfrac{\sin x}{\cos x}$,$\cot x = \dfrac{\cos x}{\sin x}$.

例 5 求证:(1) $\dfrac{\sin 2x}{1 + \cos 2x} = \tan x$;(2) $(\sec x + \tan x)^2 = \dfrac{1 + \sin x}{1 - \sin x}$.

证 (1)左边 $= \dfrac{\sin 2x}{1 + \cos 2x} = \dfrac{2\sin x \cdot \cos x}{2\cos^2 x} = \dfrac{\sin x}{\cos x} = \tan x =$ 右边.

(2) $左边 = \left(\dfrac{1}{\cos x} + \dfrac{\sin x}{\cos x} \right)^2 = \left(\dfrac{1 + \sin x}{\cos x} \right)^2 = \dfrac{(1 + \sin x)^2}{\cos^2 x}$

$$= \dfrac{(1 + \sin x)^2}{1 - \sin^2 x} = \dfrac{1 + \sin x}{1 - \sin x} = 右边$$

2. 反正弦函数 arcsin x、反余弦函数 arccos x

定义 3 $y = \sin x, x \in \left[-\dfrac{\pi}{2}, \dfrac{\pi}{2} \right]$ 的反函数称为**反正弦函数**,记作 $y = \arcsin x$.

根据原函数和反函数的关系，$y = \arcsin x$ 的定义域为 $D = [-1,1]$，值域 $M = \left[-\dfrac{\pi}{2}, \dfrac{\pi}{2}\right]$，其图像如图 1-9 所示，且有

$$\sin(\arcsin x) = x$$

公式表明：$\arcsin x$ 表示 $\left[-\dfrac{\pi}{2}, \dfrac{\pi}{2}\right]$ 上的一个角，这个角的正弦等于 x.

例 6 求值：(1) $\arcsin \dfrac{\sqrt{2}}{2}$；(2) $\arcsin 1$；(3) $\arcsin\left(-\dfrac{1}{2}\right)$.

解 (1) $\arcsin \dfrac{\sqrt{2}}{2} = \dfrac{\pi}{4}$；(2) $\arcsin 1 = \dfrac{\pi}{2}$；(3) $\arcsin\left(-\dfrac{1}{2}\right) = -\dfrac{\pi}{6}$.

定义 4 $y = \cos x$，$x \in [0, \pi]$ 的反函数称为**反余弦函数**，记作 $y = \arccos x$.

根据原函数和反函数的关系，$y = \arccos x$ 的定义域为 $D = [-1,1]$，值域 $M = [0, \pi]$，其图像如图 1-10 所示，且有

$$\cos(\arccos x) = x$$

公式表明：$\arccos x$ 表示 $[0, \pi]$ 上的一个角，这个角的余弦等于 x.

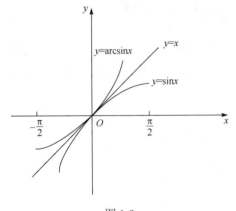

图 1-9

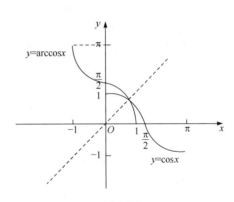

图 1-10

例 7 求值：(1) $\arccos \dfrac{\sqrt{2}}{2}$；(2) $\arccos 1$；(3) $\arccos\left(-\dfrac{1}{2}\right)$.

解 (1) $\arccos \dfrac{\sqrt{2}}{2} = \dfrac{\pi}{4}$；(2) $\arccos 1 = 0$；(3) $\arccos\left(-\dfrac{1}{2}\right) = \dfrac{2\pi}{3}$.

例 8 求证：$\arcsin x + \arccos x = \dfrac{\pi}{2}$.

证 根据反正弦函数和反余弦函数的定义可知

$$-\dfrac{\pi}{2} \leqslant \arcsin x \leqslant \dfrac{\pi}{2}, \quad 0 \leqslant \arccos x \leqslant \pi$$

所以 $-\dfrac{\pi}{2} \leqslant \dfrac{\pi}{2} - \arccos x \leqslant \dfrac{\pi}{2}$，且

$$\sin(\arcsin x) = x$$

$$\sin\left(\dfrac{\pi}{2} - \arccos x\right) = \cos(\arccos x) = x$$

由于 $y = \sin x$ 在区间 $\left[-\dfrac{\pi}{2}, \dfrac{\pi}{2}\right]$ 上是单调的，所以 $\arcsin x = \dfrac{\pi}{2} - \arccos x$，即

$$\arcsin x + \arccos x = \dfrac{\pi}{2}$$

3. 反正切函数 arctan x、反余切函数 arccot$x$

定义 5　$y = \tan x$，$x \in \left(-\dfrac{\pi}{2}, \dfrac{\pi}{2}\right)$ 的反函数称为**反正切函数**，记作 $y = \arctan x$. 根据原函数和反函数的关系，$y = \arctan x$ 的定义域为 $D = R$，值域 $M = \left(-\dfrac{\pi}{2}, \dfrac{\pi}{2}\right)$，其图像如图 1-11，且有

$$\tan(\arctan x) = x$$

公式表明：$\arctan x$ 表示 $\left(-\dfrac{\pi}{2}, \dfrac{\pi}{2}\right)$ 上的一个角，这个角的正切等于 x.

例 9　求值：(1) $\arctan \sqrt{3}$；(2) $\arctan 1$；(3) $\arctan \left(-\dfrac{\sqrt{3}}{3}\right)$.

解　(1) $\arctan \sqrt{3} = \dfrac{\pi}{3}$；(2) $\arctan 1 = \dfrac{\pi}{4}$；(3) $\arctan \left(-\dfrac{\sqrt{3}}{3}\right) = -\dfrac{\pi}{6}$.

定义 6　$y = \cot x$，$x \in (0, \pi)$ 的反函数称为**反余切函数**，记 $y = \operatorname{arccot} x$. 根据原函数和反函数的关系，$y = \operatorname{arccot} x$ 的定义域为 $D = R$，值域 $M = (0, \pi)$，其图像如图 1-12 所示. 且有

$$\cot(\operatorname{arccot} x) = x$$

公式表明：$\operatorname{arccot} x$ 表示 $(0, \pi)$ 上的一个角，这个角的余切等于 x.

例 10　求值：(1) $\operatorname{arccot} \sqrt{3}$；(2) $\operatorname{arccot} 1$；(3) $\operatorname{arccot} \left(-\dfrac{\sqrt{3}}{3}\right)$.

解　(1) $\operatorname{arccot} \sqrt{3} = \dfrac{\pi}{6}$；(2) $\operatorname{arccot} 1 = \dfrac{\pi}{4}$；(3) $\operatorname{arccot} \left(-\dfrac{\sqrt{3}}{3}\right) = \dfrac{2\pi}{3}$.

从例 9 和例 10 可以看出 $\arctan x + \operatorname{arccot} x = \dfrac{\pi}{2}$.

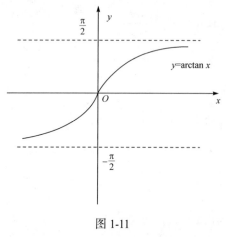

图 1-11

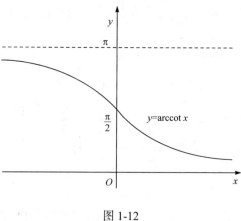

图 1-12

1. $y = \arcsin 2x$ 的定义域是_____，$y = \arctan 2x$ 的值域是_____．

2. $\arcsin \dfrac{\sqrt{3}}{2} =$ _____，$\arccos\left(-\dfrac{1}{2}\right) =$ _____，$\arctan \sqrt{3} =$ _____，$\operatorname{arccot} 1 =$

_____．

六、复 合 函 数

定义 7 设函数 $y = f(u)$ 的定义域为 D，函数 $u = \varphi(x)$ 的定义域为 D_1，值域为 M_1，且 $M_1 \subseteq D$，若对于 D_1 中的任意 x，通过 u 有唯一确定的 y 和它相对应，则称 y 是 x 的**复合函数**，记为

$$y = f(u) = f[\varphi(x)]$$

其中 u 称为中间变量．

例如，由两个函数 $y = \sin u, u = x + 1$ 复合而成的函数为 $y = \sin(x+1)$，由三个函数 $y = 3^u, u = \ln v, v = x^2$ 复合而成的函数为 $y = 3^{\ln x^2}$．

如果把函数看成机器，那么图 1-13 告诉我们复合函数可以看成是由两个或两个以上的机器组成的机器组，"复合"过程可简单地看成"变量代换"．

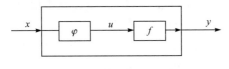

图 1-13

● 不是任意两个函数都可以进行复合，$u = \varphi(x)$ 的值域必须包含于 $f(u)$ 的定义域，即 $M_1 \subseteq D$．例如 $y = \arcsin u$ 与 $u = x^2 + 2$ 不能进行复合．

● 复合函数的分解是复合函数的求导与积分运算的基础，必须熟练地掌握，一般采用"**从整体到局部，由外往里，一层一层地进行分解**"的策略．

例 11 试将下列函数分解为简单函数：

(1) $y = e^{-\frac{x^2}{2}}$；   (2) $y = \sqrt[3]{\ln(\sin x^2)}$．

解 (1) 函数 $y = e^{-\frac{x^2}{2}}$ 可看成由 $y = e^u$ 和 $u = -\dfrac{x^2}{2}$ 复合而成；

(2) 函数 $y = \sqrt[3]{\ln(\sin x^2)}$ 可看成由 $y = \sqrt[3]{u}, u = \ln v, v = \sin w, w = x^2$ 复合而成．

1. 函数 $y = \sin^2 x$ 可分解为_____，$y = \sin x^2$ 可分解为_____．

2. 函数 $y = \ln^2 \tan 7x$ 可分解为_____．

七、初 等 函 数

1. 基本初等函数

通常我们把幂函数、指数函数、对数函数、三角函数和反三角函数统称为**基本初等函数**(其图形和性质等见附录1).

2. 初等函数

定义 8 由基本初等函数经过有限次的四则运算和有限次的复合运算而构成，并能用一个式子表示的函数，称为**初等函数**. 如函数 $y = \sin^2(3x)$，$y = \tan x + 5\ln^2 x$，$y = \sqrt[3]{(2+5x)^2}$ 等都是初等函数.

由于分段函数在不同的区间上有不同的表达式，所以分段函数一般不是初等函数，当然也有例外，如分段函数 $y = \begin{cases} x, & x \geqslant 0, \\ -x, & x < 0 \end{cases}$ 可以用一个解析式 $y = |x| = \sqrt{x^2}$ 表示，因此它也是初等函数.

八、建立函数模型

数学模型是根据某种事物的主要特征或主要数量相依关系，采用数学语言，从现实世界中抽象出来的一种数学结构. 数学结构可以是数学公式、算法、表格、图示等，它是对客观事物的某些属性的一个概括或近似的反映，即数学模型就是对实际问题的一种数学表述.

每一个从客观世界中抽象出来的数学概念、数学分支都是客观世界中某种具体事物的数学模型. 例如，自然数 1 就是具体的一只羊、一头牛等的数学模型；而直线就是光线、木棍等的数学模型. 以后我们学习的函数的导数、微分、定积分等都是通过实际问题引入的数学模型.

函数是一种变量相互依存的数学模型，下面通过几个例子说明由实际问题建立的函数模型.

例 12 如图 1-14 所示，$ABCD$ 是边长为 60cm 的正方形硬纸片，切去阴影部分所示的四个全等的等腰直角三角形，再沿虚线折起，使得 A，B，C，D 四个点重合于图中的点 P，正好形成一个正四棱柱形状的包装盒，E，F 在 AB 上，是被切去的一个等腰直角三角形斜边的两个端点. 设 $AE=FB=x$(cm). 试求包装盒的侧面积 S(cm²)和容积 V(cm³)的函数表达式.

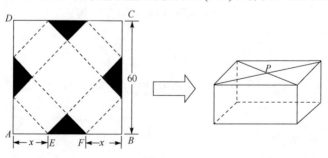

图 1-14

解 设包装盒的高为 h(cm)，底面边长为 a(cm)，由平面几何知识可知

$$a = \sqrt{2}x, \quad h = \frac{60 - 2x}{\sqrt{2}} = \sqrt{2}(30 - x), \quad 0 < x < 30$$

所以

$$\text{侧面积} \quad S = 4ah = 4 \times \sqrt{2}x \times \sqrt{2}(30 - x) = 240x - 8x^2$$

$$\text{容积} \quad V = a^2 h = 2x^2 \times \sqrt{2}(30 - x) = 2\sqrt{2}(-x^3 + 30x^2)$$

例 13 复利是一种"利滚利"的计息方法,除本金产生利息外,在下一个计息周期内,以前各计息周期内产生的利息也计算利息. 某人在银行存现金 P 元,年利率为 r,每年结算一次,利息仍留在存款中,问 n 年后本利和(本金+利息)是多少?

解 设 A 为 n 年后本利和,由复利的知识可知:

1 年后的本利和 $A = P + Pr = P(1+r)$;

2 年后的本利和 $A = P(1+r) + P(1+r)r = P(1+r)^2$;

……

即某年后的本利和=前一年的本利和$\times(1+r)$,因此根据等比数列的知识有

$$A = P(1+r)^n$$

习 题 1-1

1. 求下列函数的定义域:

(1) $y = \sqrt{x+1} + \sqrt{1-x}$;   (2) $y = \ln(3x - 1)$;

(3) $y = \dfrac{\sqrt{x^2 - 2x - 3}}{x - 4}$;   (4) $y = \arcsin(2x - 1)$.

2. 求下列函数的反函数:

(1) $y = \dfrac{1-x}{1+x}$;   (2) $y = \lg(x - 2)$.

3. 判断下列函数的奇偶性:

(1) $f(x) = x^3 \sin x$;   (2) $f(x) = x^2 - \cos x$;

(3) $f(x) = x(x-1)(x+1)$;   (4) $f(x) = \ln(\sqrt{1+x^2} + x)$.

4. 设函数 $f(x) = \begin{cases} \sin x - \cos x, & x \leqslant 0, \\ \ln x + 1, & x > 0, \end{cases}$ 求函数的定义域以及 $f(-\pi)$ 和 $f(\pi)$.

5. 将下列函数中的 y 表示成 x 的函数:

(1) $y = \sin u, u = 3x$;   (2) $y = u^3, u = \sin x$;

(3) $y = \ln u, u = \tan v, v = 3x$;   (4) $y = e^u, u = \sin v, v = \tan w, w = x^2 + 1$.

6. 写出下列函数是由哪些简单函数复合而成的:

(1) $y = \sqrt{1 - x^2}$;   (2) $y = \ln(\arcsin x)$;

(3) $y = 4^{(x-1)^2}$;   (4) $y = \ln[\ln^2(\ln x)]$;

(5) $y = e^{\tan x^2}$;   (6) $y = \ln^2(\arccos e^x)$.

7. 长度为 1m 的铁丝围成一个矩形,设矩形一边长为 x,将面积 s 表示成 x 的函数,并

指出其定义域.

8. 用铁皮做一个容积为 V 的圆柱形罐头筒，试将它的表面积表示成底半径的函数，并确定此函数的定义域.

9. 设某商品的成本函数是线性函数，并已知产量为零时，成本为 100 元；产量为 100 时，成本为 400 元. 试求：(1)成本函数和固定成本；(2)产量为 200 时的总成本和平均成本.

10. 某人现有 10 万元存入银行，已知银行储蓄年利率为 3%，试求：

(1)按单利计算，5 年后的本利和为多少？

(2)按复利计算，5 年后的本利和为多少？

第 2 节 极　限

我国古代数学家刘徽(公元 3 世纪)用增加圆的内接正多边形的边数来逼近圆的方

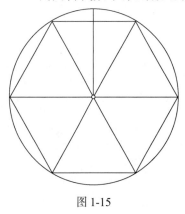

图 1-15

法——"割圆术"，就是用极限思想研究几何问题. 刘徽说："割之弥细，所失弥少，割之又割，以至于不可割，则与圆周合体而无所失矣. "他的这段话是对极限思想的生动描述(图 1-15).

阿基米德确定了抛物线弓形的面积以及椭球体的表面积和体积的计算方法. 在推演这些公式的过程中，他创立了"穷竭法"，即我们今天所说的逐步近似求极限的方法，因而被公认为微积分计算的鼻祖.

从刘徽的"割圆术"到阿基米德的"穷竭法"，无不蕴含了丰富的极限思想，极限反映了函数的变化趋势，下面来研究极限的描述性定义.

一、数列的极限

1. 数列

我们把按照一定的顺序排列成的数 $a_1, a_2, a_3, \cdots, a_n, \cdots$ 称为一个数列，记为 $\{a_n\}$. 数列中的每一个数称为数列的项，第 n 项 a_n 称为数列 $\{a_n\}$ 的一般项或通项.

无穷数列的通项是定义在正整数集合上的函数，可以用 $a_n = f(n)$ 表示，$n \in \mathbf{N}^*$.

例 1　当 n 无限增大时，考察数列 $\left\{\dfrac{n}{n+1}\right\}$ 的变化趋势.

解　利用 MathStudio 软件，输入"Plot(x/(x+1))"，作出 $y = \dfrac{x}{x+1}$ 的函数图形，双击放大图形，选择图像下方的标签"Table"，调整初值"Start="和步长"Step="参数(图 1-16)，第一列为 x 的值，第二列为对应 y 的值. 当 x(即 n)无限增大时，$\dfrac{n}{n+1}$ 的值无限接近于常数 1.

x	y
1000	0.999
2000	0.9995
3000	0.99967
4000	0.99975
5000	0.9998
6000	0.99983
7000	0.99986
8000	0.99988
9000	0.99989
10000	0.9999
11000	0.99991
12000	0.99992
13000	0.99992
14000	0.99993
15000	0.99993
16000	0.99994
17000	0.99994
Start=1000	Step=1000

Move	Trace	Focus	Table

图 1-16

2. 数列的极限

定义 1　对于数列 $\{a_n\}$，当 n 无限增大时，如果数列的项 a_n 无限接近于某个确定的常数 A，则称数列 $\{a_n\}$ 收敛于常数 A，常数 A 也称为数列 $\{a_n\}$ 的**极限**，通常记为

$$\lim_{n\to\infty} a_n = A \quad \text{或} \quad a_n \to A \quad (n\to\infty)$$

如果不存在这样的常数 A，则称数列 $\{a_n\}$ 是发散的.

例 2　当 n 无限增大时，观察下列数列的变化趋势，并判断是否存在极限？若存在，写出其极限.

(1) $a_n = 2n-1$；　　(2) $a_n = (-1)^n$；　　(3) $a_n = \dfrac{1}{n}$；　　(4) $a_n = \left(\dfrac{1}{2}\right)^n$.

解　我们可以看出，当 n 从正整数 1 开始无限增大时，数列 $\{2n-1\}$ 的项也无限增大，数列 $\{(-1)^n\}$ 的项来回取 1 和 −1 两个数值，数列 $\left\{\dfrac{1}{n}\right\}$ 和 $\left\{\left(\dfrac{1}{2}\right)^n\right\}$ 的项无限接近于数值 0.

根据数列极限的定义，有：

(1) 极限不存在；

(2) 极限不存在；

(3) $\lim\limits_{n\to\infty} \dfrac{1}{n} = 0$；

(4) $\lim\limits_{n\to\infty} \left(\dfrac{1}{2}\right)^n = 0$.

- 不是所有的数列都收敛，如数列 $\{(-1)^n\}$ 就没有极限.
- 任意改变一个数列的有限项，并不影响原有的变化趋势，所以极限情况也不发生变化.

● 单调有界数列必有极限，如 $\lim\limits_{n\to\infty}\dfrac{n}{n+1}=1$ ，$\lim\limits_{n\to\infty}\left(\dfrac{1}{2}\right)^n=0$.

练一练

1. 无限循环小数 $0.\dot{9}=0.9\cdots9$ 是否小于 1？

2. 仿照例 1，利用 MathStudio 软件观察判断极限 $\lim\limits_{n\to\infty}\sin n$ 是否存在？

二、函数 $y=f(x)$ 当 $x\to\infty$ 时的极限

上面我们讨论了作为特殊函数的数列 $a_n=f(n)$ 当 $n\to\infty$ 时的变化情况，下面我们来讨论函数 $y=f(x)$ 当自变量 x 的绝对值无限增大(即 $|x|\to\infty$)时函数值的变化趋势.

定义 2 对于函数 $y=f(x)$ ，如果当自变量 x 的绝对值无限增大(即 $|x|\to\infty$)时，函数 $y=f(x)$ 的值无限接近于某个确定的常数 A ，则称常数 A 是函数 $y=f(x)$ 当 $x\to\infty$ 时的**极限**，记为

$$\lim\limits_{x\to\infty}f(x)=A \quad \text{或} \quad f(x)\to A\ (x\to\infty)$$

● 如果不存在这样的常数 A ，则称函数 $y=f(x)$ 当 $x\to\infty$ 时没有极限，或称 $\lim\limits_{x\to\infty}f(x)$ 不存在.

● 如果 x 取正数且无限增加时(或 x 取负数且无限减少时)，函数值无限接近于某个确定的常数 A ，则称常数 A 是函数 $y=f(x)$ 当 $x\to+\infty$ (或 $-\infty$)时的极限，记为

$$\lim\limits_{x\to+\infty}f(x)=A \quad (\text{或} \lim\limits_{x\to-\infty}f(x)=A)$$

● 当且仅当 $\lim\limits_{x\to+\infty}f(x)=\lim\limits_{x\to-\infty}f(x)=A$ 时，极限 $\lim\limits_{x\to\infty}f(x)$ 存在且等于 A.

例 3 根据函数的图像，讨论下列函数当 $x\to\infty$ 时的极限：

(1) $y=\dfrac{1}{x}$ ；   (2) $y=\arctan x$.

解 (1)根据图 1-17，由极限定义可知，$\lim\limits_{x\to+\infty}\dfrac{1}{x}=0$ ，$\lim\limits_{x\to-\infty}\dfrac{1}{x}=0$ ，从而 $\lim\limits_{x\to\infty}\dfrac{1}{x}=0$.

(2) 根据图 1-18，由极限定义可知，$\lim\limits_{x\to+\infty}\arctan x=\dfrac{\pi}{2}$，$\lim\limits_{x\to-\infty}\arctan x=-\dfrac{\pi}{2}$，由于 $\lim\limits_{x\to+\infty}\arctan x\neq\lim\limits_{x\to-\infty}\arctan x$，所以 $\lim\limits_{x\to\infty}\arctan x$ 不存在.

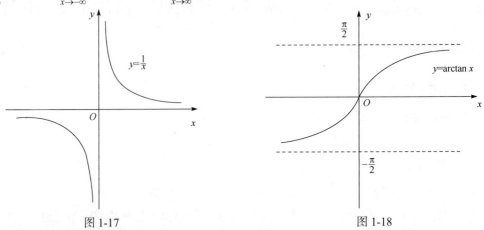

图 1-17   图 1-18

练一练

1. 根据函数的图像，讨论下列极限是否存在：

(1) $\lim\limits_{x\to\infty}\sin x$；　　　　(2) $\lim\limits_{x\to-\infty}\mathrm{arccot}\,x$.

三、函数 $y=f(x)$ 当 $x\to x_0$ 时的极限

1. 函数 $y=f(x)$ 当 $x\to x_0$ 时的极限定义

定义 3　设函数 $y=f(x)$ 在点 x_0 的某一去心邻域内有定义，如果当自变量 x 无限接近于 x_0 时，函数 $y=f(x)$ 的值无限接近于某个确定的常数 A，则称常数 A 是函数 $y=f(x)$ 当 $x\to x_0$ 时的**极限**，记为

$$\lim_{x\to x_0}f(x)=A \quad 或 \quad f(x)\to A\ (x\to x_0)$$

● 如果不存在这样的常数 A，则称函数 $y=f(x)$ 当 $x\to x_0$ 时没有极限，或 $\lim\limits_{x\to x_0}f(x)$ 不存在.

● 函数极限 $\lim\limits_{x\to x_0}f(x)$ 研究的是 $x\to x_0$ 时函数 $f(x)$ 的变化趋势，与"函数 $f(x)$ 在 x_0 是否有定义"是无关的(见例 4).

● 设 C 是常数，显然有 $\lim C=C$ (即常数的极限就是它本身).

例 4　已知 $f(x)=\dfrac{x^2-1}{x-1}$，试作出其图像，并求 $\lim\limits_{x\to 1}\dfrac{x^2-1}{x-1}$.

解　该函数的定义域为 $\{x|x\neq 1\}$，图像如图 1-19 所示，根据函数极限的定义可知

$$\lim_{x\to 1}\frac{x^2-1}{x-1}=2$$

函数 $f(x)=\dfrac{x^2-1}{x-1}$ 在 $x=1$ 处虽然没有定义，但不影响 $\lim\limits_{x\to 1}\dfrac{x^2-1}{x-1}$ 的存在性，因此极限的存在与 $f(x_0)$ 有无定义是无关的.

2. 左右极限

变量 x 趋近于 x_0 有许多趋近方式，下面我们研究两种特殊的趋近方式.

定义 4　如果当变量 x 从小于(或大于) x_0 的方向趋近于 x_0 时，函数 $y=f(x)$ 的值无限接近于某个确定的常数 A，则称常数 A 是函数 $y=f(x)$ 当 $x\to x_0$ 时的左(或右)极限，记为

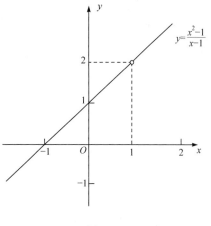

图 1-19

$$\lim_{x\to x_0^-}f(x)=A \quad (或\ \lim_{x\to x_0^+}f(x)=A)^{①}$$

● 当且仅当 $\lim\limits_{x\to x_0^-}f(x)=\lim\limits_{x\to x_0^+}f(x)=A$ 时，函数极限 $\lim\limits_{x\to x_0}f(x)$ 存在且等于 A.

---

① 今后用 $\lim f(x)$ 表示 $x\to x_0$ 或 $x\to\infty$ 的极限.

● 今后讨论分段函数在分段点的极限时，一般利用左、右极限来分析.

例5 已知 $f(x) = \begin{cases} x+1, & x > 0, \\ x^2, & x \leqslant 0, \end{cases}$ 试讨论极限 $\lim\limits_{x \to 0} f(x)$ 是否存在.

解 $f(x)$ 为分段函数，如图 1-20 所示，根据函数极限的定义可知

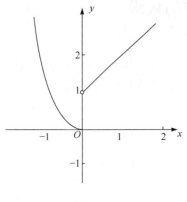

$$\lim_{x \to 0^-} f(x) = 0, \qquad \lim_{x \to 0^+} f(x) = 1$$

左、右极限存在但不相等，所以 $\lim\limits_{x \to 0} f(x)$ 不存在.

3. 函数极限的性质

$\lim\limits_{x \to x_0} f(x) = A$ 反映了函数 $f(x)$ 在 x_0 附近的局部性质，下面介绍四个主要性质.

(1) **唯一性** 如果极限 $\lim\limits_{x \to x_0} f(x)$ 存在，则极限值是唯一的.

(2) **有界性** 如果极限 $\lim\limits_{x \to x_0} f(x)$ 存在，则必存在正数 M，使得函数 $y = f(x)$ 在点 x_0 的某个去心邻域内有 $|f(x)| < M$.

图 1-20

(3) **保号性** 设 $\lim\limits_{x \to x_0} f(x) = A$，如果 $A > 0$（或 $A < 0$），则在点 x_0 的某个去心邻域内，有 $f(x) > 0$（或 $f(x) < 0$）；如果在点 x_0 的某个去心邻域内，有 $f(x) \geqslant 0$（或 $f(x) \leqslant 0$），则 $A \geqslant 0$（或 $A \leqslant 0$）.

(4) **夹逼性** 设在点 x_0 的某个邻域内，有

$$g(x) \leqslant f(x) \leqslant h(x) \quad \text{且} \quad \lim_{x \to x_0} g(x) = A, \quad \lim_{x \to x_0} h(x) = A$$

则 $\lim\limits_{x \to x_0} f(x) = A$.

练一练

1. 已知 $f(x) = \dfrac{|x|}{x}$，关于极限 $\lim\limits_{x \to 0} f(x)$ 的说法错误的是（ ）.

A. $\lim\limits_{x \to 0} f(x) = 0$ B. $\lim\limits_{x \to 0} f(x)$ 不存在 C. $\lim\limits_{x \to 0^+} f(x) = 1$ D. $\lim\limits_{x \to 0} f(x) = -1$

习 题 1-2

1. 观察下列数列当 $n \to \infty$ 时的变化情况，指出哪些有极限，极限是多少？

(1) $a_n = (-1)^n$；

(2) $a_n = 1 + \dfrac{1}{2n}$；

(3) $a_n = \dfrac{n+1}{n-1}$；

(4) $a_n = \cos n$.

2. 根据下列函数的图像，观察并分析下列极限是否存在：

(1) $\lim\limits_{x \to \infty} \dfrac{1}{2x}$；

(2) $\lim\limits_{x \to \infty} 5^x$；

(3) $\lim\limits_{x \to +\infty} \arctan x$；

(4) $\lim\limits_{x \to +\infty} e^{-x}$；

(5) $\lim\limits_{x\to\frac{\pi}{2}}\sin x$;　　　　　　　　　　(6) $\lim\limits_{x\to 1}\ln x$.

3. 设函数 $f(x)=\begin{cases}2x+1, & x<0, \\ x-1, & x\geqslant 0,\end{cases}$ 试讨论当 $x\to 0$ 时，函数的极限是否存在？

第3节　无穷小和无穷大

《庄子》一书中有言："一尺之棰，日取其半，而万世不竭."它对无穷小作出了最好的诠释. 无穷小量是微积分中的最基本的概念，柯西澄清了前人的无穷小的概念，而且把无穷小量从形而上学的束缚中解放出来，使第二次数学危机基本得到解决. 他说："无穷小是一个变量，其绝对值能够无限地减少而收敛于零."

一、无　穷　小

1. 无穷小的概念

定义 1　如果当自变量 $x\to x_0$（或 ∞）时，函数 $y=f(x)$ 的极限为 0，即 $\lim f(x)=0$ ，则称函数 $f(x)$ 为 $x\to x_0$（或 ∞）时的无穷小量，简称**无穷小**，通常用希腊字母 α,β,γ 等表示.

例如，x^2，x^3，$\sin x$ 是 $x\to 0$ 时的无穷小，$\dfrac{1}{x}$，$\dfrac{1}{x^2}$ 是 $x\to\infty$ 时的无穷小.

● 无穷小量总是与自变量 x 的变化过程有关. 如 $\dfrac{1}{x}$ 是当 $x\to\infty$ 时的无穷小量，当 x 趋于任何一个常数时，它都不是无穷小量.

● 常数的极限是它本身，所以非常小的数如 10^{-100} 不是无穷小，常数中只有零是无穷小.

2. 无穷小的性质

在同一变化过程中，无穷小量具有如下性质：

(1) 有限个无穷小量的代数和仍然是无穷小量；

(2) 有限个无穷小量的积仍然是无穷小量；

(3) 有界函数与无穷小量的积仍然是无穷小量.

设 α，β，γ 是某一变化过程中的无穷小量，k 是常数，那么 $\alpha\pm\beta$，$\alpha+\beta-\gamma$，$k\alpha$，$\alpha\beta$，$\alpha\beta\gamma$ 均为无穷小.

例 1　根据无穷小的性质，求极限 $\lim\limits_{x\to 0}x\sin\dfrac{1}{x}$.

解　因为 $\lim\limits_{x\to 0}x=0$ ，所以 x 是当 $x\to 0$ 时的无穷小量，又因为 $\left|\sin\dfrac{1}{x}\right|\leqslant 1$ ，即 $\sin\dfrac{1}{x}$ 是有界函数，所以 $x\sin\dfrac{1}{x}$ 是当 $x\to 0$ 时的无穷小量，即

$$\lim\limits_{x\to 0}x\sin\dfrac{1}{x}=0$$

3. 无穷小与极限的关系

定理 1　在自变量的某一变化过程中，函数 $f(x)$ 的极限为 A 的充要条件是 $f(x)$ 可以表

示成 A 与无穷小量 α 之和, 即

$$\lim f(x) = A \Leftrightarrow f(x) = A + \alpha$$

定理 1 告诉我们: 一个有极限的函数 $f(x)$ 可表示为极限值 A 与一无穷小 $f(x)-A$ 之和, 只有理解了无穷小量, 才能弄清楚函数极限的实质, 因此早期的微积分也称为无穷小分析.

练一练

1. 函数 $y = \dfrac{1}{x}$ 是当_____时的无穷小, 函数 $y = e^{-x}$ 是当_____时的无穷小.

2. $\lim\limits_{x \to 0}(x + x^2) = $_____, $\lim\limits_{x \to \infty}\dfrac{\cos x}{x} = $_____.

二、无 穷 大

1. 无穷大的定义

定义 2 如果当自变量 $x \to x_0$ (或 ∞)时, 函数 $y = f(x)$ 的绝对值 $|f(x)|$ 无限增大, 则称函数 $f(x)$ 为 $x \to x_0$ (或 ∞)时的无穷大量, 简称**无穷大**, 并记为

$$\lim f(x) = \infty$$

例如, x^2 是 $x \to \infty$ 时的无穷大量, $\tan x$ 是 $x \to \dfrac{\pi}{2}$ 时的无穷大量.

● 无穷大量总是与自变量 x 的变化过程有关. 如 x^2 是当 $x \to \infty$ 时的无穷大量, 当 x 趋于任何一个常数时, 它都不是无穷大量.

● 常数的极限是它本身, 所以非常大的数如 10^{100} 不是无穷大.

● 如果在某一变化过程中, 函数 $f(x)$ 无限增大(或 $-f(x)$ 无限增大)时, 则记作

$$\lim f(x) = +\infty \quad (\text{或} \lim f(x) = -\infty)$$

2. 无穷小和无穷大的关系

定理 2 在同一变化过程中, 如果 $f(x)$ 是无穷小量($f(x) \neq 0$), 则 $\dfrac{1}{f(x)}$ 是无穷大量; 反之, 如果 $f(x)$ 是无穷大量, 则 $\dfrac{1}{f(x)}$ 是无穷小量.

例如, 由指数函数的图像可知, e^x 是当 $x \to +\infty$ 时的无穷大量, e^{-x} 是当 $x \to +\infty$ 时的无穷小量.

三、无穷小量的比较

我们知道, x, $2x$, x^2 都是 $x \to 0$ 的无穷小, 由表 1-2 可以看出, 它们趋于零的速度是不相同的, 这就涉及无穷小的比较问题.

表 1-2

x	0.1	0.01	0.001	0.0001	...
$2x$	0.2	0.02	0.002	0.0002	...
x^2	0.01	0.0001	0.000001	0.00000001	...

定义3　设 α，β 是某一变化过程中的两个无穷小量（$\alpha \neq 0$）.

(1) 如果 $\lim \dfrac{\beta}{\alpha} = 0$，则称 β 是比 α 高阶的无穷小，记为 $\beta = o(\alpha)$；

(2) 如果 $\lim \dfrac{\beta}{\alpha} = \infty$，则称 β 是比 α 低阶的无穷小；

(3) 如果 $\lim \dfrac{\beta}{\alpha} = c$（$c \neq 0$），则称 β 是与 α 同阶的无穷小. 当 $c = 1$ 时，称 β 与 α 是等价无穷小，记为 $\alpha \sim \beta$.

例如，当 $x \to 0$ 时，x^2 是比 x 高阶的无穷小，比 x^3 低阶的无穷小，而 $2x$ 是与 x 同阶的无穷小. 第4节我们将会讨论极限 $\lim\limits_{x \to 0} \dfrac{\sin x}{x} = 1$，即当 $x \to 0$ 时，$\sin x \sim x$.

练一练

1. 下列说法是否正确?

(1) 10^{-10} 是无穷小量，10^{10} 是无穷大量；

(2) 无穷小的倒数为无穷大，无穷大的倒数为无穷小；

(3) 两个无穷小的和、差、积、商（分母不为零）均为无穷小；

(4) 由于 $\lim\limits_{x \to 1} \dfrac{x^2}{x} = 1$，因此 x^2 与 x 是 $x \to 1$ 时的等价无穷小.

习　题　1-3

1. 指出下列函数在对应的变化过程中哪些是无穷小量，哪些是无穷大量：

(1) $\sqrt{3x}$，当 $x \to 0$ 时；　　　　　　　(2) $\dfrac{x}{x^2}$，当 $x \to \infty$ 时；

(3) $\dfrac{1+x}{1-x^2}$，当 $x \to 1$ 时；　　　　　(4) e^x，当 $x \to -\infty$ 时；

(5) $2x^2 + 0.01$，当 $x \to 0$ 时；　　　　(6) $\ln(2x-1)$，当 $x \to 1$ 时.

2. 在给定的自变量的变化过程下，比较下列无穷小量的阶：

(1) $3x$ 与 x^3，当 $x \to 0$ 时；　　　　　(2) $x - 2$ 与 $x^2 - 4$，当 $x \to 2$ 时；

(3) $\left(\dfrac{1}{3}\right)^x$ 与 $\left(\dfrac{1}{2}\right)^x$，当 $x \to +\infty$ 时；　　(4) $x^2 - x$ 与 $x - 1$，当 $x \to 1$ 时.

3. 利用无穷小的性质求下列极限：

(1) $\lim\limits_{x \to 0} x \cos \dfrac{1}{x}$；　　　　　　　　(2) $\lim\limits_{x \to \infty} \dfrac{\arctan x}{x^2}$.

第4节　极限的运算

一、极限的四则运算

定理1　如果 $\lim\limits_{x \to x_0} f(x) = A$，$\lim\limits_{x \to x_0} g(x) = B$，则

(1) $\lim\limits_{x \to x_0}[f(x) \pm g(x)] = \lim\limits_{x \to x_0} f(x) \pm \lim\limits_{x \to x_0} g(x) = A \pm B$；

(2) $\lim\limits_{x \to x_0}[f(x) \cdot g(x)] = \lim\limits_{x \to x_0} f(x) \cdot \lim\limits_{x \to x_0} g(x) = AB$，特别地，$\lim\limits_{x \to x_0} Cf(x) = C \lim\limits_{x \to x_0} f(x) = CA$；

(3) $\lim\limits_{x \to x_0} \dfrac{f(x)}{g(x)} = \dfrac{\lim\limits_{x \to x_0} f(x)}{\lim\limits_{x \to x_0} g(x)} = \dfrac{A}{B}$（$B \neq 0$）.

- 定理 1 成立的前提是两个极限存在，函数极限为 ∞ 时，不适用于本定理.
- 定理 1 可叙述为：两个函数的和(或差、积、商)的极限等于它们极限的和(或差、积、商)(分母极限不为零).
- 定理 1 同样适用于 $x \to \infty$ 和数列的情形，还可推广到有限个函数的和、差、积的情形，因此有

$$\lim[f(x)]^n = [\lim f(x)]^n = A^n$$

例 1 求极限 $\lim\limits_{x \to 1}(2x^2 - 3x + 4)$.

解
$$\lim\limits_{x \to 1}(2x^2 - 3x + 4) = \lim\limits_{x \to 1}(2x^2) - \lim\limits_{x \to 1}(3x) + \lim\limits_{x \to 1} 4$$
$$= 2(\lim\limits_{x \to 1} x)^2 - 3\lim\limits_{x \to 1} x + 4 = 2 \times 1^2 - 3 \times 1 + 4 = 3$$

一般地，当 $f(x)$ 为多项式函数时，$\lim\limits_{x \to x_0} f(x) = f(x_0)$.

例 2 求极限 $\lim\limits_{x \to 2} \dfrac{x^2 - 3}{x^2 - x - 1}$.

解 因为
$$\lim\limits_{x \to 2}(x^2 - 3) = \lim\limits_{x \to 2} x^2 - \lim\limits_{x \to 2} 3 = 2^2 - 3 = 1$$
$$\lim\limits_{x \to 2}(x^2 - x - 1) = \lim\limits_{x \to 2} x^2 - \lim\limits_{x \to 2} x - \lim\limits_{x \to 2} 1 = 2^2 - 2 - 1 = 1 \neq 0$$
所以
$$\lim\limits_{x \to 2} \dfrac{x^2 - 3}{x^2 - x - 1} = \dfrac{\lim\limits_{x \to 2}(x^2 - 3)}{\lim\limits_{x \to 2}(x^2 - x - 1)} = \dfrac{1}{1} = 1$$

例 3 求极限 $\lim\limits_{x \to 1} \dfrac{x^2 - 1}{x^2 + x - 2}$.

解 因为当 $x \to 1$ 时，分母的极限 $\lim\limits_{x \to 1}(x^2 + x - 2) = 0$，所以不能直接用极限商的法则，考虑到分子、分母有公因式 $x-1$，并且当 $x \to 1$ 时，$x-2 \neq 0$，因此，将分子、分母约分后有

$$\lim\limits_{x \to 1} \dfrac{x^2 - 1}{x^2 + x - 2} = \lim\limits_{x \to 1} \dfrac{(x-1)(x+1)}{(x-1)(x+2)} = \lim\limits_{x \to 1} \dfrac{x+1}{x+2} = \dfrac{\lim\limits_{x \to 1}(x+1)}{\lim\limits_{x \to 1}(x+2)} = \dfrac{2}{3}$$

如果分子、分母都趋于零(都是无穷小量)，那么这种极限形式称为 $\dfrac{0}{0}$ 型，后面我们还会遇到 $\dfrac{\infty}{\infty}$ 型、$\infty - \infty$ 型、$0 \cdot \infty$ 型等.

例 4　求极限 $\lim\limits_{x\to\infty}\dfrac{5x^3-1}{2x^3+x^2+1}\left(\dfrac{\infty}{\infty}\text{型}\right)$.

解　因为当 $x\to\infty$ 时，分子、分母都没有极限，所以不能直接用极限商的法则，可先用分子、分母中的 x 的最高次幂 x^3 去除分子、分母，然后再求极限.

$$\lim_{x\to\infty}\frac{5x^3-1}{2x^3+x^2+1}=\lim_{x\to\infty}\frac{5-\dfrac{1}{x^3}}{2+\dfrac{1}{x}+\dfrac{1}{x^3}}=\frac{\lim\limits_{x\to\infty}\left(5-\dfrac{1}{x^3}\right)}{\lim\limits_{x\to\infty}\left(2+\dfrac{1}{x}+\dfrac{1}{x^3}\right)}=\frac{5}{2}$$

如果求 $x\to\infty$ 时有理分式的极限，可以用分子、分母中的 x 的最高次幂同除分子和分母，然后再求极限，一般地，有以下结论：

$$\lim_{x\to\infty}\frac{a_0x^m+a_1x^{m-1}+\cdots+a_m}{b_0x^n+b_1x^{n-1}+\cdots+b_n}=\begin{cases}0, & m<n\\[2mm]\dfrac{a_0}{b_0}, & m=n\\[2mm]\infty, & m>n\end{cases}$$

例 5　求极限 $\lim\limits_{x\to1}\left(\dfrac{1}{1-x}-\dfrac{3}{1-x^3}\right)$（$\infty-\infty$ 型）.

解　由于 $x\to1$ 时，$\dfrac{1}{1-x}$ 和 $\dfrac{3}{1-x^3}$ 均为无穷大，所以不能直接应用极限的四则运算，通分后有

$$\frac{1}{1-x}-\frac{3}{1-x^3}=\frac{(1+x+x^2)-3}{(1-x)(1+x+x^2)}=\frac{(x-1)(x+2)}{(1-x)(1+x+x^2)}=\frac{-(x+2)}{1+x+x^2}$$

所以，

$$\lim_{x\to1}\left(\frac{1}{1-x}-\frac{3}{1-x^3}\right)=\lim_{x\to1}\frac{-(x+2)}{(1+x+x^2)}=-\frac{\lim\limits_{x\to1}(x+2)}{\lim\limits_{x\to1}(1+x+x^2)}=-1$$

例 3—例 5 属于特殊的极限类型，都不能直接应用极限的四则运算，必须对函数进行恒等变形（通分、约分、有理化、变量代换等），然后再求极限.

练一练

1. 求下列极限：

(1) $\lim\limits_{x\to1}(3x^2+2x-5)=$ _____；　(2) $\lim\limits_{x\to\infty}\dfrac{x+\sin x}{x-\sin x}=$ _____.

二、两个重要极限

1. 重要极限 1　$\lim\limits_{x\to0}\dfrac{\sin x}{x}=1$

● 极限类型为 $\dfrac{0}{0}$ 型，该极限可以形象地表示为 $\lim\limits_{\square\to0}\dfrac{\sin\square}{\square}=1$（方框代表同一变量）；

● 当 $x\to0$ 时，$\sin x$ 与 x 是等价无穷小，即 $\sin x\sim x$，因此 $\lim\limits_{x\to0}\dfrac{x}{\sin x}=1$.

如图 1-21 所示，在单位圆中，设 $\angle AOB = x \left(0 < x < \dfrac{\pi}{2} \right)$，$AD \perp AO, CB \perp CO$，于是有

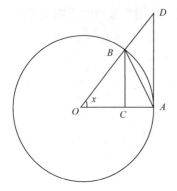

图 1-21

$$\sin x = BC, \quad x = \overset{\frown}{AB}, \quad \tan x = AD$$

因为 $S_{\triangle AOB} < S_{\text{扇形} \overset{\frown}{AOB}} < S_{\triangle AOD}$，所以有

$$\frac{\sin x}{2} < \frac{x}{2} < \frac{\tan x}{2}$$

即

$$\sin x < x < \tan x$$

从而

$$\cos x < \frac{\sin x}{x} < 1$$

由于 $\cos x$ 与 $\dfrac{\sin x}{x}$ 都是偶函数，当 $-\dfrac{\pi}{2} < x < 0$ 时，上式也成立.

因为 $\lim\limits_{x \to 0} \cos x = 1$，$\lim\limits_{x \to 0} 1 = 1$，根据极限的夹逼性，于是有

$$\lim_{x \to 0} \frac{\sin x}{x} = 1$$

例 6　求极限 $\lim\limits_{x \to 0} \dfrac{\tan x}{x}$.

解　$\lim\limits_{x \to 0} \dfrac{\tan x}{x} = \lim\limits_{x \to 0} \dfrac{\sin x}{x \cos x} = \lim\limits_{x \to 0} \dfrac{\sin x}{x} \cdot \lim\limits_{x \to 0} \dfrac{1}{\cos x} = 1 \times \dfrac{1}{1} = 1$.

例 7　求极限 $\lim\limits_{x \to 0} \dfrac{\sin 5x}{x}$.

解　因为 $x \to 0$ 时，$5x \to 0$，所以，

$$\lim_{x \to 0} \frac{\sin 5x}{x} = \lim_{(5x) \to 0} \frac{5 \sin(5x)}{(5x)} = 5 \lim_{(5x) \to 0} \frac{\sin(5x)}{(5x)} = 5 \times 1 = 5$$

从例 6 和例 7 可知，当 $x \to 0$ 时，

$$\sin ax \sim ax, \quad \tan ax \sim ax$$

例 8　求 $\lim\limits_{x \to 0} \dfrac{\arcsin x}{x}$.

解　作变量代换，令 $t = \arcsin x$，则 $x = \sin t$，当 $x \to 0$ 时，有 $t \to 0$，于是

$$\lim_{x \to 0} \frac{\arcsin x}{x} = \lim_{t \to 0} \frac{t}{\sin t} = 1$$

恰当地选择变量代换，可以简化求极限的过程.

例 9　求极限 $\lim\limits_{x \to 0} \dfrac{1 - \cos x}{x^2}$.

解　$\lim\limits_{x \to 0} \dfrac{1 - \cos x}{x^2} = \lim\limits_{x \to 0} \dfrac{2 \sin^2 \dfrac{x}{2}}{x^2} = \lim\limits_{x \to 0} \dfrac{2 \sin^2 \dfrac{x}{2}}{4 \left(\dfrac{x}{2} \right)^2} = \dfrac{1}{2} \left(\lim\limits_{x \to 0} \dfrac{\sin \dfrac{x}{2}}{\dfrac{x}{2}} \right)^2 = \dfrac{1}{2} \times 1 = \dfrac{1}{2}$

因此，当 $x \to 0$ 时，

$$1 - \cos x \sim \frac{1}{2} x^2.$$

例 6—例 9 告诉我们，如果所求极限与三角函数或反三角函数有关，可以通过三角恒等变形或变量代换，转化为重要极限 $\lim\limits_{x \to 0} \dfrac{\sin x}{x} = 1$ 求解.

2. 重要极限 2　$\lim\limits_{x \to \infty} \left(1 + \dfrac{1}{x}\right)^x = \mathrm{e}$

- 极限类型为 1^∞ 型，可以形象地表示为 $\lim\limits_{\square \to \infty} \left(1 + \dfrac{1}{\square}\right)^{\square} = \mathrm{e}$（方框代表同一变量）;

- 利用变量代换，有 $\lim\limits_{x \to 0} (1 + x)^{\frac{1}{x}} = \mathrm{e}$.

下面我们来观察，当 $n \to \infty$ 时，数列 $\left(1 + \dfrac{1}{n}\right)^n$ 的变化情况，见表 1-3.

表 1-3

n	1	2	3	4	5	10	100	1000	10000	100000	$\cdots$
$\left(1 + \dfrac{1}{n}\right)^n$	2	2.25	2.3704	2.4414	2.4883	2.5937	2.7048	2.7169	2.7181	2.7183	$\cdots$

从表 1-3 中不难看出，数列 $\left(1 + \dfrac{1}{n}\right)^n$ 单调递增，而且总是小于 3（有界），由于单调有界数列必有极限，因此 $\lim\limits_{n \to \infty} \left(1 + \dfrac{1}{n}\right)^n$ 存在，这个极限值就是无理数 $\mathrm{e} = 2.71828\cdots$.

可以证明，当 x 是连续变量时，有

$$\lim\limits_{x \to \infty} \left(1 + \frac{1}{x}\right)^x = \mathrm{e}$$

例 10　求极限 $\lim\limits_{x \to \infty} \left(1 + \dfrac{1}{x}\right)^{3x}$.

解　$\lim\limits_{x \to \infty} \left(1 + \dfrac{1}{x}\right)^{3x} = \lim\limits_{x \to \infty} \left[\left(1 + \dfrac{1}{x}\right)^x\right]^3 = \left[\lim\limits_{x \to \infty} \left(1 + \dfrac{1}{x}\right)^x\right]^3 = \mathrm{e}^3.$

求类似极限时，要注意幂的运算法则的应用，如

$$a^b \cdot a^c = a^{b+c}, \quad (a^b)^c = a^{bc}$$

例 11　求极限 $\lim\limits_{x \to \infty} \left(1 - \dfrac{2}{x}\right)^x$.

解　$\lim\limits_{x \to \infty} \left(1 - \dfrac{2}{x}\right)^x = \lim\limits_{-\frac{x}{2} \to \infty} \left(1 + \dfrac{1}{-\dfrac{x}{2}}\right)^{-\frac{x}{2}(-2)} = \left[\lim\limits_{-\frac{x}{2} \to \infty} \left(1 + \dfrac{1}{-\dfrac{x}{2}}\right)^{-\frac{x}{2}}\right]^{-2} = \mathrm{e}^{-2}.$

使用变量代换，可以简化书写过程.

例 12 求极限 $\lim\limits_{x\to\infty}\left(\dfrac{2x+1}{2x+2}\right)^x$.

解 因为 $\lim\limits_{x\to\infty}\left(\dfrac{2x+1}{2x+2}\right)^x=\lim\limits_{x\to\infty}\left(1+\dfrac{1}{-(2x+2)}\right)^x$，令 $t=-(2x+2)$，那么 $x=\dfrac{-t-2}{2}$，且 $x\to\infty$ 时，$t\to\infty$，所以，

$$\text{原式}=\lim_{t\to\infty}\left(1+\frac{1}{t}\right)^{\frac{-t-2}{2}}=\lim_{t\to\infty}\left[\left(1+\frac{1}{t}\right)^t\right]^{-\frac{1}{2}}\cdot\lim_{t\to\infty}\left(1+\frac{1}{t}\right)^{-1}=\mathrm{e}^{-\frac{1}{2}}$$

此题也可用下列方法求解：

$$\lim_{x\to\infty}\left(\frac{2x+1}{2x+2}\right)^x=\lim_{x\to\infty}\left(\frac{1+\dfrac{1}{2x}}{1+\dfrac{2}{2x}}\right)^x=\frac{\lim\limits_{x\to\infty}\left(1+\dfrac{1}{2x}\right)^x}{\lim\limits_{x\to\infty}\left(1+\dfrac{1}{x}\right)^x}=\frac{\mathrm{e}^{\frac{1}{2}}}{\mathrm{e}}=\mathrm{e}^{-\frac{1}{2}}$$

练一练

1. 求下列极限：

(1) $\lim\limits_{x\to\infty}x\sin\dfrac{1}{x}=$ _____； (2) $\lim\limits_{x\to0}(1-x)^{\frac{1}{x}}=$ _____.

三、等价无穷小的代换

定理 2 在自变量的同一变化过程中，如果 $\alpha\sim\alpha'$，$\beta\sim\beta'$，且 $\lim\dfrac{\beta'}{\alpha'}$ 存在，则 $\lim\dfrac{\beta}{\alpha}=\lim\dfrac{\beta'}{\alpha'}$.

证 $\lim\dfrac{\beta}{\alpha}=\lim\left(\dfrac{\beta}{\beta'}\cdot\dfrac{\alpha'}{\alpha}\cdot\dfrac{\beta'}{\alpha'}\right)=\lim\dfrac{\beta}{\beta'}\cdot\lim\dfrac{\alpha'}{\alpha}\cdot\lim\dfrac{\beta'}{\alpha'}=1\times1\times\lim\dfrac{\beta'}{\alpha'}=\lim\dfrac{\beta'}{\alpha'}$.

定理 2 说明：在计算无穷小的商的极限时，可用等价无穷小代换，下面列出了 $x\to0$ 时的几个等价无穷小.

$$\sin x\sim x\,；\quad \tan x\sim x\,；\quad 1-\cos x\sim\frac{1}{2}x^2$$

例 13 求极限 $\lim\limits_{x\to0}\dfrac{\sin3x}{\sin2x}$.

解 因为当 $x\to0$ 时，$\sin3x\sim3x,\sin2x\sim2x$，所以

$$\lim_{x\to0}\frac{\sin3x}{\sin2x}=\lim_{x\to0}\frac{3x}{2x}=\frac{3}{2}$$

例 13 告诉我们，利用等价无穷小求极限，可以简化极限的计算过程.

例 14 求极限 $\lim\limits_{x\to0}\dfrac{\tan x-\sin x}{x^3}$.

解 由于 $\dfrac{\tan x - \sin x}{x^3} = \dfrac{\sin x - \sin x \cos x}{x^3 \cos x} = \dfrac{\sin x (1-\cos x)}{x^3 \cos x}$，因为当 $x \to 0$ 时，$\sin x \sim x$，

$1 - \cos x \sim \dfrac{1}{2}x^2$，所以，有

$$\lim_{x \to 0} \frac{\tan x - \sin x}{x^3} = \lim_{x \to 0} \frac{x \cdot \dfrac{1}{2}x^2}{x^3 \cos x} = \frac{1}{2} \lim_{x \to 0} \frac{1}{\cos x} = \frac{1}{2}$$

等价代换是对分子或分母的整体替换（或对分子、分母中的因式进行替换），而不能对分子或分母中的用"+""−"连接的某一项进行替换，否则易犯下列错误.

错误的解法：

因为当 $x \to 0$ 时，$\sin x \sim x$，$\tan x \sim x$，所以 $\lim\limits_{x \to 0} \dfrac{\tan x - \sin x}{x^3} = \lim\limits_{x \to 0} \dfrac{x-x}{x^3} = 0$.

> **练一练**
>
> 1. 当 $x \to 0$ 时，$\sin 2x \sim$ ＿＿＿＿＿＿＿＿＿，$1 - \cos x \sim$ ＿＿＿＿＿＿＿＿＿；
> 2. 当 $x \to 1$ 时，$\tan(x-1) \sim$ ＿＿＿＿＿＿＿＿＿.

习　题　1-4

1. 利用极限的四则运算求下列极限：

(1) $\lim\limits_{x \to 1}(x^2 + 2x - 1)$；

(2) $\lim\limits_{x \to \frac{\pi}{4}}(x \sin x)$；

(3) $\lim\limits_{n \to \infty}\left[\dfrac{1}{1 \cdot 2} + \dfrac{1}{2 \cdot 3} + \cdots + \dfrac{1}{n \cdot (n+1)}\right]$；

(4) $\lim\limits_{x \to \infty}\dfrac{x + \cos x}{x - \cos x}$；

(5) $\lim\limits_{x \to 1}\dfrac{x^2 - 3x + 2}{1 - x^2}$；

(6) $\lim\limits_{x \to \infty}\dfrac{2x^3 + x - 1}{x^3 - 2x^2 + 3x - 2}$；

(7) $\lim\limits_{x \to \infty}\dfrac{x^3 + 2x + 3}{x^2 - 1}$；

(8) $\lim\limits_{x \to 1}\left(\dfrac{2}{x^2 - 1} - \dfrac{1}{x - 1}\right)$.

2. 利用两个重要极限求下列极限：

(1) $\lim\limits_{x \to 0}\dfrac{x}{\tan 3x}$；

(2) $\lim\limits_{x \to 0}\dfrac{\sin 2x}{\tan 3x}$；

(3) $\lim\limits_{x \to 0}\dfrac{2x + \sin x}{2x - \sin x}$；

(4) $\lim\limits_{x \to 0}(1-x)^{\frac{1}{x}}$；

(5) $\lim\limits_{x \to \infty}\left(\dfrac{2+x}{x}\right)^{2x}$；

(6) $\lim\limits_{x \to \infty}\left(\dfrac{3x+4}{3x-1}\right)^{x+1}$；

(7) $\lim\limits_{x \to 2}(x-1)^{\frac{1}{x-2}}$；

(8) $\lim\limits_{x \to 0}(1 + \sin x)^{2\csc x}$.

3. 利用无穷小性质求下列极限：

(1) $\lim\limits_{x \to 0}\dfrac{x^2 - 3x}{\tan x}$；

(2) $\lim\limits_{x \to 0}\dfrac{x^2}{1 - \cos x}$；

(3) $\lim\limits_{x \to 2} \dfrac{\tan(x-2)}{x^2-4}$；

(4) $\lim\limits_{x \to \infty} \dfrac{\sqrt[3]{x^2}\cos x}{x^2+1}$.

第 5 节　函数的连续性

在自然现象和现实生活中，有许多量的变化过程是连续而不间断的，如气温的变化、生物的生长、物体的运动、人体吸收药物的过程等，这些客观的现象反映在数学上，就是函数的连续性.

函数的连续性是与极限概念紧密相关的另一个基本概念，它是函数的重要特征之一. 连续函数的图像在几何上表现为一条不间断的曲线，即一条没有断开的曲线.

一、连续函数的概念

1. 函数的增量

定义 1　变量 u 的终值 u_2 与初值 u_1 的差 u_2-u_1，称为变量 u 的**增量**，记作 Δu.

● 增量不一定大于零，如 x 从 3 变化到 2，此时 $\Delta x = 2-3 = -1$.

● 设函数 $y=f(x)$ 在点 x_0 的某一邻域内有定义，自变量增量为 Δx，函数的增量为 Δy（图 1-22），此时自变量由 x_0 变化到 $x_0+\Delta x$，即 $x = x_0+\Delta x$，因此，

$$\Delta y = f(x_0+\Delta x)-f(x_0) \quad 或 \quad \Delta y = f(x)-f(x_0)$$

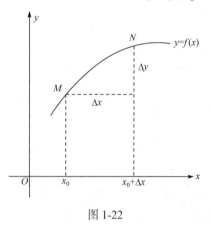

图 1-22

例 1　设 $y=f(x)=x^2$ 在 $x_0=1$ 处有增量 Δx，求函数的增量为 Δy

(1) $\Delta x = 0.1$；　　(2) $\Delta x = 0.01$；

(3) $\Delta x = -0.001$.

解　由于

$$\Delta y = f(x_0+\Delta x)-f(x_0) = (1+\Delta x)^2 - 1^2 = 2\Delta x + (\Delta x)^2$$

得

(1) $\Delta y = 2\times 0.1 + 0.1^2 = 0.21$；

(2) $\Delta y = 2\times 0.01 + 0.01^2 = 0.0201$；

(3) $\Delta y = 2\times(-0.001) + (-0.001)^2 = -0.001999$.

注意到 $|\Delta x|$ 越小，$|\Delta y|$ 也越小，因此有以下连续的定义.

2. 函数连续的定义

定义 2　设函数 $y=f(x)$ 在点 x_0 的某一邻域内有定义，如果当自变量 x 在 x_0 处的增量 Δx 趋于零时，相应函数的增量 Δy 也趋于零，即

$$\lim\limits_{\Delta x \to 0} \Delta y = 0$$

则称函数 $y=f(x)$ 在点 x_0 处**连续**，x_0 称为函数的**连续点**.

如图 1-22 所示，函数 $y=f(x)$ 在点 x_0 处是连续的，函数 $y=f(x)$ 的图像在点 x_0 没有间断，当自变量 x 在 x_0 处的增量 Δx 趋于零时，图像上的点 N 沿着曲线趋近于点 M，这时函数的增量 Δy 也趋于零.

因为 $\Delta x = x - x_0$，当 $\Delta x \to 0$ 时，有 $x \to x_0$，此时 $\Delta y = f(x) - f(x_0)$，所以函数 $y = f(x)$ 在点 x_0 处连续的定义又可叙述为如下定义.

定义 3　设函数 $y = f(x)$ 在点 x_0 的某一邻域内有定义，当 $x \to x_0$ 时，如果函数 $y = f(x)$ 有极限且其极限值等于函数在 x_0 点处的函数值，即

$$\lim_{x \to x_0} f(x) = f(x_0)$$

则称函数 $y = f(x)$ 在点 x_0 处**连续**.

- 如果 $\lim_{x \to x_0^-} f(x) = f(x_0)$，则称函数 $y = f(x)$ 在点 x_0 处左连续.
- 如果 $\lim_{x \to x_0^+} f(x) = f(x_0)$，则称函数 $y = f(x)$ 在点 x_0 处右连续.

3. 区间上的连续函数

如果函数 $y = f(x)$ 在区间 (a,b) 上每一点都连续，则称函数 $y = f(x)$ 在区间 (a,b) 上连续.

如果函数 $y = f(x)$ 在区间 (a,b) 上连续，且函数在左端点 a 处右连续，在右端点 b 处左连续，则称函数 $y = f(x)$ 在闭区间 $[a,b]$ 上连续.

例 2　证明函数 $y = x^2$ 在点 x_0 处连续，x_0 为任一实数.

证　设函数 $y = x^2$ 在 x_0 处有增量 Δx，则函数的增量 Δy 为

$$\Delta y = f(x_0 + \Delta x) - f(x_0) = (x_0 + \Delta x)^2 - x_0^2 = 2x_0 \Delta x + (\Delta x)^2$$

于是

$$\lim_{\Delta x \to 0} \Delta y = \lim_{\Delta x \to 0} [2x_0 \Delta x + (\Delta x)^2] = 0$$

根据定义 2，函数 $y = x^2$ 在点 x_0 处连续.

由于 x_0 为任一实数，因此函数 $y = x^2$ 在定义域内是连续的. 事实上，基本初等函数在定义域内都是连续的，它们的图像在定义域内是一条不间断的曲线.

二、函数的间断点

如果函数 $y = f(x)$ 在点 x_0 处不连续，则称函数 $y = f(x)$ 在点 x_0 处是间断的，点 x_0 称为函数的**间断点**.

由函数在点 x_0 处连续的定义可知，只要满足下列三个条件之一，点 x_0 就是函数的间断点.

(1) 函数 $y = f(x)$ 在点 x_0 处无定义；

(2) $\lim_{x \to x_0} f(x)$ 不存在；

(3) $\lim_{x \to x_0} f(x) \neq f(x_0)$.

例 3　讨论函数 $f(x) = \dfrac{x^2 - 1}{x - 1}$ 在 $x = 1$ 处的连续性.

解　因为函数 $f(x) = \dfrac{x^2 - 1}{x - 1}$ 在 $x = 1$ 处没有定义，所以函数 $f(x) = \dfrac{x^2 - 1}{x - 1}$ 在 $x = 1$ 处不连续，即 $x = 1$ 是函数 $f(x) = \dfrac{x^2 - 1}{x - 1}$ 的间断点(图 1-19).

例4 讨论函数 $f(x)=\begin{cases}1, & x<-1,\\ x, & -1\leqslant x\leqslant 1\end{cases}$ 在 $x=-1$ 处的连续性.

解 分段函数在 $(-\infty,1]$ 有定义,图形如图 1-23 所示.

因为 $\lim\limits_{x\to -1^-}f(x)=\lim\limits_{x\to -1^-}1=1$, $\lim\limits_{x\to -1^+}f(x)=\lim\limits_{x\to -1^+}x=-1$,即 $\lim\limits_{x\to -1^-}f(x)\neq\lim\limits_{x\to -1^+}f(x)$,所以, $\lim\limits_{x\to -1}f(x)$ 不存在,从而 $f(x)$ 在 $x=-1$ 处不连续.

例5 讨论函数 $f(x)=\sin\dfrac{1}{x}$ 在 $x=0$ 处的连续性.

解 因为函数 $f(x)=\sin\dfrac{1}{x}$ 在 $x=0$ 没有定义,所以 $x=0$ 是 $f(x)=\sin\dfrac{1}{x}$ 的间断点,当 $x\to 0$ 时, $\dfrac{1}{x}\to\infty$,从而函数 $f(x)=\sin\dfrac{1}{x}$ 在 -1 与 1 之间振荡, $\lim\limits_{x\to 0^-}f(x)$ 和 $\lim\limits_{x\to 0^+}f(x)$ 都不存在(图 1-24).

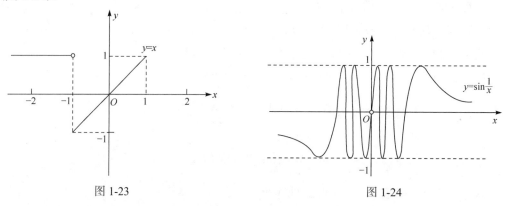

图 1-23　　　　　　　　　　　　　图 1-24

通常,我们把左、右极限都存在的间断点称为**第一类间断点**,如例3、例4,其他情况的间断点称为**第二类间断点**,如例5.

三、初等函数的连续性

利用函数的连续性定义和极限的四则运算可知:

(1) 基本初等函数在定义域内是连续的;

(2) 如果函数 $f(x)$, $g(x)$ 在点 x_0 处连续,则它们的和、差、积、商(分母不为 0)在点 x_0 处也连续(连续函数的和、差、积、商也是连续的);

(3) 设函数 $u=\varphi(x)$ 点 x_0 处连续, $u_0=\varphi(x_0)$,而函数 $y=f(u)$ 在点 u_0 处连续,则复合函数 $y=f[\varphi(x)]$ 在点 x_0 处也连续(由连续函数形成的复合函数也是连续的).

因此,由初等函数的定义,可以得出以下重要结论.

定理1 一切初等函数在其定义域内都是连续的.

● 求初等函数的连续区间,只需求出初等函数的定义域即可.

● 设 $f(x)$ 为初等函数,且 $f(x_0)$ 有定义,那么 $f(x)$ 在 x_0 处连续,因此

$$\lim_{x\to x_0}f(x)=f(x_0)$$

例6 极限 $\lim\limits_{x\to 0}(\sqrt{1+x}-\sqrt{1-x})$.

解 因为 $\sqrt{1+x}-\sqrt{1-x}$ 为初等函数，且在点 $x=0$ 处连续，所以

$$\lim_{x\to0}(\sqrt{1+x}-\sqrt{1-x})=\sqrt{1+0}-\sqrt{1-0}=0$$

例7 求极限 $\lim\limits_{x\to4}\dfrac{\sqrt{x+5}-3}{x-4}$.

解 当 $x\to4$ 时，函数 $\dfrac{\sqrt{x+5}-3}{x-4}$ 的分子、分母的极限都为 0，利用分子有理化将函数变形，得

$$\lim_{x\to4}\frac{\sqrt{x+5}-3}{x-4}=\lim_{x\to4}\frac{(x+5)-9}{(x-4)(\sqrt{x+5}+3)}=\lim_{x\to4}\frac{x-4}{(x-4)(\sqrt{x+5}+3)}=\lim_{x\to4}\frac{1}{\sqrt{x+5}+3}=\frac{1}{6}$$

定理2 已知 $\lim\limits_{x\to x_0}\varphi(x)=a$，而函数 $y=f(u)$ 在点 $u=a$ 连续，那么复合函数 $y=f[\varphi(x)]$ 当 $x\to x_0$ 时的极限存在且等于 $f(a)$，即可得

$$\lim_{x\to x_0}f[\varphi(x)]=f[\lim_{x\to x_0}\varphi(x)]=f(a)$$

● 可以交换极限运算 $\lim\limits_{x\to x_0}$ 和函数运算 f 的顺序.

● 求极限 $\lim\limits_{x\to x_0}f[\varphi(x)]$ 时，可以考虑变量代换 $u=\varphi(x)$，即 $\lim\limits_{x\to x_0}f[\varphi(x)]=\lim\limits_{u\to a}f(u)$.

例8 求极限 $\lim\limits_{x\to0}\dfrac{\ln(1+x)}{x}$.

解

$$\lim_{x\to0}\frac{\ln(1+x)}{x}=\lim_{x\to0}\left[\frac{1}{x}\ln(1+x)\right]=\lim_{x\to0}\ln(1+x)^{\frac{1}{x}}=\ln\lim_{x\to0}(1+x)^{\frac{1}{x}}=\ln e=1$$

这里求极限时，交换了函数运算"ln"和极限运算"$\lim\limits_{x\to0}$"的顺序.

类似地，我们可以得到以下三个等价无穷小 $(x\to0)$

$$\sqrt{1+x}-1\sim\frac{1}{2}x;\qquad \ln(1+x)\sim x;\qquad e^x-1\sim x$$

加上前面介绍的 $\sin x\sim x$；$\tan x\sim x$；$1-\cos x\sim\dfrac{1}{2}x^2$. 目前我们共有 6 个常用的等价无穷小，这里的 x 可以换成方框 □ 表示,而方框中可以是关于 x 的单项式或多项式 $(\square\to0)$,如当 $x\to1$ 时，$\tan(x-1)\sim x-1$；当 $x\to0$ 时，$\ln(1+2x)\sim2x$.

练一练

1. 函数 $y=\sqrt{9-x^2}+\dfrac{1}{\sqrt{x^2-4}}$ 的连续区间是_____.

2. 当 $x\to0$ 时，下列等价无穷小错误的为（　）.

A. $\sin x\sim x$ 　　　　　 B. $1-\cos x\sim\dfrac{1}{2}x^2$ 　　　　 C. $\sqrt{1+2x}-1\sim x$ 　　　　 D. $e^x\sim1+x$

四、闭区间上连续函数的性质

定理3（最值定理） 如果函数 $y=f(x)$ 在闭区间 $[a,b]$ 上连续，则函数 $f(x)$ 在闭区间 $[a,b]$ 上一定有最大值和最小值.

- 简言之，闭区间上的连续函数一定是有界的.
- 闭区间上的连续函数的最值可以在区间内部取得，也可在区间端点取得.

如图 1-25 所示，函数 $y=f(x)$ 在闭区间 $[a,b]$ 上连续，$f(\xi_1)$ 和 $f(\xi_2)$ 分别为函数 $y=f(x)$ 在闭区间 $[a,b]$ 上的最大值和最小值.

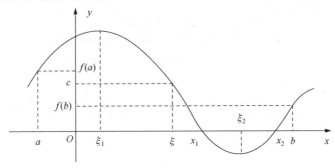

图 1-25

定理 4（介值定理） 如果函数 $y=f(x)$ 在闭区间 $[a,b]$ 上连续，且 $f(a)\neq f(b)$，则对于介于 $f(a)$ 与 $f(b)$ 之间的任意一个数 c，在区间 (a,b) 上至少有一点 ξ，使得

$$f(\xi)=c \quad (a<\xi<b)$$

- 几何意义是：闭区间 $[a,b]$ 上的连续曲线 $y=f(x)$ 与水平直线 $y=c$ 至少有一个交点.
- 闭区间上的连续函数必能取得介于最大值和最小值之间的任何值至少一次.

若 $f(a)$ 与 $f(b)$ 异号（即 $f(a)\cdot f(b)<0$），则连续曲线 $y=f(x)$ 与 x 轴相交，且至少有一个交点，也就是说方程 $f(x)=0$ 至少有一个实根.

定理 5（零点定理） 如果函数 $y=f(x)$ 在闭区间 $[a,b]$ 上连续，且 $f(a)$ 与 $f(b)$ 异号，即 $f(a)\cdot f(b)<0$，则在开区间 (a,b) 上至少存在一个点 ξ，使得 $f(\xi)=0$.

例 9 证明方程 $x^5-3x+1=0$ 至少有一个小于 1 的正根.

证 设 $f(x)=x^5-3x+1$，显然 $f(x)$ 在闭区间 $[0,1]$ 上连续.

因为 $f(0)=1>0$，而 $f(1)=-1<0$. 由零点定理可知，在区间 $(0,1)$ 上至少有一个点 ξ，使得 $f(\xi)=0$，即 $\xi^5-3\xi+1=0$，因此，方程 $x^5-3x+1=0$ 至少有一个小于 1 的正根.

习 题 1-5

1. 求函数 $y=x^2+2x-1$ 在下列条件下的增量：

(1) 当 x 由 $x_0=1$ 变化到 $x_1=2$ 时；

(2) 当 x 在 $x_0=1$ 处有增量 $\Delta x=0.5$ 时.

2. 讨论下列函数在点 $x=0$ 处的连续性：

(1) $f(x)=\begin{cases} x+1, & x\leqslant 0, \\ x^2, & x>0; \end{cases}$ (2) $f(x)=\begin{cases} \dfrac{x+\sin x}{x}, & x\leqslant 0, \\ 2, & x>0. \end{cases}$

3. 求函数 $f(x)=\dfrac{\ln(x+2)}{x}$ 的连续区间.

4. 求下列函数的间断点:

(1) $f(x)=\dfrac{x}{\sin 2x}$;

(2) $f(x)=\dfrac{x^2+x-2}{x^2-3x+2}$.

5. 求下列极限:

(1) $\lim\limits_{x\to 1}\sqrt{x^2+3x+5}$;

(2) $\lim\limits_{x\to 0}\arctan(e^x)$;

(3) $\lim\limits_{x\to 5}\dfrac{\sqrt{x-1}-2}{x-5}$;

(4) $\lim\limits_{x\to 0}\ln\dfrac{\sin x}{x}$;

(5) $\lim\limits_{x\to e}\dfrac{\ln x-1}{x-e}$;

(6) $\lim\limits_{x\to 0}\dfrac{\sqrt{1-2x}-1}{\sqrt{1+x}-1}$.

6. 试证明: $x\to 0$ 时,$e^x-1\sim x$.

7. 证明方程 $x^4-2x^3-5x+1=0$ 在区间 $(0,1)$ 上至少有一个实根.

8. 已知 $\lim\limits_{x\to 0}\dfrac{x^3-ax^2-x+4}{x+1}=b$,求 a,b 的值.

本章小结 1

一、知识结构图

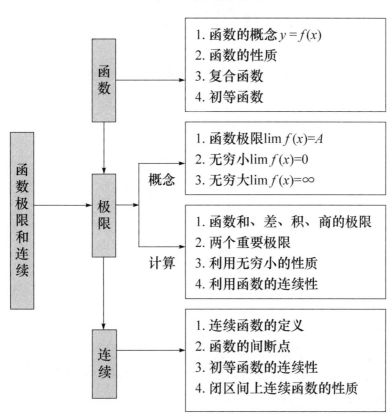

二、基 本 内 容

1. 函数

(1) 函数的概念：$y = f(x)$ 定义域为 D，值域为 M，注意利用分段函数理解相关概念；

(2) 函数性质：单调性、奇偶性、周期性、有界性；

(3) 基本初等函数：幂函数、指数函数、对数函数、三角函数、反三角函数；

(4) 复合函数：$y = f(u)$ 和 $u = \varphi(x)$ 复合成 $y = f[\varphi(x)]$.

复合函数的分解是复合函数的求导与积分运算的基础，一般采用"从整体到局部，由外往里，一层一层地进行分解"的策略.

2. 函数的极限

(1) 极限定义：$\lim\limits_{n \to \infty} a_n = A$，$\lim\limits_{x \to \infty} f(x) = A$，$\lim\limits_{x \to x_0} f(x) = A$；

(2) 函数极限 $\lim\limits_{x \to x_0} f(x)$ 存在且等于 $A \Leftrightarrow \lim\limits_{x \to x_0^-} f(x) = \lim\limits_{x \to x_0^+} f(x) = A \Leftrightarrow f(x) = A + \alpha$.

3. 无穷小量和无穷大量

(1) 有限个无穷小量的和、差、积仍然是无穷小量，有界函数与无穷小量的积仍然是无穷小量；

(2) 在同一变化过程中，无穷大的倒数是无穷小，非零无穷小的倒数是无穷大；

(3) 无穷小的比较：高阶、低阶、同阶(包括等价无穷小).

4. 极限的计算

(1) 观察法：根据函数图像观察.

(2) 极限的四则运算：两个函数的和(或差、积、商)的极限等于它们极限的和(或差、积、商(分母极限不为零)).

(3) 两个重要极限：$\lim\limits_{x \to 0} \dfrac{\sin x}{x} = 1$ 和 $\lim\limits_{x \to \infty} \left(1 + \dfrac{1}{x}\right)^x = \mathrm{e}$.

(4) 利用无穷小的性质：

- 有界函数 $\times$ 无穷小 $\to 0$；
- 等价无穷小的代换可以简化求极限的过程；
- 常见的等价无穷小有(当 $x \to 0$ 时)

$$\sin x \sim x，\quad \tan x \sim x，\quad 1 - \cos x \sim \frac{1}{2} x^2，\quad \ln(1 + x) \sim x，\quad \mathrm{e}^x - 1 \sim x，\quad \sqrt{1 + x} - 1 \sim \frac{1}{2} x$$

(5) 利用函数的连续性 $\lim\limits_{x \to x_0} f(x) = f(x_0)$.

5. 函数的连续性

(1) 连续函数的定义：$\lim\limits_{\Delta x \to 0} \Delta y = 0 \Leftrightarrow \lim\limits_{x \to x_0} f(x) = f(x_0)$；

(2) 初等函数的连续性：一切初等函数在其定义区间内都是连续的；

(3) 闭区间上连续函数的性质：最值定理、介值定理、零点定理.

单元测试1

一、填空题

1. 函数 $y = \ln(3-x) + \sqrt{16-x^2}$ 的连续区间是_____.

2. 如果函数 $f(x) = \dfrac{x}{1-x}$，则 $f\{f[f(x)]\} =$_____.

3. 已知函数 $y = \varphi(x)$ 与 $y = \dfrac{1-3x}{x-2}$ 的图像关于 $y=x$ 对称，则 $\varphi(x) =$_____.

4. 若 $\lim\limits_{x \to 0} f(x) = 4$，则 $\lim\limits_{x \to 0^+} f(x) =$_____.

5. 当 $x \to$_____时，$\dfrac{1-x}{2}$ 是无穷小量.

6. 若 $\lim\limits_{x \to \infty} f(x) = 2$，则 $\lim\limits_{x \to \infty} e^{2f(x)} =$_____.

7. 已知函数 $f(x)$ 在 $x=1$ 处连续，且 $f(1) = 3$，则 $\lim\limits_{x \to 1} f(x) =$_____.

8. 函数 $y = \dfrac{x}{x+2}$ 的间断点是 $x =$_____.

二、单项选择题

1. 下列各对函数中，表示同一个函数的是（　　）.

A. $f(x) = \sin x$，$g(x) = \sqrt{1-\cos^2 x}$

B. $f(x) = 2\ln x$，$g(x) = \ln x^2$

C. $f(x) = \ln\sqrt{x}$，$g(x) = \dfrac{1}{2}\ln x$

D. $f(x) = \sin(\arcsin x)$，$g(x) = x$

2. 设函数 $f(x) = x\sin\dfrac{1}{x}$，则下列说法错误的是（　　）.

A. 在区间 $(-\infty, +\infty)$ 无界

B. $f(x)$ 是偶函数

C. 当 $x \to \infty$ 时极限为 1

D. 当 $x \to 0$ 时极限为 0

3. 下列极限正确的是（　　）.

A. $\lim\limits_{x \to 0} e^{\frac{1}{x}} = \infty$

B. $\lim\limits_{x \to 0} e^{\frac{1}{x}} = +\infty$

C. $\lim\limits_{x \to \infty} e^{\frac{1}{x}} = 0$

D. $\lim\limits_{x \to \infty} e^{\frac{1}{x}} = 1$

4. 当 $x \to 0$ 时，与 $\sqrt{1+x}-1$ 是等价的无穷小量的是（　　）.

A. x

B. $-x$

C. $\dfrac{x}{2}$

D. $-\dfrac{x}{2}$

5. 设 $f(x)$ 是 $x \to a$ 的无穷大，下列说法错误的是（　　）.

A. $-f(x)$ 是 $x \to a$ 的负无穷大

B. $\dfrac{1}{f(x)}$ 是 $x \to a$ 时的无穷小

C. $\lim\limits_{x \to a} f(x)$ 不存在

D. $x = a$ 是 $f(x)$ 的垂直渐近线

6. 下列极限不为 0 的为（　　）.

A. $\lim\limits_{x \to \infty} \dfrac{\cos x}{x}$

B. $\lim\limits_{x \to \pi} \dfrac{\sin x}{x}$

C. $\lim\limits_{x \to \infty} x\sin\dfrac{1}{x}$

D. $\lim\limits_{x \to 0} x\cos\dfrac{1}{x}$

7. 已知函数 $f(x) = \begin{cases} a+x, & x \leqslant 0, \\ \cos x, & x > 0 \end{cases}$ 在 $x = 0$ 处连续，则 a 的值是（　　）.

A. 0

B. 1

C. 2

D. 4

三、计算题

1. 求下列函数的极限：

(1) $\lim\limits_{x \to 2}(x^3 - x - 2)$；

(2) $\lim\limits_{x \to 0} \dfrac{2x + \sin x}{2x - \sin x}$；

(3) $\lim\limits_{x \to \infty} \dfrac{2x^2 + 3x + 5}{x^2 + x - 1}$；

(4) $\lim\limits_{x \to 1} \dfrac{x^2 - 1}{1 - x}$；

(5) $\lim\limits_{x \to \infty} x\sin\dfrac{1}{x}$；

(6) $\lim\limits_{x \to \infty} \left(1 + \dfrac{1}{x}\right)^{2-x}$；

(7) $\lim\limits_{x \to 0} \dfrac{\sqrt{1+2x}-1}{x}$；

(8) $\lim\limits_{x \to 1} \dfrac{x-1}{(x+1)\ln x}$.

2. 讨论函数 $f(x) = \begin{cases} x+1, & x < 0, \\ 0, & x = 0, \\ x-1, & x > 0 \end{cases}$ 在 $x = 0$ 处的连续性.

3. 证明方程 $y = x^4 - 3x^2 + x - 1$ 在 $(0,2)$ 上至少有一个实根.

阅读材料 1

自然常数 e 是怎么产生的?

无理数 e 是用来描述自然界变化不可缺少的常数,自然界的细菌繁殖、经济增长和衰退、放射性元素的衰变等都离不开用这个数字来描述. e 是自然对数的底数,是增长的极限. 下面这个例子就是对 e 直观含义的极好诠释.

假如您把一元钱存入一家银行,银行的年利率为100%(方便计算). 那么在一年复利一次的情况下,到年终时本利和为 2 元. 若银行允许中间取本息,而且利息是平均分到各个时段的,如年利率为100%,那么半年利率就为50%. 这时如果不嫌麻烦,您可以选择半年取一次钱,再连本带利地存入银行,即半年复利一次,那么第一个半年连本带利为 1+0.5 元,第二个半年就要把这 1+0.5 元作为下一期的本金,利上加利,这时年末您将得到本利和为 $1 \times (1+0.5)^2 = 2.25$ 元.

若每月复利一次的情况下,到年终时本利和约为 $\left(1+\dfrac{1}{12}\right)^{12} = 2.61303529$ 元.

如果您不嫌麻烦,银行允许,您可以多跑几次,甚至每天都去银行一次,这样的话(每天复利一次的情况下),到年终时本利和约为 $\left(1+\dfrac{1}{365}\right)^{365} = 2.71456748$ 元.

看来,每次把利息加入到本金的时间越短,所获得的利息就越多. 那么假设复利一次的时间变成每小时、每分钟,甚至每秒钟! 那您可以想到,本利和就会越来越大.

把一年分成 n 次,您将得到的本利和为 $1 \times \left(1+\dfrac{1}{n}\right)^n$,如果每时每刻都在计息,即 n 无限增大,会不会达到一个天文数字呢?

其实这是不可能的,高等数学中 $\left(1+\dfrac{1}{n}\right)^n$ 在 n 趋于无穷大时的极限就是 e. 也就是说最多就只能得到约 2.718 元这么多了. 如果把利息由 1 变为 r,那么最多能得到 e 的 r 次幂这么多. 想想看,这也是情理之中的事情,哪里可能有将不多的本金存入银行就自动变成亿万富翁的美事呢.

在极限研究中,$\lim\limits_{n \to \infty}\left(1+\dfrac{1}{n}\right)^n = e$ 是一个重要、基本而且常用的极限. 在历史上欧拉首先认识到它不是有理数,也就是不能写成两个整数相除的形式,而是一个无限不循环小数,并且率先提倡用字母 e 来表示它,人们称之为欧拉数(注意,非欧拉常数). 它的近似值为

$$e \approx 2.7182818284590452353602874713 53 \cdots$$

自然常数 e 是单位时间内持续翻倍增长能达到的极限值,在大自然中,自然现象是不间断的、连续的,如植物生长,新生长的部分会立刻和母体一样再生长,您可以想象成它们时时刻刻把"利息"自动加入"本金"中去,这就是大自然的复利率. 我们可以把 e 看作是自然增长的极限值,这也许是 e 为底的对数就称为自然对数的缘故吧.

第 2 章　一元函数微分学

牛顿(Isaac Newton, 1642—1727)(图 2-1)　英国数学家、物理学家，在力学三定律的确立、万有引力定律的发现、光的微粒说以及微积分的创建等许多领域，为人类作出了卓越贡献，被誉为"一个为人类增添光辉的人".

他把速度称为"流数"，他的"流数术"相等于现在的微积分. 他先后写成的三篇论文《运用无穷多项的方程的分析学》《流数法和无穷级数》《求曲边形曲面积》构成了牛顿对创建微积分的主要贡献. 他的巨著《自然哲学的数学原理》，开创了自然科学发展史的新时期.

图 2-1　牛顿

学习目标

1. 理解导数、微分的概念、函数的极值和凹凸性的概念.

2. 了解导数的几何意义、可导与连续的关系、高阶导数的概念、微分在近似计算中的应用、罗尔定理、拉格朗日中值定理.

3. 掌握导数和微分的基本公式、导数和微分的四则运算法则、复合函数的求导法则，掌握应用洛必达法则求 $\dfrac{0}{0}$，$\dfrac{\infty}{\infty}$ 型未定式的极限，掌握判断函数单调性和求函数极值、最值的方法.

4. 会求平面曲线的切线方程和法线方程，会求隐函数的导数，显函数的二阶导数，简单函数的 n 阶导数，会求曲线的拐点、曲线的水平渐近线和垂直渐近线.

微积分的创建首先是为了解决当时提出的一些科学技术问题. 这些问题的数学模型是

速度问题　已知位移关于时间的函数，求瞬时速度和加速度；或其逆问题.

切线问题　求曲线的切线.

最值问题　求函数的最大值、最小值.

求积问题　求曲线长、曲线围成的面积、曲面包围的体积等.

许多数学家为解决这些数学问题做了大量工作，积累了丰富成果，到 17 世纪后半叶，作为一门数学科学，微积分创立的条件已经成熟. 时代呼唤英才，最终完成创建微积分的历史重任落在牛顿和莱布尼茨身上，正如牛顿在一封信中所说："我之所以比笛卡儿等人看得远些，是因为我站在巨人肩膀上."

本章从速度问题和切线问题出发，引入导数(或微分)的概念，介绍导数(或微分)的计算方法，并利用导数研究函数性质.

第1节　导数的概念

一、两个引例

1. 运动物体的瞬时速度

设有一做直线运动的物体，它的位移关于时间的函数为 $s = s(t)$，我们来研究它在 t_0 时刻的瞬时速度.

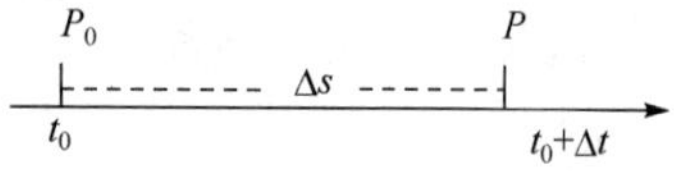

当时间从 t_0 变化到 $t_0 + \Delta t$ 时，物体从 P_0 行驶到 P，它行驶的路程为 (图 2-2)

$$\Delta s = s(t_0 + \Delta t) - s(t_0)$$

图 2-2

从而比值 $\dfrac{\Delta s}{\Delta t}$ 表示从 t_0 到 $t_0 + \Delta t$ 这一段时间内的平均速度，用 $\bar{v}$ 表示，即

$$\bar{v} = \frac{\Delta s}{\Delta t} = \frac{s(t_0 + \Delta t) - s(t_0)}{\Delta t}$$

$\bar{v}$ 反映了这一段时间内的平均变化快慢，当时间的变化 Δt 很小时，速度的变化也很小，可以近似地看成匀速的，因此可用 $\bar{v}$ 作为 t_0 时刻瞬时速度的近似值.

可以想象，Δt 越小，$\bar{v}$ 就越接近物体在 t_0 时刻的瞬时速度 $v(t_0)$. 如果当 $\Delta t \to 0$ 时，平均速度的极限存在，那么这个极限就是物体在 t_0 时刻的瞬时速度，即

$$v(t_0) = \lim_{\Delta t \to 0} \frac{\Delta s}{\Delta t} = \lim_{\Delta t \to 0} \frac{s(t_0 + \Delta t) - s(t_0)}{\Delta t}$$

2. 平面曲线的切线

设 $P_0(x_0, y_0)$ 是曲线 $y = f(x)$ 上的一个点，动点 P 沿曲线 $y = f(x)$ 趋近于点 P_0 时，如果割线 P_0P 的极限位置 P_0T 存在，那么称直线 P_0T 为曲线 $y = f(x)$ 在点 P_0 处的**切线**，如图 2-3 所示.

设 $P(x_0 + \Delta x, y_0 + \Delta y)$，因此割线 PP_0 的斜率为

$$K_{PP_0} = \frac{\Delta y}{\Delta x}.$$

当 Δx 很小时，P 点就很接近 P_0 点. 如果 $\Delta x \to 0$ 时，极限 $\lim\limits_{\Delta x \to 0} \dfrac{\Delta y}{\Delta x}$ 存在，那么这一极限为 $y = f(x)$ 在 P_0 点切线的斜率，即

$$K_{切} = \lim_{\Delta x \to 0} \frac{\Delta y}{\Delta x} = \lim_{\Delta x \to 0} \frac{f(x_0 + \Delta x) - f(x_0)}{\Delta x}$$

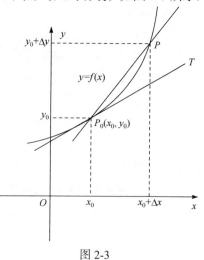

图 2-3

上面两个实例的意义各不相同，但都可以归纳成一个数学模型，即有关函数的函数增量与自变量增量之比的极限. 类似的问题，如化学反应的速度、药物在有机体内被吸收的速度等，都可归结成一个极限问题，下面我们引入导数概念来描述上述模型.

二、函数在一点处的导数

定义 1　设函数 $y = f(x)$ 在 x_0 的某个邻域内有定义，当自变量 x 在 x_0 处有增量 Δx 时，相应的函数增量 $\Delta y = f(x_0 + \Delta x) - f(x_0)$. 如果极限 $\lim\limits_{\Delta x \to 0} \dfrac{\Delta y}{\Delta x}$ 存在，则称函数 $y = f(x)$ 在 x_0 处可导，并将这个极限值叫做函数 $y = f(x)$ 在 x_0 处的**导数**，记为 $f'(x_0)$，即

$$f'(x_0) = \lim_{\Delta x \to 0} \frac{\Delta y}{\Delta x} = \lim_{\Delta x \to 0} \frac{f(x_0 + \Delta x) - f(x_0)}{\Delta x}$$

- 如果该极限不存在，则称函数 $f(x)$ 在 x_0 处不可导.

- 符号 $f'(x_0)$ 也可以表示为 $y'|_{x=x_0}$，$\dfrac{dy}{dx}\Big|_{x=x_0}$，$\dfrac{df(x)}{dx}\Big|_{x=x_0}$，其中 $\dfrac{dy}{dx}$ 是由数学家莱布尼茨创立的导数符号，在今后的学习中我们会体会到这一符号的巧妙之处.

- 当自变量在 x_0 的邻域中变化时，$\Delta x = x - x_0, \Delta y = f(x) - f(x_0)$，因此 $f'(x_0)$ 也可以用下面的式子来计算

$$f'(x_0) = \lim_{x \to x_0} \frac{f(x) - f(x_0)}{x - x_0}$$

应用上述导数的定义，可将两个实例更加简练地表示出来：

(1)物体在 t_0 时刻的瞬时速度 $v(t_0) = s'(t_0)$；

(2)过曲线 $y = f(x)$ 上的点 $P_0(x_0, f(x_0))$ 的切线斜率 $k_{切} = f'(x_0)$.

例 1　已知 $f(x) = x^2 + 1$，求 $f'(2)$.

解　由于

$$\Delta y = f(x_0 + \Delta x) - f(x_0) = f(2 + \Delta x) - f(2)$$
$$= [(2 + \Delta x)^2 + 1] - (2^2 + 1) = (\Delta x)^2 + 4\Delta x$$

所以

$$\frac{\Delta y}{\Delta x} = \Delta x + 4$$

从而

$$f'(2) = \lim_{\Delta x \to 0} \frac{\Delta y}{\Delta x} = \lim_{\Delta x \to 0} (\Delta x + 4) = 4$$

进一步可以求出 $f'(-2) = -4, f'(-1) = -2, f'(1) = 2$.

如图 2-4 所示，导数 $f'(x_0)$ 告诉我们关于 $f(x)$ 图形的一些性态：如果 $|f'(x_0)|$ 大，那么它的图形在 $(x_0, f(x_0))$ 附近就非常陡峭；如果 $|f'(x_0)|$ 小，那么它的图形在该点附近比较平缓，因此导数为我们提供了关于图形的一些十分有用的信息.

例 2　求 $y = |x|$ 在 $x = 0$ 处的导数.

解　由于

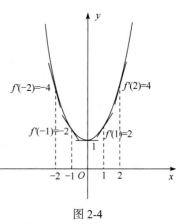

图 2-4

$$\Delta y = f(x_0 + \Delta x) - f(x_0) = f(\Delta x) - f(0) = |\Delta x|$$

所以

$$\frac{\Delta y}{\Delta x} = \frac{|\Delta x|}{\Delta x} = \begin{cases} 1, & \Delta x > 0 \\ -1, & \Delta x < 0 \end{cases}$$

这是一个分段函数，因此利用左、右极限来讨论.

$$\lim_{\Delta x \to 0^-} \frac{\Delta y}{\Delta x} = -1, \quad \lim_{\Delta x \to 0^+} \frac{\Delta y}{\Delta x} = 1$$

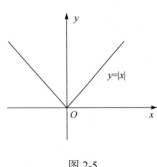

图 2-5

左、右极限存在但不相等，从而极限 $\lim\limits_{\Delta x \to 0} \dfrac{\Delta y}{\Delta x}$ 不存在，所以 $y = |x|$ 在 $x = 0$ 处不可导，从图 2-5 看出，$y = |x|$ 在 $x = 0$ 处出现尖角，这是函数在一点不可导的特征.

一般地，对于分段函数在分段点的导数，常利用左、右极限来讨论，我们把 $\lim\limits_{\Delta x \to 0^-} \dfrac{\Delta y}{\Delta x}$ 和 $\lim\limits_{\Delta x \to 0^+} \dfrac{\Delta y}{\Delta x}$ 称为 $f(x)$ 在 x_0 处的左、右导数，记为 $f'_-(x_0)$ 和 $f'_+(x_0)$，即

$$f'_-(x_0) = \lim_{\Delta x \to 0^-} \frac{\Delta y}{\Delta x} = \lim_{\Delta x \to 0^-} \frac{f(x_0 + \Delta x) - f(x_0)}{\Delta x}$$

$$f'_+(x_0) = \lim_{\Delta x \to 0^+} \frac{\Delta y}{\Delta x} = \lim_{\Delta x \to 0^+} \frac{f(x_0 + \Delta x) - f(x_0)}{\Delta x}$$

显然，函数 $f(x)$ 在一点 x_0 处可导的充分必要条件是它在这一点的左、右导数存在且相等.

练一练

1. 已知 $f(x)$ 在点 x_0 处可导且 $f'(x_0) = 2$，则极限 $\lim\limits_{h \to 0} \dfrac{f(x_0) - f(x_0 - h)}{h} = $ _____.

A. 2   B. –2   C. 1   D. –1

2. 设函数 $f(x)$ 在点 $x=0$ 处可导且 $f'(0) = A$，且 $f(0) = 0$，则 $\lim\limits_{x \to 0} \dfrac{f(x)}{x} = $ _____.

三、函数的导函数

定义 2　如果函数 $y = f(x)$ 在开区间 (a,b) 内每一点都可导，则称 $f(x)$ 在 (a,b) 内可导，这时，对于 (a,b) 内有每一点 x，都有 $f(x)$ 在该点的导数值与之对应，这样的对应关系称为 $f(x)$ 在 (a,b) 内的**导函数**，记为 $f'(x)$.

- 导函数 $f'(x)$ 也可以记作 y'，$\dfrac{\mathrm{d}y}{\mathrm{d}x}$，$\dfrac{\mathrm{d}f(x)}{\mathrm{d}x}$.

- 导函数 $f'(x)$ 在 x_0 处的函数值，等于 $f(x)$ 在 x_0 处的导数，即 $f'(x_0) = f'(x)\big|_{x=x_0}$. 今后在不致混淆的地方，将导函数简称为**导数**.

类似地，如果 $f(x)$ 在 (a,b) 内可导，且 $f'_+(a)$ 和 $f'_-(b)$ 都存在，则称 $f(x)$ 在闭区间 $[a,b]$ 内可导.

由 $f'(x_0)$ 的计算公式可知，$f'(x)$ 可根据以下公式计算

$$f'(x) = \lim_{\Delta x \to 0} \frac{\Delta y}{\Delta x} = \lim_{\Delta x \to 0} \frac{f(x + \Delta x) - f(x)}{\Delta x}$$

因此，可按以下步骤来求 $f(x)$ 的导数 $f'(x)$ ：

(1) 求增量 $\Delta y = f(x + \Delta x) - f(x)$ ；

(2) 算比值 $\dfrac{\Delta y}{\Delta x} = \dfrac{f(x + \Delta x) - f(x)}{\Delta x}$ ；

(3) 取极限 $f'(x) = \lim\limits_{\Delta x \to 0} \dfrac{\Delta y}{\Delta x}$.

例 3   求函数 $y = C$（C 是常数）的导数.

解   因为不管 x 取什么数值，y 总是等于 C，所以 $\Delta y = 0$ ，从而

$$y = \lim_{\Delta x \to 0} \frac{\Delta y}{\Delta x} = \lim_{\Delta x \to 0} 0 = 0$$

即

$$(C)' = 0$$

例 4   求幂函数 $y = \sqrt{x}$ 的导数.

解   因为

$$\Delta y = \sqrt{x + \Delta x} - \sqrt{x} = \frac{\Delta x}{\sqrt{x + \Delta x} + \sqrt{x}}$$

$$\frac{\Delta y}{\Delta x} = \frac{1}{\sqrt{x + \Delta x} + \sqrt{x}}$$

所以

$$y' = \lim_{\Delta x \to 0} \frac{\Delta y}{\Delta x} = \lim_{\Delta x \to 0} \frac{1}{\sqrt{x + \Delta x} + \sqrt{x}} = \frac{1}{2\sqrt{x}}$$

即

$$(\sqrt{x})' = \frac{1}{2\sqrt{x}}$$

一般地，对任意实数 α，有 $(x^{\alpha})' = \alpha x^{\alpha - 1}$.

例 5   求对数函数 $y = \ln x$ 的导数.

解   因为

$$\frac{\Delta y}{\Delta x} = \frac{\ln(x + \Delta x) - \ln x}{\Delta x} = \frac{1}{\Delta x} \ln\left(1 + \frac{\Delta x}{x}\right)$$

所以

$$y' = \lim_{\Delta x \to 0} \frac{\Delta y}{\Delta x} = \lim_{\Delta x \to 0} \frac{1}{\Delta x} \ln\left(1 + \frac{\Delta x}{x}\right) = \lim_{\Delta x \to 0} \ln\left(1 + \frac{\Delta x}{x}\right)^{\frac{1}{\Delta x}}$$

$$= \ln \lim_{\Delta x \to 0}\left(1 + \frac{\Delta x}{x}\right)^{\frac{1}{\Delta x}} = \ln \lim_{\Delta x \to 0}\left[\left(1 + \frac{\Delta x}{x}\right)^{\frac{x}{\Delta x}}\right]^{\frac{1}{x}} = \ln e^{\frac{1}{x}} = \frac{1}{x}$$

即

$$(\ln x)' = \frac{1}{x}$$

例 6　求 $y = \sin x$ 的导数.

解　因为

$$\Delta y = \sin(x + \Delta x) - \sin x = 2\sin\frac{\Delta x}{2}\cos\left(x + \frac{\Delta x}{2}\right)$$

$$\frac{\Delta y}{\Delta x} = \cos\left(x + \frac{\Delta x}{2}\right)\frac{\sin\frac{\Delta x}{2}}{\frac{\Delta x}{2}}$$

所以

$$y' = \lim_{\Delta x \to 0}\frac{\Delta y}{\Delta x} = \lim_{\Delta x \to 0}\cos\left(x + \frac{\Delta x}{2}\right) \cdot \lim_{\Delta x \to 0}\frac{\sin\frac{\Delta x}{2}}{\frac{\Delta x}{2}} = \cos x$$

即

$$(\sin x)' = \cos x$$

类似地，可以得到

$$(\cos x)' = -\sin x$$

练一练

1. 利用导数公式 $(x^\alpha)' = \alpha x^{\alpha-1}$，写出下列导数：

(1) $\left(\dfrac{1}{x}\right)' = $ _____；　　　(2) $(\sqrt{x\sqrt{x}})' = $ _____.

2. $\sin x$ 在 $x = \dfrac{\pi}{2}$ 处的导数为_____，$\ln x$ 在 $x = \mathrm{e}$ 处的导数为_____.

四、导数的进一步解释

我们已经知道，导数就是 $\dfrac{\Delta y}{\Delta x}$ 当 $\Delta x \to 0$ 时的极限，而 $\dfrac{\Delta y}{\Delta x}$ 反映了函数 $f(x)$ 在对应区间上的平均变化率，平均变化率当 $\Delta x \to 0$ 时的极限称为函数在 x_0 处的**变化率**，因此函数在一点的导数反映了函数在点 x_0 处的变化率，导数概念是对函数变化率这一模型的精确描述. 导数来源于实践，又应用于实践，下面就科学技术上的一些问题，利用导数做进一步解释.

1. 运动问题

在变速直线运动中，已知位移关于时间的函数 $s = s(t)$，那么 $v(t) = s'(t)$ 反映了位移对时间的变化率，$a(t) = v'(t)$ 反映了速度对时间的变化率.

2. 切线问题

函数 $f(x)$ 在 x_0 的导数 $f'(x_0)$ 表示它在 $P_0(x_0, y_0)$ 处的切线斜率，即

$$K_{切线} = f'(x_0)$$

这正是导数的几何意义，利用这一结论，很容易求出曲线 $y = f(x)$ 在一点 $(x_0, f(x_0))$ 的切线方程和法线方程.

- 切线方程为
$$y - y_0 = f'(x_0)(x - x_0)$$

法线方程为
$$y - y_0 = -\frac{1}{f'(x_0)}(x - x_0) \quad (f'(x_0) \neq 0)$$

- 当 $f'(x_0) = \infty$ 时，虽然此时导数不存在，但在该点的切线是平行于 y 轴的一条直线（习题 2-1 第 5 题）.

例 7　求 $y = \sqrt{x}$ 在点 $(4, 2)$ 处的切线方程和法线方程.

解　由于
$$(\sqrt{x})' = \frac{1}{2\sqrt{x}}$$

从而
$$K_{切} = f'(4) = \frac{1}{4}, \quad K_{法} = -4$$

因此 $y = \sqrt{x}$ 在点 $(4, 2)$ 处的切线方程为
$$y - 2 = \frac{1}{4}(x - 4), \quad 即 \quad x - 4y + 4 = 0$$

$y = \sqrt{x}$ 在点 $(4, 2)$ 处的法线方程为
$$y - 2 = -4(x - 4), \quad 即 \quad 4x + y - 18 = 0$$

3. 化学反应速度

化学反应中，通常以单位时间内反应物浓度的减少或生成物浓度的增加表示化学反应速度. 设某反应的生成物浓度与时间关系为 $c = c(t)$，当时间从 t_0 变化到 $t_0 + \Delta t$ 时，浓度的平均变化率为
$$\bar{c} = \frac{\Delta c}{\Delta t} = \frac{c(t_0 + \Delta t) - c(t_0)}{\Delta t}$$

那么该反应物在 t_0 时刻的瞬时反应速度是 $\dfrac{\Delta c}{\Delta t}$ 当 $\Delta t \to 0$ 时的极限，用导数表示为
$$c'(t_0) = \lim_{\Delta t \to 0} \frac{\Delta c}{\Delta t} = \lim_{\Delta t \to 0} \frac{c(t_0 + \Delta t) - c(t_0)}{\Delta t}$$

4. 经济中的成本和收益问题

经济学家把导数称为"边际"，他们需要了解当产量增加一个单位时所需增加的成本和收益. 设成本函数 $C = C(x)$，x 为产量，$\dfrac{\Delta C}{\Delta x}$ 表示多生产 1 个单位产品时所增加的平均成本，边际成本是成本 C 关于产量 x 的导数，即
$$C'(x) = \lim_{\Delta x \to 0} \frac{\Delta C}{\Delta x} = \lim_{\Delta x \to 0} \frac{C(x + \Delta x) - C(x)}{\Delta x}$$

类似地，边际收入是函数收入 $R(x)$ 关于产量 x 的导数，反映的是多销售一个单位产品时所增加的销售收入.

1. 曲线 $y=x^3-3x$ 上切线平行于 x 轴的点是（　　）.
A. $(1,-2)$ 和 $(-1,2)$ 　　　B. $(2,2)$ 　　　C. $(0,0)$ 　　　D. $(-1,-4)$

五、可导和连续的关系

从几何上讲，函数在一点可导，图像在该点处是光滑的（没有尖角），而函数在一点连续，图像在此点处是不间断的. 注意例 2 中的函数 $y=|x|$ 在 $x=0$ 处不可导但连续，因此关于可导和连续的关系，有以下定理.

定理 1　如果函数 $y=f(x)$ 在 x_0 处可导，则 $f(x)$ 在 x_0 处连续.

证　设函数 $y=f(x)$ 在 x_0 处导数为 A，即

$$\lim_{\Delta x\to 0}\frac{\Delta y}{\Delta x}=A$$

而 $\lim\limits_{\Delta x\to 0}\Delta y=\lim\limits_{\Delta x\to 0}\left(\frac{\Delta y}{\Delta x}\cdot\Delta x\right)=\lim\limits_{\Delta x\to 0}\frac{\Delta y}{\Delta x}\cdot\lim\limits_{\Delta x\to 0}\Delta x=A\cdot 0=0,$ 故由连续性的定义可知 $y=f(x)$ 在 x_0 处连续.

所以可导必定连续，但连续不一定可导.

习　题　2-1

1. 判断下列说法是否正确:
(1) 瞬时速度是位移对时间的导数; 　　　　　　　　　　　　（　　）
(2) 如果函数在一点不可导，那么在该点处没有切线; 　　　　（　　）
(3) 如果函数在一点不可导，那么函数在该点处不连续; 　　　（　　）
(4) 因为常数函数 $y=C$ 没有变化，所以它的导数不存在. 　　（　　）

2. 已知某物体的位移函数为 $s=10t-2t^2$，求:
(1) 当 t 从 1 到变化到 $1+\Delta t$ 时 Δs 的表达式;
(2) t 在 1 到 $1+\Delta t$ 之间的平均速度，其中 $\Delta t=1$，0.1，0.01;
(3) 当 $t=1$ 时物体的瞬时速度.

3. 按导数定义，求下列函数的导数:
(1) $y=x^3$; 　　　　　　(2) $y=e^x$.

4. 求 (1) 函数 $y=\ln x$ 在 $x=e$ 处的切线方程; (2) 求函数 $y=\dfrac{1}{x}$ 过点 $(2,0)$ 的切线方程.

5. 已知函数 $y=\sqrt[3]{x^2}$，试讨论:
(1) 在 $x=0$ 处是否可导? 　　　(2) 在 $x=0$ 处有没有切线?

6. 设 $f(x)=x(x-1)(x-2)(x-3)(x-4)$，用导数的定义求 $f'(0)$.

第 2 节　函数的求导法则

一、函数的和、差、积、商的导数

定理 1　设函数 $u=u(x)$ 和 $v=v(x)$ 在点 x 处可导，则它们的和、差、积、商（分母不为零）在点 x 处也可导，且

(1) $[u(x) \pm v(x)]' = u'(x) \pm v'(x)$；

(2) $[u(x)v(x)]' = u'(x)v(x) + u(x)v'(x)$，特别地，若 C 为常数，则 $(Cu)' = Cu'$；

(3) $\left[\dfrac{u(x)}{v(x)}\right]' = \dfrac{u'(x)v(x) - u(x)v'(x)}{v^2(x)}$ （$v(x) \neq 0$）.

函数的和、差、积的导数公式可推广到有限个函数，如

$$(u + v - w)' = u' + v' - w', \quad (uvw)' = u'vw + uv'w + uvw'$$

下面给出法则 (2) 的证明.

证　设 $y = u(x) \cdot u(x)$，根据 $\Delta u = u(x + \Delta x) - u(x)$，$\Delta v = v(x + \Delta x) - v(x)$，于是有

$$u(x + \Delta x) = u(x) + \Delta u, \quad v(x + \Delta x) = v(x) + \Delta v$$

从而

$$\begin{aligned}
\Delta y &= u(x + \Delta x)v(x + \Delta x) - u(x)v(x) \\
&= [u(x) + \Delta u] \cdot [v(x) + \Delta v] - u(x)v(x) \\
&= \Delta u \cdot v(x) + u(x) \cdot \Delta v + \Delta u \cdot \Delta v
\end{aligned}$$

于是有

$$\lim_{\Delta x \to 0} \frac{\Delta y}{\Delta x} = \lim_{\Delta x \to 0} \left[\frac{\Delta u}{\Delta x} \cdot v(x) + u(x) \cdot \frac{\Delta v}{\Delta x} + \Delta u \cdot \frac{\Delta v}{\Delta x} \right]$$

因为 $u(x)$ 在点 x 可导，从而 $u(x)$ 在点 x 连续. 于是有

$$\lim_{\Delta x \to 0} \frac{\Delta u}{\Delta x} = u'(x), \quad \text{且} \quad \lim_{\Delta x \to 0} \Delta u = 0$$

同理

$$\lim_{\Delta x \to 0} \frac{\Delta v}{\Delta x} = v'(x)$$

所以

$$\begin{aligned}
\lim_{\Delta x \to 0} \frac{\Delta y}{\Delta x} &= \lim_{\Delta x \to 0} \frac{\Delta u}{\Delta x} \cdot v(x) + u(x) \cdot \lim_{\Delta x \to 0} \frac{\Delta v}{\Delta x} + \lim_{\Delta x \to 0} \Delta u \cdot \lim_{\Delta x \to 0} \frac{\Delta v}{\Delta x} \\
&= u'(x)v(x) + u(x)v'(x)
\end{aligned}$$

即

$$[u(x) \cdot v(x)]' = u'(x)v(x) + u(x)v'(x)$$

简记为

$$(uv)' = u'v + uv'$$

例1 设 $y = \sqrt{x}\sin x + \cos\dfrac{\pi}{4}$，求 y'.

解
$$y' = (\sqrt{x}\sin x)' + \left(\cos\dfrac{\pi}{4}\right)' = (\sqrt{x}\sin x)'$$
$$= (\sqrt{x})'\sin x + \sqrt{x}\cdot(\sin x)' = \dfrac{\sin x}{2\sqrt{x}} + \sqrt{x}\cos x$$

注意：$\left(\cos\dfrac{\pi}{4}\right)' = 0$，常数的导数为 0，如果写成 $\left(\cos\dfrac{\pi}{4}\right)' = -\sin\dfrac{\pi}{4}$ 则是错误的，另外常用函数如 $\sqrt{x}, \dfrac{1}{x}, \sin x$ 等的导数要熟记.

例2 求 $y = (x^2+1)^2$ 的导数.

解
$$y' = [(x^2+1)^2]' = (x^4 + 2x^2 + 1)' = (x^4)' + 2(x^2)' + (1)' = 4x^3 + 4x$$

例3 求 $y = \log_a x(a>0,\text{且}a\neq1)$ 的导数.

解 由于 $\log_a x = \dfrac{\ln x}{\ln a}$，所以
$$(\log_a x)' = \left(\dfrac{\ln x}{\ln a}\right)' = \dfrac{1}{\ln a}\cdot(\ln x)' = \dfrac{1}{x\ln a}$$

例4 求 $y = \tan x$ 的导数.

解
$$(\tan x)' = \left(\dfrac{\sin x}{\cos x}\right)' = \dfrac{(\sin x)'\cos x - \sin x(\cos x)'}{(\cos x)^2}$$
$$= \dfrac{\cos^2 x + \sin^2 x}{\cos^2 x} = \sec^2 x$$

即
$$(\tan x)' = \sec^2 x$$

同理
$$(\cot x)' = -\csc^2 x$$

由 $\sec x$ 和 $\csc x$ 的定义，还可以推出
$$(\sec x)' = \sec x\cdot\tan x, \quad (\csc x)' = -\csc x\cdot\cot x$$

例5 已知 $y = \dfrac{\sin x}{1+\cos x}$，求 y'.

解
$$y' = \left(\dfrac{\sin x}{1+\cos x}\right)' = \dfrac{(\sin x)'(1+\cos x) - \sin x(1+\cos x)'}{(1+\cos x)^2}$$
$$= \dfrac{\cos x(1+\cos x) - \sin x(-\sin x)}{(1+\cos x)^2} = \dfrac{\cos x + \cos^2 x + \sin^2 x}{(1+\cos x)^2}$$
$$= \dfrac{1+\cos x}{(1+\cos x)^2} = \dfrac{1}{1+\cos x}$$

练一练

1. 下列计算正确的是 ( ).

A. $(f(x_0))' = f'(x_0)$　　　　　B. $(x \sin x)' = \sin x + \cos x$

C. $\left(\dfrac{x^2+1}{x^2-1}\right)' = \dfrac{2x}{-2x}$　　　　D. $(\ln x + \tan x)' = \dfrac{1}{x} + \sec^2 x$

2. $(\sin 2x)' = (2\sin x \cos x)' = $ _____.

二、反函数的导数

定理 2　如果单调函数 $x = \varphi(y)$ 在点 y 处可导,且 $\varphi'(y) \neq 0$,那么它的反函数 $y = f(x)$ 在对应点 x 处可导,且有

$$f'(x) = \frac{1}{\varphi'(y)} \quad \text{或} \quad y'_x = \frac{1}{x'_y}$$

例 6　证明 $(\arcsin x)' = \dfrac{1}{\sqrt{1-x^2}}$.

证　因为 $y = \arcsin x$ 是 $x = \sin y, y \in \left[-\dfrac{\pi}{2}, \dfrac{\pi}{2}\right]$ 的反函数. 而 $x = \sin y$ 在 $\left[-\dfrac{\pi}{2}, \dfrac{\pi}{2}\right]$ 上单调、可导,且 $(\sin y)'_y = \cos y > 0$,所以

$$(\arcsin x)'_x = \frac{1}{\cos y} = \frac{1}{\sqrt{1-\sin^2 y}} = \frac{1}{\sqrt{1-x^2}}$$

即

$$(\arcsin x)' = \frac{1}{\sqrt{1-x^2}}$$

用类似的方法可得

$$(\arctan x)' = \frac{1}{1+x^2}$$

根据三角公式 $\arccos x = \dfrac{\pi}{2} - \arcsin x$ 和 $\text{arccot}\, x = \dfrac{\pi}{2} - \arctan x$ 易得到

$$(\arccos x)' = -\frac{1}{\sqrt{1-x^2}}$$

$$(\text{arccot}\, x)' = -\frac{1}{1+x^2}$$

例 7　求 $y = a^x$ 的导数($a > 0$, 且 $a \neq 1$).

解　$y = a^x$ 是 $x = \log_a y$ 的反函数,由于 $x = \log_a y$ 在 $(0, +\infty)$ 上单调、可导,且

$$(\log_a y)'_y = \frac{1}{y \ln a} > 0$$

所以

$$(a^x)'_x = \frac{1}{(\log_a y)'_y} = \frac{1}{\dfrac{1}{y\ln a}} = y\ln a = a^x \ln a$$

即

$$(a^x)' = a^x \ln a$$

特别地，

$$(e^x)' = e^x$$

三、复合函数的求导法则

定理 3 设 $u = \varphi(x)$ 在点 x 处可导，$y = f(u)$ 在对应点 u 处可导，则复合函数 $y = f[\varphi(x)]$ 在点 x 处也可导，且

$$y'_x = y'_u \cdot u'_x \quad 或 \quad \frac{dy}{dx} = \frac{dy}{du} \cdot \frac{du}{dx}$$

此法则称为复合函数求导的**链式法则**.

法则可推广到几个中间变量的情形，如 $y = f(u), u = \varphi(v), v = g(x)$ 复合而成 $y = f\{\varphi[g(x)]\}$，则

$$y'_x = y'_u \cdot u'_v \cdot v'_x$$

例 8 设 $y = \sin 2x,$ 求 y'.

解 $y = \sin 2x$ 可看成 $y = \sin u$ 和 $u = 2x$ 的复合，则
因此

$$y'_x = y'_u \cdot u'_x = (\sin u)'_u \cdot (2x)'_x = 2\cos u = 2\cos 2x$$

即

$$(\sin 2x)' = 2\cos 2x$$

求复合函数的导数时，先将函数进行分解（由表及里，由整体到局部），然后应用复合函数求导的链式法则，最后将中间变量回代.

例 9 设 $y = (x^2 + 1)^{20}$，求 y'.

解 $y = (x^2 + 1)^{20}$ 可看成 $y = u^{20}$，$u = x^2 + 1$ 的复合，则

$$y'_x = y'_u \cdot u'_x = 20u^{19} \cdot 2x = 40x(x^2 + 1)^{19}$$

熟练运用链式法则以后，可以不必写出中间变量. 不管所求对象由几个函数复合而成，我们总是把它看成两层（最外一层和剩下的部分），按照 $y'_x = y'_u \cdot u'_x$ 的法则，遵循"每次只处理一层"的原则：先处理最外层的导数 y'_u，然后再把剩下的部分 $u(x)$ 看成两层，如此下去，直到求出 u'_x.

例 10 已知 $y = \ln\sin x$，求 y'.

解
$$(\ln\sin x)' = \frac{1}{\sin x} \cdot (\sin x)' = \frac{1}{\sin x} \cdot \cos x = \cot x$$

下面来看多个中间变量的例子.

例 11 已知 $y = (\ln\ln x)^4$，求 y'.

解
$$y' = 4(\ln\ln x)^3 \cdot (\ln\ln x)'$$
$$= 4(\ln\ln x)^3 \cdot \frac{1}{\ln x} \cdot (\ln x)' = \frac{4(\ln\ln x)^3}{x\ln x}$$

例 12　已知 $y = \cos e^{\sqrt{x}}$，求 y'.

解
$$y' = (\cos e^{\sqrt{x}})' = -\sin e^{\sqrt{x}} \cdot (e^{\sqrt{x}})'$$
$$= -\sin e^{\sqrt{x}} \cdot e^{\sqrt{x}} \cdot (\sqrt{x})' = -\frac{\sin e^{\sqrt{x}} \cdot e^{\sqrt{x}}}{2\sqrt{x}}$$

练一练

1. 下列计算正确的是（　　　　）.

A. $(\sin x^2)' = 2\sin x\cos x$ 　　　B. $(\arctan 2x)' = \dfrac{2}{1+4x^2}$

C. $(\ln(1-x))' = \dfrac{1}{1-x}$ 　　　D. $(2^{\sqrt{x}})' = 2^{\sqrt{x}} \cdot \dfrac{1}{2\sqrt{x}}$

2. $\left[\dfrac{1}{(1-3x)^4}\right]' = [(1-3x)^{-4}]' = $ _____.

四、初等函数求导

到目前为止，我们不仅得到所有基本初等函数的导数公式，而且还得到函数的和、差、积、商的求导法则及复合函数的求导法则，从而解决了初等函数的求导问题，为了便于读者查阅，我们将这些导数公式和求导法则归纳如下.

1. 基本初等函数的导数公式

(1) $(C)' = 0$；　　　　　　　　　(2) $(x^\alpha)' = \alpha x^{\alpha-1}(\alpha \in R)$；

(3) $(a^x) = a^x\ln a$；　　　　　　(4) $(e^x)' = e^x$；

(5) $(\log_a x)' = \dfrac{1}{x\ln a}$；　　　　(6) $(\ln x)' = \dfrac{1}{x}$；

(7) $(\sin x)' = \cos x$；　　　　　(8) $(\cos x)' = -\sin x$；

(9) $(\tan x)' = \sec^2 x$；　　　　(10) $(\cot x)' = -\csc^2 x$；

(11) $(\sec x)' = \sec x \cdot \tan x$；　　(12) $(\csc x)' = -\csc x \cdot \cot x$；

(13) $(\arcsin x)' = \dfrac{1}{\sqrt{1-x^2}}$；　(14) $(\arccos x)' = -\dfrac{1}{\sqrt{1-x^2}}$；

(15) $(\arctan x)' = \dfrac{1}{1+x^2}$；　(16) $(\operatorname{arccot} x)' = -\dfrac{1}{1+x^2}$.

2. 函数的和、差、积、商的导数法则

设 $u=u(x)$，$v=v(x)$ 均可导，则

(1) $(u \pm v)' = u' \pm v'$；　　　　(2) $(Cu)' = Cu'(C$为常数$)$；

(3) $(uv)' = u'v + uv'$；　　　　　(4) $\left(\dfrac{u}{v}\right)' = \dfrac{u'v - uv'}{v^2}(v \neq 0)$.

3. 复合函数的求导法则

设 $y=f(u)$ 和 $u=\varphi(x)$ 均可导,则复合函数 $y=f[\varphi(x)]$ 的导数为

$$\frac{\mathrm{d}y}{\mathrm{d}x}=\frac{\mathrm{d}y}{\mathrm{d}u}\cdot\frac{\mathrm{d}u}{\mathrm{d}x} \quad \text{或} \quad y'_x=y'_u\cdot u'_x$$

例 13 求下列函数的导数:

(1) $y=\ln\sqrt{\dfrac{1+\sin x}{1-\sin x}}$;

(2) $y=\ln(x+\sqrt{1+x^2})$.

解 (1)先利用对数的性质化简变形,有

$$y=\ln\sqrt{\frac{1+\sin x}{1-\sin x}}=\ln\left(\frac{1+\sin x}{1-\sin x}\right)^{\frac{1}{2}}=\frac{1}{2}\ln\frac{1+\sin x}{1-\sin x}=\frac{1}{2}[\ln(1+\sin x)-\ln(1-\sin x)]$$

从而有

$$y'=\frac{1}{2}\left(\frac{\cos x}{1+\sin x}-\frac{-\cos x}{1-\sin x}\right)=\frac{\cos x}{2}\left(\frac{1}{1+\sin x}+\frac{1}{1-\sin x}\right)$$

即

$$y'=\frac{\cos x}{2}\cdot\frac{1-\sin x+1+\sin x}{1-\sin^2 x}=\frac{1}{\cos x}=\sec x$$

(2) $$y'=\frac{1}{x+\sqrt{1+x^2}}(x+\sqrt{1+x^2})'=\frac{1}{x+\sqrt{1+x^2}}[1+(\sqrt{1+x^2})']$$

$$=\frac{1}{x+\sqrt{1+x^2}}\left(1+\frac{1}{2\sqrt{1+x^2}}\cdot 2x\right)=\frac{1}{x+\sqrt{1+x^2}}\cdot\frac{\sqrt{1+x^2}+x}{\sqrt{1+x^2}}=\frac{1}{\sqrt{1+x^2}}$$

对初等函数求导时,①尽量先化简,能用和差的求导法则就不用乘除的法则(例13(1));②如果既有函数的和、差、积、商,又有复合函数,这时需要从整体上把握函数,从结构上分解函数,逐步运用相应的求导法则,特别要注意复合函数的求导(例13(2)).

习　题　2-2

1. 求下列函数的导数:

(1) $y=\dfrac{x^4+2x^2+3x+1}{\sqrt{x}}$;

(2) $y=2^x+x^2$;

(3) $y=\mathrm{e}^x\cos x$;

(4) $y=\log_2 x\cdot x^3$;

(5) $y=\dfrac{1}{1+\sqrt{x}}-\dfrac{1}{1-\sqrt{x}}$;

(6) $y=\dfrac{1+\cos x}{1+\sin x}$.

2. 求下列函数的导数:

(1) $y=(3x^2+4x+5)^{10}$;

(2) $y=\sqrt{a^2-x^2}$;

(3) $y=\ln(1+x^2)$;

(4) $y=\mathrm{e}^{\sin x}$;

(5) $y=\arcsin\sqrt{x}$;

(6) $y=\tan(4-2x)$;

(7) $y = \ln \tan 7x$ ；

(8) $y = \left(\arccos \dfrac{x}{2} \right)^2$ ；

(9) $y = \mathrm{e}^{\arctan \sqrt{x}}$ ；

(10) $y = \cos(2^{\frac{1}{x}})$.

3. 求下列函数的导数：

(1) $y = \sqrt{x - \sqrt{x}}$ ；

(2) $y = (1 + x^2) \arctan x$ ；

(3) $y = \dfrac{\cos x}{\mathrm{e}^{2x}}$ ；

(4) $y = \ln(\sqrt{x^2 + 9} - x)$.

4. 求函数 $y = \dfrac{\sin 2x}{x}$ 在 $x = \dfrac{\pi}{4}$ 处的切线方程和法线方程.

第 3 节　隐函数、参数方程求导和高阶导数

一、隐函数求导

1. 显函数和隐函数

前面讨论的函数可表示为 $y=f(x)$ 的形式，我们称之为显函数，如 $y=x+3$，$y=\ln\sin x$ 等. 而方程 $F(x, y)=0$ 中给定一个 x 值，一般总有确定的 y 值与之对应，这种对应关系称之为**隐函数**，有的隐函数可转化成显函数，如 $2x+3y=1$，有的隐函数不容易甚至不可能转化成显函数，如 $x + y = \mathrm{e}^{xy}$，$\arctan \dfrac{y}{x} = \ln \sqrt{x^2 + y^2}$.

2. 隐函数的求导

对于由方程 $F(x, y)=0$ 确定的隐函数求导，可以对方程两边同时求关于 x 的导数. 实际求导时，对于其中变量 y 的函数 $\varphi(y)$ 求关于 x 的导数时，必须把 y 看成中间变量，利用复合函数的链式法则来求导，即

$$[\varphi(y)]'_x = [\varphi(y)]'_y \cdot y'_x$$

从而得到一个关于 y'_x 的方程，解这个方程可得到 y 关于 x 的导数 y'_x .

例 1　求方程 $x^3 + y^3 = 3xy$ 所确定的隐函数的导数 $\dfrac{\mathrm{d}y}{\mathrm{d}x}$.

解　两边同时对 x 求导，得

$$(x^3)' + (y^3)' = (3xy)'$$

$$3x^2 + 3y^2 \cdot y' = 3(y + xy')$$

整理得

$$(3y^2 - 3x)y' = 3y - 3x^2$$

从而有

$$y' = \frac{y - x^2}{y^2 - x}$$

例2 求椭圆 $\dfrac{x^2}{4}+\dfrac{y^2}{3}=1$ 在点 $\left(1,\dfrac{3}{2}\right)$ 处的切线方程.

解 先求由方程 $\dfrac{x^2}{4}+\dfrac{y^2}{3}=1$ 所确定的隐函数的导数 y'，两边同时对 x 求导，有

$$\frac{2x}{4}+\frac{2}{3}y\cdot y'=0$$

从而

$$y'=-\frac{3x}{4y},\qquad y'\Big|_{\substack{x=1\\y=\frac{3}{2}}}=-\frac{1}{2}$$

因此，所求切线方程为

$$y-\frac{3}{2}=-\frac{1}{2}(x-1)$$

即

$$x+2y-4=0$$

前面我们曾讨论 $x=\varphi(y)$ 的反函数 $y=f(x)$ 的导数，下面利用隐函数求导思想来证明.

方程 $x=\varphi(y)$ 两边同时对 x 求导，把 $\varphi(y)$ 看成以 y 为中间变量的关于 x 的函数，所以

$$1=x'_y\cdot y'_x$$

即

$$y'_x=\frac{1}{x'_y}\ \text{或}\ f'(x)=\frac{1}{\varphi'(y)}\qquad(\varphi'(y)\neq0)$$

3. 对数求导法

对一些较特殊的函数求导时，可以对方程两边取对数（一般为自然对数），这样得到一个隐函数，然后利用隐函数求导的方法.

例3 求 $y=x^{\sin x}$ 的导数 $(x>0)$.

解 对 $y=x^{\sin x}$ 的两边取自然对数，有

$$\ln y=\sin x\cdot\ln x$$

两边对 x 求导，注意到 y 是 x 的函数，得

$$\frac{1}{y}\cdot y'=\cos x\cdot\ln x+\frac{\sin x}{x}$$

所以

$$y'=y\left(\cos x\cdot\ln x+\frac{\sin x}{x}\right)=x^{\sin x}\left(\cos x\cdot\ln x+\frac{\sin x}{x}\right)$$

例4 求 $y=\sqrt[3]{\dfrac{(x-1)(x-2)}{(x+1)(x+2)}}$ 的导数.

解 两边取自然对数，并利用对数的运算性质有

$$\ln y=\frac{1}{3}[\ln(x-1)+\ln(x-2)-\ln(x+1)-\ln(x+2)]$$

两边对 x 求导，有

$$\frac{1}{y} \cdot y' = \frac{1}{3}\left(\frac{1}{x-1} + \frac{1}{x-2} - \frac{1}{x+1} - \frac{1}{x+2}\right)$$

所以

$$y' = \frac{1}{3}\sqrt[3]{\frac{(x-1)(x-2)}{(x+1)(x+2)}}\left(\frac{1}{x-1} + \frac{1}{x-2} - \frac{1}{x+1} - \frac{1}{x+2}\right)$$

练一练

1. 设 $y=y(x)$ 是 x 的函数，试用 y' 表示下列函数对 x 的导数

(1) $(\sqrt{y})' = $ _____ ;　　　　　(2) $(xy)' = $ _____ ;

(3) $(x^2 + y^2)' = $ _____ ;　　　　(4) $\left(\arctan\dfrac{y}{x}\right)' = $ _____ .

二、参数方程求导

1. 参数方程求导

实际应用中变量 y 和 x 的关系有时不是直接给出的，而是通过参数 t 给出的，即由参数方程 $\begin{cases} x = \varphi(t), \\ y = \psi(t) \end{cases}$ 确定，如何求 y 对 x 的导数呢?

设 $x = \varphi(t)$ 有连续的反函数 $t = \varphi^{-1}(x)$ ，且 $x = \varphi(t)$ 和 $y = \psi(t)$ 都是可导函数，$\psi'(t) \neq 0$ ，那么 $y = \psi(t) = \psi(\varphi^{-1}(x))$ 为复合函数，利用反函数和复合函数求导法则有

$$y'_x = y'_t \cdot t'_x = \frac{y'_t}{x'_t} = \frac{\psi'(t)}{\varphi'(t)}$$

即

$$\frac{\mathrm{d}y}{\mathrm{d}x} = \frac{\dfrac{\mathrm{d}y}{\mathrm{d}t}}{\dfrac{\mathrm{d}x}{\mathrm{d}t}} \quad (\varphi'(t) \neq 0)$$

例 5　椭圆的参数方程为 $\begin{cases} x = a\cos\theta, \\ y = b\sin\theta, \end{cases}$ 求 $\dfrac{\mathrm{d}y}{\mathrm{d}x}$.

解　$y'_x = \dfrac{y'_\theta}{x'_\theta} = \dfrac{\psi'(\theta)}{\varphi'(\theta)} = \dfrac{b\cos\theta}{-a\sin\theta} = -\dfrac{b}{a}\cot\theta$.

例 6　旋轮线的参数方程为 $\begin{cases} x = a(t - \sin t), \\ y = a(1 - \cos t), \end{cases}$ 求 $\dfrac{\mathrm{d}y}{\mathrm{d}x}$.

解　$y'_x = \dfrac{\psi'(t)}{\varphi'(t)} = \dfrac{a\sin t}{a(1 - \cos t)} = \dfrac{\sin t}{1 - \cos t}$.

2. 相关变化率

如果 $x = x(t)$ 和 $y = y(t)$ 都是可导函数，由于 x 和 y 之间存在某种关系，从而它们的变化率 $\dfrac{\mathrm{d}x}{\mathrm{d}t}$ 和 $\dfrac{\mathrm{d}y}{\mathrm{d}t}$ 之间也存在一定关系，这种研究几个变化率之间的关系问题，称为**相关变化率**

问题.

例 7 设一条绳子被拴在一艘傍晚到达的帆船的船头. 假设这条绳子被越过高出船头 5m 的滑轮以 2m/s 的速率往回收，如图 2-6 所示，当船头到滑轮的绳长为 13m 时，该帆船以怎样的速度驶进码头？

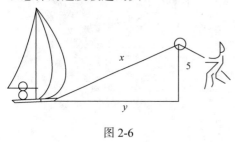

图 2-6

解 如图 2-6 所示，设 x 表示时间为 t 时从船头到滑轮的距离，y 表示时间为 t 时从船头到码头的距离. 由假设可知：当 $t=t_0$ 时，$x=13$，且 $\dfrac{\mathrm{d}x}{\mathrm{d}t} = -2$，其中负号表示 x 随着时间的增加而减小.

由勾股定理有 $y^2 = x^2 - 25$，两边同对 t 求导，得到

$$2y \cdot \frac{\mathrm{d}y}{\mathrm{d}t} = 2x \cdot \frac{\mathrm{d}x}{\mathrm{d}t}$$

所以

$$\frac{\mathrm{d}y}{\mathrm{d}t} = \frac{x}{y} \cdot \frac{\mathrm{d}x}{\mathrm{d}t}$$

当 $t=t_0$ 时，$x=13$，$y=12$，代入得

$$\left.\frac{\mathrm{d}y}{\mathrm{d}t}\right|_{t=t_0} = \frac{13}{12} \cdot (-2) = -\frac{13}{6} \ (\mathrm{m/s})$$

即绳长为 13m 时，帆船以 $\dfrac{13}{6}$ m/s 的速度驶进码头.

三、高 阶 导 数

我们知道，速度 $v(t)$ 是位移 $s(t)$ 对时间 t 的导数，而加速度 $a(t)$ 是 $v(t)$ 对 t 的导数，那么 $a(t)$ 是位移 $s(t)$ 对时间 t 的二阶导数.

一般地，函数 $f(x)$ 的导数仍然是 x 的函数，如果 $f'(x)$ 也是可导的，则称 $f'(x)$ 的导数 $(f'(x))'$ 为 $f(x)$ 的二阶导数，相应地，二阶导数的导数称为三阶导数，三阶导数的导数称为四阶导数，…，$n-1$ 阶导数的导数称为 n 阶导数，分别记为

$$y'', y''', y^{(4)}, \cdots, y^{(n)}$$

或

$$f''(x), f'''(x), f^{(4)}(x), \cdots, f^{(n)}(x)$$

或

$$\frac{\mathrm{d}^2 y}{\mathrm{d}x^2}, \frac{\mathrm{d}^3 y}{\mathrm{d}x^3}, \frac{\mathrm{d}^4 y}{\mathrm{d}x^4}, \cdots, \frac{\mathrm{d}^n y}{\mathrm{d}x^n}$$

y 也称为函数的零阶导数，y' 也称为函数的一阶导数. 二阶及二阶以上的导数统称为**高阶导数**.

例 8 求 $y = \sin x$ 的各阶导数.

解
$$y' = \cos x = \sin\left(x + \frac{\pi}{2}\right)$$

$$y'' = \cos\left(x + \frac{\pi}{2}\right) = \sin\left[\left(x + \frac{\pi}{2}\right) + \frac{\pi}{2}\right] = \sin\left(x + 2 \cdot \frac{\pi}{2}\right)$$

$$y''' = \cos\left(x + 2 \cdot \frac{\pi}{2}\right) = \sin\left(x + 3 \cdot \frac{\pi}{2}\right)$$

$$y^{(4)} = \cos\left(x + 3 \cdot \frac{\pi}{2}\right) = \sin\left(x + 4 \cdot \frac{\pi}{2}\right)$$

一般地，有

$$\sin^{(n)} x = \sin\left(x + n \cdot \frac{\pi}{2}\right)$$

同理可得

$$\cos^{(n)} x = \cos\left(x + n \cdot \frac{\pi}{2}\right)$$

求高阶导数时，需根据 $y', y'', y''', \cdots$ 归纳出 $y^{(n)}$ 的一般规律.

例 9　求 $y = \ln(1 + x)$ 的各阶导数.

解
$$y' = \frac{1}{1 + x} = (1 + x)^{-1}$$

$$y'' = -(1 + x)^{-2}$$

$$y''' = (-1) \cdot (-2)(1 + x)^{-3} = 2(1 + x)^{-3}$$

$$y^{(4)} = 2 \cdot (-3)(1 + x)^{-4} = -6(1 + x)^{-4}$$

一般地，

$$y^{(n)} = (-1)^{n+1}(n-1)!(1 + x)^{-n}$$

沿直线运动的物体的加速度 $a(t)$ 是位移 s 对 t 的二阶导数，即 $a(t) = s''(t)$，这就是二阶导数的物理意义，本章我们将介绍利用二阶导数研究函数的极值和凹凸拐点，利用各阶导数，还可以将函数展开成 Taylor 多项式.

练一练

1. 写出下列函数的 n 阶导数：

(1) $(e^x)^{(n)} = $ _____ ；　　　　(2) $(x^n)^{(n)} = $ _____ .

习　题　2-3

1. 求下列方程所确定的隐函数的导数 $\dfrac{dy}{dx}$:

(1) $x^2 - y^2 = 16$;　　　　(2) $\sqrt{x} + \sqrt{y} = 1$;

(3) $xy = e^{x+y}$;　　　　(4) $\arctan \dfrac{y}{x} = \ln\sqrt{x^2 + y^2}$.

2. 利用对数求导法计算下列导数:

(1) $y = \left(1+\dfrac{1}{x}\right)^x$;

(2) $y = \left(\dfrac{a}{b}\right)^x \left(\dfrac{b}{x}\right)^a \left(\dfrac{x}{a}\right)^b$,a,b 为常数.

3. 已知 $y = 1 - xe^y$,求 $\left.\dfrac{dy}{dx}\right|_{x=0}$.

4. 求下列参数方程所确定的函数的导数:

(1) $\begin{cases} x = a\sec\theta, \\ y = b\tan\theta; \end{cases}$

(2) $\begin{cases} x = 1 - t^2, \\ y = t - t^3. \end{cases}$

5. 求下列函数的二阶导数:

(1) $y = \sqrt{a^2 + x^2}$;

(2) $y = \dfrac{\ln x}{x}$.

6. 求下列函数的 n 阶导数:

(1) $y = \cos x$;

(2) $y = \ln(1-x)$.

7. 一球形细胞体不断吸收水分,其半径按 1mm/min 的速率增大,问当直径为 2mm 时,其体积的增大率为多少?

第4节 微 分

我们已经知道,可导函数必定连续,而连续函数的自变量的微小变化引起函数值的微小变化. 如果函数较为复杂,如何计算 Δy 的大小? Δy 有什么特征?这些问题在工程技术、医药研究等领域十分必要,为此我们介绍微分的概念以及微分在近似计算中的应用.

一、微分的概念

1. 引例

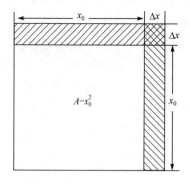

图 2-7

如图 2-7 所示,一块正方形金属薄片受温度变化的影响,其边长由 x_0 变到 $x_0+\Delta x$,问此薄片的面积改变了多少?

解 设此薄片的边长为 x,面积为 A,则 A 是 x 的函数 $A=x^2$.薄片面积的改变量 ΔA 表示成

$$\Delta A = (x_0 + \Delta x)^2 - x_0^2 = 2x_0 \cdot \Delta x + (\Delta x)^2$$

上式中,ΔA 分为两部分,第一部分为 $2x_0 \cdot \Delta x$,即图 2-7 中带斜线的两个部分之和;第二部分为 $(\Delta x)^2$,即图 2-7 中带交叉斜线的小正方形面积. 当 $\Delta x \to 0$ 时,$(\Delta x)^2$ 是比 Δx 高阶的无穷小量,即 $(\Delta x)^2 = o(\Delta x)$. 由此可见,如果 $|\Delta x|$ 很小时,面积的改变量 ΔA 可以近似的用第一部分代替,即 $\Delta A \approx 2x_0 \cdot \Delta x$,并且 $|\Delta x|$ 越小,近似程度越高.

2. 微分的定义

定义 1 设函数 $y = f(x)$ 在 x_0 的某一邻域内有定义,如果函数的增量 $\Delta y = f(x_0 + \Delta x) - f(x_0)$ 可表示为 $\Delta y = A \cdot \Delta x + o(\Delta x)$,则称 $A \cdot \Delta x$ 为函数 $y = f(x)$ 在 x_0 处的**微分**,

记作 $\mathrm{d}y$，即

$$\mathrm{d}y = A\Delta x$$

也称函数 $y = f(x)$ 在 x_0 处**可微**，其中 A 是与 Δx 无关的常数，$o(\Delta x)$ 是比 Δx 高阶的无穷小 $(\Delta x \to 0)$.

上述常数 A 是怎样一个常数，它与函数 $y = f(x)$ 有什么关系，我们有下面的结论.

定理 1　函数 $y = f(x)$ 在 x_0 可微的充要条件是 $y = f(x)$ 在 x_0 处可导.

证　先证必要性. 设函数 $y = f(x)$ 在 x_0 处可微，则

$$\Delta y = A\Delta x + o(\Delta x)$$

两边同除以 Δx，有

$$\frac{\Delta y}{\Delta x} = A + \frac{o(\Delta x)}{\Delta x}$$

由于 $\lim\limits_{\Delta x \to 0} \dfrac{o(\Delta x)}{\Delta x} = 0$，从而有

$$\lim\limits_{\Delta x \to 0} \frac{\Delta y}{\Delta x} = A$$

即

$$f'(x_0) = A$$

故 $y = f(x)$ 在 x_0 处可导，且导数为 A.

再证充分性，设函数 $y = f(x)$ 在 x_0 处可导，即

$$\lim\limits_{\Delta x \to 0} \frac{\Delta y}{\Delta x} = f'(x_0)$$

由极限与无穷小的关系，有

$$\frac{\Delta y}{\Delta x} = f'(x_0) + \alpha \quad \left(\text{其中} \lim\limits_{\Delta x \to 0} \alpha = 0\right)$$

从而有

$$\Delta y = f'(x_0) \cdot \Delta x + \alpha \cdot \Delta x$$

这里 $f'(x_0)$ 是与 Δx 无关的常数，$\alpha \cdot \Delta x = o(\Delta x)$，根据微分定义，$f(x)$ 在 x_0 处可微，且

$$\mathrm{d}y = f'(x_0)\Delta x$$

定理 1 表明

● 一元函数可微与可导是等价的;

● 通常把自变量的增量 Δx 写成 $\mathrm{d}x$，称为自变量的微分，即 $\Delta x = \mathrm{d}x$，从而函数 $f(x)$ 在任意点 x 处的微分为

$$\mathrm{d}y = f'(x)\mathrm{d}x$$

● $f'(x) = \dfrac{\mathrm{d}y}{\mathrm{d}x}$，即函数的导数等于函数的微分与自变量的微分的商，因此导数也叫做"微商".

例 1　求函数 $y = x^2 + 2x + 3$ 当 x 从 2 变化到 1.99 时的增量和微分.

解　当 x 由 2 变化到 1.99 时，

$$\Delta y = (1.99^2 + 2 \times 1.99 + 3) - (2^2 + 2 \times 2 + 3) = -5.99 \times 0.01 = -0.0599$$

$$dy = f'(x_0)dx = (2x + 2)\big|_{x=2} \cdot (1.99 - 2) = -0.06$$

显然 $\qquad\qquad\qquad\qquad\qquad dy \approx \Delta y$

例 2 求函数 $y = \sin x^2$ 的微分.

解 由 $dy = f'(x)dx$ 有

$$dy = \cos x^2 \cdot 2xdx = 2x\cos x^2 dx$$

练一练

1. 若函数 $y = f(x)$ 有 $f'(x_0) = \dfrac{1}{2}$，则当 $\Delta x \to 0$ 时，该函数在 $x = x_0$ 处的微分 dy 是（　　）.

A. 与 Δx 等价的无穷小　　　　　　B. 与 Δx 同阶的无穷小

C. 比 Δx 低阶的无穷小　　　　　　D. 比 Δx 高阶的无穷小

二、微分的几何意义

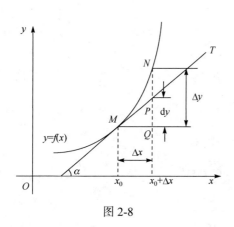

图 2-8

由图 2-8 可以看出

$$NQ = \Delta y$$

$$PQ = MQ \cdot \tan \alpha = \Delta x \cdot \frac{dy}{dx} = dy$$

由此可见，Δy 是函数 $y = f(x)$ 在点 x_0 处的纵坐标增量，微分 dy 就是曲线 $y = f(x)$ 在点 x_0 处沿切线方向的纵坐标增量. 由图 2-8 还可以看出，当 $|\Delta x|$ 很小时，$\Delta y \approx dy$，因此在点 M 附近，可以用切线段来近似代替曲线段. 在工程技术上，这就叫做在一点 M 附近把曲线"直线化"或"拉直".

三、微分基本公式和微分运算法则

由函数微分的定义 $y = f'(x)dx$ 可知：求微分时，我们可以先求出函数的导数 $f'(x)$，然后再乘以 dx 即可，因此求函数的微分可归结为求导数，而且通常把求导数和微分的方法统称为微分法.

另外，我们还可以根据微分的基本公式和运算法则来进行计算，这些公式和法则可由导数的基本公式和运算法则直接推导.

1. 微分的基本公式

(1) $d(C) = 0$；

(2) $d(x^\alpha) = \alpha x^{\alpha-1}dx$；

(3) $d(a^x) = a^x \ln adx$；

(4) $d(e^x) = e^x dx$；

(5) $d(\log_a x) = \dfrac{1}{x \ln a}dx$；

(6) $d(\ln x) = \dfrac{1}{x}dx$；

(7) $d(\sin x) = \cos xdx$；

(8) $d(\cos x) = -\sin xdx$；

(9) $\mathrm{d}(\tan x) = \sec^2 x \mathrm{d}x$ ；

(10) $\mathrm{d}(\cot x) = -\csc^2 x \mathrm{d}x$ ；

(11) $\mathrm{d}(\sec x) = \sec x \cdot \tan x \mathrm{d}x$ ；

(12) $\mathrm{d}(\csc x) = -\csc x \cdot \cot x \mathrm{d}x$ ；

(13) $\mathrm{d}(\arcsin x) = \dfrac{1}{\sqrt{1-x^2}} \mathrm{d}x$ ；

(14) $\mathrm{d}(\arccos x) = -\dfrac{1}{\sqrt{1-x^2}} \mathrm{d}x$ ；

(15) $\mathrm{d}(\arctan x) = \dfrac{1}{1+x^2} \mathrm{d}x$ ；

(16) $\mathrm{d}(\operatorname{arccot} x) = -\dfrac{1}{1+x^2} \mathrm{d}x$.

2. 函数的和、差、积、商的微分法则

假定 $u=u(x)$，$v=v(x)$ 在 x 处可微，则

(1) $\mathrm{d}(u \pm v) = \mathrm{d}u \pm \mathrm{d}v$ ；

(2) $\mathrm{d}(uv) = u\mathrm{d}v + v\mathrm{d}u$ ；

(3) $\mathrm{d}(Cu) = C\mathrm{d}u$ ；

(4) $\mathrm{d}\left(\dfrac{u}{v}\right) = \dfrac{v\mathrm{d}u - u\mathrm{d}v}{v^2}$ $(v \neq 0)$.

3. 微分形式的不变性

现在我们讨论复合函数的微分.

设 $y = f(u)$ 和 $u = \varphi(x)$ 复合成函数 $y = f[\varphi(x)]$ ，它的微分为

$$\mathrm{d}y = y'_x \mathrm{d}x = f'(u) \cdot \varphi'(x) \mathrm{d}x$$

而 $\varphi'(x)\mathrm{d}x = \mathrm{d}u$ ，因此上式又可以写成 $\mathrm{d}y = f'(u)\mathrm{d}u$.

因此对函数 $y = f(u)$ 而言，不管 u 是中间变量还是自变量，都有

$$\mathrm{d}y = f'(u)\mathrm{d}u$$

微分的这个性质称为**微分形式的不变性**，利用这一特性可以方便地求复合函数的微分，同时对今后积分中的换元积分法和微分方程中的分离变量法都有重要的意义.

例 3 求 $y = \sin(2x+1)$ 的微分.

解 根据 $\mathrm{d}y = f'(x)\mathrm{d}x$ ，有

$$\mathrm{d}y = [\sin(2x+1)]'\mathrm{d}x = 2\cos(2x+1)\mathrm{d}x$$

如果利用微分形式的不变性，则有

$$\mathrm{d}y = \mathrm{d}\sin(2x+1) = \cos(2x+1)\mathrm{d}(2x+1) = 2\cos(2x+1)\mathrm{d}x$$

例 4 求 $y = \mathrm{e}^{\cos\frac{1}{x}}$ 的微分.

解
$$\mathrm{d}y = \mathrm{d}(\mathrm{e}^{\cos\frac{1}{x}}) = \mathrm{e}^{\cos\frac{1}{x}}\mathrm{d}\left(\cos\frac{1}{x}\right) = \mathrm{e}^{\cos\frac{1}{x}} \cdot \left(-\sin\frac{1}{x}\right)\mathrm{d}\left(\frac{1}{x}\right)$$

$$= \mathrm{e}^{\cos\frac{1}{x}}\left(-\sin\frac{1}{x}\right)\left(-\frac{1}{x^2}\right)\mathrm{d}x = \frac{1}{x^2}\mathrm{e}^{\cos\frac{1}{x}}\sin\frac{1}{x}\mathrm{d}x$$

例 5 在括号内填入适当的函数，使下列等式成立

(1) $\mathrm{d}(\quad) = x^2\mathrm{d}x$ ；

(2) $\mathrm{d}(\quad) = \sin 3x\mathrm{d}x$.

解 (1)因为 $\mathrm{d}(x^3) = 3x^2\mathrm{d}x$ ，所以

$$x^2\mathrm{d}x = \frac{1}{3}\mathrm{d}(x^3) = \mathrm{d}\left(\frac{1}{3}x^3\right)$$

显然，对任意的常数 C 都有

$$\mathrm{d}\left(\frac{1}{3}x^3 + C\right) = x^2\mathrm{d}x$$

(2)因为 $\mathrm{d}(\cos 3x) = -3\sin 3x\mathrm{d}x$ ，所以

$$\sin 3x\mathrm{d}x = -\frac{1}{3}\mathrm{d}(\cos 3x) = \mathrm{d}\left(-\frac{1}{3}\cos 3x\right)$$

显然，对任意的常数 C 都有

$$\mathrm{d}\left(-\frac{1}{3}\cos 3x + C\right) = \sin 3x\mathrm{d}x$$

练一练

1. 填上适当的函数,使等式成立:

(1) $\mathrm{d}(\qquad) = x^4\mathrm{d}x$；　　　　　　(2) $\mathrm{d}(\qquad) = \cos 2x\mathrm{d}x$.

四、微分的应用

1. 函数增量的计算

函数的增量计算公式为 $\Delta y = f(x_0 + \Delta x) - f(x_0)$ ，但在实际计算时却非常复杂，利用

$$\Delta y \approx \mathrm{d}y = f'(x_0)\mathrm{d}x$$

可以求 Δy 的近似值，这在实际问题中是很有用的.

例 6　人和哺乳动物的基础代谢率满足公式

$$E = CM^{\frac{3}{4}}$$

其中 $C \approx 90$ kcal/(kg)$^{\frac{3}{4}}$, E 为基础代谢率, M 为质量. 若 M=16kg，试求当 M 增加 0.1kg 时，基础代谢率增加的近似值.

解　由 $\Delta y \approx f'(x_0)\Delta x$ 有

$$\Delta E \approx C(M^{\frac{3}{4}})'\Big|_{M=M_0} \cdot \Delta M = \frac{3}{4} \cdot CM_0^{-\frac{1}{4}} \cdot \Delta M$$

取 $M_0 = 16$ (kg) ， $\Delta M = 0.1$ (kg) ，此时

$$\Delta E \approx \frac{3}{4} \times 90 \times \frac{1}{\sqrt[4]{16}} \cdot 0.1 = 3.375 \text{ (kcal)}$$

即基础代谢率增加了约 3.375 kcal.

2. 函数值的计算

当 $|\Delta x|$ 很小时， $\Delta y \approx \mathrm{d}y$ ，而 $\Delta y = f(x) - f(x_0), \mathrm{d}y = f'(x_0)\Delta x$ ，所以

$$f(x) \approx f(x_0) + f'(x_0)\Delta x$$

也就是说，在曲线 $y = f(x)$ 的切点附近，可用切线方程来近似代替该曲线的方程，即"以直代曲".

利用上述公式可推得几个常用的近似公式(当 $|x|$ 很小时)

(1) $\sqrt[n]{1+x} \approx 1 + \frac{1}{n}x$ ；　　　　　　(2) $\sin x \approx x$(x 用弧度)；

(3) $\tan x \approx x$(x 用弧度)；　　　　　　(4) $\mathrm{e}^x \approx 1 + x$ ；

(5) $\ln(1+x) \approx x$.

例 7　求 $\sqrt[4]{16.5}$ 的近似值.

解　设 $f(x) = \sqrt[4]{x}$ ，则 $f'(x) = \dfrac{1}{4} x^{-\frac{3}{4}}$ ，取 $x_0 = 16, \Delta x = 0.5$ ，从而

$$f(16) = \sqrt[4]{16} = 2, \quad f'(16) = \frac{1}{4} \times 16^{-\frac{3}{4}} = \frac{1}{32}, \quad \Delta x = 0.5$$

所以

$$\sqrt[4]{16.5} = f(16.5) \approx f(16) + f'(16) \times 0.5 = 2 + \frac{1}{32} \times 0.5 = 2.015625$$

也可以这样求解：

因为 $\sqrt[4]{16.5} = \sqrt[4]{16+0.5} = \sqrt[4]{16 \times \left(1 + \dfrac{0.5}{16}\right)} = \sqrt[4]{16} \times \sqrt[4]{1 + \dfrac{1}{32}} = 2 \times \sqrt[4]{1 + \dfrac{1}{32}}$ ，取 $n=4$ ，$x = \dfrac{1}{32}$ ，利

用公式 $\sqrt[n]{1+x} \approx 1 + \dfrac{1}{n} x$ ，有

$$\sqrt[4]{16.5} = 2 \times \sqrt[4]{1 + \frac{1}{32}} \approx 2 \times \left(1 + \frac{1}{4} \times \frac{1}{32}\right) = 2 + \frac{1}{64} = 2.015625$$

习　题　2-4

1. 求下列函数的微分：

(1) $y = \dfrac{1+x}{1-x}$ ；

(2) $y = \sqrt{x^2 - 1}$ ；

(3) $y = (1-2x)^{10}$ ；

(4) $y = \arctan e^x$ ；

(5) $y = \sqrt{x}(1 + \sin^2 x)$ ；

(6) $y = [\ln(1-x)]^2$.

2. 有一批半径为 1cm 的小球，为提高球面的光洁度，要镀一层铜，厚度为 0.01cm，估计一下每只小球需多少克铜？（提示：铜的质量=铜的体积×铜的密度 8.9g/cm³）

3. 求下列各式的近似值：

(1) $\sin 1°$ ；

(2) $\sqrt{0.98}$.

4. 填上适当的函数，使等式成立：

(1) d(　　) $= 3dx$ ；

(2) d(　　) $= xdx$ ；

(3) d(　　) $= \dfrac{1}{\sqrt{x}} dx$ ；

(4) d(　　) $= \dfrac{1}{2x+1} dx$ ；

(5) d(　　) $= e^{-2x} dx$ ；

(6) d(　　) $= \cos 2x dx$ ；

(7) d(　　) $= \sec^2 \dfrac{x}{2} dx$ ；

(8) d(　　) $= \dfrac{1}{4+x^2} dx$.

第 5 节　中值定理和洛必达法则

学习了导数和微分后，我们将研究函数在一点的局部性质，本节所介绍的几个中值定理为这些应用提供了理论依据，同时介绍求极限的一种新方法——洛必达法则，它使得我们在第 1 章求极限时遇到的问题变得简单了.

一、中值定理

1. 罗尔中值定理

设 $y = f(x)$ 是一条连续光滑的曲线,并且在点 A,B 处的纵坐标相等,即 $f(a) = f(b)$ (图 2-9). 我们容易看出,在弧 AB 上至少有一点 $C(\xi, f(\xi))$,使曲线在 C 点有水平切线.

由上述直观讨论,我们有下述定理.

定理 1(罗尔中值定理) 设函数 $y = f(x)$ 在 $[a,b]$ 上连续,在开区间 (a,b) 上可导,且 $f(a) = f(b)$,那么在开区间 (a,b) 上至少有一点 ξ,使得 $f'(\xi) = 0$.

2. 拉格朗日中值定理

设 $y = f(x)$ 在区间 $[a,b]$ 上的图形是一条连续光滑的曲线弧 ACB,显然直线 AB 的斜率 $k = \dfrac{f(b) - f(a)}{b - a}$,由图 2-10 可以看出,点 c 处的切线平行于直线 AB. 由此我们有下述定理.

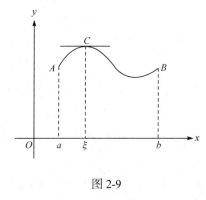

图 2-9

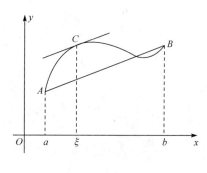

图 2-10

定理 2(拉格朗日中值定理) 设函数 $y = f(x)$ 在闭区间 $[a, b]$ 上连续,在开区间 (a, b) 内可导,那么在 (a,b) 内至少存在一个点 ξ,使得

$$f(b) - f(a) = f'(\xi)(b - a)$$

● 令 $f(a) = f(b)$ 可得罗尔中值定理,因此罗尔中值定理是拉格朗日中值定理的特例.

● 在区间 $[x_0, x_0 + \Delta x]$ 上应用拉格朗日中值定理,可得

$$f(x_0 + \Delta x) - f(x_0) = f'(\xi)\Delta x$$

其中 ξ 在 x_0 与 $x_0 + \Delta x$ 之间. 它揭示了函数增量与导数之间的精确关系,其在微分理论和应用中起着重要的作用,所以也叫做微分中值定理.

由拉格朗日中值定理可得到以下两个推论.

推论 1 若函数 $f(x)$ 在区间 (a,b) 内的导数恒为 0,则 $f(x)$ 在该区间为一个常数.

证 在区间 (a,b) 内任取两点 x_1 和 x_2,不妨设 $x_1 < x_2$,显然 $f(x)$ 在 $[x_1, x_2]$ 上连续,在 (x_1, x_2) 内可导,由拉格朗日中值定理可知,至少存在一个 $\xi \in (x_1, x_2)$,使得

$$f(x_1) - f(x_2) = f'(\xi)(x_1 - x_2)$$

由条件知 $f'(\xi) = 0$,从而 $f(x_2) - f(x_1) = 0$,即 $f(x_2) = f(x_1)$,而 x_1, x_2 是 (a,b) 内任意两点,于是 $f(x)$ 在 (a,b) 内是一个常数.

推论 2 若函数 $f(x), g(x)$ 在开区间 (a,b) 内可导,且导数相等,即 $f'(x) = g'(x)$,则在

(a, b) 内，$f(x)$ 与 $g(x)$ 最多相差一个常数，即

$$f(x) = g(x) + C \quad \text{（其中 } C \text{ 是一个常数）}$$

例 1　试证：当 $x>0$ 时，$\mathrm{e}^x > 1 + x$.

证　令 $f(t) = \mathrm{e}^t$，由于 $f(0) = 1$，因此

$$\mathrm{e}^x - 1 = f(x) - f(0)$$

而 $f(x)$ 在 $[0, x]$ 上满足拉格朗日中值定理条件，所以在 $(0, x)$ 内至少存在一点 ξ，使得

$$\mathrm{e}^x - 1 = f(x) - f(0) = f'(\xi)(x - 0) \quad (0 < \xi < x)$$

由于 $f'(t) = \mathrm{e}^t$，因此上式即为

$$\mathrm{e}^x - 1 = f(x) - f(0) = x\mathrm{e}^{\xi}$$

当 $\xi > 0$ 时，有

$$\mathrm{e}^{\xi} > \mathrm{e}^0 = 1$$

即

$$\mathrm{e}^x - 1 = x\mathrm{e}^{\xi} > x$$

从而当 $x>0$ 时，

$$\mathrm{e}^x > 1 + x.$$

练一练

1. 函数 $y = \ln x$ 在区间 $[1, \mathrm{e}]$ 上满足拉格朗日中值定理的 ξ 为（　　）.

A. 1　　　　　　　　B. e　　　　　　　　C. ln(e−1)　　　　　　　　D. e−1

二、洛必达法则

在第 1 章求极限时，我们经常遇到 $\dfrac{0}{0}$ 型、$\dfrac{\infty}{\infty}$ 型等未定式，如极限 $\lim\limits_{x \to 0} \dfrac{\sin x}{x}$，$\lim\limits_{x \to 2} \dfrac{x^2 - 5x + 6}{x - 2}$ 属于 $\dfrac{0}{0}$ 型，极限 $\lim\limits_{x \to \infty} \dfrac{x^2 + 1}{3x^2 - 2x + 1}$，$\lim\limits_{x \to \infty} \dfrac{x^n}{\mathrm{e}^x}$ 属于 $\dfrac{\infty}{\infty}$ 型，此时不能直接运用极限的四则运算法则，其所以称为未定式，是因为这些极限可能存在，也可能不存在，下面介绍的洛必达 (L'Hospital) 法则可以有效地解决这一类问题.

洛必达法则　设函数 $f(x)$ 和 $g(x)$ 满足以下条件：

(1) $\lim\limits_{x \to a} f(x) = \lim\limits_{x \to a} g(x) = 0$；

(2) 在点 a 的某去心邻域内，$f'(x)$ 和 $g'(x)$ 都存在，且 $g'(x) \neq 0$；

(3) $\lim\limits_{x \to a} \dfrac{f'(x)}{g'(x)} = A$（或 ∞）.

则

$$\lim_{x \to a} \frac{f(x)}{g(x)} = \lim_{x \to a} \frac{f'(x)}{g'(x)} = A \text{（或} \infty\text{）}$$

● 极限过程为 $x \to \infty$ 时，有类似的结论.

● 洛必达法则不仅适用于 $\dfrac{0}{0}$ 型时，而且适用于 $\dfrac{\infty}{\infty}$ 型，即条件 (1) 改为 $\lim\limits_{x \to a} f(x) =$

$$\lim_{x \to a} g(x) = \infty .$$

1. $\dfrac{0}{0}$ 型或 $\dfrac{\infty}{\infty}$ 型的未定式

例 2 求极限 $\lim\limits_{x \to 0} \dfrac{e^x - 1}{x}$ $\left(\dfrac{0}{0} 型\right)$.

解 $\lim\limits_{x \to 0} \dfrac{e^x - 1}{x} \left(\dfrac{0}{0} 型\right) = \lim\limits_{x \to 0} \dfrac{(e^x - 1)'}{x'} = \lim\limits_{x \to 0} \dfrac{e^x}{1} = 1.$

读者会发现,利用洛必达法则求这些熟悉的极限时,过程是多么简单啊!

例 3 求极限 $\lim\limits_{x \to 1} \dfrac{x - 1}{(x+1)\ln x}$ $\left(\dfrac{0}{0} 型\right)$.

解 $\lim\limits_{x \to 1} \dfrac{x - 1}{(x+1)\ln x} = \lim\limits_{x \to 1} \dfrac{1}{x + 1} \cdot \lim\limits_{x \to 1} \dfrac{x - 1}{\ln x}$

$= \dfrac{1}{2} \lim\limits_{x \to 1} \dfrac{x - 1}{\ln x} \left(\dfrac{0}{0} 型\right) = \dfrac{1}{2} \lim\limits_{x \to 1} \dfrac{1}{\frac{1}{x}} = \dfrac{1}{2} \lim\limits_{x \to 1} x = \dfrac{1}{2}$

注意到 $\lim\limits_{x \to 1}(x+1) = 2$,因此极限不为 0 的因式单独求解,如果本题将 $(x+1)$ 参与到分母的求导中,就会增加计算的复杂程度.

应用洛必达法则时,如果极限 $\lim \dfrac{f'(x)}{g'(x)}$ 仍是 $\dfrac{0}{0}$ 型或 $\dfrac{\infty}{\infty}$ 型未定式,且 $f'(x)$ 和 $g'(x)$ 满足定理所需条件,那么可以继续应用洛必达法则,即

$$\lim \dfrac{f(x)}{g(x)} = \lim \dfrac{f'(x)}{g'(x)} = \lim \dfrac{f''(x)}{g''(x)} = \cdots$$

例 4 求极限 $\lim\limits_{x \to \infty} \dfrac{x^2 + 3x + 2}{2x^2 + x + 1}$ $\left(\dfrac{\infty}{\infty} 型\right)$.

解 $\lim\limits_{x \to \infty} \dfrac{x^2 + 3x + 2}{2x^2 + x + 1} \left(\dfrac{\infty}{\infty} 型\right) = \lim\limits_{x \to \infty} \dfrac{2x + 3}{4x + 1} \left(\dfrac{\infty}{\infty} 型\right) = \lim\limits_{x \to \infty} \dfrac{2}{4} = \dfrac{1}{2}.$

例 5 $\lim\limits_{x \to 0^+} \dfrac{\ln \sin 2x}{\ln \sin 7x}$ $\left(\dfrac{\infty}{\infty} 型\right)$.

解 当 $x \to 0^+$ 时,$\sin 2x \to 0$,从而 $\ln \sin 2x \to -\infty, \ln \sin 7x \to -\infty$,考虑到 $\ln \sin 2x$,$\ln \sin 7x$ 均为复合函数,因此

$$\lim\limits_{x \to 0^+} \dfrac{\ln \sin 2x}{\ln \sin 7x} \left(\dfrac{\infty}{\infty} 型\right) = \lim\limits_{x \to 0^+} \dfrac{\frac{\cos 2x}{\sin 2x} \cdot 2}{\frac{\cos 7x}{\sin 7x} \cdot 7} = \lim\limits_{x \to 0^+} \dfrac{2 \cos 2x \sin 7x}{7 \sin 2x \cos 7x}$$

$$= \lim\limits_{x \to 0^+} \dfrac{2 \sin 7x}{7 \sin 2x} \cdot \lim\limits_{x \to 0^+} \dfrac{\cos 2x}{\cos 7x} = \lim\limits_{x \to 0^+} \dfrac{2 \cdot 7x}{7 \cdot 2x} \cdot \dfrac{1}{1} = 1$$

洛必达法则是求不定式的一种有效的方法,但最好能与其他求极限的方法结合使用,解题时尽量先化简,非零因子单独求极限,应用两个重要极限和等价无穷小的代换.

例 6　求 $\lim\limits_{x \to 0} \dfrac{\tan x - x}{x^2 \sin x}$.

解　由于 $x \to 0$ 时，$\sin x \sim x$，$\tan x \sim x$，从而有

$$\lim\limits_{x \to 0} \frac{\tan x - x}{x^2 \sin x} = \lim\limits_{x \to 0} \frac{\tan x - x}{x^3} \left(\frac{0}{0}\text{型}\right) = \lim\limits_{x \to 0} \frac{\sec^2 x - 1}{3x^2}$$

$$= \frac{1}{3} \lim\limits_{x \to 0} \frac{\tan^2 x}{x^2} = \frac{1}{3} \lim\limits_{x \to 0} \frac{x^2}{x^2} = \frac{1}{3}$$

2. 其他类型的未定式

对于其他类型的未定式，如 $0 \cdot \infty$ 型、$\infty - \infty$ 型、0^∞ 型、1^∞ 型、∞^0 型、0^0 型等，可以通过适当的变换，转化成 $\dfrac{0}{0}$ 型或 $\dfrac{\infty}{\infty}$ 型.

例 7　求 $\lim\limits_{x \to 0} \left(\dfrac{1}{x} - \dfrac{1}{e^x - 1}\right)$（$\infty - \infty$ 型）.

解　$\lim\limits_{x \to 0} \left(\dfrac{1}{x} - \dfrac{1}{e^x - 1}\right)(\infty - \infty \text{型}) = \lim\limits_{x \to 0} \dfrac{e^x - 1 - x}{x(e^x - 1)} \left(\dfrac{0}{0}\text{型}\right)$

$$= \lim\limits_{x \to 0} \frac{e^x - 1}{e^x - 1 + xe^x} \left(\frac{0}{0}\text{型}\right) = \lim\limits_{x \to 0} \frac{e^x}{2e^x + xe^x} = \lim\limits_{x \to 0} \frac{1}{2 + x} = \frac{1}{2}$$

我们还可以在第一步通分后先使用等价无穷小代换 $e^x - 1 \sim x(x \to 0)$，有

$$\text{原式} = \lim\limits_{x \to 0} \frac{e^x - 1 - x}{x(e^x - 1)} = \lim\limits_{x \to 0} \frac{e^x - 1 - x}{x^2} \left(\frac{0}{0}\text{型}\right) = \lim\limits_{x \to 0} \frac{e^x - 1}{2x} = \frac{1}{2}$$

例 8　求 $\lim\limits_{x \to +\infty} x \left(\dfrac{\pi}{2} - \arctan x\right)$.

解　原式 $= \lim\limits_{x \to +\infty} \dfrac{\dfrac{\pi}{2} - \arctan x}{\dfrac{1}{x}} \left(\dfrac{0}{0}\text{型}\right) = \lim\limits_{x \to +\infty} \dfrac{-\dfrac{1}{1+x^2}}{-\dfrac{1}{x^2}} = \lim\limits_{x \to +\infty} \dfrac{x^2}{1+x^2} = 1$.

例 9　求 $\lim\limits_{x \to 0^+} x^x$（$0^0$ 型）.

解　由于

$$x^x = e^{\ln x^x} = e^{x \ln x}$$

所以

$$\lim\limits_{x \to 0^+} x^x = \lim\limits_{x \to 0^+} e^{x \ln x} = \lim\limits_{x \to 0^+} e^{\frac{\ln x}{\frac{1}{x}}} = e^{\lim\limits_{x \to 0^+} \frac{\ln x}{\frac{1}{x}}} \left(\frac{\infty}{\infty}\text{型}\right)$$

$$= e^{\lim\limits_{x \to 0^+} \left(\frac{\frac{1}{x}}{\frac{1}{x^2}}\right)} = e^{\lim\limits_{x \to 0^+}(-x)} = e^0 = 1$$

最后我们说明在应用洛必达法则时应注意的问题：

(1) 应用洛必达法则时必须首先验证极限类型是不是 $\dfrac{0}{0}$ 型、$\dfrac{\infty}{\infty}$ 型；

(2) "$\lim\dfrac{f'(x)}{g'(x)}$ 存在或 ∞" 是 "$\lim\dfrac{f(x)}{g(x)}$ 存在或 ∞" 的一个前提，但不能因为 $\lim\dfrac{f'(x)}{g'(x)}$ 不存在，就说 $\lim\dfrac{f(x)}{g(x)}$ 不存在，如 $\lim\limits_{x\to\infty}\dfrac{(x+\sin x)'}{x'}=\lim\limits_{x\to\infty}(1+\cos x)$ 不存在，但

$$\lim_{x\to\infty}\frac{x+\sin x}{x}=\lim_{x\to\infty}\left(1+\frac{1}{x}\cdot\sin x\right)=1$$

(3) 洛必达法则不是万能的，比如 $\lim\limits_{x\to+\infty}\dfrac{e^x-e^{-x}}{e^x+e^{-x}}=1$ 用洛必达法则就得不出结果.

练一练

1. 下列极限能用洛必达法则求解的是（　　）.

A. $\lim\limits_{x\to3}\dfrac{x^2-1}{x-1}$ 　　B. $\lim\limits_{x\to0}\dfrac{x+\sin x}{x}$ 　　C. $\lim\limits_{x\to\infty}\dfrac{\sin x}{x}$ 　　D. $\lim\limits_{x\to+\infty}\dfrac{\sqrt{1+x^2}}{x}$

2. $\lim\limits_{x\to0}\dfrac{x-\sin x}{x^3}=$ _____ .

习　题　2-5

1. 求下列极限：

(1) $\lim\limits_{x\to0}\dfrac{\ln(1+x)}{x}$ ；

(2) $\lim\limits_{x\to0}\dfrac{\arcsin x}{x}$ ；

(3) $\lim\limits_{x\to a}\dfrac{x^m-a^m}{x^n-a^n}$ ；

(4) $\lim\limits_{x\to0}\dfrac{e^x-e^{-x}}{\sin x}$ ；

(5) $\lim\limits_{x\to\frac{\pi}{2}}\dfrac{\ln\sin x}{(\pi-2x)^2}$ ；

(6) $\lim\limits_{x\to0^+}\dfrac{\ln\tan 7x}{\ln\tan 2x}$.

2. 求下列极限：

(1) $\lim\limits_{x\to0}x^2 e^{\frac{1}{x^2}}$ ；

(2) $\lim\limits_{x\to1}\left(\dfrac{x}{x-1}-\dfrac{1}{\ln x}\right)$ ；

(3) $\lim\limits_{x\to0^+}x\ln x$ ；

(4) $\lim\limits_{x\to1}x^{\frac{1}{1-x}}$ ；

(5) $\lim\limits_{x\to0}\left(\dfrac{1}{\sin x}-\dfrac{1}{x}\right)$ ；

(6) $\lim\limits_{x\to0^+}\left(\dfrac{1}{x}\right)^{\tan x}$.

3. 试用中值定理证明下列不等式：

(1) 当 $0<a<b$ 时，$3a^2(b-a)<b^3-a^3<3b^2(b-a)$ ；

(2) 当 $x>0$ 时，$\dfrac{x}{1+x}<\ln(1+x)<x$.

第 6 节　函数的单调性和极值

本节将利用中值定理，给出函数的单调性、极值和最值的判定方法.

一、函数的单调性

如果函数 $y = f(x)$ 在 $[a,b]$ 上单调增加(或减少),那么它的图形是一条沿 x 轴正向不断上升(或下降)的曲线. 如图 2-11 所示,曲线上各点的切线的斜率非负(或非正),即 $f'(x) \geqslant 0$(或 $f'(x) \leqslant 0$),由此可见,函数的单调性与导数的符号有着密切的关系,我们有下面的定理.

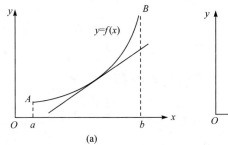 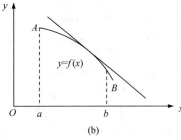

图 2-11

定理 1 设函数 $y = f(x)$ 在闭区间 $[a,b]$ 上连续,在开区间 (a,b) 内可导,则有

(1)如果在 (a,b) 内 $f'(x) > 0$,那么 $f(x)$ 在 $[a,b]$ 上单调增加;

(2)如果在 (a,b) 内 $f'(x) < 0$,那么 $f(x)$ 在 $[a,b]$ 上单调减少.

证 (2)和(1)的证明类似,我们只证明(1).

在区间 $[a,b]$ 上取两点 x_1 和 x_2,不妨设 $x_1 < x_2$,由条件知 $f(x)$ 在 $[x_1, x_2]$ 上连续,在 (x_1, x_2) 内可导,应用拉格朗日中值定理,至少存在一点 $\xi \in (x_1, x_2)$,使得

$$f(x_2) - f(x_1) = f'(\xi)(x_2 - x_1)$$

因 $f'(\xi) > 0$,且 $x_2 - x_1 > 0$,所以 $f(x_2) - f(x_1) > 0$,即

$$f(x_1) < f(x_2)$$

从而 $f(x)$ 在区间 $[a,b]$ 上单调增加.

例 1 讨论 $y = 3x - x^3$ 的单调性.

解 $y = 3x - x^3$ 的定义域为 $(-\infty, +\infty)$,它的导数

$$y' = 3 - 3x^2 = 3(1+x)(1-x)$$

下面来讨论它的符号:

当 $x \in (-1, 1)$ 时,$y' > 0$;当 $x \in (-\infty, -1) \bigcup (1, +\infty)$ 时,$y' < 0$,所以 $y = 3 - 3x^2$ 在 $(-\infty, -1)$ 内单调减少,在 $(-1, 1)$ 内单调增加,在 $(1, +\infty)$ 内单调减少.

我们常列成如下表格(表 2-1),其中 ↗ 表示单调增加,↘ 表示单调减少.

表 2-1

x	$(-\infty,-1)$	-1	$(-1,\ 1)$	1	$(1,+\infty)$
y'	$-$	0	$+$	0	$-$
y	↘		↗		↘

上述定理讨论的是闭区间$[a,b]$上的单调性,但对开区间、半开区间、无穷区间等都是成立的.

例2 讨论$y=\sqrt[3]{x^2}$的单调性.

解 $y=\sqrt[3]{x^2}$的定义域为$(-\infty,+\infty)$.

当$x\neq 0$时,$y'=\dfrac{2}{3\sqrt[3]{x}}$;当$x=0$时,$y'$不存在(见习题 2-1).

因此,当$x\in(-\infty,0)$时,$y'<0$,从而$y=\sqrt[3]{x^2}$在$(-\infty,0)$上单调减少;当$x\in(0,+\infty)$时,$y'>0$,从而在$(0,+\infty)$上单增调加(图 2-12).

例 1 和例 2 告诉我们,多数函数在整个定义域上不是单调的,因此在研究函数的单调区间时,可以利用两类点来划分区间:

(1)导数为零的点(见例 1),(2)导数不存在的点(见例 2).

例3 讨论函数$y=x^3$的单调性.

解 $y=x^3$的定义域为$(-\infty,+\infty)$,它的导数

$$y'=3x^2$$

显然,当$x=0$时,$y'=0$;当$x\neq 0$时,y'恒大于 0,因此$y=x^3$在$(-\infty,0)$和$(0,+\infty)$上都是单调增加的,进一步观察发现$y=x^3$在整个定义域$(-\infty,+\infty)$上也是单调增加的(图 2-13).

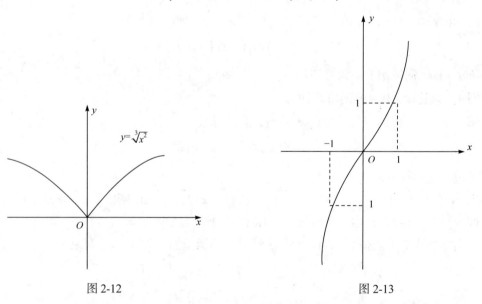

图 2-12   图 2-13

一般地,如果函数$f(x)$在某区间内的有限个点的导数为零,其余各点的导数恒为正(或

负)时，那么 $f(x)$ 在该区间上仍然单调增加(或单调减少).

1. 下列函数在定义域内单调增加的是(　　).

A. $y = \mathrm{e}^{-x}$　　　　B. $y = \mathrm{e}^{\frac{1}{x}}$　　　　C. $y = -\mathrm{e}^{x}$　　　　D. $y = \mathrm{e}^{x} - \mathrm{e}^{-x}$

2. 关于函数 $f(x) = \dfrac{x}{1 + x^2}$ 的单调性，正确的是(　　).

A. 在 $(-\infty, +\infty)$ 单调增加　　　　　　B. 在 $(-\infty, +\infty)$ 单调减少

C. 在 $(-1, 1)$ 单调增加　　　　　　　　　D. 在 $(-1, 1)$ 单调减少

二、函数的极值

1. 极值的概念

定义 1　设函数 $f(x)$ 在 x_0 的某邻域内有定义，如果对于此邻域内的一切 $x \neq x_0$，均有 $f(x) > f(x_0)$，则称 $f(x_0)$ 为函数 $f(x)$ 的一个极小值，x_0 称为函数的极小值点.

如果对于此邻域内一切 $x \neq x_0$，均有 $f(x) < f(x_0)$，则称 $f(x_0)$ 为函数 $f(x)$ 的一个极大值，x_0 为函数的极大值点.

函数的极大值和极小值统称为**极值**.

函数的极值是一个局部概念. 如果 $f(x_0)$ 是 $f(x)$ 的一个极大值，那么在 x_0 的某邻域内，$f(x_0)$ 是最大的，但对于整个定义域，$f(x_0)$ 不一定是最大值.

函数的极大值不一定大于极小值，如图 2-14 所示中，$f(c_1) < f(c_5)$.

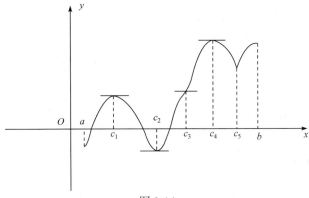

图 2-14

函数的极值一定出现在区间内部，在区间端点处不能取极值.

在图 2-14 中，$f(c_1)$ 和 $f(c_4)$ 是函数的极大值，$f(c_2)$ 和 $f(c_5)$ 是函数的极小值，$f(c_3)$ 既不是极大值也不是极小值.

我们进一步观察到，在函数的极值点 c_1 和 c_2 及 c_4 处切线是水平的，而 c_5 虽是极值点，但 $f(x)$ 在 c_5 处出现尖点，此时导数不存在，从而没有切线，因此我们有下面的定理.

2. 极值的必要条件

定理 2（费马定理）　设函数 $f(x)$ 在 x_0 处可导，且在 x_0 处取得极值，则 $f'(x_0) = 0$.

导数等于零的点称为驻点，费马定理告诉我们：可导函数的极值点必定是驻点，但反过来，驻点却不一定是函数的极值点，如例 3 中，$x = 0$ 是 $y = x^3$ 的驻点，但不是它的极值点.

由例 2 进一步可知,$y = \sqrt[3]{x^2}$ 在 $x = 0$ 处取得极小值,但它在 $x=0$ 处的导数不存在.

因此,对函数 $f(x)$ 来说,有两类点有可能成为极值点:(1)函数 $f(x)$ 的驻点,即 $f'(x) = 0$ 的点(从图上看,曲线有水平切线);(2)函数在该点有定义,但导数不存在的点(从图上看,曲线出现尖点或间断).

上述两类点称为极值的**可疑点**,下面进一步介绍判断这些可疑点是否为极值点的方法.

3. 极值的充分条件

定理 3(极值判别法 1) 设 $f(x)$ 在 x_0 的某邻域内导数存在,且 $f'(x_0) = 0$,在该邻域内

(1)如果当 $x < x_0$ 时,$f'(x) > 0$;当 $x > x_0$ 时,$f'(x) < 0$,那么 $f(x)$ 在 x_0 处取得极大值.

(2)如果当 $x < x_0$ 时,$f'(x) < 0$;当 $x > x_0$ 时,$f'(x) > 0$,那么 $f(x)$ 在 x_0 处取得极小值.

(3)如果当 x 在 x_0 的两侧时,$f'(x)$ 的符号不变,那么 $f(x)$ 在 x_0 处没有极值.

● 该判别法说明:极值点是函数单调增加与单调减少的分界点.

● 该判别法不仅适用于驻点,同样适用于导数不存在的点,因此对极值的可疑点,都可以利用该判别法.

证 我们仅证明第 1 种情形,其他情形类似.

设 x 为 x_0 的某邻域内任一点,当 $x < x_0$ 时,$f'(x) > 0$,利用定理 1 可知 $f(x)$ 在 x_0 的左边邻域内单调增加,从而有 $f(x) < f(x_0)$. 当 $x > x_0$ 时,$f'(x) < 0$,此时 $f(x)$ 在 x_0 的右边邻域内单调减少,从而有 $f(x) < f(x_0)$,因此 $f(x)$ 在 x_0 处取得极大值(图 2-15).

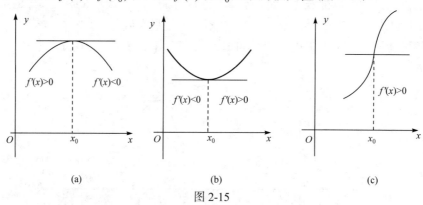

$$(a) \qquad\qquad (b) \qquad\qquad (c)$$

图 2-15

在某区间内求 $f(x)$ 的极值时,可按以下步骤进行:

(1)确定函数定义域;

(2)求导数 $f'(x)$,找 $f'(x)=0$ 的点和导数不存在的点(可疑点);

(3)根据定理 3,确定极值点和极值大小.

例 4 求函数 $f(x) = \dfrac{e^x}{3 + 4x^2}$ 的极值.

解 $f(x)$ 的定义域为 $(-\infty, +\infty)$,它的导数为

$$f'(x) = \frac{e^x(3 + 4x^2) - e^x \cdot 8x}{(3 + 4x^2)^2} = e^x \cdot \frac{4x^2 - 8x + 3}{(3 + 4x^2)^2} = e^x \cdot \frac{(2x-3)(2x-1)}{(3 + 4x^2)^2}$$

令 $f'(x) = 0$,得驻点

$$x_1 = \frac{1}{2}, \quad x_2 = \frac{3}{2}$$

用下面列表考察 $f'(x)$ 的符号（表 2-2）.

表 2-2

x	$\left(-\infty,\dfrac{1}{2}\right)$	$\dfrac{1}{2}$	$\left(\dfrac{1}{2},\dfrac{3}{2}\right)$	$\dfrac{3}{2}$	$\left(\dfrac{3}{2},+\infty\right)$
y'	+	0	−	0	+
y	↗	极大值	↘	极小值	↗

所以所求函数在 $x=\dfrac{1}{2}$ 处取得极大值 $\dfrac{1}{4}\sqrt{e}$，在 $x=\dfrac{3}{2}$ 处取得极小值 $\dfrac{1}{12}e^{\frac{3}{2}}$.

如果 $f(x)$ 在驻点 x_0 处有二阶导数，还可以利用二阶导数来判定极值.

定理 4（极值点判别法 2）　设 $f(x)$ 在 x_0 的某邻域内二阶可导，且 $f'(x_0)=0$.

(1) 如果 $f''(x_0)>0$，那么 $f(x)$ 在 x_0 处取得极小值；

(2) 如果 $f''(x_0)<0$，那么 $f(x)$ 在 x_0 处取得极大值.

例 5　求函数 $f(x)=(x^2-1)^3+1$ 的极值.

解　$f(x)$ 的定义域为 $(-\infty,+\infty)$，求导得 $f'(x)=6x(x^2-1)^2$，$f''(x)=6(x^2-1)(5x^2-1)$，得驻点 $x_1=-1,x_2=0,x_3=1$.

由 $f''(0)=6>0$，因此 $f(x)$ 在 $x=0$ 处取得极小值 $f(0)=0$，而 $f''(-1)=f''(1)=0$，我们利用极值判别法 1 来判断.

当 x 在 -1 的左边邻域时，$f'(x)<0$，当 x 在 -1 的右边邻域时，$f'(x)<0$，两者同号，所以 $f(x)$ 在 $x=-1$ 处无极值.

同理 $f(x)$ 在 $x=1$ 处也没有极值.

我们将两种判别法用图 2-16 来比较说明.

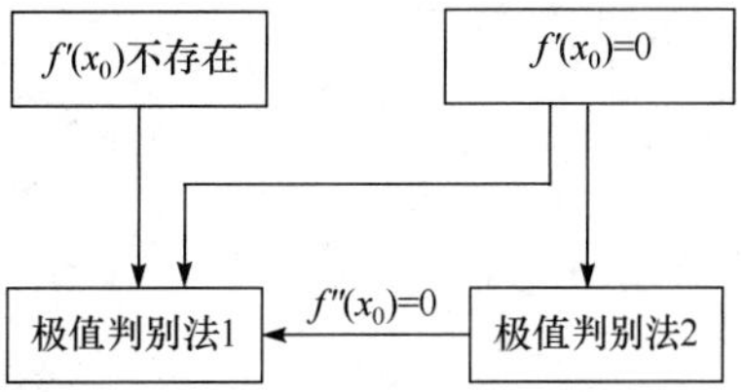

图 2-16

练一练

1. 判断下列说法是否正确：

(1) 如果 $f'(x_0)=0$，那么 $f(x)$ 在 x_0 处取得极值；

(2) 如果 $f(x)$ 在 x_0 处取得极值，那么 $f'(x_0)=0$；

(3) 如果 $f''(x_0)>0$，$f(x)$ 在 x_0 处取得极小值；

(4) 如果可导函数 $f(x)$ 在 (a,b) 内单调增加，那么在 (a,b) 内 $f'(x)>0$.

三、函数的最值

在药学及其他领域，经常会遇到这一类问题：在一定条件下，怎样"用料最省""何时血药浓度最大""什么时间发病率最低"等，这类问题都可以归结为函数的最大值或最小值，即最值问题.

1. 解析函数的最值

我们知道，闭区间上的连续函数一定存在最大值和最小值. 由于函数的最值可能在区间内部取得，也可能在区间端点取得. 所以可以按以下步骤求最值：

(1)确定函数定义域;

(2)求导数 $f'(x)$,找 $f'(x)=0$ 的点和导数不存在的点(可疑点);

(3)将上述点的函数值与端点的函数值比较,其中最大的便是函数的最大值,最小的便是最小值.

例6 求函数 $f(x)=x^4-2x^2+5$ 在 $[-2,2]$ 上的最大值和最小值.

解 $f'(x)=4x^3-4x=4x(x-1)(x+1)$,令 $f'(x)=0$,得驻 $x_1=0,x_2=-1,x_3=1$,将驻点的函数值与端点的函数值比较,有

$$f(0)=5,\quad f(-1)=4,\quad f(1)=4,\quad f(-2)=13,\quad f(2)=13$$

所以函数 $f(x)$ 在 $[-2,2]$ 上的最大值为 $f(-2)=f(2)=13$,最小值为 $f(-1)=f(1)=4$.

求函数的最值时,如果 $f(x)$ 在某一区间(开或闭,有限或无限)内可导且只有唯一的驻点 x_0,而且驻点 x_0 是函数的极值点,那么这个极大值(或极小值) $f(x_0)$ 就是 $f(x)$ 在区间上的最大值(或最小值).

2. 实际应用中的最值问题

实际应用中往往根据问题的性质,就可以判定最大值或最小值一定存在,如果此时函数在区间内部只有唯一的驻点,那么不必讨论该点的极值情况,直接可以断言这个驻点处取得的必为最大值或最小值.

例7 某药厂拟建造如图 2-17 所示的容器(不计厚度,长度单位为 m),其中容器的中

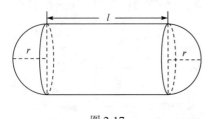

图 2-17

间为圆柱形,左右两端均为半球形,按照设计要求容器的体积为 $\dfrac{64\pi}{3}\mathrm{m}^3$.假设该容器的建造费用仅与其表面积有关.已知圆柱形部分每平方米建造费用为 3 千元,半球形部分每平方米建造费用为 4 千元.设该容器的建造费用为 y 千元.(1)写出 y 关于 r 的函数表达式,并求该函数的定义域;(2)求该容器的建造费用最小时的 r.

解 (1)设容器的容积为 V,由题意知 $V=\pi r^2 l+\dfrac{4}{3}\pi r^3$,又 $V=\dfrac{64\pi}{3}$,故

$$l=\frac{V-\dfrac{4}{3}\pi r^3}{\pi r^2}=\frac{64}{3r^2}-\frac{4}{3}r$$

由于 $l>0$,所以 $\dfrac{64}{3r^2}-\dfrac{4}{3}r>0$,解之得 $r<2\sqrt[3]{2}$.

因此,建造费用为

$$y=2\pi rl\times 3+4\pi r^2\times 4=2\pi r\times\left(\frac{64}{3r^2}-\frac{4}{3}r\right)\times 3+16\pi r^2$$

即

$$y=8\pi r^2+\frac{128\pi}{r},\quad \text{定义域为}(0,2\sqrt[3]{2})$$

(2)由(1)得

$$y'=16\pi r-\frac{128\pi}{r^2}=\frac{16\pi}{r^2}(r^3-8)$$

令 $y'=0$，得 $r=2<2\sqrt[3]{2}$，并且当 $r<2$，时 $y'<0$，当 $r>2$ 时，$y'>0$.

所以 $r=2$ 是函数 y 的极小值点，也是最小值点，此时建造费用最小 96π 千元.

说明：根据题意，所求容器的建造费用一定有最小值，且 $r=2$ 是唯一的驻点，所以当 $r=2$ 时，费用取得最小值，可以不必去讨论极值情况而直接断言.

习　题　2-6

1. 试确定下列函数的单调区间和极值：

(1) $y=x^2-2x+3$；　　　　　　　　　(2) $y=2x^3-6x^2-18x-7$；

(3) $y=\dfrac{\mathrm{e}^x}{x}$；　　　　　　　　　　　(4) $y=\dfrac{x-1}{x^2+1}$；

(5) $y=-\ln x+\dfrac{1}{2x}+\dfrac{3}{2}x+1$；　　　(6) $y=x-\dfrac{3}{2}\sqrt[3]{x^2}$.

2. 试求下列函数在相应区间上的最大值、最小值：

(1) $y=x^4-8x^2-2$，$x\in[-1,3]$；　　　(2) $y=x+\sqrt{1-x}$，$x\in[-5,1]$.

3. 求三次多项式 $y=x^3+ax^2+bx+c$ 使其在 $x=-1$，在 $x=1$ 处取极值，并通过点 $(0,1)$.

4. 铁路线上 AB 段的距离为 100km，工厂 C 距 A 为 20km，AC 垂直于 AB（图 2-18）. 为了运输需要，要在 AB 线上选一点 D 向工厂修筑一条公路，已知铁路每公里货运的运费与公路上每公里的货运的运费之比为 $3:5$，为了使货物从供应站 B 运到工厂 C 的运费最省，问 D 点应选在何处？

5. 用一块长为 8cm，宽为 5cm 的长方形铁皮，四角各截去一个大小相同的小正方形，如图 2-19 所示，然后将四边折起 $90°$，做成一个无盖的容器. 问：容器底边为多少时，容器的容积最大，最大的容积是多少？

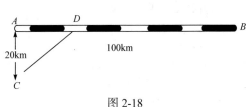

图 2-18

图 2-19

6. 某工厂生产某种药品，已知该产品的月产量 x 吨与每吨产品的价格 P(元/吨) 之间的关系为 $P=24200-0.2x^2$，且生产 x 吨的成本 $R=50000+200x$(元)，问该产品每月生产多少吨产品才能使利润达到最大？最大利润是多少？

7. 设一圆柱形有盖茶缸的体积为 16π，试求底面半径为多少时，茶缸的表面积最小？

第 7 节　曲线的凹凸性和函数的绘图

一、曲线的凹凸性

生活中我们常说："地面是凹凸不平的，"数学上的凹凸性与此类似，是用来表示曲线的弯曲方向的，可由曲线和其切线的相对位置来确定.

1. 曲线的凹凸性和拐点的定义

定义 1 设函数 $y=f(x)$ 在区间 $[a, b]$ 上连续，在 (a, b) 内可导，如果 $f(x)$ 的图形位于其每一点切线的上方，则称曲线在区间 $[a, b]$ 上是**凹的**；如果 $f(x)$ 的图形位于每一点切线的下方，则称曲线在区间 $[a, b]$ 上是**凸的**.

定义 2 连续曲线上的凹的曲线弧与凸的曲线弧的分界点称为曲线的**拐点**.

例如，在图 2-20 中，区间 $[a, c]$ 上的曲线弧 ABC 是凸的，区间 $[c, b]$ 上的曲线弧 CDE 是凹的，从而 C 点是拐点.

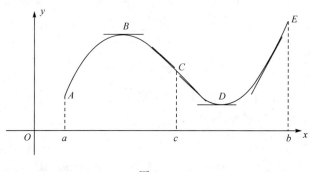

图 2-20

2. 曲线的凹凸性和拐点的判别

从图 2-20 可以看出：对于凹的曲线弧，切线斜率 $k=f'(x)$ 随着 x 的增大而增大，即 $f'(x)$ 是单调增加的；对于凸的曲线弧，切线的斜率 $k=f'(x)$ 随着 x 的增大而减少，即 $f'(x)$ 是单调减少的. 而函数 $f'(x)$ 的单调性是由它的导数，即 $f(x)$ 的二阶导数 $f''(x) = (f'(x))'$ 的正负来决定的，因此我们有下列用二阶导数判定曲线凹凸的定理.

定理 1 设函数 $y=f(x)$ 在 $[a,b]$ 上连续，在 (a,b) 内具有二阶导数：
(1)如果在 (a,b) 内 $f''(x)>0$，则曲线 $y=f(x)$ 在 $[a,b]$ 上是凹的；
(2)如果在 (a,b) 内 $f''(x)<0$，则曲线 $y=f(x)$ 在 $[a,b]$ 上是凸的.

例 1 讨论曲线 $y = \frac{1}{3}x^3 - x^2 + \frac{1}{3}$ 的凹凸性和拐点.

解 $y = \frac{1}{3}x^3 - x^2 + \frac{1}{3}$ 的定义域为 $(-\infty, +\infty)$，求导有

$$y' = x^2 - 2x, \quad y'' = 2x - 2$$

因此，当 $x<1$ 时，$y''<0$，从而曲线在 $(-\infty,1)$ 内是凸的；当 $x>1$ 时，$y''>0$，从而曲线在 $(1,+\infty)$ 内是凹的. 从而，点 $\left(1,-\frac{1}{3}\right)$ 是曲线 $y = \frac{1}{3}x^3 - x^2 + \frac{1}{3}$ 的凹凸的分界点，即为拐点.

由定理 1 可知，根据 $f''(x)$ 的符号可以判断曲线的凹凸性，当 $f''(x_0)=0$ 时，如果 $f''(x)$ 在 x_0 的左右两侧符号相反，则点 $(x_0, f(x_0))$ 就是一个拐点，否则不是拐点. 例如，函数 $y=x^4$，虽然它在 $x=0$ 处的二阶导数 $f''(0)=0$，但在 $x=0$ 的两侧恒有 $y''=12x^2>0$，所以，点 $(0,0)$ 不是它的拐点.

例 2　求曲线 $y = \sqrt[3]{x}$ 的拐点.

解　$y = \sqrt[3]{x}$ 的定义域为 $(-\infty, +\infty)$，求导得

$$y' = \frac{1}{3}x^{-\frac{2}{3}}, \quad y'' = -\frac{2}{9}x^{-\frac{5}{3}} = -\frac{2}{9\sqrt[3]{x^5}}$$

当 $x>0$ 时，$y'' < 0$，从而曲线在 $(0, +\infty)$ 内是凸的；

当 $x<0$ 时，$y'' > 0$，从而曲线在 $(-\infty, 0)$ 内是凹的.

因此，点 $(0,0)$ 是该曲线的拐点.

我们注意到，当 $x=0$ 时，y'' 不存在，这说明二阶导数不存在的点也有可能是拐点，因此可按以下步骤研究凹凸性和拐点：

(1)确定函数 $y = f(x)$ 的定义域；

(2)求出二阶导数 $f''(x)$，找出 $f''(x) = 0$ 的点及 $f''(x)$ 不存在的点；

(3)对于第(2)步中的每个点 x_0，考察 $f''(x)$ 在 x_0 左右两侧的符号，如果符号相反，则点 $(x_0, f(x_0))$ 为拐点，否则不是拐点.

事实上，求极值点的方法和求拐点的方法非常相似. 对于函数 $y = f(x)$ 而言，极值点是函数单调增加与单调减少的分界点(见极值判别法 1)，拐点是函数凹与凸的分界点，而单调性是由一阶导数 $f'(x)$ 的正负来确定，凹凸性是由二阶导数 $f''(x)$ 的正负来确定. 进一步研究还会发现，可导函数 $f(x)$ 的拐点是它的一阶导数 $f'(x)$ 的极值点.

练一练

1. $x=0$ 是函数（　　）的拐点.

A. $y = \sin x$　　　　　B. $y = e^x$　　　　　C. $y = \dfrac{1}{x}$　　　　　D. $y = x^4$

2. 点 $(5,2)$ 是曲线 $y = (x-5)^{\frac{5}{3}} + 2$ 的（　　）.

A. 极值点但不是拐点　　　　　　　　　B. 拐点但不是极值点

C. 既是极值点也是拐点　　　　　　　　D. 不是极值点也不是拐点

*二、函数的绘图

1. 渐近线

定义 3　如果 $\lim\limits_{x \to \infty} f(x) = b$，则曲线 $y = f(x)$ 有水平渐近线 $y = b$；

如果 $\lim\limits_{x \to a} f(x) = \infty$，则曲线 $y = f(x)$ 有垂直渐近线 $x = a$.

例 3　求 $f(x) = \dfrac{x-3}{4(x-1)}$ 的垂直渐近线和水平渐近线.

解　由 $\lim\limits_{x \to 1} f(x) = \lim\limits_{x \to 1} \dfrac{x-3}{4(x-1)} = \infty$ 可知 $x=1$ 是 $f(x)$ 的垂直渐近线，由 $\lim\limits_{x \to \infty} f(x) = \lim\limits_{x \to \infty} \dfrac{x-3}{4(x-1)} = \dfrac{1}{4}$ 可知，$y = \dfrac{1}{4}$ 是 $f(x)$ 的水平渐近线.

2. 图形的描绘

有了函数的极值点、拐点和渐近线(俗称"二点一线")等特性，我们就可以比较准确

地作出函数的图形. 下面通过一个例子说明描绘图形的一般步骤, 对于较为复杂的函数, 可以借助于相应的手机 APP 如 MathStudio 来完成.

例 4 作出函数 $y = \dfrac{1}{\sqrt{2\pi}} e^{-\frac{x^2}{2}}$ 的图形 (高斯曲线).

解 函数的定义域为 $(-\infty, +\infty)$, 求导得

$$y' = -\frac{x}{\sqrt{2\pi}} e^{-\frac{x^2}{2}}, \quad y'' = \frac{(x+1)(x-1)}{\sqrt{2\pi}} e^{-\frac{x^2}{2}}$$

令 $y'=0$ 得驻点 $x=0$, 令 $y''=0$ 得 $x = \pm 1$.

下面列表讨论函数的性质 (表 2-3).

表 2-3

x	$(-\infty, -1)$	-1	$(-1, 0)$	0	$(0, 1)$	1	$(1, +\infty)$
y'	+	+	+	0	−	−	−
y''	+	0	−	−	−	0	+
y	↗凹	拐点	↗凸	极大值	↘凸	拐点	↘凹

由 $\lim\limits_{x \to \infty} \dfrac{1}{\sqrt{2\pi}} e^{-\frac{x^2}{2}} = 0$ 可知, $y=0$ 是曲线的水平渐近线. 根据 $y>0$ 可知, 图形位于 x 轴上方. 又 $f(-x)=f(x)$, 函数为偶函数, 其图形关于 y 轴对称.

描点

$$P_1\left(-2, \frac{1}{\sqrt{2\pi e^2}}\right), \quad P_2\left(-1, \frac{1}{\sqrt{2\pi e}}\right), \quad P_3\left(0, \frac{1}{\sqrt{2\pi}}\right), \quad P_4\left(1, \frac{1}{\sqrt{2\pi e}}\right), \quad P_5\left(2, \frac{1}{\sqrt{2\pi e^2}}\right)$$

综合上述性质, 这样便可以画出函数的图形, 如图 2-21 所示.

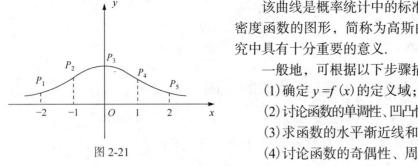

图 2-21

该曲线是概率统计中的标准正态分布 $N(0, 1)$ 的密度函数的图形, 简称为高斯曲线, 在统计学的研究中具有十分重要的意义.

一般地, 可根据以下步骤描绘函数的图形:

(1) 确定 $y=f(x)$ 的定义域;

(2) 讨论函数的单调性、凹凸性, 求出极值点和拐点;

(3) 求函数的水平渐近线和垂直渐近线;

(4) 讨论函数的奇偶性、周期性;

(5) 描点.

综合以上性质可描绘函数的图形.

习 题 2-7

1. 讨论下列函数的凹凸性和拐点:

(1) $y = x^4 - 2x^3 + 1$;　　　　　　　　(2) $y = x e^{-x}$.

2. 求下列函数的垂直或水平渐近线:

(1) $y = \dfrac{2x}{(x-1)^2}$;　　　　　　　　(2) $y = x \sin\dfrac{1}{x}$.

3. 试讨论 $y = \ln(1 + x^2)$ 的单调性、极值、凹凸性和拐点，并作出函数的图形.

第 8 节　一元微分学在医药学上的应用

本节通过几个实例说明微分学在医药学上的广泛应用.

一、导数光谱介绍

导数光谱，也称微分光谱，可以测量药物样品中被测物的含量，在药物质量控制和临床药学检验中有着重要的意义.

当一束平行的单色光通过有色溶液时，溶质吸收了光能，光的强度减弱. 吸收光谱曲线，即 A-λ 曲线是一种描述物质对各种波长的吸收度的曲线，其中 A 为吸光度，λ 为波长. 图 2-22 是一个模拟的吸光曲线，其中极大值点 $\lambda_{\max}$ 也称为最大吸收波长，在鉴定化合物时具有重要意义，不同物质具有不同的最大吸收波长.

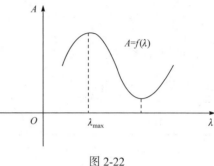

图 2-22

导数光谱就是函数 $A=f(\lambda)$ 的各阶导数的图形. 由于很难给出 $A=f(\lambda)$ 的具体的解析式，所以导数光谱像 $A=f(\lambda)$ 一样，只能采取逐步描点的方法绘制图形.

对于函数 $A=f(\lambda)$，其一阶导数为

$$\frac{\mathrm{d}A}{\mathrm{d}\lambda} = \lim_{\Delta\lambda \to 0} \frac{\Delta A}{\Delta\lambda}$$

在实际计算中，往往取小间隔的 $\Delta\lambda$，这样用 $\dfrac{\Delta A}{\Delta\lambda}$ 近似代替 $\dfrac{\mathrm{d}A}{\mathrm{d}\lambda}$，用这些数值和波长描绘成图像，就是一阶导数光谱，同样的方法可得到二阶导数光谱、三阶导数光谱等. 现在有许多仪器采用微分线路直接产生导数光谱.

图 2-23 是用高斯曲线模拟的吸光曲线的各阶导数，我们观察到：

(1) 零阶光谱的极值点，其奇数阶 $(n=1,3,\cdots)$ 的导数为零，其偶数阶 $(n=2,4,6,\cdots)$ 的导数取得极值 (极大值和极小值交替出现)，这有助于吸收曲线峰值的精确确定.

(2) 零阶光谱的拐点，其奇数阶 $(n=1,3,\cdots)$ 的导数产生极值，其偶数阶 $(n=2,4,6,\cdots)$ 的导数为零，这对肩峰的鉴别和分离很有帮助.

一般阶数越高，分辨率越高，通常选用一阶或二阶导数光谱.

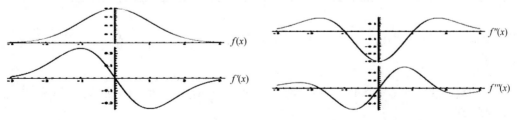

图 2-23

二、电位滴定法

电位滴定法是药物分析中根据滴定过程中电池电动势的变化确定化学计量点的一种常用方法.

例1 现用硝酸银溶液滴定氯化钠溶液，E 表示电位计读数(单位：V)，V 表示滴定的硝酸银溶液体积(单位：ml)，试根据表 2-4 部分滴定数据求化学计量点的大小.

解 根据表 2-4 中的原始记录数据，绘制成 E-V 曲线，如图 2-24(a)所示，化学上的计量点为 E-V 曲线上的拐点，本方法适用于电动势 E 变化较为明显的曲线.

为了提高准确性，现改用 $\dfrac{\Delta E}{\Delta V}$-$\bar{V}$ 曲线法，相当于数学上的一阶导数曲线，由于曲线的拐点处二阶导数等于零，两侧的二阶导数异号，从而其一阶导数在拐点处取得极值(这里为极大值)，所以可以寻找 $\dfrac{\Delta E}{\Delta V}$-$\bar{V}$ 曲线上的对应的极大值点来确定化学计量点. 计算中仍然取 ΔV 很小，从而用 $\dfrac{\Delta E}{\Delta V}$ 代替一阶导数.

表 2-4 滴定记录数据和数据处理表

\(E\)-\(V\)		$\dfrac{\Delta E}{\Delta V}$-$\bar{V}$				$\dfrac{\Delta^2 E}{\Delta V^2}$-$\bar{V}'$			
V	E	ΔE	ΔV	$\dfrac{\Delta E}{\Delta V}$	$\bar{V}$	$\Delta\left(\dfrac{\Delta E}{\Delta V}\right)$	ΔV	$\dfrac{\Delta^2 E}{\Delta V^2}$	$\bar{V}'$
22.00	0.123	0.015	1.00	0.015	22.50	0.021	1.00	0.021	23.00
23.00	0.138	0.036	1.00	0.036	23.50	0.054	0.55	0.098	23.78
24.00	0.174	0.009	0.10	0.09	24.05	0.02	0.10	0.2	24.10
24.10	0.183	0.011	0.10	0.11	24.15	0.28	0.10	2.8	24.20
24.20	0.194	0.039	0.10	0.39	24.25	0.44	0.10	4.4	24.30
24.30	0.233	0.083	0.10	0.83	24.35	−0.59	0.10	−5.9	24.40
24.40	0.316	0.024	0.10	0.24	24.45	−0.13	0.10	−1.3	24.50
24.50	0.340	0.011	0.10	0.11	24.55	−0.05	0.10	−0.2	24.68
24.60	0.351	0.024	0.40	0.06	24.80				
25.00	0.375								

同理，一阶导数的极大值点，其二阶导数为零，所以分析中利用 $\dfrac{\Delta^2 E}{\Delta V^2}$-$\bar{V}'$ 曲线的零点来计算化学计量点.

上述数据的处理见表 2-4 中的后一部分，根据表格可绘制成相应的曲线图，如图 2-24(b)和(c)所示.

经分析处理，化学计量点约为 24.30ml.

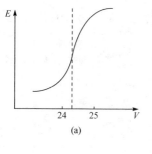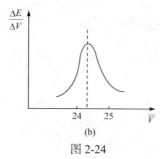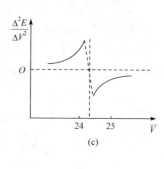

图 2-24

三、萃 取 问 题

萃取是药物提取中的一种常用方法，利用溶质在不同溶剂中溶解度的不同，使混合物中的成分完全或部分分离，例如从中药提取液中分离黄酮、皂苷、生物碱等有效成分.

例 2　在含有被萃取物 A 的水溶液(萃取液)中，加入与水互不相溶的有机溶剂(萃取剂)，借助于萃取剂的作用，被萃取物 A 的一部分转入有机溶剂中去. 假设有萃取剂 a ml，含有 A 的水溶液的体积为 v ml，w_0 是萃取前 A 的含量，k 是分配平衡常数(图 2-25). 如果分两次萃取，萃取剂应如何分配使得萃取效果最好?

解　设用 x 毫升的萃取剂进行萃取，一次萃取后留在萃取液中 A 的含量为 y.

根据分配定律，在一定温度下，溶质 A 在有机层和水层中的平衡浓度之比为分配平衡常数 k，即 $k = \dfrac{[A]_有}{[A]_水}$. 由于

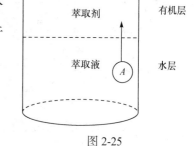

图 2-25

$[A]_有 = \dfrac{w_0 - y}{x}$，$[A]_水 = \dfrac{y}{v}$，所以

$$y = \frac{w_0 v}{kx + v}$$

下面将体积为 v ml 的萃取剂分为两份作两次萃取.

(1)第 1 次用 x ml 的萃取剂进行萃取，萃取后留在萃取液中 A 的含量为 w_1，由上面的讨论有

$$w_1 = \frac{w_0 v}{kx + v}$$

(2)第 2 次用 $(a-x)$ ml 的萃取剂进行萃取，A 含量为 w_1，从而用 $(a-x)$ 代换 x，用 w_1 代换 w_0，即两次萃取后留在萃取液中 A 的含量 w_2，

$$w_2 = \frac{w_1 v}{k(a-x) + v} = \frac{w_0 v^2}{[k(a-x) + v][kx + v]}$$

为使萃取效果最好，应求 w_2 的最小值，或求函数 $z = [k(a-x) + v][kx + v]$ 的最大值，求导得

$$\frac{\mathrm{d}z}{\mathrm{d}x} = k^2(a - 2x)$$

得唯一的驻点

$$x = \frac{a}{2}$$

由于萃取问题 w_2 必有最小值或 z 必有最大值，并且只有唯一的驻点，因此当 $x = \dfrac{a}{2}$ 时，

w_2 有最小值 $w_2 = \dfrac{w_0 v^2}{[ka/2+v]^2}$. 如果把萃取剂分成 n 等分进行 n 次萃取，用 w_n 表示 n 次萃取

后留在萃取液中 A 的含量 $w_n = w_0 \left[\dfrac{v}{v+ka/n} \right]^n$，由极限知识知 w_n 单调递减且 $w_n \to w_0 \mathrm{e}^{\frac{ka}{v}}$. 一般地，在实际操作中，可遵循"少量多次"的原则，使萃取效果最好.

四、血药浓度问题

例 3　肌肉注射或者皮下注射后的血药浓度 y 与时间 t 的关系为

$$y = \frac{A}{\sigma_2 - \sigma_1}(\mathrm{e}^{-\sigma_1 t} - \mathrm{e}^{-\sigma_2 t})$$

其中 A，σ_1，σ_2 均大于零，$\sigma_2 > \sigma_1$，问何时血药浓度最大？

解　对函数 y 求导得

$$y' = \frac{A}{\sigma_2 - \sigma_1}(-\sigma_1 \mathrm{e}^{-\sigma_1 t} + \sigma_2 \mathrm{e}^{-\sigma_2 t})$$

令 $y' = 0$，得 $\sigma_1 \mathrm{e}^{-\sigma_1 t} = \sigma_2 \mathrm{e}^{-\sigma_2 t}$，两边取自然对数，有 $\ln \sigma_1 - \sigma_1 t = \ln \sigma_2 - \sigma_2 t$，从而有

$$t = \frac{\ln \sigma_2 - \ln \sigma_1}{\sigma_2 - \sigma_1}$$

由于实际问题必有最大值，而且只有唯一的驻点，因此当时间 $t = \dfrac{\ln \sigma_2 - \ln \sigma_1}{\sigma_2 - \sigma_1}$ 时，血药浓度最大.

五、经济问题

药厂经营企业的效益取决于成本、收入和利润等问题. 设 x 为某药品的数量，$C = C(x)$ 表示生产 x 件产品时的总成本，即成本函数，$R = R(x)$ 表示售出 x 件产品时的总收入，即收入函数，那么利润函数 $L = L(x) = R(x) - C(x)$.

由导数的知识可知，边际利润 $L'(x) = R'(x) - C'(x)$ 表示多生产一个单位产品时增加的利润，由微分学知识可知，要使总利润最大，此时 $L'(x) = 0$，即 $R'(x) = C'(x)$.

例 4　设某药厂每月生产的产品固定成本为 1000 元，生产 x 个单位产品的可变成本为 $0.01x^2 + 10x$（元），如果每单位产品售价为 30 元，试求 x 为多少时总利润最大.

解　总成本 $C(x)$ 为固定成本与可变成本之和，即 $C(x) = 1000 + 0.01x^2 + 10x$，总收入 $R(x) = 30x$，总利润为

$$L(x) = R(x) - C(x) = 30x - (1000 + 0.01x^2 + 10x)$$
$$= -0.01x^2 + 20x - 1000$$

令 $L'(x) = 0$，得 $-0.02x + 20 = 0$，即 $x = 1000$.

由于实际问题必有最大利润，而且只有唯一驻点，所以 $x = 1000$ 时，$L(x)$ 取得最大值，最大值为

$$L = -0.01 \times 1000^2 + 20 \times 1000 - 1000 = 9000 \text{（元）}$$

即生产1000个单位产品时，总利润最大为9000元.

习 题 2-8

1. 已知一自催化反应速度为 $v = kx(a-x)$ ，其中 a 是反应物的起始浓度， x 为时间 t 时分解的浓度， k 为常数，问当原始反应物分解掉多少时，其反应速度最大?

2. 已知口服一定剂量的某药后，血药浓度 c 与时间 t 的关系为 $c = 40(e^{-0.2t} - e^{-2.3t})$ ，求最高血药浓度及达到最高血药浓度的时间.

3. 某地沙眼的患病率与年龄 t 的关系为 $y = 2.27(e^{-0.05t} - e^{-0.072t})$ ，问患病率最高的年龄是多少?最高患病率是多少?

4. 设生产某种药品 x 个单位时，利润是 $y = 500 + x - 0.00001x^2$ （元），问生产多少个单位时，获得的利润最大?

5. 据体重按 1mg/kg 的比率给小白鼠注射磺胺药物后，在不同的时间内血液中磺胺药物的浓度由以下公式确定 $y = -0.77x^2 + 2.59x - 1.06$ ，其中 x 表示注射后经历时间的常用对数值， y 表示血液中磺胺浓度(mg/100ml)的常用对数值，求 y 的最大值.

本章小结 2

一、知识结构图

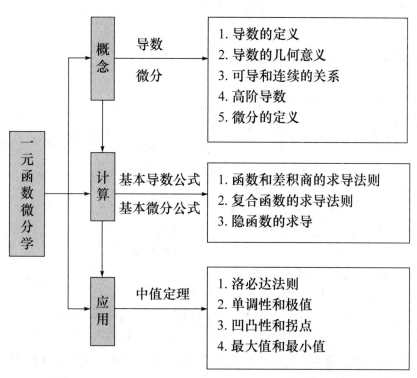

二、基本内容

1. 导数的概念

(1)定义：函数在一点的导数 $f'(x_0) = \lim\limits_{\Delta x \to 0} \dfrac{f(x_0 + \Delta x) - f(x_0)}{\Delta x}$，

函数的导数：$f'(x) = \lim\limits_{\Delta x \to 0} \dfrac{f(x + \Delta x) - f(x)}{\Delta x}$；

(2)导数的几何意义：曲线 $y = f(x)$ 在点 $P_0(x_0, y_0)$ 处的斜率，即 $k = f'(x_0)$；

(3)可导与连续的关系：可导必连续，但连续不一定可导.

2. 基本初等函数的导数公式(略)

3. 求导的四则运算法则

(1) $(u \pm v)' = u' \pm v'$；　　　　　　　(2) $(u \cdot v)' = u' \cdot v + u \cdot v'$；

(3) $\left(\dfrac{u}{v}\right)' = \dfrac{u'v - uv'}{v^2} (v \neq 0)$.

4. 复合函数求导法则

$\dfrac{dy}{dx} = \dfrac{dy}{du} \cdot \dfrac{du}{dx}$，由外向里，逐层求导相乘.

5. 隐函数

方程两边同时对 x 求导，注意 $\varphi(y)$ 为以 y 为中间变量的复合函数；对数求导法.

6. 高阶导数

掌握几个特殊函数的高阶导数.

7. 微分的概念

(1)定义：$dy = f'(x)dx$；

(2)微分在近似计算中的应用：$f(x) \approx f(x_0) + f'(x_0)(x - x_0)$.

8. 中值定理

拉格朗日中值定理 $f(b) - f(a) = f'(\xi)(b - a)$ 和罗尔定理是微分学的基本定理.

9. 洛必达法则

$\dfrac{0}{0}$ 型 $\left(\text{或} \dfrac{\infty}{\infty} \text{型}\right)$，$\lim\limits_{x \to a} \dfrac{f(x)}{g(x)} = \lim\limits_{x \to a} \dfrac{f'(x)}{g'(x)}$.

10. 函数的单调性

若 $f'(x)$ 大于 0，则函数单增；若 $f'(x)$ 小于 0，则函数单减.

11. 函数极值与最值

● 函数极值是局部概念，而函数最值是整体概念.

● 函数可能在驻点或不可导点处(可疑点记为 x_0)取得极值，可利用在 x_0 左右两旁的 $f'(x)$ 符号变化或 $f''(x_0)$ 的符号来判断可疑点 x_0 是否是极值点.

● 最大值和最小值由可疑点和端点处的函数值比较而得；实际应用题中，一般在唯一驻点处的函数值即是所求最值.

12. 曲线的凹凸性和拐点

在区间 (a,b) 内，$f''(x)>0$，则曲线是凹的；$f''(x)<0$，则曲线是凸的. 拐点是曲线的凹凸分界点.

13. 曲线的渐近线

(1) 如果 $\lim\limits_{x\to\infty}f(x)=b$，则曲线 $y=f(x)$ 有水平渐近线 $y=b$；

(2) 如果 $\lim\limits_{x\to a}f(x)=\infty$，则曲线 $y=f(x)$ 有垂直渐近线 $x=a$.

14. 函数图像

在讨论以上函数的性质时，一般采用列表的方法，使解题过程和结果简单明了，便于作出函数图像.

单元测试 2

一、填空题

1. 已知 $f'(x_0)=A$，则极限

$$\lim\limits_{h\to0}\frac{f(x_0-h)-f(x_0+h)}{h}=\underline{\qquad}.$$

2. 设 $y=2^{\sin x^2}$，则 $y'=\underline{\qquad}$.

3. 设 $y=\ln(x+1)$，$y^{(10)}(0)=\underline{\qquad}$.

4. 函数 $f(x)=x\sqrt{3-x}$ 在 $[0,3]$ 上满足罗尔定理的 $\xi=\underline{\qquad}$.

5. 设 $a<x<b$ 时，$f'(x)=g'(x)$，则 $f(x)$ 与 $g(x)$ 的关系为 $\underline{\qquad}$.

6. $\dfrac{1}{\sqrt{x}}\mathrm{d}x=\mathrm{d}(\quad)$.

二、单项选择题

1. 若 $f(x)=\begin{cases}x^2, & x\leqslant1,\\ ax+b, & x>1\end{cases}$ 在 $x=1$ 处可导，则 a,b 的值为（　　）.

　A. $a=1,b=2$

　B. $a=2,b=-1$

　C. $a=-1,b=2$

　D. $a=-2,b=1$

2. $y=\sqrt[3]{x^2}$ 在 $x=0$ 处（　　）.

　A. 连续但不可导　　　　B. 不连续

　C. 没有切线　　　　　　D. 可微

3. 若 $f(x)$ 是可导函数，则当 $\Delta x\to0$ 时，在点 x 处的 $\mathrm{d}y-\Delta y$ 是 Δx 的（　　）.

　A. 高阶无穷小　　　　　B. 等价无穷小

　C. 低阶无穷小　　　　　D. 同阶无穷小

4. 在区间 (a,b) 内 $f'(x)<0$，$f''(x)>0$，则 $f(x)$ 在区间 (a,b) 内是（　　）.

　A. 单增且凸　　　　　　B. 单减且凸

　C. 单增且凹　　　　　　D. 单减且凹

5. 函数 $f(x)$ 在 $x=x_0$ 处取得极值，则必有（　　）.

　A. $f''(x_0)<0$

　B. $f''(x_0)>0$

　C. $f''(x_0)=0$

　D. $f'(x_0)=0$ 或不存在

6. 曲线 $y=\dfrac{4x-1}{(x-2)^2}$（　　）.

　A. 只有水平渐近线

　B. 只有垂直渐近线

　C. 既有水平渐近线，又有垂直渐近线

　D. 没有渐近线

三、计算题

1. 求 $y=x^3-x$ 上与直线 $2x-y+3=0$ 平行的切线方程.

2. 设 $y=x\cdot3^x+\ln\sqrt{\dfrac{2x-1}{2x+1}}$，求 y'.

3. 设 $y=\sqrt{1+x^2}$，求 y''.

4. 设 $y\sin x-\cos(x+y)=0$，求在点 $\left(0,\dfrac{\pi}{2}\right)$ 的 $\dfrac{\mathrm{d}y}{\mathrm{d}x}$.

5. 求极限 (1) $\lim\limits_{x\to0}\dfrac{\sqrt[3]{1+x^2}-1}{x^2}$；(2) $\lim\limits_{x\to0^+}\dfrac{\ln\sin2x}{\ln\sin3x}$.

6. 讨论 $y=\sqrt[3]{x^2}(x-5)$ 的极值点.

四、 欲做一容积为 $5\pi\,\mathrm{m}^3$ 的无盖圆柱形桶，底用铝板制，侧壁用木板制，已知每平方米铝板价是木板价的 5 倍，问桶底圆的半径 R 和桶高 h 各为多少时，总费用 F 为最少？

阅读材料 2

$\sqrt{2}$ 是有理数吗? ——第一次数学危机

古希腊数学家、哲学家毕达哥拉斯(Pythagoras,约公元前 580—前 500),创立了毕达哥拉斯学派. 该学派证明了勾股定理、三角形的内角和为 180° 等重要的数学定理,首先提出黄金分割和正多边形与正多面体等概念,还运用数学来研究天文与乐律等. 他们认为整数是万物的起因,信奉"万物皆数",该学派的哲学思想以"数"为中心,企图用数来解释一切. 该学派有门徒 300 多人,对毕达哥拉斯盲目崇拜,不善于抽象思维和严格推理.

毕达哥拉斯所指的数仅指的是正整数和正分数. 他相信任何量都可以表示成某个有理量——两个整数之比(称为有理数). 但是在公元前 470 年左右,毕达哥拉斯学派的成员希帕索斯(Hippasus)首先发现这样一个有趣的问题:一个正方形边长为 1,它的对角线是多长?

假设对角线长为 x,按照勾股定理,有 $x^2 = 1^2 + 1^2$,即 $x^2 = 2$,所以 $x = \sqrt{2}$,而 $1^2 = 1$,$2^2 = 4$,所以 $\sqrt{2}$ 不是整数,那么毕达哥拉斯学派认为它一定是两个整数之比. 不妨设 $\sqrt{2} = \dfrac{p}{q}$,其中自然数 p 与自然数 q 是既约分数,得到 $p^2 = 2q^2$,故 p 是偶数,不妨设 $p = 2k$,得到 $4k^2 = 2q^2$,即 $q^2 = 2k^2$,故 q 也是偶数,可以得出 p 与 q 必然有公因数 2,与"p 与 q 是既约分数"矛盾. 矛盾说明"$\sqrt{2}$ 是有理数"这个假设是错误的.

正方形的对角线实实在在摆在那里,这个矛盾说明正方形的对角线的长度不可以表示成两个整数之比,在当时可是不得了的惊天大事,这个事实动摇了毕达哥拉斯学派的"数仅指的是正整数和正分数"的信念!让保守的学派其他成员感到无比震惊. 相传,希帕索斯发现这个秘密时,毕达哥拉斯学派的人正在海上,希帕索斯说出了这一发现后,被惊恐不已的其他成员抛入大海,希帕索斯就这样为 $\sqrt{2}$ 殉难了.

"万物皆数"的信念遇见的上述困惑在历史上被称为"第一次数学危机". 这个逻辑困难使得古希腊学者受到了深深的困扰. 学者们试图从几何方面考虑这一难题. 古希腊人用几何的方法解方程,把方程的解看成一条线段的长度. 于是,几何学开始在希腊数学中占有特殊地位,普遍用几何结论来解释算术与代数的结论. 数学的理论思维从数转向形,从算术与代数转向于几何,几何学成为数学的主体.

从此希腊人开始从"自明的"公理出发,经过演绎推理,并由此建立几何学体系. 这是数学思想上的一次革命,是第一次数学危机的自然产物.

第3章　一元函数积分学

莱布尼茨 (Gottfried Wilhelm Leibniz, 1646—1716)（图 3-1）　德国一位博学多才的学者，微积分的创始人之一，他的学识涉及哲学、历史、语言、数学、外交等许多领域，并在每个领域中都有杰出的成就.

莱布尼茨比较大胆，富于想象，堪称数学史上最伟大的符号大师. 他特别强调：优于选择的符号可减轻思考的负担. 他说 dx 和 x 相比，如同点和地球，或地球半径与宇宙半径相比. 他从求曲线所围面积引出积分概念，把积分看作是无穷小的和，并引入积分符号 $\int$，它是把拉丁文 summa 的字头 s 拉长.

图 3-1　莱布尼茨

学 习 目 标

1. 理解不定积分与定积分的概念及性质、定积分的几何意义及牛顿-莱布尼茨公式.
2. 了解不定积分的几何意义、广义积分的概念.
3. 掌握运用换元积分法和分部积分法计算不定积分和定积分.
4. 掌握应用定积分求面积和体积的方法.

我们已经知道，积分起源于求图形的面积和体积等实际问题. 古希腊的德谟克利特 (Democritus，公元前 460—前 370) 用"原子论"、阿基米德 (Archimedes，公元前 287—前 212) 用"穷竭法"，我国的刘徽用"割圆法"，都曾计算过一些几何体的面积和体积，这些均为积分的雏形. 直到 17 世纪中叶，英国数学家牛顿和德国数学家莱布尼茨先后提出了积分的概念，并发现了积分与微分之间的内在联系，提供了计算积分的一般方法，从而使积分成为解决有关实际问题的有力工具，并使各自独立的微分学与积分学联系在一起，构成理论体系完整的微积分学.

本章从速度问题和面积问题出发分别引入不定积分和定积分的概念，分析它们的计算方法，介绍将微分和积分联系在一起的牛顿-莱布尼茨公式，并应用定积分解决面积和体积问题.

第 1 节　不定积分的概念和性质

一、原函数的概念

如果已知某物体位移函数 $s = s(t)$，其中 t 是时间，s 是物体经过的位移，由第 2 章导数

概念可知，物体运动的瞬时速度

$$v(t) = s'(t)$$

反过来，如果已知物体运动的瞬时速度 $v = v(t)$，如何求物体的位移函数呢？为此我们引入原函数的概念.

定义 1 设 $F(x)$ 与 $f(x)$ 在区间 I 上有定义，若在 I 上，对任意 $x \in I$，都有 $F'(x) = f(x)$，则称 $F(x)$ 是 $f(x)$ 在区间 I 上的一个**原函数**.

例如，x^2 是 $2x$ 在区间 $(-\infty, +\infty)$ 上的一个原函数，因为 $(x^2)' = 2x$；又如 $\sin^2 x$ 是 $\sin 2x$ 在 $(-\infty, +\infty)$ 上的一个原函数，因为 $(\sin^2 x)' = 2\sin x \cos x = \sin 2x$.

下面我们来研究两个问题：①一个函数的原函数有什么特点？②一个函数具备什么条件时，能保证它的原函数一定存在？

由于在区间 $(-\infty, +\infty)$ 上有 $(x^2 + 1)' = 2x, (x^2 - 2)' = 2x, \left(x^2 + \dfrac{1}{3}\right)' = 2x, (x^2 + C)' = 2x$，其中 C 为任意常数，由定义知 $x^2 + 1, x^2 - 2, x^2 + \dfrac{1}{3}, x^2 + C$ 都是 $2x$ 在区间 $(-\infty, +\infty)$ 上的原函数.

一般地，我们有下列定理.

定理 1 设 $F(x)$ 是 $f(x)$ 在区间 I 上的一个原函数，那么

(1) $F(x) + C$ 也是它的一个原函数；

(2) 设 $G(x)$ 也是 $f(x)$ 在 I 上的一个原函数，那么存在常数 C 使得 $G(x) = F(x) + C$.

定理 1 表明，如果 $f(x)$ 在 I 上有一个原函数 $F(x)$，则它就有无穷多个原函数，任意两个原函数之间相差一个常数，而且全体原函数具有 $F(x) + C$ 的形式，其中 C 为任意常数.

要求一个函数的所有原函数，只需求出其中一个，再加上任意常数 C，就是它的所有原函数.

那么什么样的函数存在原函数呢？

定理 2 如果函数 $f(x)$ 在区间 I 上连续，那么在区间 I 上存在函数 $F(x)$，使对任一个 $x \in I$ 都有

$$F'(x) = f(x)$$

简单地说：连续函数都有原函数. 由于初等函数在其定义区间上都是连续函数，因此初等函数在其定义区间上都有原函数.

练一练

1. 函数 $\sin x$ 的一个原函数是_____；函数_____的一个原函数是 $\sin x$.

2. 设函数 $f(x)$ 的一个原函数是 $3x^2$，则 $f'(x) = ($ $)$.

A. x^3 B. $6x$ C. $3x^2$ D. 6

二、不定积分的概念

1. 不定积分的定义

定义 2 如果函数 $F(x)$ 是 $f(x)$ 在区间 I 上的一个原函数，那么 $f(x)$ 在区间 I 上的全体原函数称为 $f(x)$ 在 I 上的**不定积分**，记作 $\displaystyle\int f(x)\mathrm{d}x$，即

$$\int f(x)\mathrm{d}x = F(x) + C$$

其中"$\int$"称为积分号，$f(x)$称为被积函数，$f(x)\mathrm{d}x$称为被积表达式，x称为积分变量.

由定义可知，不定积分与原函数是整体与个体的关系. 确切地说，如果$F(x)$是$f(x)$在I上的一个原函数，则$f(x)$在I上的不定积分表示的是所有原函数. 求函数的不定积分，就是求所有的原函数. 如$\int 2x\mathrm{d}x = x^2 + C$，$\int \sin 2x\mathrm{d}x = \sin^2 x + C$.

例 1　求$\int x^2 \mathrm{d}x$.

解　由于$\left(\dfrac{1}{3}x^3\right)' = x^2$，所以

$$\int x^2 \mathrm{d}x = \frac{1}{3}x^3 + C$$

例 2　求$\int \dfrac{1}{x}\mathrm{d}x$.

解　当$x>0$时，有$(\ln x)' = \dfrac{1}{x}$，从而

$$\int \frac{1}{x}\mathrm{d}x = \ln x + C \quad (x > 0)$$

当$x<0$时，有$[\ln(-x)]' = \dfrac{1}{-x}\cdot(-x)' = \dfrac{1}{-x}\cdot(-1) = \dfrac{1}{x}$，从而

$$\int \frac{1}{x}\mathrm{d}x = \ln(-x) + C \quad (x < 0)$$

将上述两个式子合并，有

$$\int \frac{1}{x}\mathrm{d}x = \ln|x| + C \quad (x \neq 0)$$

从不定积分的定义可直接推出下列性质：

(1) $\mathrm{d}\left[\int f(x)\mathrm{d}x\right] = f(x)\mathrm{d}x$ 或 $\left(\int f(x)\mathrm{d}x\right)' = f(x)$；

即先求积分后求导数（或微分），两者作用相互抵消. 不定积分的微分等于被积表达式，不定积分的导数等于被积函数.

(2) $\int F'(x)\mathrm{d}x = F(x) + C$ 或 $\int \mathrm{d}F(x) = F(x) + C$.

即先求导数（或微分）后求积分，两者作用抵消，要在函数$F(x)$之后加上一个任意常数.

以上性质说明微分运算与积分运算的互逆性，还可用于检验积分结果的正确性，只要将积分结果进行求导，看它的导数是否等于被积函数，如果相等，结果就是正确的，否则结果就是错误的.

2. 不定积分的几何意义

不定积分的几何意义如图 3-2 所示.

设$F(x)$是$f(x)$的一个原函数，则$y = F(x)$在平面上表示一条曲线，称它为$f(x)$的一条积分曲线. 于是$f(x)$的不定积分表示一族积分曲线，它们是由$f(x)$的某一条积分曲线沿着y轴方向作任意平行移动而产生的所有积分曲线组成的. 显然，族中的每一条积分曲线

在具有同一横坐标 x 的点处有互相平行的切线，其斜率都等于 $f(x)$.

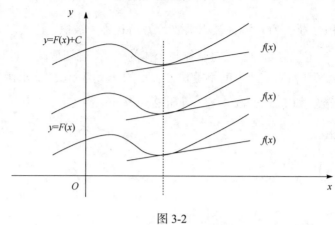

图 3-2

例 3 设曲线上任意一点 $M(x,y)$ 处的切线斜率为 $2x$，又曲线过点 $P(1,2)$，求曲线的方程.

解 设所求曲线方程为 $y=f(x)$，根据题意得

$$f'(x)=2x$$

于是

$$f(x)=\int 2x\mathrm{d}x=x^2+C$$

实际上 $f(x)$ 仅是曲线族 $y=x^2+C$ 中的一条. 由已知曲线过点 $P(1,2)$ 得

$$2=1+C,\quad \text{从而}\quad C=1$$

于是所求曲线方程为

$$y=x^2+1$$

在求原函数的具体问题中，往往先求出原函数的一般表达式 $y=F(x)+C$，再从中确定一个满足条件 $y(x_0)=y_0$（称为初始条件）的原函数 $y=y(x)$. 从几何上讲，就是从积分曲线族中找出一条通过点 (x_0,y_0) 的积分曲线.

三、直接积分法

简单地说，直接积分法就是利用初等数学的各种变形方法(代数或三角恒等变形)，对函数 $f(x)$ 进行变形，然后直接利用不定积分的基本公式和基本性质来求不定积分.

1. 不定积分的基本公式

由不定积分的定义和导数(或微分)的公式，不难得出以下不定积分的基本公式.

(1) $\int k\mathrm{d}x=kx+C$（k 为常数）；

(2) $\int x^{\alpha}\mathrm{d}x=\dfrac{x^{\alpha+1}}{\alpha+1}+C$（$\alpha\neq-1$）；

(3) $\int\dfrac{\mathrm{d}x}{x}=\ln|x|+C$；

(4) $\int e^x dx = e^x + C$；

(5) $\int a^x dx = \dfrac{a^x}{\ln a} + C$ $(a > 0, \text{且} a \neq 1)$；

(6) $\int \sin x dx = -\cos x + C$；

(7) $\int \cos x dx = \sin x + C$；

(8) $\int \sec^2 x dx = \tan x + C$；

(9) $\int \csc^2 x dx = -\cot x + C$；

(10) $\int \sec x \cdot \tan x dx = \sec x + C$；

(11) $\int \csc x \cdot \cot x dx = -\csc x + C$；

(12) $\int \dfrac{dx}{\sqrt{1-x^2}} = \arcsin x + C$；

(13) $\int \dfrac{dx}{1+x^2} = \arctan x + C$.

利用这些基本积分公式，可直接求简单函数的积分.

例 4　求 $\int \dfrac{1}{\sqrt{x}} dx$.

解　因为

$$\frac{1}{\sqrt{x}} = x^{-\frac{1}{2}}$$

所以

$$\int \frac{1}{\sqrt{x}}dx = \int x^{-\frac{1}{2}}dx = \frac{1}{1+\left(-\frac{1}{2}\right)} x^{-\frac{1}{2}+1} + C = 2x^{\frac{1}{2}} + C$$

把根式写成幂指数形式，再利用幂函数的积分公式求积分.

例 5　求 $\int \dfrac{2^x}{3^x} dx$.

解　因为

$$\frac{2^x}{3^x} = \left(\frac{2}{3}\right)^x$$

所以

$$\int \frac{2^x}{3^x}dx = \int \left(\frac{2}{3}\right)^x dx = \frac{\left(\frac{2}{3}\right)^x}{\ln \frac{2}{3}} + C = \frac{2^x}{3^x(\ln 2 - \ln 3)} + C$$

利用幂的运算法则，把商的形式改写成幂的形式，再用指数函数的积分公式进行积分.

2. 不定积分的性质

(1) 若 $f(x)$ 在区间 I 上存在原函数，k 为不等于零的常数，则有

$$\int kf(x)\mathrm{d}x = k\int f(x)\mathrm{d}x$$

(2)若 $f(x)$，$g(x)$ 在区间 I 上都存在原函数，则有

$$\int [f(x)\pm g(x)]\mathrm{d}x = \int f(x)\,\mathrm{d}x \pm \int g(x)\mathrm{d}x$$

性质 2 可推广到有限个函数的代数和的情形，即

$$\int [f_1(x)\pm f_2(x)\pm\cdots\pm f_n(x)]\mathrm{d}x = \int f_1(x)\mathrm{d}x \pm \int f_2(x)\mathrm{d}x \pm\cdots\pm \int f_n(x)\mathrm{d}x$$

例 6 求 $\displaystyle\int \frac{(1-x)^2}{\sqrt{x}}\,\mathrm{d}x$.

解 原式 $\displaystyle= \int \frac{1-2x+x^2}{\sqrt{x}}\,\mathrm{d}x = \int x^{-\frac{1}{2}}\mathrm{d}x - 2\int x^{\frac{1}{2}}\mathrm{d}x + \int x^{\frac{3}{2}}\mathrm{d}x$

$\displaystyle= 2x^{\frac{1}{2}} - \frac{4}{3}x^{\frac{3}{2}} + \frac{2}{5}x^{\frac{5}{2}} + C$

先利用平方公式将分子展开，再把商转化为和与差的形式，分别求出积分.

例 7 求 $\displaystyle\int \frac{x^4}{1+x^2}\,\mathrm{d}x$.

解 原式 $\displaystyle= \int \frac{x^4-1}{1+x^2}\,\mathrm{d}x + \int \frac{1}{1+x^2}\,\mathrm{d}x = \int (x^2-1)\,\mathrm{d}x + \int \frac{1}{1+x^2}\,\mathrm{d}x$

$\displaystyle= \frac{x^3}{3} - x + \arctan x + C$

例 8 求 $\displaystyle\int \frac{1}{\cos^2 x\sin^2 x}\,\mathrm{d}x$.

解 原式 $\displaystyle= \int \frac{\sin^2 x + \cos^2 x}{\cos^2 x\sin^2 x}\,\mathrm{d}x = \int \sec^2 x\,\mathrm{d}x + \int \csc^2 x\,\mathrm{d}x$

$= \tan x - \cot x + C$

利用三角恒等变形公式，将商转化为和与差，然后分别求出积分.

例 9 求 $\displaystyle\int \sin^2\frac{x}{2}\mathrm{d}x$.

解 原式 $\displaystyle= \int \frac{1-\cos x}{2}\,\mathrm{d}x = \frac{1}{2}\int (1-\cos x)\mathrm{d}x$

$\displaystyle= \frac{1}{2}\left(\int \mathrm{d}x - \int \cos x\mathrm{d}x\right) = \frac{1}{2}(x-\sin x) + C$

利用基本积分公式和性质求不定积分时，有时不能直接应用公式来求，需先进行一些变形，再用公式和性质来求. 当一个式子中含有多个积分式子时，不必每一个积分后都写一个积分常数，只需在积分完写上一个积分常数 C 即可.

练一练

1. 写出下列函数的不定积分：

(1) $\displaystyle\int \frac{x-1}{\sqrt{x}}\mathrm{d}x$；

(2) $\displaystyle\int \frac{x^2}{1+x^2}\mathrm{d}x$.

习 题 3-1

1. 验证下列积分结果是否正确:

(1) $\int (1+x)\mathrm{d}x = x + \frac{1}{2}x^2 + C$;

(2) $\int \cos^2 x \mathrm{d}x = \frac{1}{2}x + \frac{1}{4}\sin 2x + C$;

(3) $\int \frac{x}{\sqrt{1+x^2}}\mathrm{d}x = \sqrt{1+x^2} + C$;

(4) $\int \ln x \mathrm{d}x = \ln x^2 + C$.

2. 已知某曲线上任意一点的切线斜率等于该点的横坐标, 且曲线通过点 $(0, 1)$, 求此曲线方程, 并作出它的图像.

3. 设物体的运动速度为 $v = \cos t (\mathrm{m/s})$, 当 $t = \frac{\pi}{2}$ s 时, 物体所经过的路程 $s = 10\mathrm{m}$, 求物体的运动规律.

4. 求下列函数的不定积分:

(1) $\int x\sqrt{x}\mathrm{d}x$;

(2) $\int \left(x^2 - 3x + \frac{1}{2}\right)\mathrm{d}x$;

(3) $\int \frac{x+\sqrt{x}}{x\sqrt{x}}\mathrm{d}x$;

(4) $\int 2^x \cdot \mathrm{e}^x \mathrm{d}x$;

(5) $\int \sec x(\sec x + \tan x)\,\mathrm{d}x$;

(6) $\int \frac{1}{x^2(1+x^2)}\mathrm{d}x$;

(7) $\int \frac{2^{x-1} - 5^{x-1}}{10^x}\mathrm{d}x$;

(8) $\int \cos^2 \frac{x}{2}\mathrm{d}x$;

(9) $\int \tan^2 x \,\mathrm{d}x$;

(10) $\int \frac{\cos 2x}{\cos x + \sin x}\mathrm{d}x$.

第 2 节 不定积分的换元积分法

利用不定积分公式和运算性质, 我们可以求一些函数的不定积分, 但这是非常有限的. 比如对于 $\int \tan x \mathrm{d}x$, $\int \cot x \mathrm{d}x$ 这样简单的积分, 都无能为力. 本节研究换元积分法, 从复合函数的求导法则出发, 对中间变量作适当的代换, 从而得到复合函数的积分方法. 换元积分法是比较灵活多变的一种积分法, 关键是对微分公式与不定积分公式的熟练运用.

一、第一换元积分法(凑微分法)

利用直接积分法, 我们可以很容易求解不定积分 $\int (2x+1)^2 \mathrm{d}x$, 但是当指数为 3, 4, $\cdots$ 时, 被积函数的展开将非常复杂; 同样 $\int \cos x \mathrm{d}x$ 可以由不定积分基本公式求解, 但是对 $\int \cos 2x \mathrm{d}x, \int \cos 3x \mathrm{d}x, \cdots, \int \cos nx \mathrm{d}x$ 等类似的函数, 有没有更简单、更一般的方法呢?

设 $u = \varphi(x)$ 在区间 I 上可导, $F(u)$ 是 $f(u)$ 的一个原函数, 由复合函数求导法则, 有

$$\frac{\mathrm{d}}{\mathrm{d}x}F[\varphi(x)] = F'[\varphi(x)] \cdot \varphi'(x) = f[\varphi(x)]\varphi'(x)$$

根据不定积分的定义，得 $F[\varphi(x)]$ 是 $f[\varphi(x)]\varphi'(x)$ 的一个原函数，因此我们有如下定理.

定理 1（第一换元积分法） 设 $u = \varphi(x)$ 在区间 I 上可导，$f(u)$ 在相应区间上有原函数 $F(u)+C$，则不定积分 $\int f[\varphi(x)]\varphi'(x)\,\mathrm{d}x$ 在 I 上存在，且

$$\int f[\varphi(x)]\varphi'(x)\,\mathrm{d}x = F[\varphi(x)] + C$$

● 第一换元积分法适用条件是：被积函数可以表示成 $f[\varphi(x)]\varphi'(x)$ 的形式；不定积分 $\int f(u)\mathrm{d}u$ 要容易求解.

● 我们可按"凑微分—换元—积分—回代"的步骤求解，即

$$\int f[\varphi(x)]\varphi'(x)\mathrm{d}x = \int f[\varphi(x)]\mathrm{d}\varphi(x) \xrightarrow{u=\varphi(x)} \int f(u)\mathrm{d}u = F(u)+C = F[\varphi(x)]+C$$

由于积分时需要将 $\varphi'(x)\mathrm{d}x$ 凑成 $\mathrm{d}\varphi(x)$ 的形式，所以第一换元法又称为"凑微分法"，其关键在于如何将原来的积分函数表示成 $f[\varphi(x)]\varphi'(x)$ 的形式，下面通过具体的例子来说明.

例 1 求 $\int (2x+1)^{10}\mathrm{d}x$.

解
$$\begin{aligned}
\int (2x+1)^{10}\mathrm{d}x &= \frac{1}{2}\int (2x+1)^{10}\cdot 2\mathrm{d}x \\
&= \frac{1}{2}\int (2x+1)^{10}\mathrm{d}(2x+1) \quad (\diamondsuit u = 2x+1) \\
&= \frac{1}{2}\int u^{10}\mathrm{d}u = \frac{1}{22}u^{11} + C = \frac{1}{22}(2x+1)^{11} + C
\end{aligned}$$

注意：得到不定积分 $\int f(u)\mathrm{d}u = F(u)+C$ 后，一定要将 $u = 2x+1$ 回代.

一般地，有

$$\int f(ax+b)\,\mathrm{d}x = \frac{1}{a}\int f(ax+b)\,\mathrm{d}(ax+b)$$

例 2 求 $\int \tan x\mathrm{d}x$.

解
$$\begin{aligned}
\int \tan x\mathrm{d}x &= \int \frac{\sin x}{\cos x}\mathrm{d}x = -\int \frac{\mathrm{d}(\cos x)}{\cos x}(\diamondsuit u = \cos x) \\
&= -\int \frac{\mathrm{d}u}{u} = -\ln|u| + C = -\ln|\cos x| + C
\end{aligned}$$

类似可求出 $\int \cot x\mathrm{d}x = \ln|\sin x| + C$.

一般地，有

$$\int f(\cos x)\cdot \sin x\mathrm{d}x = -\int f(\cos x)\,\mathrm{d}(\cos x)$$

$$\int f(\sin x)\cdot \cos x\mathrm{d}x = \int f(\sin x)\,\mathrm{d}(\sin x)$$

运算中的换元过程在熟练之后可以省略，即不必写出换元变量 u.

例 3 求下列不定积分：

(1) $\int \cos^2 x\mathrm{d}x$；(2) $\int \cos^3 x\mathrm{d}x$.

解　(1) $\displaystyle\int\cos^2 x\mathrm{d}x = \frac{1}{2}\int(1+\cos 2x)\mathrm{d}x = \frac{1}{2}\int\mathrm{d}x + \frac{1}{4}\int\cos 2x\mathrm{d}(2x)$

$$= \frac{x}{2} + \frac{\sin 2x}{4} + C$$

(2) $\displaystyle\int\cos^3 x\mathrm{d}x = \int\cos^2 x\cdot\cos x\mathrm{d}x = \int\cos^2 x\mathrm{d}(\sin x) = \int(1-\sin^2 x)\mathrm{d}(\sin x)$

$$= \sin x - \frac{1}{3}\sin^3 x + C$$

当被积函数是三角函数时,常常需要对被积函数进行恒等变形(如平方公式、二倍角公式),再积分.

例 4　求下列不定积分:

(1) $\displaystyle\int 2x\mathrm{e}^{x^2}\mathrm{d}x$; 　　　　　　　(2) $\displaystyle\int\frac{\mathrm{d}x}{\sqrt{x}\sqrt{1-x}}$.

解　(1) $\displaystyle\int 2x\mathrm{e}^{x^2}\mathrm{d}x = \int\mathrm{e}^{x^2}\mathrm{d}(x^2) = \mathrm{e}^{x^2} + C$;

(2) $\displaystyle\int\frac{\mathrm{d}x}{\sqrt{x}\sqrt{1-x}} = 2\int\frac{1}{\sqrt{1-(\sqrt{x})^2}}\frac{\mathrm{d}x}{2\sqrt{x}}$

$$= 2\int\frac{1}{\sqrt{1-(\sqrt{x})^2}}\mathrm{d}(\sqrt{x}) = 2\arcsin\sqrt{x} + C$$

一般地,

$$\int f(x^{\alpha+1})\cdot x^\alpha\mathrm{d}x = \int f(x^{\alpha+1})\cdot\frac{1}{\alpha+1}\mathrm{d}(x^{\alpha+1})\ (\alpha\neq -1)$$

注意到幂函数 $x^{\alpha+1}$ 与 x^α 的指数相差 1,如

$$\int f(\sqrt{x})\cdot\frac{1}{\sqrt{x}}\mathrm{d}x = 2\int f(\sqrt{x})\mathrm{d}(\sqrt{x})\quad\left(\alpha = -\frac{1}{2}\right)$$

$$\int f\left(\frac{1}{x}\right)\cdot\frac{1}{x^2}\mathrm{d}x = -\int f\left(\frac{1}{x}\right)\mathrm{d}\left(\frac{1}{x}\right)\quad(\alpha = -2)$$

例 5　求下列不定积分:

(1) $\displaystyle\int\frac{\mathrm{d}x}{a^2+x^2}(a\neq 0)$; 　　　　　(2) $\displaystyle\int\frac{\mathrm{d}x}{x^2-a^2}\ (a\neq 0)$.

解　(1) $\displaystyle\int\frac{\mathrm{d}x}{a^2+x^2} = \frac{1}{a}\int\frac{\mathrm{d}\left(\dfrac{x}{a}\right)}{1+\left(\dfrac{x}{a}\right)^2} = \frac{1}{a}\arctan\frac{x}{a} + C$;

(2) $\displaystyle\int\frac{\mathrm{d}x}{x^2-a^2} = \frac{1}{2a}\int\left(\frac{1}{x-a} - \frac{1}{x+a}\right)\mathrm{d}x = \frac{1}{2a}(\ln|x-a| - \ln|x+a|) + C$

$$= \frac{1}{2a}\ln\left|\frac{x-a}{x+a}\right| + C$$

这样对于形如 $\displaystyle\int\frac{\mathrm{d}x}{ax^2+bx+c}$ 的不定积分,一般可以用配方的方法化为 $\displaystyle\int\frac{1}{\square^2+\square^2}\mathrm{d}x$ 或

$\displaystyle\int\frac{1}{\square^2-\square^2}\mathrm{d}x$,从而借助于凑微分的方法求解.

例 6 求不定积分 $\int \sec x \mathrm{d}x$.

解
$$
\begin{aligned}
\int \sec x \mathrm{d}x &= \int \frac{\mathrm{d}x}{\cos x} = \int \frac{\cos x \mathrm{d}x}{\cos^2 x} = \int \frac{\mathrm{d}(\sin x)}{1-\sin^2 x} \\
&= \frac{1}{2} \int \left(\frac{1}{1-\sin x} + \frac{1}{1+\sin x} \right) \mathrm{d}(\sin x) \\
&= \frac{1}{2} \left[\int \frac{\mathrm{d}(1+\sin x)}{1+\sin x} - \int \frac{\mathrm{d}(1-\sin x)}{1-\sin x} \right] \\
&= \frac{1}{2} \ln \left| \frac{1+\sin x}{1-\sin x} \right| + C
\end{aligned}
$$

或者
$$
\begin{aligned}
\int \sec x \mathrm{d}x &= \int \frac{\sec x(\sec x + \tan x)}{\sec x + \tan x} \mathrm{d}x \\
&= \int \frac{\mathrm{d}(\sec x + \tan x)}{\sec x + \tan x} = \ln |\sec x + \tan x| + C
\end{aligned}
$$

当被积函数是三角函数时，常常需要对被积函数进行恒等变形（如平方公式、二倍角公式），再积分.

实际上，上述两个结果是一致的（见第 1 章第 1 节例 5）. 在积分计算中，由于积分方法的不同，其结果也会有所差异，但它们只是形式上的不同，都属于同一原函数族，之间相差一个常数.

最后将常见的凑微分的类型整理如下：

(1) $\int f(x^{\alpha+1}) x^{\alpha} \mathrm{d}x = \dfrac{1}{\alpha+1} \int f(x^{\alpha+1}) \mathrm{d}(x^{\alpha+1})$ $(\alpha \neq -1)$;

(2) $\int f(\mathrm{e}^x) \mathrm{e}^x \mathrm{d}x = \int f(\mathrm{e}^x) \mathrm{d}(\mathrm{e}^x)$;

(3) $\int f(\ln x) \dfrac{1}{x} \mathrm{d}x = \int f(\ln x) \mathrm{d}(\ln x)$;

(4) $\int f(\sin x) \cos x \mathrm{d}x = \int f(\sin x) \mathrm{d}(\sin x)$;

(5) $\int f(\cos x) \sin x \mathrm{d}x = -\int f(\cos x) \mathrm{d}(\cos x)$;

(6) $\int f(\tan x) \dfrac{1}{\cos^2 x} \mathrm{d}x = \int f(\tan x) \mathrm{d}(\tan x)$;

(7) $\int f(\arcsin x) \dfrac{1}{\sqrt{1-x^2}} \mathrm{d}x = \int f(\arcsin x) \mathrm{d}(\arcsin x)$;

(8) $\int f(\arctan x) \dfrac{1}{1+x^2} \mathrm{d}x = \int f(\arctan x) \mathrm{d}(\arctan x)$.

练一练

1. 计算下列不定积分.

(1) $\int \dfrac{\ln x}{x} \mathrm{d}x$;　　　　　　(2) $\dfrac{\mathrm{e}^x}{\mathrm{e}^x+1} \mathrm{d}x$;

(3) $\int \dfrac{x^2}{x^3+2} \mathrm{d}x$;　　　　　(4) $\int x\sqrt{x^2+1} \mathrm{d}x$.

二、第二换元积分法（去根号法）

在计算不定积分时，尽管第一换元积分法应用相当广泛，但对于一些无理函数的积分还是不能解决，现引入第二换元积分法.

设 $x = \varphi(t)$ 单调可导，且 $\varphi'(t) \neq 0$，由第 2 章微分的知识可知存在单调可导的反函数 $t = \varphi^{-1}(x)$，且 $\dfrac{\mathrm{d}t}{\mathrm{d}x} = \dfrac{1}{\varphi'(t)}$. 如果 $f[\varphi(t)]\varphi'(t)$ 有原函数 $F(t)$，根据复合函数和反函数的求导法则有

$$\frac{\mathrm{d}}{\mathrm{d}x}F(t) = F'(t) \cdot \frac{\mathrm{d}t}{\mathrm{d}x} = f[\varphi(t)]\varphi'(t) \cdot \frac{1}{\varphi'(t)} = f(x)$$

从而有下面的定理.

定理2（第二换元积分法）　设函数 $x = \varphi(t)$ 是单调、可导的函数，且 $\varphi'(t) \neq 0$，并设 $f[\varphi(t)]\varphi'(t)$ 有原函数 $F(t)$，则有

$$\int f(x)\,\mathrm{d}x = \int f[\varphi(t)]\varphi'(t)\,\mathrm{d}t = [F(t) + C]_{t = \varphi^{-1}(x)}$$

其中 $t = \varphi^{-1}(x)$ 是 $x = \varphi(t)$ 的反函数.

● 　第二换元积分法的适用条件是换元后的 $f[\varphi(t)]\varphi'(t)$ 的原函数容易求解.

● 　第二换元积分法的关键在于选择合适的变换 $x = \varphi(t)$.

例 7　求 $\displaystyle\int \frac{\mathrm{d}x}{1 + \sqrt{x}}$.

解　令 $t = \sqrt{x}$，则 $x = t^2, \mathrm{d}x = 2t\mathrm{d}t$

$$\int \frac{\mathrm{d}x}{1 + \sqrt{x}} = \int \frac{2t}{1+t}\mathrm{d}t = \int \left(\frac{2t+2}{1+t} - \frac{2}{1+t} \right)\mathrm{d}t$$

$$= \int 2\mathrm{d}t - \int \frac{2}{1+t}\mathrm{d}(1+t) = 2t - 2\ln|1+t| + C$$

$$= 2\sqrt{x} - 2\ln(1 + \sqrt{x}) + C$$

例 8　求 $\displaystyle\int \frac{1}{\sqrt{1 + \mathrm{e}^x}}\,\mathrm{d}x$.

解　令 $t = \sqrt{1 + \mathrm{e}^x}$，则 $x = \ln(t^2 - 1), \mathrm{d}x = \dfrac{2t}{t^2 - 1}\mathrm{d}t$，于是

$$\int \frac{1}{\sqrt{1 + \mathrm{e}^x}}\,\mathrm{d}x = \int \frac{1}{t} \cdot \frac{2t}{t^2 - 1}\mathrm{d}t = \int \frac{2}{t^2 - 1}\mathrm{d}t$$

$$= \int \left(\frac{1}{t-1} - \frac{1}{t+1} \right)\mathrm{d}t = \int \frac{1}{t-1}\mathrm{d}(t-1) - \int \frac{1}{t+1}\mathrm{d}(t+1)$$

$$= \ln|t-1| - \ln|t+1| + C = \ln \left| \frac{\sqrt{1 + \mathrm{e}^x} - 1}{\sqrt{1 + \mathrm{e}^x} + 1} \right| + C$$

例 9　求 $\displaystyle\int \sqrt{a^2 - x^2}\,\mathrm{d}x (a > 0)$.

解 令 $x = a \sin t \left(-\dfrac{\pi}{2} < t < \dfrac{\pi}{2} \right)$，则 $\sqrt{a^2 - x^2} = a \cos t$，$\mathrm{d}x = a \cos t\, \mathrm{d}t$．于是

$$\int \sqrt{a^2 - x^2}\, \mathrm{d}x = \int a \cos t \cdot a \cos t\, \mathrm{d}t = a^2 \int \cos^2 t\, \mathrm{d}t = a^2 \int \frac{1 + \cos 2t}{2} \mathrm{d}t$$

$$= a^2 \left(\frac{t}{2} + \frac{\sin 2t}{4} \right) + C = \frac{a^2}{2} (t + \sin t \cos t) + C$$

由于 $x = a \sin t \left(-\dfrac{\pi}{2} < t < \dfrac{\pi}{2} \right)$，那么 $t = \arcsin \dfrac{x}{a}$，且由图 3-3 的直角三角形有

$$\cos t = \sqrt{1 - \sin^2 t} = \frac{\sqrt{a^2 - x^2}}{a}$$

从而

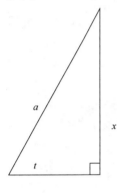

图 3-3

$$\int \sqrt{a^2 - x^2}\, \mathrm{d}x = \frac{a^2}{2} \arcsin \frac{x}{a} + \frac{x}{2} \sqrt{a^2 - x^2} + C$$

例 10 求 $\displaystyle\int \frac{\mathrm{d}x}{x\sqrt{x^2 - 1}}$ $(x > 0)$．

解 当 $x > 0$ 时，令 $x = \sec t \left(0 < t < \dfrac{\pi}{2} \right)$，则 $\mathrm{d}x = \sec t \cdot \tan t\, \mathrm{d}t$，

$$原式 = \int \frac{\sec t \cdot \tan t}{\sec t \cdot \sqrt{\sec^2 t - 1}} \mathrm{d}t = \int \mathrm{d}t = t + C = \arctan \sqrt{x^2 - 1} + C$$

还可用凑微分的方法求解

$$\int \frac{\mathrm{d}x}{x\sqrt{x^2 - 1}} = \int \frac{\mathrm{d}x}{x^2 \sqrt{1 - 1/x^2}} = -\int \frac{1}{\sqrt{1 - (1/x)^2}} \mathrm{d}(1/x) = \arccos \frac{1}{x} + C \ 或者$$

令 $x = \dfrac{1}{t}$（倒数换元），那么 $\mathrm{d}x = -\dfrac{1}{t^2} \mathrm{d}t$，

$$\int \frac{\mathrm{d}x}{x\sqrt{x^2 - 1}} = \int \frac{-\dfrac{\mathrm{d}t}{t^2}}{\dfrac{1}{t} \sqrt{\dfrac{1}{t^2} - 1}} = -\int \frac{1}{\sqrt{1 - t^2}} \mathrm{d}t = \arccos t + C = \arccos \frac{1}{x} + C$$

从上面几个例子看到，当被积函数含有根式：$\sqrt{a^2 - x^2}$，$\sqrt{a^2 + x^2}$，$\sqrt{x^2 - a^2}$ 时，可利用三角换元，分别令 $x = a \sin t \left(-\dfrac{\pi}{2} < t < \dfrac{\pi}{2} \right)$，$x = a \cos t\ (0 < t < \pi)$，$x = a \tan t \left(-\dfrac{\pi}{2} < t < \dfrac{\pi}{2} \right)$，$x = a \sec t \left(0 < t < \dfrac{\pi}{2} \right)$，以消去根号，使被积表达式简化．

练一练

1. 计算下列不定积分：

(1) $\displaystyle\int \frac{\sqrt{x-1}}{x} \mathrm{d}x$；

(2) $\displaystyle\int \frac{\mathrm{d}x}{\sqrt{x} + \sqrt[3]{x}}$．

习　题　3-2

1. 填空题

(1) $\dfrac{1}{\sqrt{x}}\mathrm{d}x = \underline{\qquad}\mathrm{d}(\sqrt{x}-1)$；

(2) $x\mathrm{e}^{x^2}\mathrm{d}x = \underline{\qquad}\mathrm{d}(\mathrm{e}^{x^2})$；

(3) $\sin 2x\mathrm{d}x = \underline{\qquad}\mathrm{d}(\cos 2x)$；

(4) $\sec^2 3x\mathrm{d}x = \underline{\qquad}\mathrm{d}(\tan 3x)$；

(5) $x^2\mathrm{d}x = \mathrm{d}\underline{\qquad}$；

(6) $2^x\mathrm{d}x = \mathrm{d}\underline{\qquad}$；

(7) $\sin\dfrac{x}{2}\mathrm{d}x = \mathrm{d}\underline{\qquad}$；

(8) $\dfrac{1}{\sqrt{1-9x^2}}\mathrm{d}x = \mathrm{d}\underline{\qquad}$.

2. 求下列不定积分：

(1) $\displaystyle\int \mathrm{e}^{-3x}\mathrm{d}x$；

(2) $\displaystyle\int \dfrac{\mathrm{d}x}{2x+5}$；

(3) $\displaystyle\int \dfrac{1}{x(2+5\ln x)}\mathrm{d}x$；

(4) $\displaystyle\int \dfrac{1}{\sqrt{x}(1+x)}\mathrm{d}x$；

(5) $\displaystyle\int \cos^2 3x\mathrm{d}x$；

(6) $\displaystyle\int x\sqrt{1-x^2}\mathrm{d}x$；

(7) $\displaystyle\int \dfrac{1}{\mathrm{e}^x+1}\mathrm{d}x$；

(8) $\displaystyle\int \dfrac{\mathrm{d}x}{\sqrt{1-4x^2}}$；

(9) $\displaystyle\int \dfrac{1}{x^2+4x+5}\mathrm{d}x$；

(10) $\displaystyle\int \dfrac{1}{x^2+4x+3}\mathrm{d}x$.

3. 求下列不定积分：

(1) $\displaystyle\int \dfrac{\mathrm{d}x}{1+\sqrt[3]{x}}$；

(2) $\displaystyle\int x\sqrt{x+2}\mathrm{d}x$；

(3) $\displaystyle\int \dfrac{\mathrm{d}x}{\sqrt{x}(1+\sqrt[3]{x})}$；

(4) $\displaystyle\int \dfrac{x}{\sqrt{x+1}}\mathrm{d}x$；

(5) $\displaystyle\int \sqrt{4-x^2}\mathrm{d}x$；

(6) $\displaystyle\int \dfrac{\mathrm{d}x}{x\sqrt{x^2-1}}$.

第 3 节　不定积分的分部积分法

不定积分的换元积分法对应于复合函数的求导法则，积分法中另一个重要方法是分部积分法，下面利用乘积的求导法则，得到分部积分法，解决像 $\displaystyle\int x\sin x\mathrm{d}x$，$\displaystyle\int x\mathrm{e}^x\mathrm{d}x$ 等函数的积分.

定理 1　函数 $u(x)$ 与 $v(x)$ 具有连续导数，那么有

$$\int u(x)\mathrm{d}v(x) = u(x)v(x) - \int v(x)\mathrm{d}u(x)$$

证　根据乘积的求导法则有

$$[u(x)v(x)]' = u'(x)v(x) + u(x)v'(x)$$

或

$$u(x)v'(x) = [u(x)v(x)]' - u'(x)v(x)$$

将上式两边求不定积分就得到

$$\int u(x)v'(x)\mathrm{d}x = u(x)v(x) - \int u'(x)v(x)\mathrm{d}x$$

上述公式称为不定积分的**分部积分公式**

- 分部积分公式简单的记为 $\int u\mathrm{d}v = uv - \int v\mathrm{d}u$.

- 当 $\int u\mathrm{d}v$ 不易求出时,可以利用分部积分公式转化为容易求出的积分 $\int v\mathrm{d}u$.

例1 求 $\int x\cos x\mathrm{d}x$.

解 $\int x\cos x\mathrm{d}x = \int x\mathrm{d}\sin x = x\sin x - \int \sin x\mathrm{d}x$

$$= x\sin x + \cos x + C$$

若令 $u = \cos x$,则得

$$\int x\cos x\mathrm{d}x = \int \cos x\mathrm{d}\left(\frac{x^2}{2}\right) = \frac{x^2}{2}\cos x + \int \frac{x^2}{2}\sin x\mathrm{d}x$$

反而使所求积分更加复杂. 可见使用分部积分的关键在于被积表达式中的 u 和 $\mathrm{d}v$ 的适当选择.

一般地,被积函数若是幂函数(x^α)和三角函数($\sin x$, $\cos x$ 等)的乘积,应考虑让三角函数进入 $\mathrm{d}v$,从而达到降幂的效果.

例2 求 $\int x^2\mathrm{e}^x\mathrm{d}x$.

解 $\int x^2\mathrm{e}^x\mathrm{d}x = \int x^2\mathrm{d}\mathrm{e}^x = x^2\mathrm{e}^x - \int 2x\mathrm{e}^x\mathrm{d}x$

$$= x^2\mathrm{e}^x - 2\int x\mathrm{d}\mathrm{e}^x = x^2\mathrm{e}^x - 2x\mathrm{e}^x + 2\int \mathrm{e}^x\mathrm{d}x$$

$$= (x^2 - 2x + 2)\mathrm{e}^x + C$$

一般地,被积函数若是幂函数(x^α)和指数函数(e^x)的乘积,应考虑让指数函数进入 $\mathrm{d}v$,从而达到降幂的效果,并且每使用 1 次分部积分,就能降幂 1 次(本题用了 2 次分部积分).

例3 求下列不定积分:

(1) $\int x\ln x\mathrm{d}x$; (2) $\int \arcsin x\mathrm{d}x$.

解 (1) $\int x\ln x\mathrm{d}x = \int \ln x\mathrm{d}\frac{x^2}{2} = \frac{x^2}{2}\ln x - \int \frac{x^2}{2}\cdot\frac{1}{x}\mathrm{d}x$

$$= \frac{x^2}{2}\ln x - \frac{1}{2}\int x\mathrm{d}x = \frac{x^2}{2}\ln x - \frac{x^2}{4} + C$$

(2) $\int \arcsin x\mathrm{d}x = x\arcsin x - \int x\cdot\frac{\mathrm{d}x}{\sqrt{1-x^2}} = x\arcsin x + \sqrt{1-x^2} + C$.

一般地,被积函数若是幂函数(x^α)和反三角函数或对数函数($\arcsin x$, $\arccos x$, $\arctan x$, $\ln x$ 等)的乘积,应考虑让幂函数进入 $\mathrm{d}v$,单独的反三角函数或对数函数积分时,直接令 $\mathrm{d}v = \mathrm{d}x$.

我们发现,如果被积函数是基本初等函数中两类函数的乘积,将优先考虑使用分部积分的方法，并按照以下顺序选择函数进入 $\mathrm{d}v$（排在前面的优先）.

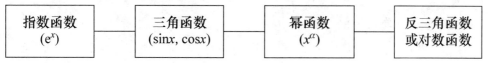

例 4   求 $I = \int \mathrm{e}^x \sin x \mathrm{d}x$.

解 $I = \int \sin x \mathrm{d}(\mathrm{e}^x) = \mathrm{e}^x \sin x - \int \mathrm{e}^x \mathrm{d}(\sin x) = \mathrm{e}^x \sin x - \int \mathrm{e}^x \cos x \mathrm{d}x$. 而

$$\int \mathrm{e}^x \cos x \mathrm{d}x = \int \cos x \mathrm{d}(\mathrm{e}^x) = \mathrm{e}^x \cos x - \int \mathrm{e}^x \mathrm{d}(\cos x)$$
$$= \mathrm{e}^x \cos x + \int \mathrm{e}^x \sin x \mathrm{d}x = \mathrm{e}^x \cos x + I$$

于是

$$I = \mathrm{e}^x \sin x - (\mathrm{e}^x \cos x + I)$$

所以

$$I = \frac{1}{2}\mathrm{e}^x (\sin x - \cos x) + C$$

类似求出

$$\int \mathrm{e}^x \cos x \mathrm{d}x = \frac{1}{2}\mathrm{e}^x (\sin x + \cos x) + C$$

若出现指数函数与三角函数（指正弦函数与余弦函数）的乘积，可以运用方程的思想，应用两次分部积分进行求解，需要补充的是，本题如果让三角函数进入 $\mathrm{d}v$，也能得到同样的解.

值得注意的是，分部积分法的使用远非限于上述几种函数乘积的形式，结合换元积分法，对它的灵活运用会大大扩充其适用范围.

例 5   求 $\int \mathrm{e}^{\sqrt{x}} \mathrm{d}x$.

解   令 $\sqrt{x} = t$ ，则 $x = t^2$ ，$\mathrm{d}x = 2t\mathrm{d}t$.

$$\int \mathrm{e}^{\sqrt{x}} \mathrm{d}x = 2\int t\mathrm{e}^t \mathrm{d}t = 2\int t\mathrm{d}(\mathrm{e}^t) = 2(t\mathrm{e}^t - \int \mathrm{e}^t \mathrm{d}t)$$
$$= 2(t\mathrm{e}^t - \mathrm{e}^t) + C = 2(\sqrt{x}\mathrm{e}^{\sqrt{x}} - \mathrm{e}^{\sqrt{x}}) + C$$

例 6   求 $\int \sqrt{x^2 + a^2} \mathrm{d}x (a > 0)$.

解 $\int \sqrt{x^2 + a^2} \mathrm{d}x = x\sqrt{x^2 + a^2} - \int x \cdot \dfrac{x}{\sqrt{x^2 + a^2}} \mathrm{d}x$

$$= x\sqrt{x^2 + a^2} - \int \left(\sqrt{x^2 + a^2} - \frac{a^2}{\sqrt{x^2 + a^2}} \right) \mathrm{d}x$$
$$= x\sqrt{x^2 + a^2} - \int \sqrt{x^2 + a^2} \mathrm{d}x + a^2 \ln(x + \sqrt{x^2 + a^2})$$

所以

$$\int \sqrt{x^2 + a^2} \mathrm{d}x = \frac{x}{2}\sqrt{x^2 + a^2} + \frac{a^2}{2}\ln(x + \sqrt{x^2 + a^2}) + C$$

练一练

1. 计算下列不定积分:

(1) $\int x \sin x \mathrm{d}x$; (2) $\int \ln x \mathrm{d}x$.

习 题 3-3

1. 用分部积分法求下列函数的不定积分:

(1) $\int \ln(x+1)\mathrm{d}x$;

(2) $\int \dfrac{x}{\sqrt{x+1}}\mathrm{d}x$;

(3) $\int \arctan x \mathrm{d}x$;

(4) $\int x^2 \cdot \mathrm{e}^x \mathrm{d}x$;

(5) $\int \mathrm{e}^x \cos x \mathrm{d}x$;

(6) $\int x \arctan x \mathrm{d}x$;

(7) $\int x^2 \ln x \mathrm{d}x$;

(8) $\int x^2 \sin x \mathrm{d}x$;

(9) $\int x \cdot \sec^2 x \mathrm{d}x$;

(10) $\int \sqrt{x} \cdot \mathrm{e}^{\sqrt{x}} \mathrm{d}x$.

2. 设 $f(x)$ 的一个原函数是 $\dfrac{\sin x}{x}$,求 $\int x f'(x) \mathrm{d}x$.

第 4 节 定积分的概念和性质

定积分是一元函数积分学中的另一个基本内容,定积分不论在理论上还是实际应用上,都有着十分重要的意义,定积分和不定积分有着密切的内在联系,这种联系的基础是牛顿-莱布尼茨公式. 在这一节里,我们将从实际问题出发引出定积分的概念,然后讨论它的性质和计算方法.

一、定积分的概念

1. 两个引例

例 1 求由 $x=a$, $x=b$, $y=0$ 及 $y=f(x)$ 所围成封闭图形的面积(图 3-4).

如图 3-4 所示,由左右两边 $x=a, x=b$ 和上下两边 $y=0, y=f(x)$ 围成的封闭图形,我们也称为**曲边梯形**. 我们知道,矩形的面积=底×高. 因此,为了计算曲边梯形的面积 A,可以先将它分割成若干个小曲边梯形,每个小曲边梯形用相应的小矩形近似代替,把这些小矩形的面积累加起来,就得到曲边梯形面积 A 的近似值,当分割无限变细时,这个近似值就无限接近于所求的曲边梯形面积.

具体可按下述步骤求 A 的值(设 $f(x) \geqslant 0, a<b$, 图 3-5):

(1)分割:曲边梯形被分割为 n 个小曲边梯形.

用分点 $a=x_0<x_1<x_2<\cdots<x_{n-1}<x_n=b$,把区间 $[a,b]$ 任意划分成 n 个小区间 $[x_{i-1}, x_i]$,每个小区间的长度为 $\Delta x_i = x_i - x_{i-1}$ $(i=1,2,\cdots,n)$,记 $\lambda=\max\{\Delta x_1, \Delta x_2,\cdots,\Delta x_n\}$,过每一个分点作平行于 y 轴的直线,把曲边梯形分成 n 个小曲边梯形,它们的面积分别记为 ΔA_1,

$\Delta A_2, \cdots, \Delta A_n$.

(2)近似：用小矩形面积近似代替小曲边梯形面积.

任取一点 $\xi_i \in [x_{i-1}, x_i]$ $(i=1,2,\cdots,n)$，用 $f(\xi_i)$ 为高、Δx_i 为底的小矩形面积近似代替相应的小曲边梯形面积 ΔA_i，即

$$\Delta A_i \approx f(\xi_i)\,\Delta x_i$$

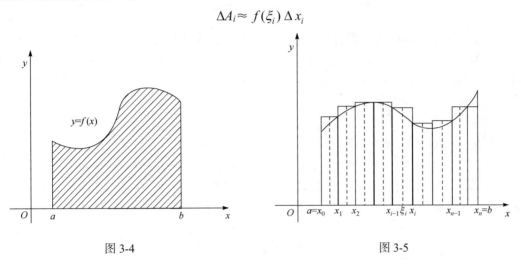

图 3-4　　　　　　　　　　　　　　　　　　　　图 3-5

(3)求和：把各个小矩形的面积相加即可求得整个曲边梯形面积 A 的近似值.

$$A = \sum_{i=1}^{n} \Delta A \approx \sum_{i=1}^{n} f(\xi_i)\Delta x_i$$

(4)取极限：使曲边梯形面积的近似值转化为精确值.

当 n 无限增大(即分点无限增多)，每个小区间的长度无限缩小时，即令 $\lambda \to 0$，表示所有小区间长度 Δx_i 中之最大值趋于零，则得到 A 的精确值，即

$$A = \lim_{\lambda \to 0} \sum_{i=1}^{n} f(\xi_i)\Delta x_i$$

例 2　设一物体做直线运动，它的速度 v 是时间 t 的函数 $v(t)$，求物体在 $t = T_1$ 到 T_2 这段时间所经过的路程 S.

我们知道匀速直线运动的路程公式是路程=速度×时间，现在我们研究的是非匀速直线运动，不能直接运用上面的公式来求路程. 但是，当时间间隔很短时，速度变化很小，可以近似地认为速度是不变的，从而在这段很短的时间间隔内可以运用上面的公式，为此，我们采用与求曲边梯形面积相同的思路来解决这个问题.

(1)划分：用分点 $T_1 = t_0 < t_1 < t_2 < \cdots < t_i < \cdots < t_{n-1} < t_n = T_2$.

将时间间隔 $[T_1, T_2]$ 任意分成 n 个小段时间 $[t_0, t_1]$，$[t_1, t_2]$，$\cdots$，$[t_{n-1}, t_n]$，各段时间长度为 $\Delta t_i = t_i - t_{i-1}$ $(i=1,2,\cdots,n)$，记 $\lambda = \max\{\Delta t_1, \Delta t_2, \cdots, \Delta t_n\}$. 相应地，在各段时间内物体走过的路程为 $\Delta S_1, \Delta S_2, \cdots, \Delta S_n$.

(2)近似：任取一点 $a_i \in [t_{i-1}, t_i]$ $(i=1, 2, \cdots, n)$，以 a_i 时刻的速度 $v(a_i)$ 近似代替 $[t_{i-1}, t_i]$ 上的速度，得到部分路程 ΔS_i 的近似值，即

$$\Delta S_i \approx v(a_i)\,\Delta t_i \quad (i=1,2,\cdots,n)$$

(3)求和：所求变速直线运动路程 S 的近似值等于 n 段分路程的近似值之和，即

$$S = \sum_{i=1}^{n} \Delta S_i \approx \sum_{i=1}^{n} v(a_i) \Delta t_i$$

（4）取极限：当 $\lambda \to 0$ 时，求上式右端的极限，便得到变速直线运动的路程，即

$$S = \lim_{\lambda \to 0} \sum_{i=1}^{n} v(a_i) \Delta t_i$$

从上述两个具体问题我们看到，它们的实际意义虽然不同，但它们可以归结成同一个数学模型，就是说，最后都归结为求具有相同结构的一种"和式的极限"．不仅如此，其他许多实际问题也可归结为求这种"和式的极限"．为此，我们撇开这些问题各自的具体内容，抽象出定积分的概念．

2. 定积分的定义

定义 1 设函数 $y = f(x)$ 在 $[a,b]$ 上有定义，任取分点

$$a = x_0 < x_1 < x_2 < \cdots < x_i < \cdots < x_{n-1} < x_n = b$$

分 $[a,b]$ 为 n 个小区间 $[x_{i-1}, x_i]$（$i = 1, 2, \cdots, n$）．任取一点 $\xi_i \in [x_{i-1}, x_i]$，记 $\Delta x_i = x_i - x_{i-1}$，$\lambda = \max_{1 \leqslant i \leqslant n} \{\Delta x_i\}$，考虑和式

$$\sum_{i=1}^{n} f(\xi_i) \Delta x_i$$

如果 $\lambda \to 0$ 时上述极限存在，则称此极限值为函数 $y = f(x)$ 在 $[a,b]$ 上的**定积分**，记为 $\int_a^b f(x) \mathrm{d}x$，即

$$\int_a^b f(x) \mathrm{d}x = \lim_{\lambda \to 0} \sum_{i=1}^{n} f(\xi_i) \Delta x_i$$

其中，x 称为积分变量，$f(x)$ 称为被积函数，$f(x)\mathrm{d}x$ 称为被积表达式，a 称为积分下限，b 称为积分上限，区间 $[a,b]$ 称为积分区间，函数 $f(x)$ 在区间 $[a,b]$ 上的定积分存在，也称 $f(x)$ 在区间 $[a,b]$ 上可积．

● 如果 $f(x)$ 在区间 $[a,b]$ 上可积，那么 $\int_a^b f(x)\mathrm{d}x$ 的大小与区间的划分、点 ξ_i 的选择都无关．

● 定积分是一个数值，这个值取决于被积函数和积分区间，而与积分变量用什么字母无关，即

$$\int_a^b f(x)\mathrm{d}x = \int_a^b f(t)\mathrm{d}t = \int_a^b f(u)\mathrm{d}u$$

● 规定：$\int_a^a f(x)\mathrm{d}x = 0$．

有了这个定义，前面两个实际问题都可用定积分表示为：曲边梯形的面积 $A = \int_a^b f(x)\mathrm{d}x$，变速运动路程 $s = \int_{T_1}^{T_2} v(t)\mathrm{d}t$．

3. 定积分的几何意义

在前面的曲边梯形面积问题中，我们看到

（1）如果 $f(x) \geqslant 0$，图形在 x 轴之上，积分值为正，有 $\int_a^b f(x)\mathrm{d}x = A$；

（2）如果 $f(x) \leqslant 0$，那么图形位于 x 轴下方，积分值为负，即 $\int_a^b f(x)\mathrm{d}x = -A$；

（3）如果 $f(x)$ 在 $[a,b]$ 上有正有负时，则积分值就等于曲线 $y = f(x)$ 在 x 轴上方部分与下方部分面积的代数和（图 3-6），有

$$\int_a^b f(x)\mathrm{d}x = A_1 - A_2 + A_3$$

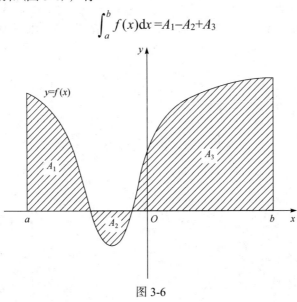

图 3-6

4. 定积分的存在定理

函数 $f(x)$ 满足怎样的条件，其定积分 $\int_a^b f(x)\mathrm{d}x$ 一定存在?下面给出定积分存在的两个充分条件（证明略）.

定理 1 若函数 $f(x)$ 在闭区间 $[a,b]$ 上连续，则 $f(x)$ 在 $[a,b]$ 上可积.

定理 2 若函数 $f(x)$ 在闭区间 $[a,b]$ 上有界，且只有有限个间断点，则 $f(x)$ 在 $[a,b]$ 上可积.

例 3 用定积分定义计算 $\int_0^1 x^2 \mathrm{d}x$.

解 由于被积函数 $f(x) = x^2$ 在区间 $[0,1]$ 上连续，所以 $f(x)$ 在 $[0,1]$ 上可积. 那么定积分 $\int_0^1 x^2\mathrm{d}x$ 的大小与区间的分割及点 ξ_i 的取法无关，我们不妨把区间 $[0,1]$ 分成 n 等分，每个小区间的长度 $\Delta x_i = \dfrac{1}{n}$ $(i = 1,2,\cdots,n)$，分点为

$$x_0 = 0, x_1 = \frac{1}{n}, x_2 = \frac{2}{n}, \cdots, x_{n-1} = \frac{n-1}{n}, x_n = 1$$

取 $\xi_i = x_i = \dfrac{i}{n}$ $(i = 1,2,\cdots,n)$，则

$$\sum_{i=1}^n f(\xi_i)\Delta x_i = \sum_{i=1}^n \left(\frac{i}{n}\right)^2 \frac{1}{n} = \frac{1}{n^3}\sum_{i=1}^n i^2 = \frac{1}{n^3}(1^2 + 2^2 + \cdots + n^2)$$

$$= \frac{1}{n^3}\frac{1}{6}n(n+1)(2n+1) = \frac{1}{6}\left(1 + \frac{1}{n}\right)\left(2 + \frac{1}{n}\right)$$

当 $\lambda = \dfrac{1}{n} \to 0$ 时，得

$$\int_0^1 x^2 \mathrm{d}x = \lim_{n \to \infty} \frac{1}{6}\left(1 + \frac{1}{n}\right)\left(2 + \frac{1}{n}\right) = \frac{1}{3}$$

例 4 利用定积分的几何意义计算：(1) $\displaystyle\int_a^b \mathrm{d}x$ ；(2) $\displaystyle\int_{-1}^1 \sqrt{1 - x^2}\,\mathrm{d}x$.

解 (1) $\displaystyle\int_a^b \mathrm{d}x$ 表示由 $x = a$，$x = b$，$y = 1$，$y = 0$（x 轴）所围成的矩形面积（图 3-7），所以 $\displaystyle\int_a^b \mathrm{d}x = b - a$；

(2) $\displaystyle\int_{-1}^1 \sqrt{1 - x^2}\,\mathrm{d}x$ 表示由 $x = -1$，$x = 1$，$y = \sqrt{1 - x^2}$，$y = 0$（x 轴）所围成的曲边梯形（半圆）的面积（图 3-8），所以

$$\int_{-1}^1 \sqrt{1 - x^2}\,\mathrm{d}x = \pi \times 1^2 \times \frac{1}{2} = \frac{\pi}{2}$$

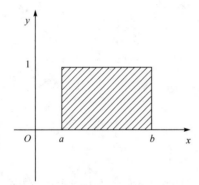

图 3-7

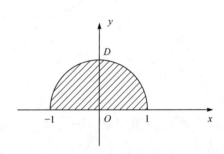

图 3-8

练一练

1. 利用定积分的几何意义计算下列积分：

(1) $\displaystyle\int_0^1 x\,\mathrm{d}x$ ；
(2) $\displaystyle\int_0^a \sqrt{a^2 - x^2}\,\mathrm{d}x$.

二、定积分的性质

由定积分的定义和极限的运算法则，可推出定积分有以下性质（在下面的各个性质中，如无特别说明，均假设所涉及的积分存在）.

性质 1 函数代数和的定积分等于各个函数定积分的代数和，即

$$\int_a^b \left[f(x) \pm g(x)\right] \mathrm{d}x = \int_a^b f(x)\mathrm{d}x \pm \int_a^b g(x)\mathrm{d}x$$

性质 1 可以推广到两个以上的有限个函数代数和的情况.

性质 2 被积函数中的常数因子可以提到积分符号外，即

$$\int_a^b kf(x)\mathrm{d}x = k\int_a^b f(x)\mathrm{d}x$$

性质 3 $\int_b^a f(x)\mathrm{d}x = -\int_a^b f(x)\mathrm{d}x$.

性质 3 表明，交换积分的上、下限，定积分变为相反数.

性质 4　若 $a < c < b$，则

$$\int_a^b f(x)\mathrm{d}x = \int_a^c f(x)\mathrm{d}x + \int_c^b f(x)\mathrm{d}x$$

若 c 在区间 $[a,b]$ 之外，上式依然成立.

比如，若 $c < b < a$

$$\int_c^a f(x)\mathrm{d}x = \int_c^b f(x)\mathrm{d}x + \int_b^a f(x)\mathrm{d}x$$

由于 $\int_c^a f(x)\mathrm{d}x = -\int_a^c f(x)\mathrm{d}x$ 代入上式移项后仍得

$$\int_a^b f(x)\mathrm{d}x = \int_a^c f(x)\mathrm{d}x + \int_c^b f(x)\mathrm{d}x$$

性质 4 称为定积分的**区间的可加性**.

性质 5　如果在区间 $[a,b]$ 上有 $f(x) \leqslant g(x)$，则

$$\int_a^b f(x)\mathrm{d}x \leqslant \int_a^b g(x)\mathrm{d}x$$

性质 6（估值定理）　设 M 和 m 分别是函数 $f(x)$ 在区间 $[a,b]$ 上的最大值和最小值，则

$$m(b-a) \leqslant \int_a^b f(x)\mathrm{d}x \leqslant M(b-a)$$

证　因为 $m \leqslant f(x) \leqslant M$（$a \leqslant x \leqslant b$），由性质 5 可知，

$$\int_a^b m\mathrm{d}x \leqslant \int_a^b f(x)\mathrm{d}x \leqslant \int_a^b M\mathrm{d}x$$

由性质 2，可得

$$m(b-a) \leqslant \int_a^b f(x)\mathrm{d}x \leqslant M(b-a)$$

性质 7（定积分中值定理）　如果函数 $f(x)$ 在闭区间 $[a,b]$ 上连续，则在区间 (a,b) 上至少存在一点 ξ，使得

$$\int_a^b f(x)\mathrm{d}x = f(\xi) \cdot (b-a)$$

或者写成

$$\frac{1}{b-a}\int_a^b f(x)\mathrm{d}x = f(\xi)$$

中值定理的严格证明从略. 只作几何解释（图 3-9），从图中可以看出：若 $f(x)$ 在 $[a,b]$ 上连续，则在 (a,b) 内至少可以找到一点 ξ，使得用它所对应的函数值 $f(\xi)$ 作高，以区间 $[a,b]$ 的长度 $b-a$ 作为底的矩形面积 $f(\xi) \cdot (b-a)$，恰好等于同一底上以曲线 $y = f(x)$ 为曲边的曲边梯形的面积. 通常称 $\frac{1}{b-a}\int_a^b f(x)\mathrm{d}x$ 为函数 $f(x)$ 在 $[a,b]$ 上的**平均值**. 它是有限个数的平均值的概念的推广.

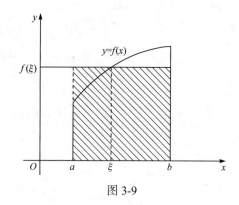

图 3-9

例 5 试估计定积分 $\int_0^1 e^{-x^2} dx$ 的值.

解 在区间[0,1]上，函数 e^{-x^2} 连续且单调递减，所以

$$e^{-1} \leqslant e^{-x^2} \leqslant e^0 = 1$$

根据性质 5，则有

$$\int_0^1 e^{-1} dx \leqslant \int_0^1 e^{-x^2} dx \leqslant \int_0^1 dx$$

即

$$e^{-1} \leqslant \int_0^1 e^{-x^2} dx \leqslant 1$$

例 6 求函数 $y = f(x) = 2x$ 在区间[0,1]上的平均值 $\overline{y}$.

解 可利用定积分的几何意义求得

$$\int_0^1 x dx = \frac{1}{2}$$

所以，函数 $y = 2x$ 在区间[0, 1]上的平均值为

$$\overline{y} = \frac{1}{1-0}\int_0^1 2x dx = 2\int_0^1 x dx = 2 \times \frac{1}{2} = 1$$

练一练

1. $\int_0^{\frac{1}{2}} e^x dx$ _____ $\int_0^{\frac{1}{2}} e^{x^2} dx$（比较大小）.

2. 求函数 $y = f(x) = x^2$ 在区间[0, 1]上的平均值.

习 题 3-4

1. 用定积分的定义计算定积分 $\int_a^b x dx$.

2. 试用定积分表示下列几何量或物理量：

(1)曲线 $y = x^2$，直线 $x = 0, x = 1$ 及 x 轴所围成的区域的面积 A；

(2)由抛物线 $y = x^2 + 1$，直线 $x = -1, x = 3$ 及 x 轴所围成的曲边梯形的面积 A；

(3)一质点以速率 $v = t^2 + 3$ 做直线运动，则从 $t = 0$ 到 $t = 4$ 的时间内，该质点所走的路程 S.

3. 不计算定积分，利用定积分的性质和几何意义比较下列各组值的大小：

(1) $\int_0^1 x^2 dx$ 和 $\int_0^1 x^3 dx$ ；

(2) $\int_1^2 \ln x dx$ 和 $\int_1^2 \ln^2 x dx$ ；

(3) $\int_0^{\frac{\pi}{4}} \cos x dx$ 和 $\int_0^{\frac{\pi}{4}} \sin x dx$ ；

(4) $\int_0^{\frac{1}{2}} e^{x^2} dx$ 和 $\int_0^{\frac{1}{2}} e^x dx$ ．

4. 利用定积分的几何意义，计算下列定积分：

(1) $\int_0^1 \sqrt{1-x^2} dx$ ；

(2) $\int_0^3 |2-x| dx$ ．

第 5 节　牛顿-莱布尼茨公式

一般来讲，直接用定积分的定义或定积分的几何意义计算定积分是非常困难的，有时是根本不可能的．牛顿-莱布尼茨公式，又称为微积分基本定理，揭示了微分与积分之间的内在联系，有效地解决了定积分的计算问题．

一、变上限积分

设函数 $f(x)$ 在 $[a,b]$ 上连续，对于任意的 $x \in [a,b]$ ，积分 $\int_a^x f(t)dt$ 存在，这样就有一个积分值与 x 对应，所以上限为变量的积分 $\int_a^x f(t)dt$ 是关于上限 x 的函数，记为 $\Phi(x)$ ，即

$$\Phi(x) = \int_a^x f(t)dt \quad (a \leqslant x \leqslant b)$$

通常称函数 $\Phi(x)$ 为**变上限积分函数**或**变上限积分**，当 $f(x) \geqslant 0$ 时，$\Phi(x)$ 表示对应曲边梯形的面积，如图 3-10 所示．

定理 1　如果函数 $f(x)$ 在区间 $[a,b]$ 上连续，则变上限积分 $\Phi(x) = \int_a^x f(t)dt$ 在 $[a,b]$ 上可导且

$$\Phi'(x) = \frac{d}{dx}\int_a^x f(t)dt = f(x) \quad (a \leqslant x \leqslant b)$$

证　当变量 x 获增量 Δx 时，函数 $\Phi(x)$ 获得改变量 $\Delta \Phi$ ，即

$$\Delta \Phi = \int_a^{x+\Delta x} f(t)dt - \int_a^x f(t)dt = \int_x^{x+\Delta x} f(t)dt$$

由积分中值定理，得 $\Delta \Phi = f(\xi)\Delta x$ ，其中 ξ 在 x 及 $x + \Delta x$ 之间 (图 3-11) 即

$$\frac{\Delta \Phi}{\Delta x} = f(\xi)$$

当 $\Delta x \to 0$ ，从而 $\xi \to x$ ，由 $f(x)$ 的连续性，得到

$$\lim_{\Delta x \to 0} \frac{\Delta \Phi}{\Delta x} = \lim_{\xi \to x} f(\xi) = f(x)$$

即 $\Phi'(x) = f(x)$ ．

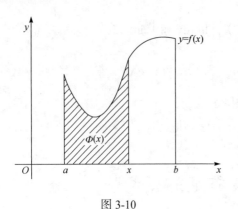

图 3-10

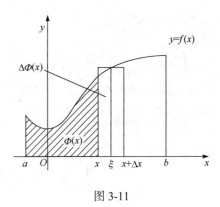

图 3-11

例 1 计算 $\Phi(x) = \int_0^x \sin t^2 \mathrm{d}t$ 在 $x = 0, \dfrac{\sqrt{\pi}}{2}$ 处的导数.

解 因为 $\dfrac{\mathrm{d}}{\mathrm{d}x} \int_0^x \sin t^2 \mathrm{d}t = \sin x^2$,故

$$\Phi'(0) = \sin 0^2 = 0$$

$$\Phi'\left(\frac{\sqrt{\pi}}{2}\right) = \sin \frac{\pi}{4} = \frac{\sqrt{2}}{2}$$

例 2 求极限 $\lim\limits_{x \to 0} \dfrac{\displaystyle\int_0^x (\mathrm{e}^t - 1)\mathrm{d}t}{x^2}$.

解 当 $x \to 0$ 时,极限类型是 $\dfrac{0}{0}$ 型,应用洛必达法则,有

$$\lim_{x \to 0} \frac{\displaystyle\int_0^x (\mathrm{e}^t - 1)\mathrm{d}t}{x^2} \left(\frac{0}{0}\text{型}\right) = \lim_{x \to 0} \frac{\mathrm{e}^x - 1}{2x} \left(\frac{0}{0}\text{型}\right) = \lim_{x \to 0} \frac{\mathrm{e}^x}{2} = \frac{1}{2}$$

例 3 求下列函数的导数:

(1) $y = \int_x^4 \sqrt{1 + t^2}\mathrm{d}t$;   (2) $y = \int_2^{\sin x} t\mathrm{e}^t \mathrm{d}t$.

解 (1)由于 $y = \int_x^4 \sqrt{1 + t^2}\mathrm{d}t = -\int_4^x \sqrt{1 + t^2}\mathrm{d}t$,所以 $y' = -\sqrt{1 + x^2}$;

(2)令 $u = \sin x$,那么 $y = \int_2^{\sin x} t\mathrm{e}^t \mathrm{d}t$ 看成 $y = \int_2^u t\mathrm{e}^t \mathrm{d}t$ 和 $u = \sin x$ 的复合,根据复合函数求导的链式法则 $y'_x = y'_u \cdot u'_x$,有

$$y'_x = \left(\int_2^u t\mathrm{e}^t \ \mathrm{d}t\right)'_u \cdot (\sin x)'_x = u\mathrm{e}^u \cdot \cos x = \sin x \cos x \mathrm{e}^{\sin x}$$

对于一般的变限积分函数的导数,我们还有

$$\frac{\mathrm{d}}{\mathrm{d}x} \int_x^b f(t)\mathrm{d}t = -f(x)$$

$$\frac{\mathrm{d}}{\mathrm{d}x} \int_{\varphi_1(x)}^{\varphi_2(x)} f(t)\mathrm{d}t = f(\varphi_2(x)) \cdot \varphi_2'(x) - f(\varphi_1(x)) \cdot \varphi_1'(x)$$

练一练

1. $\dfrac{\mathrm{d}}{\mathrm{d}x}\left[\displaystyle\int_0^x \ln(t^2+1)\mathrm{d}t\right]=$（　　）.

A. $\ln(x^2+1)$　　　　B. $\ln(t^2+1)$　　　　C. $2x\ln(x^2+1)$　　　　D. $2t\ln(t^2+1)$

2. 设 $F(x)=\displaystyle\int_x^1 te^t\mathrm{d}t$，则 $F'(x)=$（　　）.

A. xe^{-x}　　　　B. $-xe^{-x}$　　　　C. xe^x　　　　D. $-xe^x$

二、牛顿-莱布尼茨公式

定理 2　设函数 $f(x)$ 在区间 $[a,b]$ 上连续，$F(x)$ 是 $f(x)$ 在 $[a,b]$ 上的一个原函数，则

$$\int_a^b f(x)\mathrm{d}x = F(b)-F(a)$$

证　已知 $F(x)$ 是 $f(x)$ 在 $[a,b]$ 上的一个原函数，又由定理 1 知，$\Phi(x)=\displaystyle\int_a^x f(t)\,\mathrm{d}t$ 是 $f(x)$ 的一个原函数. 因此，$F(x)$ 与 $\Phi(x)$ 之间只相差一个常数 C，即

$$\int_a^x f(t)\mathrm{d}t = F(x)+C$$

令 $x=a$，$\displaystyle\int_a^a f(t)\mathrm{d}t = F(a)+C$ 得 $C=-F(a)$，再令 $x=b$，得

$$\int_a^b f(t)\mathrm{d}t = F(b)+C = F(b)-F(a)$$

或记作

$$\int_a^b f(t)\,\mathrm{d}t = F(x)\Big|_a^b$$

这就是著名的**牛顿-莱布尼茨公式**，它是微积分学的基本公式，揭示了定积分与不定积分之间的内在联系，函数 $f(x)$ 在区间 $[a,b]$ 上的定积分等于它的原函数在区间 $[a,b]$ 上的增量.

例 4　求 $\displaystyle\int_0^1 x^2\mathrm{d}x$.

解　因为被积函数 x^2 在区间 $[0,1]$ 上连续，满足定理 2 的条件，由牛顿-莱布尼茨公式，得

$$\int_0^1 x^2\mathrm{d}x = \frac{1}{3}x^3\Big|_0^1 = \frac{1}{3}\times 1^3 - \frac{1}{3}\times 0^3 = \frac{1}{3}$$

例 5　求 $\displaystyle\int_0^\pi \sin x\mathrm{d}x$.

解　$\displaystyle\int_0^\pi \sin x\mathrm{d}x = -\cos x\Big|_0^\pi = -\cos\pi+\cos 0 = 2$.

例 6　求 $\displaystyle\int_1^2\left(2x+\dfrac{1}{x}\right)\mathrm{d}x$.

解　$\displaystyle\int_1^2\left(2x+\dfrac{1}{x}\right)\mathrm{d}x = (x^2+\ln|x|)\Big|_1^2 = 4+\ln 2 - (1+\ln 1) = 3+\ln 2$.

例7 设函数 $f(x) = \begin{cases} \dfrac{1}{x}, & 1 < x \leqslant 2, \\ e^x, & 0 \leqslant x \leqslant 1, \end{cases}$ 计算 $\displaystyle\int_0^2 f(x)\mathrm{d}x$.

解 由定积分的区间可加性有

$$\int_0^2 f(x)\mathrm{d}x = \int_0^1 f(x)\mathrm{d}x + \int_1^2 f(x)\mathrm{d}x = \int_0^1 e^x\mathrm{d}x + \int_1^2 \frac{1}{x}\mathrm{d}x$$

$$= e^x\Big|_0^1 + \ln|x|\Big|_1^2 = e - 1 + \ln 2$$

练一练

1. 若 $\displaystyle\int_0^1 (2x+k)\mathrm{d}x = 2$，则 $k = ($ $)$.

A. 0　　　　　B. −1　　　　　C. $\dfrac{1}{2}$　　　　　D. 1

2. $\displaystyle\int_{-1}^1 \frac{1}{x^2}\mathrm{d}x = ($ $)$.

A. 2　　　　　B. −2　　　　　C. 0　　　　　D. 以上都不对

习　题　3-5

1. 求下列函数的导数：

(1) $F(x) = \displaystyle\int_x^2 \sqrt{1+t^2}\,\mathrm{d}t$；

(2) $F(x) = \displaystyle\int_1^{2x^2} \frac{1}{1+t^2}\mathrm{d}t$.

2. 求下列定积分：

(1) $\displaystyle\int_0^2 |1-x|\mathrm{d}x$；

(2) $\displaystyle\int_{-2}^1 x^2|x|\mathrm{d}x$；

(3) $\displaystyle\int_0^1 e^x\mathrm{d}x$；

(4) $\displaystyle\int_0^1 (2^x + \sqrt{x})\mathrm{d}x$；

(5) $\displaystyle\int_{\frac{1}{\sqrt{3}}}^{\sqrt{3}} \frac{1}{1+x^2}\mathrm{d}x$；

(6) $\displaystyle\int_0^{\frac{\pi}{4}} \tan^2 x\,\mathrm{d}x$.

3. 设 $f(x) = \begin{cases} x+2, & x \leqslant 1, \\ 2x^2, & x > 1, \end{cases}$ 求定积分 $\displaystyle\int_0^2 f(x)\mathrm{d}x$.

第 6 节　定积分的计算

牛顿-莱布尼茨公式给出了计算定积分的方法，只要能求出被积函数的任意一个原函数，然后分别代入上、下限，计算其差就可以了. 为了进一步简化运算，我们再介绍定积分的换元积分法和分部积分法.

一、定积分的换元积分法

定理 1 设函数 $f(x)$ 在区间 $[a,b]$ 上连续，函数 $x = \varphi(t)$ 满足下列条件：

(1) $\varphi(\alpha) = a$，$\varphi(\beta) = b$；

(2) $\varphi(t)$ 在区间 $[\alpha, \beta]$ 上单值且有连续导数，当 $\alpha \leqslant t \leqslant \beta$ 时，$a \leqslant x \leqslant b$，则

$$\int_a^b f(x)\mathrm{d}x = \int_\alpha^\beta f[\varphi(t)]\varphi'(t)\mathrm{d}t$$

证明从略.

此公式可灵活运用, 如对 t 积分困难, 可从右向左应用公式, 对变量 x 积分 (相当于第一换元积分法), 于是令 $\varphi(t) = x$, 则 $\varphi'(t)\mathrm{d}t = \mathrm{d}x$, 积分变成 $\int_a^b f(x)\mathrm{d}x$; 如果对 x 积分困难, 可从左向右应用公式, 对变量 t 积分 (相当于用第二换元法), 于是令 $x = \varphi(t)$, 积分变成 $\int_\alpha^\beta f[\varphi(t)]\varphi'(t)\mathrm{d}t$. 不管怎样, 总的原则是化繁为简, 化难为易.

特别要注意的是积分变量改变后, 必须随之改变积分上、下限.

例 1　求 $\displaystyle\int_{-1}^1 \frac{x}{\sqrt{5-4x}}\mathrm{d}x$.

解　令 $\sqrt{5-4x} = t$, 则 $x = \dfrac{5-t^2}{4}$, $\mathrm{d}x = \left(\dfrac{5-t^2}{4}\right)' \mathrm{d}t = -\dfrac{1}{2}t\mathrm{d}t$.

积分变量改变为 t, 所以积分限必须作相应改变. 当 $x = -1$ 时, $t = 3$; 当 $x = 1$ 时, $t = 1$, 所以

$$\int_{-1}^1 \frac{x}{\sqrt{5-4x}}\mathrm{d}x = \int_3^1 \frac{1}{t} \cdot \frac{5-t^2}{4} \cdot \left(-\frac{t}{2}\right)\mathrm{d}t$$

$$= -\frac{1}{8}\int_3^1 (5-t^2)\mathrm{d}t = -\frac{1}{8}\left(5t - \frac{1}{3}t^3\right)\bigg|_3^1 = \frac{1}{6}$$

不定积分的换元法最后要回代原变量 x, 而定积分的换元法由于改变了上、下限, 积分后就无须再回代了.

例 2　求 $\displaystyle\int_1^{\mathrm{e}^3} \frac{1}{x\sqrt{1+\ln x}}\mathrm{d}x$.

解　$\displaystyle\int_1^{\mathrm{e}^3} \frac{1}{x\sqrt{1+\ln x}}\mathrm{d}x = \int_1^{\mathrm{e}^3} \frac{1}{\sqrt{1+\ln x}}\mathrm{d}(1+\ln x)$

$$= 2\sqrt{1+\ln x}\,\bigg|_1^{\mathrm{e}^3} = 2 \times (2-1) = 2$$

由于没有引入新变量, 所以不需改变积分上、下限.

例 3　求 $\displaystyle\int_0^{\ln 2} \sqrt{\mathrm{e}^x - 1}\,\mathrm{d}x$.

解　令 $\sqrt{\mathrm{e}^x - 1} = t$, 则 $x = \ln(t^2+1)$, $\mathrm{d}x = \dfrac{2t}{t^2+1}\mathrm{d}t$.

当 $x = 0$ 时, $t = 0$; 当 $x = \ln 2$ 时, $t = 1$. 所以

$$\int_0^{\ln 2} \sqrt{\mathrm{e}^x - 1}\,\mathrm{d}x = \int_0^1 t \cdot \frac{2t}{t^2+1}\mathrm{d}t = 2\int_0^1 \frac{t^2}{t^2+1}\mathrm{d}t = 2\int_0^1 \frac{t^2+1-1}{t^2+1}\mathrm{d}t$$

$$= 2\int_0^1 \left(1 - \frac{1}{t^2+1}\right)\mathrm{d}t = 2\left(\int_0^1 \mathrm{d}t - \int_0^1 \frac{1}{t^2+1}\mathrm{d}t\right)$$

$$= 2\left(t\,\bigg|_0^1 - \arctan t\,\bigg|_0^1\right) = 2 - \frac{\pi}{2}$$

例 4　设函数 $f(x)$ 在区间 $[-a, a]$ 上连续, 证明:

(1)若函数 $f(x)$ 为偶函数，则 $\int_{-a}^{a} f(x)\,\mathrm{d}x = 2\int_{0}^{a} f(x)\mathrm{d}x$ ；

(2)若函数 $f(x)$ 为奇函数，则 $\int_{-a}^{a} f(x)\,\mathrm{d}x = 0$.

证 $\int_{-a}^{a} f(x)\,\mathrm{d}x = \int_{-a}^{0} f(x)\mathrm{d}x + \int_{0}^{a} f(x)\mathrm{d}x$.

对等式右边第一个积分作代换，令 $x = -t$ ，则

$$\int_{-a}^{0} f(x)\,\mathrm{d}x = -\int_{0}^{a} f(-t)\mathrm{d}(-t) = \int_{0}^{a} f(-t)\mathrm{d}t = \int_{0}^{a} f(-x)\mathrm{d}x$$

于是，

(1)当 $f(x)$ 为偶函数时，则 $f(x) = f(-x)$ ，从而

$$\int_{-a}^{a} f(x)\,\mathrm{d}x = \int_{0}^{a} f(-x)\mathrm{d}x + \int_{0}^{a} f(x)\mathrm{d}x = 2\int_{0}^{a} f(x)\mathrm{d}x$$

(2)当 $f(x)$ 为奇函数时，则 $f(x) = -f(-x)$ ，于是

$$\int_{-a}^{a} f(x)\mathrm{d}x = \int_{0}^{a} f(-x)\mathrm{d}x + \int_{0}^{a} f(x)\mathrm{d}x$$

$$= \int_{0}^{a} [f(x) + f(-x)]\mathrm{d}x = 0$$

例 5 求积分 $\int_{-1}^{1} \dfrac{ax+b}{1+x^2}\,\mathrm{d}x$.

解 由于积分区间 $[-1,1]$ 为对称区间，且 $\dfrac{ax+b}{1+x^2} = \dfrac{ax}{1+x^2} + \dfrac{b}{1+x^2}$ ，其中在区间 $[-1,1]$ 上

$\dfrac{ax}{1+x^2}$ 是奇函数，$\dfrac{b}{1+x^2}$ 是偶函数.

根据例 4 的结论，有

$$\int_{-1}^{1} \frac{ax+b}{1+x^2}\,\mathrm{d}x = \int_{-1}^{1} \frac{ax}{1+x^2}\mathrm{d}x + \int_{-1}^{1} \frac{b}{1+x^2}\mathrm{d}x$$

$$= 0 + 2\int_{0}^{1} \frac{b}{1+x^2}\mathrm{d}x = 2b\arctan x\,\Big|_{0}^{1} = \frac{\pi b}{2}$$

练一练

1. $\int_{0}^{19} \dfrac{1}{\sqrt[3]{x+8}}\mathrm{d}x$ 作适当变换后为（　　）.

A. $\int_{2}^{3} 3x\mathrm{d}x$ 　　　　B. $\int_{0}^{3} 3x\mathrm{d}x$ 　　　　C. $\int_{0}^{2} 3x\mathrm{d}x$ 　　　　D. $\int_{-2}^{-3} 3x\mathrm{d}x$

2. 下列定积分不为零的是（　　）.

A. $\int_{0}^{\pi} \cos x\mathrm{d}x$ 　　　B. $\int_{-1}^{1} \dfrac{x\sin x}{1+x^2}\mathrm{d}x$ 　　　C. $\int_{0}^{2}(1-x)\mathrm{d}x$ 　　　D. $\int_{-1}^{1}(\mathrm{e}^x - \mathrm{e}^{-x})\mathrm{d}x$

二、定积分的分部积分法

定理 2 设 $u = u(x),\ v = v(x)$ 在区间 $[a,b]$ 上具有连续的导数 $u'(x)$ 和 $v'(x)$ ，则

$$\int_{a}^{b} u\mathrm{d}v = (uv)\,\Big|_{a}^{b} - \int_{a}^{b} v\mathrm{d}u$$

这个公式叫做定积分的**分部积分公式**.

这个公式和不定积分的分部积分公式非常相似，只是多了积分限. 因此，应用时一定别忘掉积分限.

例 6　求 $\int_0^{\ln 2} x\mathrm{e}^x\mathrm{d}x$.

解　设 $u=x$ ，$\mathrm{e}^x\mathrm{d}x=\mathrm{d}(\mathrm{e}^x)=\mathrm{d}v$ ，则 $\mathrm{d}u=\mathrm{d}x$ ，$v=\mathrm{e}^x$ ，于是

$$\int_0^{\ln 2} x\mathrm{e}^x\mathrm{d}x=\int_0^{\ln 2} x\,\mathrm{d}(\mathrm{e}^x)=(x\mathrm{e}^x)\Big|_0^{\ln 2}-\int_0^{\ln 2}\mathrm{e}^x\mathrm{d}x$$
$$=2\ln 2-\mathrm{e}^x\Big|_0^{\ln 2}=2\ln 2-(2-1)=2\ln 2-1$$

例 7　求 $\int_0^{\frac{1}{2}}\arcsin x\mathrm{d}x$.

解　设 $u=\arcsin x$ ，$\mathrm{d}v=\mathrm{d}x$ ，则 $\mathrm{d}u=\dfrac{1}{\sqrt{1-x^2}}\mathrm{d}x, v=x$ ，于是

$$\int_0^{\frac{1}{2}}\arcsin x\mathrm{d}x=(x\cdot\arcsin x)\Big|_0^{\frac{1}{2}}-\int_0^{\frac{1}{2}}x\cdot\frac{1}{\sqrt{1-x^2}}\,\mathrm{d}x$$
$$=\frac{\pi}{12}-\int_0^{\frac{1}{2}}\frac{x}{\sqrt{1-x^2}}\mathrm{d}x=\frac{\pi}{12}+\frac{1}{2}\int_0^{\frac{1}{2}}\frac{1}{\sqrt{1-x^2}}\mathrm{d}(1-x^2)$$
$$=\frac{\pi}{12}+\sqrt{1-x^2}\,\Big|_0^{\frac{1}{2}}=\frac{\pi}{12}+\frac{\sqrt{3}}{2}-1$$

例 8　求 $\int_0^{\frac{\pi}{2}} x^2\sin x\mathrm{d}x$.

解　
$$\int_0^{\frac{\pi}{2}} x^2\sin x\mathrm{d}x=\int_0^{\frac{\pi}{2}} x^2\mathrm{d}(-\cos x)=(-x^2\cos x)\Big|_0^{\frac{\pi}{2}}-\int_0^{\frac{\pi}{2}}(-\cos x)\mathrm{d}(x^2)$$
$$=2\int_0^{\frac{\pi}{2}} x\cos x\mathrm{d}x=2\int_0^{\frac{\pi}{2}} x\mathrm{d}(\sin x)=2(x\sin x)\Big|_0^{\frac{\pi}{2}}-2\int_0^{\frac{\pi}{2}}\sin x\mathrm{d}x$$
$$=\pi-2(-\cos x)\Big|_0^{\frac{\pi}{2}}=\pi-2$$

例 9　求 $I=\int_0^{\frac{\pi}{2}}\mathrm{e}^{2x}\cos x\mathrm{d}x$.

解　
$$I=\int_0^{\frac{\pi}{2}}\mathrm{e}^{2x}\cos x\mathrm{d}x=\int_0^{\frac{\pi}{2}}\mathrm{e}^{2x}\mathrm{d}(\sin x)=(\mathrm{e}^{2x}\sin x)\Big|_0^{\frac{\pi}{2}}-\int_0^{\frac{\pi}{2}}\sin x\mathrm{d}(\mathrm{e}^{2x})$$
$$=\mathrm{e}^\pi-2\int_0^{\frac{\pi}{2}}\mathrm{e}^{2x}\sin x\mathrm{d}x=\mathrm{e}^\pi-2\int_0^{\frac{\pi}{2}}\mathrm{e}^{2x}\mathrm{d}(-\cos x)$$
$$=\mathrm{e}^\pi-2\left[(-\mathrm{e}^{2x}\cos x)\Big|_0^{\frac{\pi}{2}}-2\int_0^{\frac{\pi}{2}}(-\cos x)\mathrm{e}^{2x}\mathrm{d}x\right]$$
$$=\mathrm{e}^\pi-2-4\int_0^{\frac{\pi}{2}}\mathrm{e}^{2x}\cdot\cos x\mathrm{d}x=\mathrm{e}^\pi-2-4I$$

即 $I = e^{\pi} - 2 - 4I$ ，所以 $I = \int_0^{\frac{\pi}{2}} e^{2x} \cos x dx = \frac{1}{5}(e^{\pi} - 2)$.

练一练

1. 求下列定积分：

(1) $\int_0^{\sqrt{3}} \arctan x dx$ ； (2) $\int_0^1 x \sin x dx$.

三、无穷区间上的广义积分

定积分具有这样的特点：积分区间为有限区间；被积函数在积分区间上是有界的. 但在医药研究中，常会遇到积分区间为无穷区间的情形，这就是无穷区间上的广义积分.

定义 1 设函数 $f(x)$ 在区间 $[a, +\infty)$ 上连续，任取一有限数 $b(a < b < +\infty)$ ，我们称极限 $\lim\limits_{b \to +\infty} \int_a^b f(x)dx$ 为函数 $f(x)$ 在区间 $[a, +\infty)$ 上的**广义积分**，记作 $\int_a^{+\infty} f(x)dx$ ，即

$$\int_a^{+\infty} f(x)dx = \lim_{b \to +\infty} \int_a^b f(x)dx$$

如果极限 $\lim\limits_{b \to +\infty} \int_a^b f(x)dx$ 存在，则称广义积分 $\int_a^{+\infty} f(x)dx$ 存在或收敛，否则称此广义积分不存在或发散.

- 可以类似地定义区间 $(-\infty, b)$ 上的广义积分 $\int_{-\infty}^b f(x)dx = \lim\limits_{a \to -\infty} \int_a^b f(x)dx$.

- 当 $\int_{-\infty}^c f(x)dx, \int_c^{+\infty} f(x)dx$ 都收敛时， $\int_{-\infty}^{+\infty} f(x)dx = \int_{-\infty}^c f(x)dx + \int_c^{+\infty} f(x)dx$.

例 10 求 $\int_0^{+\infty} \frac{1}{1+x^2} dx$.

解 任取 $b \in (0, +\infty)$ ，则

$$\int_0^b \frac{1}{1+x^2} dx = \arctan x \Big|_0^b = \arctan b$$

从而

$$\int_0^{+\infty} \frac{1}{1+x^2} dx = \lim_{b \to +\infty} \int_0^b \frac{1}{1+x^2} dx = \lim_{b \to +\infty} \arctan b = \frac{\pi}{2}$$

今后为简便起见，我们也可以采用下列表示方法

$$\int_0^{+\infty} \frac{1}{1+x^2} dx = (\arctan x) \Big|_0^{+\infty} = \lim_{x \to +\infty} \arctan x - \arctan 0 = \frac{\pi}{2}$$

例 11 求 $\int_{-\infty}^{+\infty} \frac{1}{1+x^2} dx$.

解 取 $c = 0$ ， $\int_{-\infty}^{+\infty} \frac{1}{1+x^2} dx = \int_{-\infty}^0 \frac{1}{1+x^2} dx + \int_0^{+\infty} \frac{1}{1+x^2} dx$. 由例 10 可知

$$\int_0^{+\infty} \frac{1}{1+x^2} dx = \frac{\pi}{2}$$

而

$$\int_{-\infty}^{0}\frac{1}{1+x^2}dx=\arctan x\Big|_{-\infty}^{0}=\arctan 0-\lim_{x\to-\infty}\arctan x=\frac{\pi}{2}$$

所以，广义积分 $\int_{-\infty}^{+\infty}\frac{1}{1+x^2}dx$ 收敛，且

$$\int_{-\infty}^{+\infty}\frac{1}{1+x^2}dx=\frac{\pi}{2}+\frac{\pi}{2}=\pi$$

习　题　3-6

1. 求下列定积分：

(1) $\int_{0}^{4}\sqrt{16-x^2}\,dx$ ；

(2) $\int_{0}^{1}\frac{1}{4+x^2}dx$ ；

(3) $\int_{0}^{4}\frac{x+2}{\sqrt{2x+1}}dx$ ；

(4) $\int_{1}^{2}\frac{1}{x\sqrt{1+\ln x}}dx$ ；

(5) $\int_{0}^{4}\frac{dx}{1+\sqrt{x}}$ ；

(6) $\int_{\ln 3}^{\ln 8}\sqrt{1+e^x}\,dx$ ；

(7) $\int_{-\frac{\pi}{3}}^{\frac{\pi}{3}}\frac{x\,dx}{1+\cos x}$ ；

(8) $\int_{-1}^{1}\frac{(2+x^3)dx}{\sqrt{4-x^2}}$.

2. 求下列定积分：

(1) $\int_{0}^{\ln 2}xe^{-x}dx$ ；

(2) $\int_{0}^{\frac{1}{2}}\arccos x\,dx$ ；

(3) $\int_{0}^{\frac{\pi}{2}}x\cos x\,dx$ ；

(4) $\int_{1}^{4}\frac{\ln x}{\sqrt{x}}dx$ ；

(5) $\int_{0}^{\pi}e^x\sin x\,dx$ ；

(6) $\int_{0}^{\frac{\pi^2}{4}}\sin\sqrt{x}\,dx$.

3. 求下列广义积分：

(1) $\int_{1}^{+\infty}\frac{1}{x^2}dx$ ；

(2) $\int_{-\infty}^{+\infty}\frac{1}{e^x+e^{-x}}dx$.

4. 设 $f(x)$ 在区间$[-1,1]$连续，证明：$\int_{0}^{\pi}xf(\sin x)\,dx=\frac{\pi}{2}\int_{0}^{\pi}f(\sin x)\,dx$.

（提示：$x=\pi-t$ ）

第 7 节　定积分在几何、物理上的应用

前面讨论了定积分的概念及计算方法，在这个基础上进一步来研究它的应用，借助于"微元法"用定积分表示平面图形的面积、旋转体的体积和变力做功.

一、微　元　法

在定积分的应用中，如果所要计算的某个量 A 具有下列特征：

（1）A 的大小取决于自变量 x 的变化区间 $[a,b]$ 和定义在该区间上的一个函数 $f(x)$；

（2）A 对区间具有可加性，即当 $[a,b]$ 分割为若干个子区间后，区间 $[a,b]$ 上的总量 A 等于各个子区间上部分量 ΔA_i 之和；

（3）在 $[a,b]$ 的子区间 $[x,x+\Delta x]$ 上对应的部分量 ΔA 可以近似的表示为

$$\mathrm{d}A = f(x)\mathrm{d}x$$

那么，A 可以表示为

$$A = \int_a^b \mathrm{d}A = \int_a^b f(x)\mathrm{d}x$$

这种方法称为定积分的**微元法**，把 ΔA 的近似值 $\mathrm{d}A = f(x)\mathrm{d}x$ 称为量 A 的**微元**.

如已知直线行驶的汽车的速度函数 $v = v(t)$，欲求它在 $[0,T]$ 内行驶的位移 s，由于所求位移 s 满足三个特征，现按下列步骤求解.

第一步：选择时间 t 作为积分变量，t 在 $[0,T]$ 内变化；

第二步：在 $[0,T]$ 上取一个小区间 $[t,t+\mathrm{d}t]$，考虑汽车在该区间内行驶的路程. 由于 $\mathrm{d}t$ 很小，因此可近似认为汽车在该区间内做匀速直线运动（"以常代变"），从而汽车在该区间内行驶的路程近似的表示为

$$\mathrm{d}s = v(t)\mathrm{d}t$$

第三步：所求路程 s 可用定积分表示

$$s = \int_0^T \mathrm{d}s = \int_0^T v(t)\mathrm{d}t$$

二、平面图形的面积

计算由曲线所围成的图形面积，可归结为计算曲边梯形的面积. 如果平面图形是由连续曲线 $y = f(x)$，$y = g(x)$，以及直线 $x = a$，$x = b(a < b)$ 所围成的，并且在 $[a,b]$ 上 $f(x) \geqslant g(x)$（图 3-12），求其面积 A.

用微元法分析：

第一步：在区间 $[a,b]$ 上任取一小区间 $[x,x+\mathrm{d}x]$，设此小区间上的面积为 ΔA，则 ΔA 近似于高为 $f(x) - g(x)$，底为 $\mathrm{d}x$ 的小矩形的面积，从而得到面积微元

$$\mathrm{d}A = \big[f(x) - g(x)\big]\mathrm{d}x$$

第二步：所求其图形的面积为

$$A = \int_a^b [f(x) - g(x)]\mathrm{d}x$$

不论 $f(x)$ 与 $g(x)$ 在坐标系中的位置如何，只要曲线 $f(x)$ 与曲线 $g(x)$ 分别为图形的上边界与下边界曲线，上面的式子都是成立的.

类似地，如果平面图形由连续曲线 $x = \varphi(y)$，$x = \psi(y)$，以及直线 $y = c, y = d$ 所围成，并且在 $[c,d]$ 上 $\varphi(y) \geqslant \psi(y)$（图 3-13），面积为

$$A = \int_c^d [\varphi(y) - \psi(y)]\mathrm{d}y$$

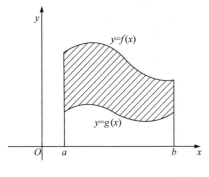

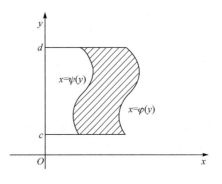

图 3-12   图 3-13

例 1   求由曲线 $y^2 = x$ 与 $y = x^2$ 所围成图形的面积.

解   如图 3-14 所示，曲线 $y^2 = x$ 与 $y = x^2$ 在第一象限的交点为 $(0,0)$，$(1,1)$. 取 x 为积分变量，积分区间为 $[0,1]$，则所求图形的面积为

$$A = \int_0^1 (\sqrt{x} - x^2)\mathrm{d}x = \left(\frac{2}{3}x^{\frac{3}{2}} - \frac{1}{3}x^3 \right)\bigg|_0^1 = \frac{1}{3}$$

例 2   求由抛物线 $y = x^2 + 1$ 与直线 $y = 3 - x$ 所围成的图形的面积(图 3-15).

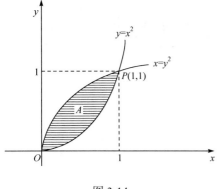

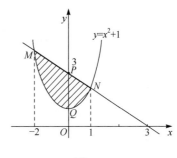

图 3-14   图 3-15

解   由方程组 $\begin{cases} y = x^2 + 1, \\ y = 3 - x, \end{cases}$ 求得曲线与直线的交点为 $M(-2, 5)$，$N(1,2)$，因此，选择 x 为积分变量，积分区间为 $[-2,1]$，所求面积为

$$A = \int_{-2}^1 [(3 - x) - (x^2 + 1)]\,\mathrm{d}x = \int_{-2}^1 (-x^2 - x + 2)\,\mathrm{d}x$$

$$= \left(-\frac{x^3}{3} - \frac{x^2}{2} + 2x \right)\bigg|_{-2}^1 = 4\frac{1}{2}$$

例 3   求曲线 $y^2 = 2x$ 及直线 $y = x - 4$ 所围成的图形的面积(图 3-16).

解   由方程组 $\begin{cases} y^2 = 2x, \\ y = x - 4, \end{cases}$ 求得曲线与直线的交点为 $A(8, 4)$，$B(2, -2)$，选择 y 为积分变量，积分区间为 $[-2,4]$，所求的面积为

$$A = \int_{-2}^{4} \left(y + 4 - \frac{y^2}{2} \right) \mathrm{d}y = \left[\frac{y^2}{2} + 4y - \frac{y^3}{6} \right] \Big|_{-2}^{4} = 18$$

综上所述,求平面图形的面积可按以下步骤求解:

(1)画出图形;

(2)求出曲线的交点;

(3)选择积分变量,确定积分区间;

(4)用定积分表示所求面积(微元法或公式法).

三、旋转体的体积

平面图形绕着平面内一条直线旋转一周而得的几何体称为旋转体. 为简便起见,我们考虑 $y = f(x)(f(x) \geqslant 0)$, $x = a, x = b, y = 0$ 所围成的曲边梯形绕 x 轴旋转一周形成的旋转体的体积 V(图3-17).

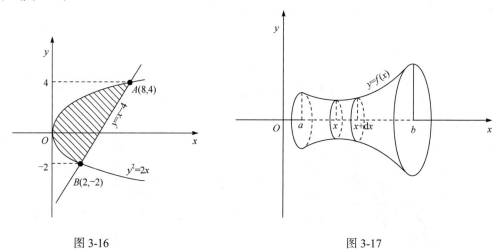

图 3-16   图 3-17

用微元法分析:

取 x 为积分变量,积分区间为 $[a,b]$. 在区间 $[a,b]$ 内任取两点 x 及 $x+\mathrm{d}x$,并过这两点分别作垂直于 x 轴的截面,则得一薄片,设这薄片的体积为 ΔV,由于薄片的厚度 $\mathrm{d}x$ 很小,所以薄片体积就可以近似地看作是以 $\mathrm{d}x$ 为高,以 $f(x)$ 为底面半径的小圆柱的体积,从而得体积微元为

$$\mathrm{d}V = \pi \left[f(x) \right]^2 \mathrm{d}x$$

以 $\mathrm{d}V$ 为被积式,在 $[a,b]$ 上求定积分,得整个旋转体的体积为

$$V = \int_a^b \mathrm{d}V = \pi \int_a^b [f(x)]^2 \mathrm{d}x$$

同样可得绕 y 轴旋转的旋转体体积为

$$V = \pi \int_c^d \left[g(y) \right]^2 \mathrm{d}y$$

例 4 求由 $y = x^2$、$y = 0$ 和 $x = 2$ 所围成的区域,绕 x 轴旋转一周形成的旋转体的体积.

解 取 x 为积分变量,积分区间为 $[0,2]$,$f(x) = x^2$. 所以

$$V = \int_0^2 \pi (x^2)^2 \, dx = \pi \int_0^2 x^4 \, dx = \pi \left(\frac{1}{5} x^5 \right) \Big|_0^2 = \frac{32}{5} \pi$$

例 5 求由椭圆 $\dfrac{x^2}{a^2} + \dfrac{y^2}{b^2} = 1$ 绕 x 轴旋转一周所形成的椭球的体积.

解 由椭圆方程得

$$y^2 = \frac{b^2}{a^2}(a^2 - x^2)$$

再由图形的对称性可知

$$V = 2\pi \int_0^a \frac{b^2}{a^2}(a^2 - x^2) \, dx = \frac{2\pi b^2}{a^2} \int_0^a (a^2 - x^2) \, dx$$

$$= \frac{2\pi b^2}{a^2} \left(a^2 x - \frac{x^3}{3} \right) \Big|_0^a = \frac{4}{3} \pi a b^2$$

当 $a = b = R$ 时，得半径为 R 的球体积为

$$V = \frac{4}{3} \pi R^3$$

练一练

1. 例 4 中的区域绕 y 轴旋转一周所形成的旋转体的体积为（   ）.

A. $\pi \int_0^4 (4 - y) \, dy$ 　　　 B. $\pi \int_0^4 (2 - y^2) \, dy$ 　　　　 C. $\pi \int_0^4 y \, dy$ 　　　　 D. $\pi \int_0^4 (2 - y) \, dy$

四、物理学中的应用——变力做功

设物体在变力 $y = f(x)$ 作用下，沿 x 轴正向从点 a 移动到点 b，求它所做的功 W. 在 $[a, b]$ 上任取相邻两点 x 和 $x + dx$，则力 $f(x)$ 所做的微功为

$$dw = f(x) \, dx$$

于是得

$$W = \int_a^b f(x) \, dx$$

例 6 根据胡克定律，弹簧的弹力与形变的长度成正比. 已知汽车车厢下的减震弹簧压缩 1cm 需力 14000N，求弹簧压缩 2cm 时所做的功.

解 由题意，弹簧的弹力为 $f(x) = kx$（k 为比例常数），当 $x = 0.01$m 时，

$$f(0.01) = k \times 0.01 = 1.4 \times 10^4 \, N$$

由此知 $k = 1.4 \times 10^6 \, N/m$，故弹力为

$$f(x) = 1.4 \times 10^6 x$$

于是

$$W = \int_0^{0.02} 1.4 \times 10^6 x \, dx = \frac{1.4 \times 10^6}{2} x^2 \Big|_0^{0.02} = 280 J$$

即弹簧压缩 2cm 时所做的功为 280J.

习　题　3-7

1. 求下列各题中平面图形的面积：

(1) 曲线 $y = 4 - x^2$ 与 x 轴所围的图形；

(2) 曲线 $y = \dfrac{1}{x}$ 与 $y = x, y = 2$ 所围的图形；

(3) 抛物线 $y^2 = x$ 与直线 $x + y = 2$ 所围的图形；

(4) 抛物线 $y = x^2 + 2$ 与过点 $(-1, 3)$ 处抛物线的切线及 y 轴所围的图形.

2. 求下列平面图形分别绕 x 轴和 y 轴旋转所产生的立体体积：

(1) $y = x^2$ 与直线 $x = 1, x = 2, y = 0$ 所围的图形；

(2) 直线 $y = x, x + y = 2$ 与 x 轴所围的图形；

(3) 椭圆 $\dfrac{x^2}{a^2} + \dfrac{y^2}{b^2} = 1$.

3. 求抛物线 $y = -x^2 + 4x - 3$ 及其在 $(0, -3)$ 和 $(3, 0)$ 处的切线所围成图形的面积.

4. 现有一弹簧，在弹性限度内已知每拉长 1cm 需力 20N，求将此弹簧由平衡位置拉长 5cm 时，克服弹簧的弹性力所做的功.

第8节　一元积分学在医药学上的应用

一元积分学在医药学上有着广泛的应用.

一、药-时曲线下面积 AUC

血药浓度 (C)-时间 (t) 曲线，简称为药-时曲线，药-时曲线下面积 AUC 反映的是在某段时间内进入人体循环的药量，说明药物在人体中被吸收利用的程度，即药物的生物利用度，AUC 大则生物利用度高，反之则低.

例1　静脉注射一定剂量的药物后，血药浓度-时间函数可表示为 $C(t) = C_0 \mathrm{e}^{-kt}$，其中 C_0 为初始血药浓度，k 为药物的消除速率常数. 求从开始至 T 时刻的药-时曲线下面积 AUC_{0-T}.

解
$$\mathrm{AUC}_{0-T} = \int_0^T C(t)\mathrm{d}t = \int_0^T C_0 \mathrm{e}^{-kt}\mathrm{d}t = -\frac{C_0}{k}\int_0^T \mathrm{e}^{-kt}\mathrm{d}(-kt) = -\frac{C_0}{k}\mathrm{e}^{-kt}\Bigg|_0^T$$
$$= \frac{C_0}{k}(1 - \mathrm{e}^{-kT})$$

在药物动力学或生物药剂学中，为了求出药物动力学参数或生物利用度等指标，常常需要计算药-时曲线下的总面积，它属于积分区间为无穷区间的广义积分，记为 $\mathrm{AUC}_{0-\infty}$，那么有

$$\mathrm{AUC}_{0-\infty} = \lim_{T \to +\infty} \frac{C_0}{k}(1 - \mathrm{e}^{-kT}) = \frac{C_0}{k}$$

二、平均值问题

实际问题中，常用一组数据的平均值来表示这组数据的中心位置或作为这组数据的代表值. 例如，作化学分析时，把一块氟化钠晶体在分析天平上连续称 5 次，得到数值为

$$0.7383,\quad 0.7382,\quad 0.7383,\quad 0.7384,\quad 0.7383$$

我们取它的算术平均值 0.7383 作为这块晶体重量的代表值.

但在自然科学和医药学中，不仅需要求出 n 个数值的算术平均值，而且还需要求出"一个连续函数在区间[a, b]上所取得的一切函数值的平均值". 例如气温在一昼夜内的平均温度，在某段时间内物体运动的平均速度，流过导线横截面的平均电流，某药物多剂量给予机体，且血药浓度达稳态以后一个给药间隔时间内的平均血药浓度等，在数学上都归结为求函数在某个区间 I 的平均值问题.

设函数 $y = f(x)$ 在区间[a, b]是连续的，显然，由积分中值定理可知，$y = f(x)$ 在区间[a, b]内的平均值 $\bar{y}$ 为

$$\bar{y} = \frac{1}{b-a}\int_a^b f(x)\mathrm{d}x$$

例 2　在某测定胰岛素的实验中，让患者禁食(用以降低体内血糖水平)，通过注射大量的糖，测得血液中胰岛素浓度 C 随时间 t 的变化规律为

$$C(t) = \begin{cases} t(10-t), & 0 \leqslant t \leqslant 5 \\ 25\mathrm{e}^{-k(t-5)}, & t > 5 \end{cases}$$

其中，$k = \dfrac{\ln 2}{20}$，时间 t 的单位是 min，求一小时内血液中胰岛素的平均浓度(单位：ml).

解

$$\bar{C}(t) = \frac{1}{60-0}\int_0^{60} C(t)\mathrm{d}t = \frac{1}{60}\left[\int_0^5 t(10-t)\mathrm{d}t + \int_5^{60} 25\mathrm{e}^{-k(t-5)}\mathrm{d}t\right]$$

$$= \frac{1}{60}\left(5t^2 - \frac{1}{3}t^3\right)\Big|_0^5 + \frac{5}{12}\left(-\frac{1}{k}\mathrm{e}^{-k(t-5)}\right)\Big|_5^{60}$$

$$= \frac{1}{60}\left(125 - \frac{125}{3}\right) - \frac{5}{12k}(\mathrm{e}^{-55k}-1)$$

$$= \frac{25}{18} - \frac{25}{2.079}(0.1487-1) \approx 11.63\ (\mathrm{ml})$$

三、梯 形 法 则

虽然根据牛顿-莱布尼茨公式，我们可借助于求原函数来计算定积分，但在实际问题中，函数关系往往是用曲线或表格给出，而不是用公式给出的；而且有些被积函数即使是用公式表示的，但要求出它的原函数却很困难，在这些情况下，会遇到定积分的近似计算问题. 定积分 $\int_a^b f(x)\mathrm{d}x$ 的近似计算的基本出发点是基于定积分的几何意义，即以曲线 $y = f(x)$ 为曲边的曲边梯形的面积. 因此，无论用什么方法，只要把这个面积近似地讨论出来，也就得到了定积分的近似值. 在药物动力学和药剂学中常用"梯形法则"近似地计算定积分.

设被积函数 $y = f(x)$ 的图形如图 3-18 所示. 所谓"梯形法则"就是把曲边梯形分成若

干个小曲边梯形,然后用相应的小梯形来近似代替小曲边梯形,从而求得定积分的近似值,具体做法如下:

取分点

$$a = x_0 < x_1 < x_2 < \cdots < x_i \cdots < x_{n-1} < x_n = b$$

分$[a,b]$为n个长度相等的小区间$[x_{i-1}, x_i]\ (i=1,2,\cdots,\ n)$. 记$\Delta x_i = x_i - x_{i-1} = \dfrac{b-a}{n}$.

设函数$y = f(x)$对应的各分点的函数值为$y_0, y_1, y_2, \cdots, y_{n-1}, y_n$. 将曲线$y = f(x)$上相邻两点用线段$AM_1$, M_1M_2, $\cdots$, $M_{n-1}B$连接起来, 便得到n个小梯形, 这n个小梯形面积之和, 就是定积分$\int_a^b f(x)\mathrm{d}x$的一个近似值, 而梯形面积等于两底之和乘以高再除以2, 于是

$$\int_a^b f(x)\mathrm{d}x \approx \frac{1}{2}(y_0 + y_1)\cdot\Delta x_1 + \frac{1}{2}(y_1 + y_2)\cdot\Delta x_2 + \cdots + \frac{1}{2}(y_{n-1} + y_n)\cdot\Delta x_n$$

即

$$\int_a^b f(x)\mathrm{d}x \approx \frac{b-a}{n}\left(\frac{y_0}{2} + y_1 + y_2 + \cdots + y_{n-1} + \frac{y_n}{2}\right)$$

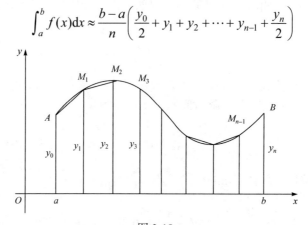

图 3-18

例3 设一受试者口服某药后, 测得一些 $C\text{-}t$ 数据如下.

时间/h	0	1	2	3	4	5	6	8	10	12
血药浓度/ (μg/ml)	0	10.2	19.3	21.4	17.7	16.4	13.8	9.8	7.4	5.3

求 0—12h 内 $C\text{-}t$ 曲线下面积 AUC.

解 注意从第6小时起采用的血样时间间隔与前面不同, 因此, 需把定积分$\int_0^{12} C(t)\mathrm{d}t$分成$\int_0^6 C(t)\mathrm{d}t$和$\int_6^{12} C(t)\mathrm{d}t$两个部分来计算, 即

$$\int_0^{12} C(t)\mathrm{d}t = \int_0^6 C(t)\mathrm{d}t + \int_6^{12} C(t)\mathrm{d}t$$

利用梯形法则, 有

$$\int_0^6 C(t)\mathrm{d}t \approx \frac{6-0}{6}\left(\frac{0}{2} + 10.2 + 19.3 + 21.4 + 17.7 + 16.4 + \frac{13.8}{2}\right) \doteq 91.9$$

$$\int_6^{12} C(t)\mathrm{d}t \approx \frac{12-6}{3}\left(\frac{13.8}{2}+9.8+7.4+\frac{5.3}{2}\right)=53.5$$

于是，有

$$\mathrm{AUC}=\int_0^{12} C(t)\mathrm{d}t \approx 91.9+53.5=145.4(\mathrm{\mu g/ml})$$

四、血流量问题

下面的例子利用定积分的微元法计算血液中的血流量问题.

例 4　有一段长为 L，半径为 R 的血管，一端血压为 P_1，另一端血压为 P_2（$P_1 > P_2$），已知血管截面上距离血管中心为 r 处的血液流速为

$$V(r)=\frac{P_1-P_2}{4\eta L}(R^2-r^2)$$

（式中 η 为血液黏滞系数），求在单位时间内流过该截面的血流量 Q（图 3-19）.

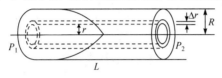

图 3-19

解　由于血液有黏性，在血管壁处受到摩擦阻力，血管中心流速比血管壁附近流速大，为此，将血管截面分成许多圆环，在 $[r,r+\mathrm{d}r]$ 上的这一小圆环面上，由于 $\mathrm{d}r$ 很小，环面上各点的流速变化不大，可以认为近似不变，于是可以用圆周处的流速 $V(r)$ 来代替，圆环面积近似为 $2\pi\cdot r\mathrm{d}r$，通过小圆环的血流量微元为

$$\mathrm{d}Q=V(r)\cdot 2\pi\cdot r\mathrm{d}r$$

从而有

$$Q=\int_0^R \mathrm{d}Q=\int_0^R V(r)\cdot 2\pi r\mathrm{d}r=\int_0^R \frac{P_1-P_2}{4\eta L}(R^2-r^2)\cdot 2\pi r\mathrm{d}r$$

$$=\frac{\pi(P_1-P_2)}{2\eta L}\int_0^R (R^2 r-r^3)\mathrm{d}r=\frac{\pi(P_1-P_2)}{2\eta L}\left(\frac{R^2}{2}r^2-\frac{r^4}{4}\right)\Bigg|_0^R$$

$$=\frac{\pi(P_1-P_2)R^4}{8\eta L}$$

习　题　3-8

1. 用药物进入血液系统的速率来计算有效药物总量. 设某种药物的吸收规律为

$$f(t)=kt(t-b)^2 \quad (0\leqslant t\leqslant b)$$

实验测得 $k=0.15, b=3$，求该药物的吸收总量.

2. 基础代谢（BM）是描述非应激状态下机体内正常的化学活动的指标. 所谓非应激状态，对植物而言，是指静止休息一段时间后的状态.

动物（包括人）的代谢速度随外界环境和生理活动变化而相应地变化，所以在日周期内

的基础代谢率（BMR）也是波动的. 已知一动物的基础代谢率为

$$BMR(t) = -0.15\cos\frac{\pi}{12}t + 0.3 \text{ (kcal/h)}$$

那么一昼夜内，它的基础代谢量为多少?

3. 某健康成人口服某药后，测得一些时间的血药浓度如下表所示：

时间/h	0	1	2	3	4	5	6	7	8	9	10	11
血药浓度/(μg/ml)	0	0.5	1.0	4.0	8.0	18.0	24.0	36.0	20.0	6.0	1.0	0.5

试用梯形法近似计算 0—11h 药-时曲线下的面积.

4. 为监测血液系统中有效药物的总量，需使用标准的临床方法监测尿中药物排出的速率，如果药物排出速率为 $V(t) = te^{-kt}(k > 0)$，试求时间间隔 $[0,T]$ 内药物通过人体排出的总量

$$D = \int_0^T V(t)\mathrm{d}t$$

本章小结 3

一、知识框架图

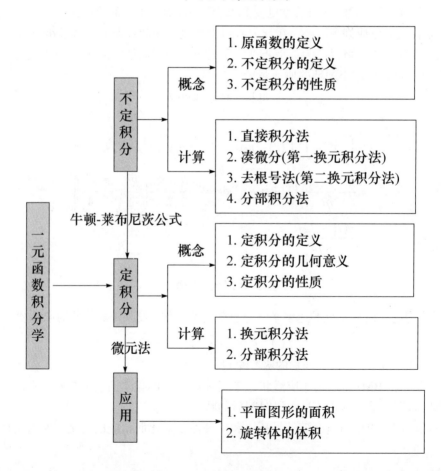

二、基 本 内 容

1. 不定积分的概念

(1)定义：$\int f(x)\mathrm{d}x$ 表示函数 $f(x)$ 在区间 I 的所有原函数，即 $\int f(x)\mathrm{d}x = F(x) + C$；

(2)不定积分和微分互为逆运算，即

$$\left(\int f(x)\mathrm{d}x\right)' = f(x)\ ;\quad \int F'(x)\mathrm{d}x = F(x) + C$$

2. 不定积分的基本公式(略)

3. 不定积分的性质

$$\int kf(x)\mathrm{d}x = k\int f(x)\mathrm{d}x\ ,\quad \int [f(x) \pm g(x)]\mathrm{d}x = \int f(x)\,\mathrm{d}x \pm \int g(x)\mathrm{d}x$$

4. 不定积分的换元积分法

(1)第一换元积分法(凑微分法)

$$\int f[\varphi(x)]\varphi'(x)\mathrm{d}x = \int f[\varphi(x)]\,\mathrm{d}\varphi(x) = \int f(u)\,\mathrm{d}u = F[\varphi(x)] + C$$

(2)第二换元积分法(去根号法)

$$\int f(x)\,\mathrm{d}x = \int f[\varphi(t)]\varphi'(t)\,\mathrm{d}t = F[\varphi^{-1}(x)] + C$$

常见的换元法有：简单根式代换和三角代换(如 $x = a\sin t$，$x = a\tan t$，$x = a\sec t$).

5. 不定积分的分部积分法

$$\int u\mathrm{d}v = uv - \int v\mathrm{d}u$$

被积函数是基本初等函数中两类函数的乘积，将优先考虑使用分部积分的方法，并按照"指数函数—三角函数—幂函数—反三角函数或对数函数"的顺序，选择函数进入 $\mathrm{d}v$(排在前面的优先).

6. 定积分的概念

(1)定义：$\int_a^b f(x)\mathrm{d}x = \lim\limits_{\lambda \to 0}\sum\limits_{i=1}^{n} f(\xi_i)\Delta x_i$，定积分的概念体现了"分割、近似、求和、取极限"的思想，仅与积分区间和积分函数有关，而与积分变量用什么字母无关.

(2)定积分的几何意义

$\int_a^b f(x)\mathrm{d}x$ 等于曲线 $y = f(x)$ 在 x 轴上方部分与下方部分面积的代数和.

7. 定积分的性质

(1)积分的线性性质：$\int_a^b [f(x) \pm g(x)]\mathrm{d}x = \int_a^b f(x)\mathrm{d}x \pm \int_a^b g(x)\mathrm{d}x$；

$$\int_a^b kf(x)\mathrm{d}x = k\int_a^b f(x)\mathrm{d}x$$

(2)区间的可加性：$\int_a^b f(x)\mathrm{d}x = \int_a^c f(x)\mathrm{d}x + \int_c^b f(x)\mathrm{d}x$；

(3)积分大小的估计：$m(b - a) \leqslant \int_a^b f(x)\mathrm{d}x \leqslant M(b - a)$；

(4)定积分中值定理：$\int_a^b f(x)\mathrm{d}x = f(\xi) \cdot (b-a)$.

8. 牛顿-莱布尼茨公式

$$\int_a^b f(x)\mathrm{d}x = F(b) - F(a) = F(x)\Big|_a^b$$

9. 定积分的计算

(1)定积分的换元积分法：$\int_a^b f(x)\mathrm{d}x = \int_\alpha^\beta f[\varphi(t)]\varphi'(t)\mathrm{d}t$；

(2)定积分的分部积分法：$\int_a^b u\mathrm{d}v = (uv)\Big|_a^b - \int_a^b v\mathrm{d}u$；

(3)无限区间上的广义积分：$\int_a^{+\infty} f(x)\mathrm{d}x = \lim\limits_{b\to+\infty} \int_a^b f(x)\mathrm{d}x$.

10. 定积分的应用

(1)平面图形的面积：$A = \int_a^b [f(x) - g(x)]\mathrm{d}x$ 或 $A = \int_c^d [\varphi(y) - \psi(y)]\mathrm{d}y$；

(2)旋转体的体积：$V = \pi\int_a^b [f(x)]^2 \mathrm{d}x$ 或 $V = \pi\int_c^d [g(y)]^2 \mathrm{d}y$.

单元测试 3

一、填空题

1. 若 $\int f(x)\mathrm{d}x = \arctan x + C$，则 $f(x) = $ _____.

2. $\dfrac{\mathrm{d}}{\mathrm{d}x}\int_1^x (\mathrm{e}^{2t} - t - 1)\mathrm{d}t = $ _____.

3. 设 $f(x)$ 是 $\cos\dfrac{x}{2}$ 的一个原函数，则 $\int f'(x)\mathrm{d}x = $ _____.

4. 比较两个定积分的大小，$\int_1^2 \sqrt{x}\mathrm{d}x$ _____ $\int_1^2 \sqrt[3]{x}\mathrm{d}x$.

5. $\int_{-1}^1 (2x^2 + 1)\sin x\mathrm{d}x = $ _____.

二、单项选择题

1. 设函数 $f(x)$ 的一个原函数是 $\dfrac{1}{x}$，则 $f'(x) = ($ $)$.

A. $\dfrac{1}{x}$ B. $\ln|x|$

C. $\dfrac{2}{x^3}$ D. $-\dfrac{1}{x^2}$

2. 若有 $\mathrm{d}x = k\mathrm{d}(2 - 3x)$ 成立，则 $k = ($ $)$.

A. 3   B. $\dfrac{1}{3}$

C. $-\dfrac{1}{3}$ D. -3

3. 如果函数 $F(x)$ 与 $G(x)$ 都是 $f(x)$ 在某个区间 I 上的原函数，则在区间 I 上必有（ ）.

A. $F(x) = G(x)$

B. $F(x) = G(x) + C$

C. $F(x) = \dfrac{1}{C}G(x)$

D. $F(x) = CG(x)$

4. 定积分 $\int_{\frac{1}{2}}^2 |\ln x|\mathrm{d}x = ($ $)$.

A. $\int_{\frac{1}{2}}^1 \ln x\mathrm{d}x + \int_1^2 \ln x\mathrm{d}x$

B. $\int_{\frac{1}{2}}^1 \ln x\mathrm{d}x - \int_1^2 \ln x\mathrm{d}x$

C. $-\int_{\frac{1}{2}}^1 \ln x\mathrm{d}x + \int_1^2 \ln x\mathrm{d}x$

D. $-\int_{\frac{1}{2}}^1 \ln x\mathrm{d}x - \int_1^2 \ln x\mathrm{d}x$

5. 在 $f(x)$ 连续的条件下，下列各式中正确的是（ ）.

A. $\dfrac{\mathrm{d}}{\mathrm{d}x}\int_a^b f(x)\mathrm{d}x = f(x)$

B. $\dfrac{\mathrm{d}}{\mathrm{d}x}\int_b^a f(x)\mathrm{d}x = f(x)$

C. $\dfrac{\mathrm{d}}{\mathrm{d}x}\displaystyle\int_a^x f(t)\mathrm{d}t = f(x)$

D. $\dfrac{\mathrm{d}}{\mathrm{d}x}\displaystyle\int_x^b f(t)\mathrm{d}t = f(x)$

5. $\displaystyle\int_0^{\frac{\pi}{2}} x^2 \sin x\,\mathrm{d}x$.

6. $\displaystyle\int_0^{\pi} \sqrt{\sin\theta - \sin^3\theta}\,\mathrm{d}\theta$.

三、解答题

1. $\displaystyle\int \dfrac{1}{\sqrt{1+\mathrm{e}^x}}\mathrm{d}x$.

2. $\displaystyle\int \dfrac{x-1}{\sqrt{9-4x^2}}\mathrm{d}x$.

3. $\displaystyle\int_0^{\frac{\pi}{2}} \dfrac{1}{1+\cos x}\mathrm{d}x$.

4. $\displaystyle\int_0^{+\infty} \dfrac{1}{x^2+4}\mathrm{d}x$.

四、 求由曲线 $y=\dfrac{1}{x}$ 与直线 $y=4x$ 及 $x=2y$ 围成的位于第一象限的平面图形的面积.

五、 从原点向抛物线 $y=x^2-2x+4$ 作两条切线, 切线与抛物线所围区域为 S,

(1) 求 S 的面积;

(2) 求 S 绕 x 轴旋转所得的体积.

阅读材料 3

无穷小是零还是非零——第二次数学危机

17 世纪由牛顿和莱布尼茨建立起来的微积分学产生后, 由于它的广泛应用因而成为解决问题的重要工具. 无穷小量是微积分的基础概念之一, 牛顿在一些典型的推导过程中, 先是用无穷小量作分母进行除法运算, 然后把无穷小量看作零, 消掉那些包含它的项, 从而得到想要的公式. 尽管这些公式在力学和几何学领域的应用证明它们是正确的, 但其数学推导过程却在逻辑上自相矛盾. "无穷小量究竟是零还是非零", 这就是著名的贝克莱悖论, 由英国的大主教贝克莱 (G. Berkeley, 1684—1753) 于 1734 年提出. 它动摇了人们对微积分正确性的信念, 在当时的数学界引起了一定的混乱, 从而导致了数学史上所谓的第二次数学危机.

英国主教贝克莱出于宗教的动机, 针对微积分的不严格之处进行攻击. 他指出, 对于 $y=x^2$ 而言, 根据牛顿的流数计算法, 有 $\Delta y=(x+\Delta x)^2-x^2=2x\Delta x+(\Delta x)^2$, 从而 $\dfrac{\Delta y}{\Delta x}=2x+\Delta x$ (这一步的 Δx 作为分母 $\Delta x \neq 0$), 得到 $y'=2x$ (此处为了求 y' 时又把 Δx 看成 0).

他说: "在进行微分运算时, 竟从不脸红地首先承认, 然后又舍弃无穷小量. 依靠双重错误得到了虽然不科学却是正确的结果." 在 1734 年的《分析学者》书中嘲笑无穷小为 "消失了的量的鬼魂". 意思是说微积分中有时把 Δx 作为零, 有时又不为零, 自相矛盾, 那它一定是量的鬼魂了.

为了回答贝克莱的攻击, 在英国本土产生了许多为牛顿流术论辩护的著述, 其中以麦克劳林《流术论》最为典型, 但所有这些辩护都因坚持几何论证而显得软弱无力. 19 世纪, 法国数学家柯西详细而有系统地发展了极限理论, 他把无穷小定义为 "极限为零的变量", 是要怎样小就怎样小的变量, 澄清了前人无穷小的概念, 使无穷小摆脱了神秘感. 这样就可以在极限与无穷小的基础上建立起一系列的微积分理论和引出一系列的基本概念: 连续, 导数, 微分与积分等. 魏尔斯特拉斯 (K. T. W. Weierstrass, 1815—1897) 建立了更加严格的极限理论，加上实数理论、集合论的创立，建立起来极限论的基本定理，从而把无穷小量从形而上学的束缚中解放出来. 他使用了严格的 ε-δ 语言来定义极限，为数学分析奠定了严格的基础. 使之达到今天具有的严密形式，第二次数学危机才基本解决.

第二次数学危机不但没有阻碍微积分的迅猛发展和广泛应用，反而让微积分解决了大量的物理问题、天文问题、数学问题，大大推进了工业革命的发展. 就微积分自身而言，经过本次危机的"洗礼"，其自身更加完善，得到了不断的系统化，扩展出了不同的分支，成为 18 世纪数学世界的"霸主".

第4章 多元函数微分学

拉格朗日(Joseph Louis Lagrange,1736—1813)(图4-1) 法国数学家、物理学家,在数学、力学和天文学3个领域都有历史性的贡献.

他脱离几何研究数学分析,使数学分析成为一门独立的学科;他研究的"变分法"已成为一个数学分支;他丰富了微分方程的理论和方法,他最为我们熟知的是拉格朗日中值定理.他被誉为"欧洲最大的数学家".

图4-1 拉格朗日

学 习 目 标

1. 了解曲面方程的概念,了解平面、旋转曲面、柱面和常用二次曲面的方程及其图形.

2. 理解多元函数的偏导数和全微分的概念,了解二元函数的极限和连续、可微和偏导数存在的关系,了解全微分在近似计算中的应用.

3. 掌握偏导数、高阶偏导数、复合函数求导及隐函数的偏导数的求法,掌握二元函数的极值和最值的求法.

4. 会用拉格朗日乘数法求条件极值.

前面几章讨论的一元函数,是因变量依赖于一个自变量的情形,而医药学及其他领域往往涉及多方面的因素,反映到数学上就是因变量依赖于多个自变量的情形,这就需要讨论具有两个或两个以上自变量的函数——多元函数.

本章首先介绍空间直角坐标系和常见的曲面,然后在一元函数微分学的基础上介绍多元函数微分学.从一元函数到二元函数不仅有量变还有质的变化,而从二元函数到三元及以上的函数,仅有量的变化,因此本章我们在讨论多元函数时将以二元函数为主,介绍二元函数的偏导数和微分及其简单应用,同时注意它与一元函数的区别.

第1节 空间直角坐标系和常见的曲面

为了更直观地学习多元微分学,我们首先介绍空间直角坐标系,讨论常见的二次曲面的方程.

一、空间直角坐标系

1. 空间直角坐标系

为了表示空间中的点的位置,我们建立一个三维坐标系.先由二维系统(在水平位置上的 xOy 平面)开始,并通过原点建立一条与 x 及 y 轴垂直的 z 轴,如图4-2所示.

这种 x 轴、y 轴、z 轴的定向方式称为**右手系统**，为了便于记忆右手系统下的 3 个轴之间的关系，试着伸出你的右手，让四指从 x 轴的正向沿握拳方向旋转 90°转向 y 轴正方向，这时大拇指所指方向就是 z 轴的正向，这个法则叫做**右手法则**，我们习惯上使用右手系统.

三维系统中的 3 个轴两两成对构成 3 个坐标平面. xOy 平面由 x 轴及 y 轴决定，zOx 平面由 x 轴及 z 轴决定，而 yOz 平面由 y 轴及 z 轴决定. 这 3 个坐标平面将空间分成 8 个卦限. 3 个坐标均为正的卦限即为第一卦限，其他第二、三及四卦限在 xOy 平面上方，按逆时针方向确定，在 xOy 平面下方与第一至第四卦限相对应的是第五至第八卦限. 这八个卦限分别用Ⅰ，Ⅱ，Ⅲ，Ⅳ，Ⅴ，Ⅵ，Ⅶ，Ⅷ表示(图 4-3).

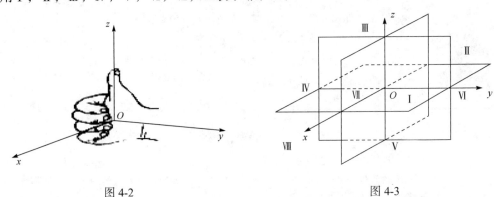

图 4-2　　　　　　　　　图 4-3

我们知道二维平面上的点和有序实数 (x,y) 是一一对应的，同样三维平面上的点 M 和有序实数 (x,y,z) 也是一一对应的，其中 x 表示由 yOz 平面到点 M 的有向距离，y 表示由 zOx 平面到点 M 的有向距离，z 表示由 xOy 平面到点 M 的有向距离.

我们把 x，y 和 z 叫做点 M 的坐标，并依次称之为点 M 的横坐标、纵坐标和竖坐标. 显然，坐标平面 xOy，yOz 和 zOx 上的点的坐标分别为 $(x,y,0)$，$(0,y,z)$，$(x,0,z)$，坐标轴 x 轴、y 轴、z 轴上的点的坐标分别为 $(x,0,0)$，$(0,y,0)$，$(0,0,z)$，坐标原点的坐标是 $(0,0,0)$.

上面的坐标系通常称为**空间直角坐标系**或**笛卡儿坐标系**，从而平面中的许多几何性质可以推广到三维空间中.

2. 空间两点的距离

设 $M_1(x_1,y_1,z_1)$ 与 $M_2(x_2,y_2,z_2)$ 是空间的两点，它们间的距离为 d，则

$$d = |M_1M_2| = \sqrt{(x_2-x_1)^2+(y_2-y_1)^2+(z_2-z_1)^2}$$

这就是空间两点间的**距离公式**.

特别地，点 $M(x,y,z)$ 与坐标原点 $O(0,0,0)$ 的距离为(图 4-4)

$$d = |OM| = \sqrt{x^2+y^2+z^2}$$

3. 空间中点坐标公式

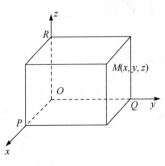

图 4-4

平面上的中点坐标公式也可推广到空间直角坐标系. 设 $M_1(x_1,y_1,z_1)$ 与 $M_2(x_2,y_2,z_2)$ 是空间的任意两点，它们的中点 $M(x,y,z)$ 的坐标为

$$x = \frac{x_1 + x_2}{2}, \quad y = \frac{y_1 + y_2}{2}, \quad z = \frac{z_1 + z_2}{2}$$

例 1　已知 $M_1(3，-1，6)$ 和 $M_2(5，-3，2)$，求 $|M_1M_2|$ 和中点 M 坐标.

解　根据两点距离公式和中点坐标公式，有

$$|M_1M_2| = \sqrt{(3-5)^2 + (-1+3)^2 + (6-2)^2} = \sqrt{24} = 2\sqrt{6}$$

中点 M 坐标为

$$x = \frac{x_1 + x_2}{2} = \frac{3+5}{2} = 4, \quad y = \frac{y_1 + y_2}{2} = \frac{-1-3}{2} = -2, \quad z = \frac{z_1 + z_2}{2} = \frac{6+2}{2} = 4$$

即中点为 $M(4，-2，4)$.

练一练

1. 点 $M(2,-3,4)$ 关于 xOy 平面的对称点为（　　）.

A. $(2,3,-4)$　　　　　B. $(2,-3,-4)$　　　　　C. $(-2,-3,4)$　　　　　D. $(2,3,4)$

二、曲 面 方 程

1. 曲面方程的概念

有了空间直角坐标系，不仅使空间的点与坐标对之间建立了一一对应关系，同时可将空间中动点的轨迹——曲面(包含平面)用含有 x,y,z 的一个方程 $F(x,y,z)=0$（或 $z=f(x,y)$）来表示. 一般地，如果曲面 S 和方程 $F(x,y,z)=0$ 之间有如下关系：

(1)曲面 S 上的任意一点的坐标 x,y,z 均满足方程 $F(x,y,z)=0$；

(2)坐标满足方程 $F(x,y,z)=0$ 的点均在曲面 S 上，

则称 $F(x,y,z)=0$ 为曲面 S 的方程，曲面 S 为方程 $F(x,y,z)=0$ 的图形(图 4-5).

例 2　建立球心在点 $M_0(x_0,y_0,z_0)$、半径为 R 的球面的方程(图 4-6).

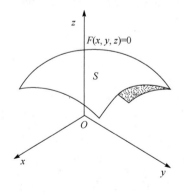

图 4-5

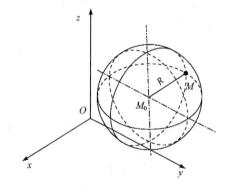

图 4-6

解　设 $M(x,y,z)$ 是球面上的任一点，那么有 $|M_0M| = R$，从而

$$\sqrt{(x-x_0)^2 + (y-y_0)^2 + (z-z_0)^2} = R$$

即

$$(x-x_0)^2+(y-y_0)^2+(z-z_0)^2=R^2$$

显然球面上的点的坐标均满足上述方程，并且任意一个坐标满足该方程的点均在球面上，因此所求球面的方程为

$$(x-x_0)^2+(y-y_0)^2+(z-z_0)^2=R^2$$

当球心在原点时，球面的方程 $x^2+y^2+z^2=R^2$.

例3 求到两定点 $M_1(1,-1,,1)$ 与 $M_2(2,1,-1)$ 等距离的点的轨迹.

解 设 $M(x,y,z)$ 是所求轨迹上的任意一点. 由于 $|M_1M|=|MM_2|$，所以

$$\sqrt{(x-1)^2+(y+1)^2+(z-1)^2}=\sqrt{(x-2)^2+(y-1)^2+(z+1)^2}$$

化简得

$$2x+4y-4z-3=0$$

由立体几何知识可知，所求轨迹应是一个平面. 一般地，平面可以用三元一次方程

$$Ax+By+Cz+D=0 \quad (A，B，C\text{不全为零})$$

表示. 特别地，空间直角坐标系中的 xOy 平面的方程为 $z=0$，yOz 平面的方程为 $x=0$，zOx 平面的方程为 $y=0$.

2. 柱面的方程

定义 1 动直线 L 沿给定曲线 C 平行移动所形成的曲面称为**柱面**. 曲线 C 称为柱面的**准线**，动直线 L 称为柱面的**母线**，如图 4-7 所示.

当曲线 C 是一个圆时，形成一个圆柱面；当曲线 C 是一条直线时，形成一个平面，因此平面也可以看成一个柱面.

现在我们考虑母线平行于 z 轴，准线 C 为 xOy 平面上的曲线 $F(x,y)=0$ 的柱面的方程.

设 $M(x,y,z)$ 是柱面上任一点，过 M 点的母线与准线的交点为 M_0，由图 4-8 可知，无论 z 取什么值，M_0 和 M 两点的前两个坐标总是对应相等，即点 M_0 坐标为 $(x,y,0)$，由于点 M_0 在曲线 C 上，因此柱面方程为

$$F(x,y)=0$$

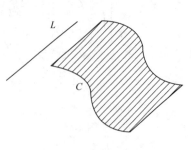

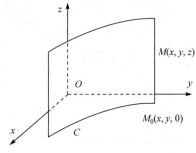

图 4-7   图 4-8

● 一般说来，仅含 x,y 的方程 $F(x,y)=0$ 表示母线平行于 z 轴的柱面；同理，仅含 y,z 的方程 $F(y,z)=0$ 表示母线平行于 x 轴的柱面；仅含 x,z 的方程 $F(x,z)=0$ 表示母线平行于 y 轴的柱面. 因此方程中缺哪个变量，该柱面的母线就平行于该变量对应的

坐标轴.

● 由于平面可看成一个特殊柱面,因此方程 $Ax+By+D=0$ 表示母线平行于 z 轴的柱面,即平行于 z 轴的一个平面,当 D=0 时,该平面经过 z 轴.

例如,空间中的方程 $\dfrac{x^2}{a^2}+\dfrac{y^2}{b^2}=1$, $\dfrac{x^2}{a^2}-\dfrac{y^2}{b^2}=1$, $y^2=2px$ 分别表示母线平行 z 轴的椭圆柱面、双曲柱面、抛物柱面(图 4-9).

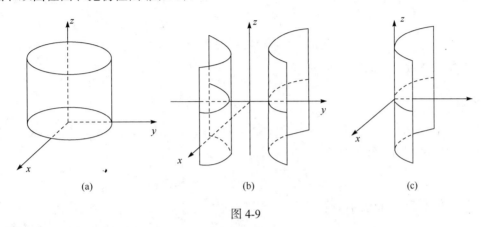

(a)　　　　　(b)　　　　　(c)

图 4-9

3. 旋转曲面的方程

定义 2　平面曲线 C 绕同一平面上的定直线 L 旋转一周所成的曲面称为**旋转曲面**,定直线 L 称为旋转曲面的**轴**,曲线 C 称为旋转曲面的**母线**.

设在 yOz 平面上有一已知曲线 C: $f(y,z)=0$,将这条曲线绕 z 轴旋转一周,得到一个以 z 轴为轴的旋转曲面(图 4-10),下面来求此旋转曲面的方程.

在旋转曲面上任取一点 $M(x,y,z)$,它可以看成由母线 C 上的点 $M_1(0,y_1,z_1)$ 绕 z 轴旋转一定角度得到的.

由图 4-10 可知,$z=z_1$ 保持不变,且点 M_1 到 z 轴的距离满足 $|y_1|=\sqrt{x^2+y^2}$(圆的半径相等),即

$$\begin{cases} z_1=z \\ y_1=\pm\sqrt{x^2+y^2} \end{cases}$$

由于 M_1 在曲线 C 上,那么有 $f(y_1,z_1)=0$,因此,把 y_1 换成 $\pm\sqrt{x^2+y^2}$,把 z_1 换成 z,我们得到所求旋转曲面的方程为

$$f\left(\pm\sqrt{x^2+y^2},\ z\right)=0$$

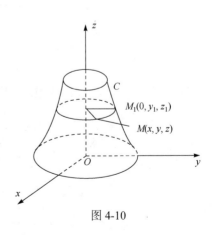

图 4-10

● 旋转曲面的轴和母线在同一个平面上.

● 旋转曲面的方程可由“方程 $f(y,z)=0$ 中的 z(轴对应的字母)保持不变,y 换成 $\pm\sqrt{x^2+y^2}$”得到.

● 旋转曲面的方程中 x^2,y^2 的系数相同.

同理，曲线 C 绕 y 轴旋转一周所成的旋转曲面的方程为

$$f\left(y,\ \pm\sqrt{x^2+z^2}\right)=0$$

对于其他坐标面上的曲线，绕该坐标面上任何一条坐标轴旋转所生成的旋转曲面，其方程可用类似方法得到.

例 4 将 yOz 坐标平面上的直线 $y=2z$ 分别绕 z 轴或 y 轴旋转一周，求所生成的旋转曲面的方程.

解 当直线 $y=2z$ 绕 z 轴旋转时（图 4-11），将方程 $y=2z$ 中的 z 保持不变，y 用 $\pm\sqrt{x^2+y^2}$ 代替，所生成的旋转曲面的方程为

$$\pm\sqrt{x^2+y^2}=2z,\quad 或\quad x^2+y^2=4z^2$$

当直线 $y=2z$ 绕 y 轴旋转时（图 4-12），将方程 $y=2z$ 中的 y 保持不变，z 用 $\pm\sqrt{x^2+z^2}$ 代替，所生成的旋转曲面的方程为

$$y=\pm2\sqrt{x^2+z^2},\quad 或\quad y^2=4(x^2+z^2)$$

上述旋转曲面也称为圆锥面.

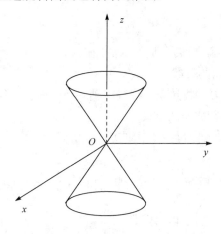 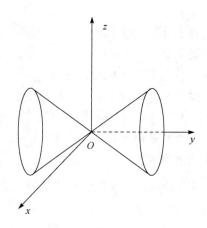

图 4-11 　　　　　　　图 4-12

练一练

1. 设平面方程为 $x-y=0$，则其位置（　　）.
A. 平行于 x 轴　　B. 平行于 y 轴　　C. 平行于 z 轴　　D. 过 z 轴

2. 某曲面方程为 $x^2+y^2+4z^2=4$，它可以由曲线（　　）绕 z 轴旋转而成.

A. $\begin{cases}x^2+4z^2=4\\y=0\end{cases}$　B. $\begin{cases}y^2+4z^2=4\\x=0\end{cases}$　C. $\begin{cases}x^2+4z^2=4\\x=0\end{cases}$　D. $\begin{cases}y^2+4z^2=4\\y=0\end{cases}$

三、常见的二次曲面

以上介绍的柱面和旋转曲面都是二次曲面，对于常见的二次曲面，我们一般用**截痕法**

来研究它们的形状,即用坐标面或平行于坐标面的平面与曲面相截,考察其交线(即截痕)的形状,以此来推断曲面的形状.

例 5　讨论方程 $\dfrac{x^2}{a^2}+\dfrac{y^2}{b^2}+\dfrac{z^2}{c^2}=1$ 所表示的曲面形状.

解　用平行于 xOy 面的平面 $z=h$ 去截曲面,所得截痕为曲线

$$\begin{cases}\dfrac{x^2}{a^2}+\dfrac{y^2}{b^2}+\dfrac{z^2}{c^2}=1\\[2mm]z=h\end{cases}$$

当 $|h|<c$ 时,$\dfrac{x^2}{a^2}+\dfrac{y^2}{b^2}=\dfrac{c^2-h^2}{c^2}>0$,表示平面 $z=h$ 上的椭圆. 特别地,当 $h=0$ 时,所得截痕为

$$\begin{cases}\dfrac{x^2}{a^2}+\dfrac{y^2}{b^2}=1\\[2mm]z=0\end{cases}$$

即 xOy 面上的椭圆.

同理,用平行于 yOz 平面 $x=h$ 去截曲面所得截痕为 $x=h$ 平面上的椭圆,即

$$\begin{cases}\dfrac{y^2}{b^2}+\dfrac{z^2}{c^2}=1-\dfrac{h^2}{a^2}\\[2mm]x=h\end{cases}$$

用平行于 zOx 面的平面 $y=h$ 去截所得截痕为 $y=h$ 平面上的椭圆

$$\begin{cases}\dfrac{x^2}{a^2}+\dfrac{z^2}{c^2}=1-\dfrac{h^2}{b^2}\\[2mm]y=h\end{cases}$$

可以想象,方程 $\dfrac{x^2}{a^2}+\dfrac{y^2}{b^2}+\dfrac{z^2}{c^2}=1$ 表示一个椭球面(见表 4-1 中的第一个图).

下面主要讨论 6 种二次曲面. 为方便起见,称用 xOy 面去截曲面所得截痕为 xy 截痕,类似地有 yz 截痕和 xz 截痕,并将讨论的结果列在表 4-1 中.

表 4-1　常见的二次曲面

名称	方程举例	图形
椭球面	$\dfrac{x^2}{a^2}+\dfrac{y^2}{b^2}+\dfrac{z^2}{c^2}=1$ xy 截痕:椭圆 yz 截痕:椭圆 xz 截痕:椭圆	

名称	方程举例	图形
单叶双曲面	$\dfrac{x^2}{a^2}+\dfrac{y^2}{b^2}-\dfrac{z^2}{c^2}=1$ xy 截痕：椭圆 yz 截痕：双曲线 xz 截痕：双曲线	
双叶双曲面	$\dfrac{x^2}{a^2}+\dfrac{y^2}{b^2}-\dfrac{z^2}{c^2}=-1$ xy 截痕：无 yz 截痕：双曲线 xz 截痕：双曲线	
椭圆抛物面	$\dfrac{x^2}{a^2}+\dfrac{y^2}{b^2}=\dfrac{z}{c}$ xy 截痕：单点 yz 截痕：抛物线 xz 截痕：抛物线	
双曲抛物面 （马鞍面）	$\dfrac{x^2}{a^2}-\dfrac{y^2}{b^2}=\dfrac{z}{c}$ xy 截痕：2 条直线 yz 截痕：抛物线 xz 截痕：抛物线	
椭圆锥面	$\dfrac{x^2}{a^2}+\dfrac{y^2}{b^2}-\dfrac{z^2}{c^2}=0$ xy 截痕：单点 yz 截痕：2 条直线 xz 截痕：2 条直线	

习　题　4-1

1. 求点 $M(2,1,-1)$ 到 y 轴的距离.

2. 设 $A(-3,x,2)$ 与 $B(1,-2,4)$ 两点间的距离为 $\sqrt{29}$，试求 x.

3. 设有点 $A(1,2,3)$ 和 $B(2,-1,4)$，求垂直平分线段 AB 的平面的方程.

4. 建立下列平面方程：

(1) 过点 $(-3,1,-2)$ 及 z 轴；

(2) 过点 $A(-3,1,-2)$ 和 $B(3,0,5)$ 且平行于 x 轴.

5. 求曲面的方程：

(1) 以点 $(1,-2,-1)$ 为球心，半径等于 $\sqrt{6}$ 的球面；

(2) yOz 平面上的直线 $2y-3z+1=0$ 绕 z 轴旋转而成的旋转曲面；

(3) xOz 平面上的抛物线 $z^2=5x$ 绕 x 轴旋转而成的旋转曲面；

(4) xOy 平面上的双曲线 $\dfrac{x^2}{2}-\dfrac{y^2}{3}=1$ 为准线，母线平行于 z 轴的双曲柱面.

6. 指出下列曲面的名称，找出其中的旋转曲面，并用 MathStudio 作出图形：

(1) $x^2+y^2=z^2$；　　　　(2) $z=x^2+1$；　　　　(3) $z=x^2+y^2$；

(4) $2x^2+y^2+z^2=1$；　　(5) $z=x^2-y^2$；　　　(6) $x^2+y^2=z^2+1$.

第 2 节　多元函数的极限和连续

一、多元函数的概念

1. 多元函数的定义

在科学实验与生产实践中，多元函数有着广泛的应用，下面我们先看几个多元函数的例子，然后再给出二元函数的定义.

例 1　圆柱体的体积 V 和它的底半径 r、高 h 之间具有关系

$$V=\pi r^2 h$$

当 r，h 在集合 $\{(r,h)\mid r>0, h>0\}$ 内取一数值对 (r,h) 时，V 对应的值就随之确定.

例 2　在机体内注射某种药物后产生反应 E，设 α 是可给予的最大药量，那么反应 E 和药量 x（单位）、时间 $t(\mathrm{s})$ 之间具有关系

$$E=x^2(\alpha-x)t^2\mathrm{e}^{-t}$$

当 (x,t) 在集合 $\{(x,t)\mid 0\leqslant x\leqslant\alpha, t>0\}$ 内取一对值时，就有确定的值与 E 相应.

由以上两个例子，可抽象出二元函数的定义.

定义 1　设 D 是平面上的一个点集，如果对于每个点 $P(x,y)\in D$，变量 z 按照一定的法则，总有唯一确定的值与之对应，则称 z 是变量 x,y 的**二元函数**，记为

$$z=f(x,y)\quad(\text{或}\ z=f(P))$$

其中 x,y 叫做自变量，z 也叫做因变量，点集 D 称为函数 $z=f(x,y)$ 的定义域，数集

$\{z \mid z = f(x,y),(x,y) \in D\}$ 或 $\{z \mid z = f(P), P \in D\}$ 称为函数 $z = f(x,y)$ 的值域.

类似地还可以定义三元函数 $u = f(x,y,z)$ 及三元以上的函数，比如 n 元函数 $u = f(x_1, x_2, \cdots, x_n)$，这里当 $n=1$ 时，n 元函数就是一元函数，当 $n \geqslant 2$ 时，n 元函数统称为**多元函数**.

2. 二元函数的定义域

二元函数的定义域是二维平面 $R \times R$ 上的点集. 对于用解析式表示的函数，二元函数的定义域是使解析式有意义的点的全体，通常它是平面上的一条或几条曲线围成的区域，对于实际问题中的二元函数，应考虑具体的意义.

例 3　求函数 $z = \sqrt{4 - x^2 - y^2} + \ln(x^2 + y^2 - 1)$ 的定义域，并画出定义域的图形.

解　由 $\begin{cases} 4 - x^2 - y^2 \geqslant 0, \\ x^2 + y^2 - 1 > 0, \end{cases}$ 得 $1 < x^2 + y^2 \leqslant 4$，所以，定义域为 $D = \{(x,y) \mid 1 < x^2 + y^2 \leqslant 4\}$ (图 4-13).

围成区域的曲线称为区域的**边界**，包括边界在内的区域称为**闭区域**，不包括边界在内的区域称为**开区域**；如果一个区域被包围在一个以原点为圆心，半径一定的圆内，则称该区域是**有界**的，否则是**无界**的.

矩形区域和圆形区域是两种常见的区域，圆形区域

$$\{(x,y) \mid (x - x_0)^2 + (y - y_0)^2 < \delta^2\}$$

称为点 $P_0(x_0, y_0)$ 的 δ **邻域**，不包含 $P_0(x_0, y_0)$ 的 δ 邻域称为**去心邻域**.

例 4　求函数 $z = \ln(x + y)$ 的定义域.

解　为使该函数有意义，变量 x, y 必须满足 $x + y > 0$，即定义域为

$$\{(x,y) \mid x + y > 0\}$$

此区域为 xOy 坐标面上位于直线 $x + y = 0$ 右上部的半平面，不包含直线 $x + y = 0$ 本身，为无界开区域 (图 4-14).

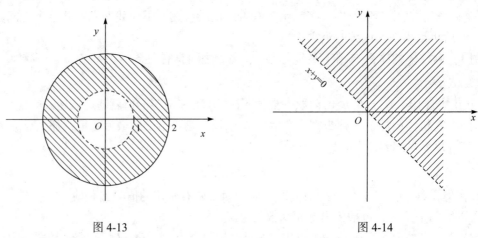

图 4-13　　　　　　　　　　　　　　　　　图 4-14

3. 二元函数的图形

我们知道，一元函数 $y = f(x)$ 的图形是平面 xOy 上的一条曲线，现在来讨论二元函数的图形. 设二元函数 $z = f(x,y)$ 的定义域为 xOy 平面内的某区域 D，当 (x,y) 在平面区域 D

中取值时，对应的函数值为 $z = f(x,y)$，这样就对应了空间直角坐标系中的点 $M(x,y,z)$，而点 M 的运动轨迹形成了二元函数 $z = f(x,y)$ 的图形，它通常是空间中的一个曲面 S，如图 4-15 所示. 显然，$f(x,y)$ 的定义域是曲面 S 在 xOy 平面上的投影区域.

例 5 试作出二元函数 $z = \sqrt{16 - x^2 - y^2}$ 的图形.

解 $z = \sqrt{16 - x^2 - y^2}$ 的定义域是 $D = \{(x,y) | x^2 + y^2 \leqslant 16\}$，由 $z = \sqrt{16 - x^2 - y^2}$，可知 $x^2 + y^2 + z^2 = 16\ (z \geqslant 0)$，所以该函数的图形是以坐标原点 O 为球心，以 4 为半径的上半球面(图 4-16).

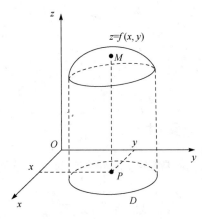

图 4-15

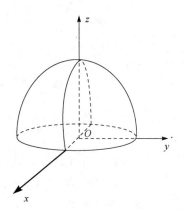

图 4-16

练一练

1. $z = \sqrt{x^2 + y^2 - 1}$ 的定义域是（   ）.

A. 有界开区域　　　　B. 无界闭区域　　　　C. 无界开区域　　　　D. 有界闭区域

二、二元函数的极限

与一元函数的极限概念类似，现在来讨论二元函数 $z = f(x,y)$ 当 $P(x,y)$ 趋于 $P_0(x_0,y_0)$，即 $x \to x_0, y \to y_0$ 时的极限.

定义 2 设二元函数 $z = f(x,y)$ 在点 $P_0(x_0,y_0)$ 的某一去心邻域内有定义，如果点 $P(x,y)$ 以任何方式趋于 $P_0(x_0,y_0)$ 时，对应的函数值 $f(x,y)$ 都趋于一个确定的常数值 A，则称 A 为函数 $z = f(x,y)$ 当 $x \to x_0, y \to y_0$ (或 P 趋于 P_0)时的**极限**，记作

$$\lim_{\substack{x \to x_0 \\ y \to y_0}} f(x,y) = A \quad \text{或} \quad \lim_{P \to P_0} f(x,y) = A$$

● 点 $P(x,y)$ 趋近于 $P_0(x_0,y_0)$ 的方式有无数种，如当 k 取不同的数值时，点 $P(x,y)$ 沿直线 $y = kx$ 趋近于点 $O(0,0)$.

● 如果点 $P(x,y)$ 沿两种不同的方式趋近于 $P_0(x_0,y_0)$ 时，函数 $f(x,y)$ 趋近于不同的值，那么可以断定 $\lim_{P \to P_0} f(x,y)$ 不存在.

例 6 已知 $f(x,y) = \begin{cases} \dfrac{xy}{x^2+y^2}, & x^2+y^2 \neq 0, \\ 0, & x^2+y^2 = 0, \end{cases}$ 试判断极限 $\lim\limits_{\substack{x\to0\\y\to0}} f(x,y)$ 是否存在?

解 当 $P(x,y)$ 沿直线 $y = kx$ 趋于 $P_0(0,0)$ 时,

$$\lim_{\substack{x\to0\\y=kx}} \frac{xy}{x^2+y^2} = \lim_{x\to0} \frac{kx^2}{x^2+k^2x^2} = \frac{k}{1+k^2}$$

其值随 k 值不同而不同,根据二元函数的极限定义,极限 $\lim\limits_{\substack{x\to0\\y\to0}} f(x,y)$ 不存在.

练一练

1. 已知 $f(x,y) = \dfrac{x}{x+y}$,试判断极限 $\lim\limits_{\substack{x\to0\\y\to0}} f(x,y)$ 是否存在.

三、二元函数的连续性

掌握了二元函数的极限概念之后,不难说明二元函数及 n 元函数的连续性,下面给出二元函数 $z = f(x,y)$ 在点 $P_0(x_0,y_0)$ 处连续的定义.

定义 3 设二元函数 $z = f(x,y)$ 在点 $P_0(x_0,y_0)$ 的某个邻域内有定义,若

$$\lim_{\substack{x\to x_0\\y\to y_0}} f(x,y) = f(x_0,y_0)$$

则称二元函数 $z = f(x,y)$ 在点 P_0 处**连续**. 若函数 $z = f(x,y)$ 在区域 D 上每一点都连续,则称函数 $f(x,y)$ 在区域 D 上连续.

如果函数 $f(x,y)$ 在点 P_0 不连续,则称 P_0 为函数 $f(x,y)$ 的**间断点**. 如例 6 中的函数

$f(x,y) = \begin{cases} \dfrac{xy}{x^2+y^2}, & x^2+y^2 \neq 0, \\ 0, & x^2+y^2 = 0, \end{cases}$ 由于极限 $\lim\limits_{\substack{x\to0\\y\to0}} f(x,y)$ 不存在, 所以 $f(x,y)$ 在点 $O(0,0)$ 处不

连续,即点 $O(0,0)$ 是该函数的一个间断点.

二元函数在有界闭区域上有以下性质:

(1)有界闭区域上连续的二元函数,在该区域上必取得最大值和最小值.

(2)有界闭区域上连续的二元函数,在该区域上必取得介于最大值和最小值之间的任意值.

类似于一元函数,连续的二元函数的和、差、积、商(分母不为零)及复合函数仍是连续函数,因此我们有如下结论.

一切二元初等函数在其定义域内都是连续的.

今后在求二元初等函数 $f(x,y)$ 在点 $P_0(x_0,y_0)$ 处的极限时,只要该点 P_0 在函数的定义域 D 内,则有

$$\lim_{\substack{x\to x_0\\y\to y_0}} f(x,y) = f(x_0,y_0)$$

例 7　求极限 $\lim\limits_{\substack{x\to 0\\y\to 1}}\dfrac{1-xy}{x^2+y^2}$.

解　由二元初等函数在定义域内的连续性，有

$$\lim\limits_{\substack{x\to 0\\y\to 1}}\frac{1-xy}{x^2+y^2}=\frac{1-0}{0+1}=1$$

例 8　求 $\lim\limits_{\substack{x\to 0\\y\to 0}}\dfrac{\sqrt{xy+1}-1}{xy}$.

解　$\lim\limits_{\substack{x\to 0\\y\to 0}}\dfrac{\sqrt{xy+1}-1}{xy}=\lim\limits_{\substack{x\to 0\\y\to 0}}\dfrac{xy+1-1}{xy(\sqrt{xy+1}+1)}=\lim\limits_{\substack{x\to 0\\y\to 0}}\dfrac{1}{\sqrt{xy+1}+1}=\dfrac{1}{2}$.

本节关于二元函数的极限和连续性的讨论完全可以推广到三元及三元以上的函数.

练一练

1. $\lim\limits_{\substack{x\to 0\\y\to 0}}\dfrac{2-\sqrt{xy+4}}{xy}=$ ＿＿＿＿＿＿ .

2. 下列极限存在的是（　　）.

A. $\lim\limits_{\substack{x\to 0\\y\to 0}}\dfrac{x}{x+y}$　　B. $\lim\limits_{\substack{x\to 0\\y\to 0}}\dfrac{1}{x+y}$　　C. $\lim\limits_{\substack{x\to 0\\y\to 0}}\dfrac{x^2+y^2}{xy}$　　D. $\lim\limits_{\substack{x\to 0\\y\to 0}}x\sin\dfrac{1}{x+y}$

习　题　4-2

1. 求下列函数的表达式：

(1) 已知 $f(x,y)=x^2+y^2-xy$ ，求 $f(x-y,x+y)$ ；

(2) 已知 $f(x+y,x-y)=\dfrac{x^2-y^2}{x^2+y^2}$ ，求 $f(x,y)$.

2. 求二元函数的定义域，并画图表示：

(1) $z=\ln(y^2-4x+8)$ ；

(2) $z=\ln(y-x)+\dfrac{\sqrt{x}}{\sqrt{1-x^2-y^2}}$.

3. 求下列极限：

(1) $\lim\limits_{\substack{x\to 1\\y\to 0}}\dfrac{\ln(x+\mathrm{e}^y)}{\sqrt{x^2+y^2}}$ ；　　　　(2) $\lim\limits_{\substack{x\to 0\\y\to 0}}\dfrac{x^2+y^2}{1-\sqrt{1-x^2-y^2}}$ ；

(3) $\lim\limits_{\substack{x\to 0\\y\to 2}}\dfrac{y\sin(xy)}{x}$ ；　　　　(4) $\lim\limits_{\substack{x\to 0\\y\to 0}}(x^2+y^2)\sin\dfrac{1}{x^2+y^2}$.

4. 证明 $\lim\limits_{(x,y)\to(0,0)}\dfrac{xy^2}{x^3+y^3}$ 不存在.

第3节 偏导数和全微分

一、偏 导 数

我们知道,导数反映了函数对自变量的变化率,多元函数同样需要研究这种变化率.而二元函数有两个自变量,我们把其中的一个变量固定(看成常量),只考虑函数对另一个变量的变化率,因此我们有如下偏导数的定义.

1. 偏导数的定义

定义 1 设函数 $z = f(x,y)$ 在点 (x_0,y_0) 的某一邻域内有定义,当 y 固定在 y_0,而 x 在 x_0 处有增量 Δx 时,相应地函数有增量

$$\Delta z = f(x_0 + \Delta x, y_0) - f(x_0, y_0)$$

如果极限 $\lim\limits_{\Delta x \to 0} \dfrac{f(x_0 + \Delta x, y_0) - f(x_0, y_0)}{\Delta x}$ 存在,则称此极限为函数 $z = f(x,y)$ 在点 (x_0,y_0) 处对 x 的**偏导数**,记作

$$\left.\frac{\partial z}{\partial x}\right|_{\substack{x=x_0 \\ y=y_0}}, \quad \left.\frac{\partial f}{\partial x}\right|_{\substack{x=x_0 \\ y=y_0}}, \quad z_x\big|_{\substack{x=x_0 \\ y=y_0}} \quad \text{或} \quad f_x(x_0,y_0)$$

类似地,函数 $z = f(x,y)$ 在点 (x_0,y_0) 处对 y 的**偏导数**定义为

$$\lim_{\Delta y \to 0} \frac{f(x_0, y_0 + \Delta y) - f(x_0, y_0)}{\Delta y}$$

记作

$$\left.\frac{\partial z}{\partial y}\right|_{\substack{x=x_0 \\ y=y_0}}, \quad \left.\frac{\partial f}{\partial y}\right|_{\substack{x=x_0 \\ y=y_0}}, \quad z_y\big|_{\substack{x=x_0 \\ y=y_0}} \quad \text{或} \quad f_y(x_0,y_0)$$

定义 2 如果函数 $z = f(x, y)$ 在区域 D 内每一点 (x,y) 处对 x 的偏导数都存在,那么此偏导数仍是 x, y 的函数,我们称之为函数 $z = f(x,y)$ 对自变量 x 的**偏导函数**(也称**偏导数**),记作

$$\frac{\partial z}{\partial x}, \quad \frac{\partial f}{\partial x}, \quad z_x \quad \text{或} \quad f_x(x,y)$$

类似地,可以定义函数 $z = f(x,y)$ 对自变量 y 的**偏导函数**(也称**偏导数**)记作

$$\frac{\partial z}{\partial y}, \quad \frac{\partial f}{\partial y}, \quad z_y \quad \text{或} \quad f_y(x,y)$$

● 函数在一点处的偏导数就是偏导函数在该点 (x_0,y_0) 处的函数值,即

$$f_x(x_0,y_0) = f_x(x,y)\big|_{\substack{x=x_0 \\ y=y_0}}, \quad f_y(x_0,y_0) = f_y(x,y)\big|_{\substack{x=x_0 \\ y=y_0}}$$

● 偏导数实质上就是把一个变量固定,对另一个变量的一元函数的导数,因此 $f_x(x_0,y_0)$ 就是 $f(x,y_0)$ 在 $x = x_0$ 处的导数, $f_y(x_0,y_0)$ 就是 $f(x_0,y)$ 在 $y = y_0$ 处的导数(见例1).

2. 偏导数的计算

从偏导函数的概念我们还可以看出，求 $z = f(x,y)$ 的偏导数，实质上还是求一元函数的导数，例如求 $\dfrac{\partial f}{\partial x}$ 时，只要把 y 看作常量而对 x 求导数；求 $\dfrac{\partial f}{\partial y}$ 时，只要把 x 看作常量而对 y 求导数.

例 1　求 $z = f(x,y) = x^2 + xy + 2y^2$ 在点 $(2,1)$ 处的偏导数.

解　把 y 看作常量，得 z 对 x 的偏导数

$$\frac{\partial z}{\partial x} = 2x + y$$

把 x 看作常量，得 z 对 y 的偏导数

$$\frac{\partial z}{\partial y} = x + 4y$$

因此

$$\left.\frac{\partial z}{\partial x}\right|_{\substack{x=2 \\ y=1}} = 2 \times 2 + 1 = 5, \quad \left.\frac{\partial z}{\partial y}\right|_{\substack{x=2 \\ y=1}} = 2 + 4 \times 1 = 6$$

本题也可用下列方法求解：

求偏导数 $\left.\dfrac{\partial z}{\partial x}\right|_{\substack{x=2 \\ y=1}}$ 时，把 y 固定在 $y=1$ 得 $f(x,1) = x^2 + x + 2$，从而，

$$\left.\frac{\partial z}{\partial x}\right|_{\substack{x=2 \\ y=1}} = \left.(2x+1)\right|_{x=2} = 5$$

同理，把 x 固定在 $x=2$，则 $f(2,y) = 4 + 2y + 2y^2$，从而

$$\left.\frac{\partial z}{\partial y}\right|_{\substack{x=2 \\ y=1}} = \left.(2 + 4y)\right|_{y=1} = 6$$

求多元函数在某一点的偏导数时，若求出偏导函数，再代入 x_0，y_0 比较麻烦，用此种方法有时会很方便.

例 2　设 $z = x^y (x > 0,\ x \neq 1)$，求证：$\dfrac{x}{y} \dfrac{\partial z}{\partial x} + \dfrac{1}{\ln x} \dfrac{\partial z}{\partial y} = 2z$.

证　把 y 看成常量，对 x 求导得

$$\frac{\partial z}{\partial x} = yx^{y-1}$$

把 x 看成常量，对 y 求导得

$$\frac{\partial z}{\partial y} = x^y \ln x$$

代入，有

$$左边 = \frac{x}{y} \frac{\partial z}{\partial x} + \frac{1}{\ln x} \frac{\partial z}{\partial y} = \frac{x}{y} yx^{y-1} + \frac{1}{\ln x} x^y \ln x = x^y + x^y = 2z = 右边$$

所以，等式成立.

例 3　已知理想气体的状态方程为 $PV = RT$（R 为大于 0 的常数），求证

$$\frac{\partial P}{\partial V} \cdot \frac{\partial V}{\partial T} \cdot \frac{\partial T}{\partial P} = -1$$

证　由方程 $PV = RT$，有 $P = \dfrac{RT}{V}$，对 V 求偏导数，得

$$\frac{\partial P}{\partial V} = -\frac{RT}{V^2}$$

同理，由 $T = \dfrac{PV}{R}$，对 P 求偏导数

$$\frac{\partial T}{\partial P} = \frac{V}{R}$$

同理，由 $V = \dfrac{RT}{P}$，对 T 求偏导数

$$\frac{\partial V}{\partial T} = \frac{R}{P}$$

所以

$$\frac{\partial P}{\partial V} \cdot \frac{\partial V}{\partial T} \cdot \frac{\partial T}{\partial P} = -\frac{RT}{V^2} \cdot \frac{R}{P} \cdot \frac{V}{R} = -\frac{RT}{PV} = -1$$

我们知道，一元函数的导数 $\dfrac{\mathrm{d}y}{\mathrm{d}x}$ 可以看成函数的微分 $\mathrm{d}y$ 与自变量的微分 $\mathrm{d}x$ 之商，而偏导数的记号是一个整体的记号，不能看作分子与分母之比．

例 4　已知 $f(x,y) = \begin{cases} \dfrac{xy}{x^2+y^2}, & x^2+y^2 \neq 0, \\ 0, & x^2+y^2 = 0, \end{cases}$ 求 $f_x(0,0), f_y(0,0)$．

解　由函数在一点的偏导数的定义，有

$$f_x(0,0) = \lim_{\Delta x \to 0} \frac{f(0+\Delta x, 0) - f(0,0)}{\Delta x} = \lim_{\Delta x \to 0} \frac{0}{\Delta x} = 0$$

$$f_y(0,0) = \lim_{\Delta y \to 0} \frac{f(0, 0+\Delta y) - f(0,0)}{\Delta y} = \lim_{\Delta y \to 0} \frac{0}{\Delta y} = 0$$

由本章第 2 节例 6 可知，$f(x,y)$ 在 $(0,0)$ 不连续，因此，对于二元函数来说，即使其在某点处的偏导数都存在，也不能保证函数在该点处连续，这与一元函数的"可导必定连续"的性质是截然不同的．

3. 偏导数的几何意义

一元函数导数的几何意义是函数图形上对应于该点处的切线的斜率，现在我们来看看二元函数偏导数的几何意义．

如图 4-17 所示，二元函数 $z = f(x,y)$ 的图形是曲面 S，$M_0(x_0, y_0, z_0)$ 为曲面 S 的一点，过 M_0

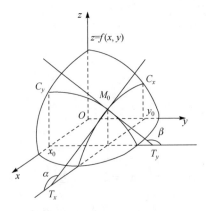

图 4-17

作平面 $y = y_0$，截此曲面得一曲线 C_x，它在平面 $y = y_0$ 上的方程为 $z = f(x, y_0)$，由一元函数导数的几何意义可知，偏导数 $f_x(x_0, y_0)$ 表示曲线 C_x 在点 M_0 处的切线 $M_0 T_x$ 对 x 轴的斜率 $\tan\alpha$，同理偏导数 $f_y(x_0, y_0)$ 的几何意义是曲面 S 被平面 $x = x_0$ 所截得的曲线 C_y 在点 M_0 处的切线 $M_0 T_y$ 对 y 轴的斜率 $\tan\beta$.

练一练

1. 已知 $f(x, y) = x^3 + 2x^2 y - y^3$，则 $f_x(2,3) = $ _____，$f_y(2,3) = $ _____.

2. 已知 $f(x, y) = (\sin x)^y$，那么 $f_x(x, y) = ($).

A. $y(\sin x)^{y-1}$ B. $y(\sin x)^{y-1}\cos x$ C. $(\sin x)^y \ln\sin x$ D. $(\sin x)^y \cos x$

二、高阶偏导数

设函数 $z = f(x, y)$ 在区域 D 内具有偏导数 $\dfrac{\partial z}{\partial x}, \dfrac{\partial z}{\partial y}$，那么在 D 内 $\dfrac{\partial z}{\partial x}, \dfrac{\partial z}{\partial y}$ 仍是 x, y 的函数. 如果这两个函数的偏导数也存在，则称它们是函数 $z = f(x, y)$ 的二阶偏导数. 按照对变量求导的不同次序，可得下列四个二阶偏导数：

$$\frac{\partial}{\partial x}\left(\frac{\partial z}{\partial x}\right) = \frac{\partial^2 z}{\partial x^2} = f_{xx}(x, y), \quad \frac{\partial}{\partial y}\left(\frac{\partial z}{\partial x}\right) = \frac{\partial^2 z}{\partial x \partial y} = f_{xy}(x, y)$$

$$\frac{\partial}{\partial x}\left(\frac{\partial z}{\partial y}\right) = \frac{\partial^2 z}{\partial y \partial x} = f_{yx}(x, y), \quad \frac{\partial}{\partial y}\left(\frac{\partial z}{\partial y}\right) = \frac{\partial^2 z}{\partial y^2} = f_{yy}(x, y)$$

其中第二个和第三个两个偏导数称为混合偏导数，用同样的方法可得到函数的三阶、四阶等以致到 n 阶偏导数. 函数的二阶及以上的偏导数统称为**高阶偏导数**.

例 5 设 $z = x^3 y^2 - 3xy^3 - xy + 1$，求 $\dfrac{\partial^2 z}{\partial x^2}, \dfrac{\partial^2 z}{\partial x \partial y}, \dfrac{\partial^2 z}{\partial y \partial x}$ 和 $\dfrac{\partial^2 z}{\partial y^2}$.

解 一阶偏导数为

$$\frac{\partial z}{\partial x} = 3x^2 y^2 - 3y^3 - y, \quad \frac{\partial z}{\partial y} = 2x^3 y - 9xy^2 - x$$

二阶偏导数为

$$\frac{\partial^2 z}{\partial x^2} = 6xy^2, \quad \frac{\partial^2 z}{\partial x \partial y} = 6x^2 y - 9y^2 - 1$$

$$\frac{\partial^2 z}{\partial y \partial x} = 6x^2 y - 9y^2 - 1, \quad \frac{\partial^2 z}{\partial y^2} = 2x^3 - 18xy$$

我们看到，二阶混合偏导数 $\dfrac{\partial^2 z}{\partial x \partial y}$ 和 $\dfrac{\partial^2 z}{\partial y \partial x}$ 相等，这不是偶然的，下面的定理给出了二者相等的充分条件.

定理 1 如果函数 $z = f(x, y)$ 的两个二阶混合偏导数 $\dfrac{\partial^2 z}{\partial x \partial y}$ 和 $\dfrac{\partial^2 z}{\partial y \partial x}$ 在区域 D 内连续，则在该区域内这两个二阶混合偏导数必相等.

上面的定理还可推广到自变量多于两个的多元函数，从而高阶混合偏导数在偏导数连续的条件下与求偏导的次序无关.

三、全 微 分

1. 全微分的定义

我们知道，一元函数 $y = f(x)$ 在 $x = x_0$ 处的微分 $dy = f'(x_0)dx$，它是函数增量 Δy 的主要部分，与 Δy 相差一个比 Δx 高阶的无穷小.

设二元函数 $z = f(x, y)$ 在 $P_0(x_0, y_0)$ 处的两个自变量的增量分别是 Δx，Δy，函数在该点处的全增量为 Δz，那么

$$\Delta z = f(x_0 + \Delta x, y_0 + \Delta y) - f(x_0, y_0)$$

定义 3 如果函数 $z = f(x, y)$ 在点 $P_0(x_0, y_0)$ 处的全增量可以表示为

$$\Delta z = A\Delta x + B\Delta y + o(\rho)$$

其中，A，B 与 Δx，Δy 无关，$\rho = \sqrt{(\Delta x)^2 + (\Delta y)^2}$，则称函数 $z = f(x, y)$ 在点 $P_0(x_0, y_0)$ 处**可微**，把 $A\Delta x + B\Delta y$ 称为函数 $z = f(x, y)$ 在点 $P_0(x_0, y_0)$ 的**全微分**，记作 dz，即

$$dz = A\Delta x + B\Delta y$$

如果函数在区域 D 内各点处都可微，那么称此函数在 D 内可微.

2. 可微与可导、连续的关系

我们曾指出，多元函数在某点的各个偏导数即使都存在，也不能保证函数在该点处连续，但是，由上述定义可知，如果函数 $z = f(x, y)$ 在点 $P_0(x_0, y_0)$ 处可微，那么当 $\Delta x \to 0$，$\Delta y \to 0$ 时，必有 $\Delta z \to 0$，从而函数在该点必定连续.

定理 2 若 $z = f(x, y)$ 在点 $P_0(x_0, y_0)$ 处可微，则它在该点一定连续.

换句话说，如果函数 $f(x, y)$ 在点 $P_0(x_0, y_0)$ 处不连续，那么它在该点处一定不可微.

定理 3（必要条件） 如果函数 $z = f(x, y)$ 在点 $P_0(x_0, y_0)$ 可微，则该函数在该点处偏导数 $\dfrac{\partial z}{\partial x}, \dfrac{\partial z}{\partial y}$ 存在，且 $A = f_x(x_0, y_0), B = f_y(x_0, y_0)$（证明从略）.

习惯上我们将自变量的增量 Δx，Δy 分别记为 dx, dy，并分别称为自变量的微分，因此函数 $z = f(x, y)$ 在点 $P_0(x_0, y_0)$ 处的全微分为 $dz = f_x(x_0, y_0)dx + f_y(x_0, y_0)dy$，从而函数 $z = f(x, y)$ 在任一点 $P(x, y)$ 处的全微分可写成

$$dz = f_x(x, y)dx + f_y(x, y)dy \quad \text{或} \quad dz = \frac{\partial z}{\partial x}dx + \frac{\partial z}{\partial y}dy$$

一元函数在某点可导是可微的充分必要条件，但对多元函数则不然，例如对二元函数来说，当其各偏导数都存在时，虽然能形式地写出 $\dfrac{\partial z}{\partial x}dx + \dfrac{\partial z}{\partial y}dy$，但它不一定可微，换句话说，偏导数存在只是可微的必要条件而不是充分条件，例如函数

$$f(x, y) = \begin{cases} \dfrac{xy}{x^2 + y^2}, & x^2 + y^2 \neq 0 \\ 0, & x^2 + y^2 = 0 \end{cases}$$

在点 $(0,0)$ 处不连续，因此它在点 $(0,0)$ 处是不可微的（见定理 2），但它的两个偏导数都是存在的（见例 4）.

定理 4（充分条件）　如果函数 $z = f(x, y)$ 的偏导数 $\dfrac{\partial z}{\partial x}$ 及 $\dfrac{\partial z}{\partial y}$ 在点 (x, y) 连续，则函数在该点可微.

证明略.

全微分的概念可推广到三元及以上的多元函数，并且定理 2—定理 4 仍然成立，从而可微、可（偏）导、连续之间的关系可如下表示：

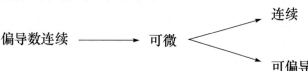

例 6　已知 $\Delta x = 0.02, \Delta y = -0.01$，求函数 $z = x^2 y^3$ 在点 $(2, -1)$ 处的全增量和全微分.

解　$\Delta z = f(x_0 + \Delta x, y_0 + \Delta y) - f(x_0, y_0)$

$\qquad = f(2.02, -1.01) - f(2, -1) = 2.02^2(-1.01)^3 - 2^2(-1)^3 = -0.20404$

因为 $f_x(x, y) = 2xy^3$，$f_y(x, y) = 3x^2 y^2$，它们在点 $(2, -1)$ 处是连续的，从而函数 $z = x^2 y^3$ 在点 $(2, -1)$ 处可微，且全微分为

$$dz = f_x(2, -1)dx + f_y(2, -1)dy$$

$$= 2 \times 2 \times (-1)^3 \times 0.02 + 3 \times 2^2 \times (-1)^2 \times (-0.01) = -0.20$$

显然，当 $|\Delta x|$ 和 $|\Delta y|$ 很小时，$dz \approx \Delta z$.

例 7　已知函数 $z = 2^{\sqrt{x^2 + y^2}}$，求全微分 dz.

解　因为

$$\frac{\partial z}{\partial x} = 2^{\sqrt{x^2 + y^2}} \ln 2 \cdot \frac{2x}{2\sqrt{x^2 + y^2}} = \frac{x \ln 2}{\sqrt{x^2 + y^2}} 2^{\sqrt{x^2 + y^2}}$$

$$\frac{\partial z}{\partial y} = 2^{\sqrt{x^2 + y^2}} \ln 2 \cdot \frac{2y}{2\sqrt{x^2 + y^2}} = \frac{y \ln 2}{\sqrt{x^2 + y^2}} 2^{\sqrt{x^2 + y^2}}$$

所以

$$dz = \frac{\partial z}{\partial x} dx + \frac{\partial z}{\partial y} dy = \frac{\ln 2}{\sqrt{x^2 + y^2}} 2^{\sqrt{x^2 + y^2}} (x dx + y dy)$$

3. 全微分在近似计算中的应用

如果二元函数 $z = f(x, y)$ 在点 $P_0(x_0, y_0)$ 处可微，那么当 $|\Delta x|$ 和 $|\Delta y|$ 很小时，有

$$\Delta z \approx dz = f_x(x_0, y_0)\Delta x + f_y(x_0, y_0)\Delta y$$

或

$$f(x, y) \approx f(x_0, y_0) + f_x(x_0, y_0)\Delta x + f_y(x_0, y_0)\Delta y$$

因此，当 $|\Delta x|$ 和 $|\Delta y|$ 很小时，函数 $z = f(x, y)$ 可以近似地用函数

$$z = f(x_0, y_0) + f_x(x_0, y_0)(x - x_0) + f_y(x_0, y_0)(y - y_0)$$

代替，即用 $z = f(x, y)$ 在 $P_0(x_0, y_0)$ 处的切平面代替曲面，这与一元函数中"用切线代替曲线"有异曲同工之处.

例 8　求 $1.08^{3.96}$ 的近似值.

解 设 $f(x,y) = x^y$，则 $f_x(x,y) = yx^{y-1}$，$f_y(x,y) = x^y \ln x$，令 $x_0 = 1, y_0 = 4, \Delta x = 0.08$，$\Delta y = -0.04$，由公式有

$$1.08^{3.96} = f(x_0 + \Delta x, y_0 + \Delta y) \approx f(1,4) + f_x(1,4)\Delta x + f_y(1,4)\Delta y$$

$$= 1^4 + 4 \times 0.08 + 1^4 \cdot \ln 1 \cdot (-0.04) = 1.32$$

练一练

1. 已知 $f(x,y) = \begin{cases} \dfrac{xy}{x^2+y^2}, & x^2+y^2 \neq 0, \\ 0, & x^2+y^2 = 0, \end{cases}$ 则 $f(x,y)$ 在点 $(0,0)$（　　　）.

A. 极限存在　　　　　　B. 连续　　　　　　C. 偏导数存在　　　　　　D. 可微

习　题　4-3

1. 试讨论函数 $z = \sqrt{x^2 + y^2}$ 在点 $(0,0)$ 处的偏导数是否存在?

2. 求下列各函数的偏导数:

(1) $z = x^4 + y^4 - 4x^2 y^2$；

(2) $z = \sqrt{\ln(xy)}$；

(3) $z = \ln \tan \dfrac{x}{y}$；

(4) $z = x^2 \sin 2y$；

(5) $z = (\cos x)^{\sin y}$；

(6) $u = \sqrt{x^2 + y^2 + z^2}$.

3. 求下列各函数在指定点处的偏导数:

(1) $z = x^2 + 3xy + y^2$ 在点 $(1,2)$ 处的偏导数;

(2) 设 $f(x,y) = \sqrt{25 - x^2 - y^2}$，求 $f_x(2,3), f_y(2,3)$.

4. 求下列函数的二阶偏导数:

(1) $z = x^3 y - 3x^2 y^3$；

(2) $z = \ln\sqrt{x^2 + y^2}$.

5. 证明: 函数 $u = \ln\sqrt{x^2 + y^2}$ 满足方程: $\dfrac{\partial^2 u}{\partial x^2} + \dfrac{\partial^2 u}{\partial y^2} = 0$.

6. 求下列函数的全微分:

(1) $z = xy + \dfrac{x}{y}$；

(2) $z = e^x \cos y$；

(3) $z = e^{\frac{y}{x}}$；

(4) $u = x^{yz}$.

7. 求函数 $z = 2x^2 + 3y^2$ 在点 $(10,8)$ 处当 $\Delta x = 0.2$，$\Delta y = 0.3$ 时的全增量及全微分.

8. 计算 $1.02^{1.98}$ 的近似值.

第 4 节　多元复合函数和隐函数求导

多元复合函数是多元函数微分学中的重要内容，由于多元函数的偏导数本质上就是一

元函数的导数，因此我们要将一元复合函数求导的链式法则推广到多元复合函数中，从而得到多元复合函数的求导法则.

一、多元复合函数的求导法则

设函数 $z = f(u,v)$ 是变量 u，v 的函数，而 u，v 又都是变量 x，y 的函数：$u = \varphi(x,y)$，$v = \psi(x,y)$，则 $z = f[\varphi(x,y),\psi(x,y)]$ 是自变量 x，y 的复合函数，下面我们给出它的计算公式.

定理 1　如果函数 $u = \varphi(x,y)$ 及 $v = \psi(x,y)$ 在点 (x,y) 处有对 x 及 y 的偏导数，函数 $z = f(u,v)$ 在对应点 (u,v) 具有连续偏导数，则复合函数 $z = f[\varphi(x,y),\psi(x,y)]$ 在点 (x,y) 处的两个偏导数存在，而且有

$$\frac{\partial z}{\partial x} = \frac{\partial z}{\partial u}\frac{\partial u}{\partial x} + \frac{\partial z}{\partial v}\frac{\partial v}{\partial x}$$

$$\frac{\partial z}{\partial y} = \frac{\partial z}{\partial u}\frac{\partial u}{\partial y} + \frac{\partial z}{\partial v}\frac{\partial v}{\partial y}$$

上述定理也称为**多元复合函数的链式法则**. 从该定理可以看出，多元复合函数求偏导数的关键是弄清中间变量、自变量以及因变量之间的关系. 为了形象地表达它们之间的关系，我们用如图 4-18 的**复合关系图**来表示.

由复合关系图可以写出求偏导公式，如在求 z 对 x 的偏导数时，只要从 z 开始，按图中的路线找到到达 x 的所有路径，每一条路径对应了公式的一项，项与项相加，而其中每一项就是一条路径中各复合步骤中所得导数的连乘积.

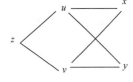

图 4-18

例 1　设 $z = \mathrm{e}^u \sin v$，而 $u = xy$，$v = x + y$，求 $\dfrac{\partial z}{\partial x}$ 和 $\dfrac{\partial z}{\partial y}$.

解　复合关系图见图 4-18，由复合函数求导法则，有

$$\frac{\partial z}{\partial x} = \frac{\partial z}{\partial u}\frac{\partial u}{\partial x} + \frac{\partial z}{\partial v}\frac{\partial v}{\partial x} = \mathrm{e}^u \sin v \cdot y + \mathrm{e}^u \cos v$$

$$= \mathrm{e}^{xy}[y\sin(x+y) + \cos(x+y)]$$

$$\frac{\partial z}{\partial y} = \frac{\partial z}{\partial u}\frac{\partial u}{\partial y} + \frac{\partial z}{\partial v}\frac{\partial v}{\partial y} = \mathrm{e}^u \sin v \cdot x + \mathrm{e}^u \cos v$$

$$= \mathrm{e}^{xy}[x\sin(x+y) + \cos(x+y)]$$

例 2　已知 $z = \dfrac{x^2}{y^2}\ln(2x - y)$，求 $\dfrac{\partial z}{\partial x}$ 和 $\dfrac{\partial z}{\partial y}$.

解　设 $u = \dfrac{x}{y}$，$v = 2x - y$，则 $z = u^2 \ln v$，复合关系图见图 4-18，由复合函数求导法则，得

$$\frac{\partial z}{\partial x} = \frac{\partial z}{\partial u}\frac{\partial u}{\partial x} + \frac{\partial z}{\partial v}\frac{\partial v}{\partial x} = 2u\ln v \cdot \frac{1}{y} + \frac{u^2}{v} \cdot 2$$

$$= \frac{2x}{y^2}\ln(2x - y) + \frac{2x^2}{y^2(2x - y)}$$

$$\frac{\partial z}{\partial y} = \frac{\partial z}{\partial u}\frac{\partial u}{\partial y} + \frac{\partial z}{\partial v}\frac{\partial v}{\partial y} = 2u\ln v \cdot \left(-\frac{x}{y^2}\right) + \frac{u^2}{v}\cdot(-1)$$

$$= -\frac{2x^2}{y^3}\ln(2x-y) - \frac{x^2}{y^2(2x-y)}$$

此题也可以不设中间变量，直接求偏导数.

当中间变量或自变量不是两个的时候，可以根据它们的复合关系图，写出类似的公式.

● 设 $z = f(u,v,w)$，$u = \varphi(x,y)$，$v = \psi(x,y)$，$w = \varphi(x,y)$，则有(图 4-19)

$$\frac{\partial z}{\partial x} = \frac{\partial z}{\partial u}\frac{\partial u}{\partial x} + \frac{\partial z}{\partial v}\frac{\partial v}{\partial x} + \frac{\partial z}{\partial w}\frac{\partial w}{\partial x}$$

$$\frac{\partial z}{\partial y} = \frac{\partial z}{\partial u}\frac{\partial u}{\partial y} + \frac{\partial z}{\partial v}\frac{\partial v}{\partial y} + \frac{\partial z}{\partial w}\frac{\partial w}{\partial y}$$

● 设 $z = f(u,v)$，而 $u = \varphi(x), v = \psi(x)$，则有(图 4-20)

$$\frac{\mathrm{d}z}{\mathrm{d}x} = \frac{\partial z}{\partial u}\frac{\mathrm{d}u}{\mathrm{d}x} + \frac{\partial z}{\partial v}\frac{\mathrm{d}v}{\mathrm{d}x}$$

由于 $z = f(u,v) = f(\varphi(x),\psi(x))$ 是 x 的一元函数，因此，把 $\dfrac{\mathrm{d}z}{\mathrm{d}x}$ 也称为**全导数**.

例 3 已知 $z = u^v$，而 $u = \sin x, v = \cos x$，求全导数 $\dfrac{\mathrm{d}z}{\mathrm{d}x}$.

解 复合关系图见图 4-20，由复合函数求导的链式法则，得

$$\frac{\mathrm{d}z}{\mathrm{d}x} = \frac{\partial z}{\partial u}\frac{\mathrm{d}u}{\mathrm{d}x} + \frac{\partial z}{\partial v}\frac{\mathrm{d}v}{\mathrm{d}x} = vu^{v-1}\cos x + u^v\ln u \cdot(-\sin x)$$

$$= (\sin x)^{\cos x-1}\cos^2 x - (\sin x)^{\cos x+1}\ln\sin x$$

本题也可以对函数 $z = (\sin x)^{\cos x}$ 采用对数求导法来求 $\dfrac{\mathrm{d}z}{\mathrm{d}x}$.

例 4 已知 $z = f(u,x) = u^2 + x^2$，而 $u = \varphi(x,y) = 2x + y$，求 $\dfrac{\partial z}{\partial x}$.

解 设 $v = x$，则 $z = f(u,v) = u^2 + v^2$，复合关系图见图 4-21，由复合函数求导法则，得

$$\frac{\partial z}{\partial x} = \frac{\partial z}{\partial u}\frac{\partial u}{\partial x} + \frac{\partial z}{\partial v}\frac{\partial v}{\partial x} = 2u\cdot 2 + 2v\cdot 1$$

$$= 4(2x+y) + 2x = 10x + 4y$$

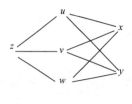

图 4-19

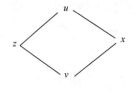

图 4-20

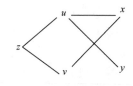

图 4-21

由 $f(u,x) = u^2 + x^2$ 可知，$\dfrac{\partial f}{\partial x} = 2x$，这里 $\dfrac{\partial z}{\partial x}$ 与 $\dfrac{\partial f}{\partial x}$ 的意义是不同的，$\dfrac{\partial z}{\partial x}$ 是把复合函数 $z = f(u,x) = f(\varphi(x,y),x)$ 中的 y 看作常量而对 x 的偏导数，$\dfrac{\partial f}{\partial x}$ 是把复合函数 $z = f(u,x)$ 中的

u 看作常量而对 x 的偏导数，因此有下面的式子

$$\frac{\partial z}{\partial x} = \frac{\partial z}{\partial u}\frac{\partial u}{\partial x} + \frac{\partial f}{\partial x}$$

练一练

1. 已知 $z = f(u,x,y) = u^2 + x^2 + y^2$，而 $u = 2x - y$，则 $\dfrac{\partial z}{\partial x} = ($ 　　$)$.

A. $2x$ 　　　　　　B. $10x - 4y$ 　　　　　　C. $2u + 2y$ 　　　　　　D. $-4x + 4y$

二、隐函数的求导

由 $F(x,y) = 0$ 可以确定 y 关于 x 的一元函数 $y = f(x)$，由 $F(x,y,z) = 0$ 可以确定 z 关于 x 和 y 的二元函数 $z = f(x,y)$，这种由方程 $F(x,y) = 0$ 或 $F(x, y, z) = 0$ 所确定的函数称为隐函数，下面来求隐函数的导数.

在方程 $F(x,y) = 0$ 的两边同时对 x 求导，由于 y 是 x 的函数，因此 F 可以看成由图 4-22 确定的复合函数，根据多元复合函数的链式法则，有

$$\frac{\partial F}{\partial x} + \frac{\partial F}{\partial y}\frac{\partial y}{\partial x} = 0$$

如果 $F_y \neq 0$，那么

$$\frac{\mathrm{d}y}{\mathrm{d}x} = -\frac{F_x}{F_y}$$

类似地，在方程 $F(x, y, z) = 0$ 两边同时对 x 和 y 求导，由于 z 是 x 和 y 的二元函数，根据复合关系图 4-23，可得

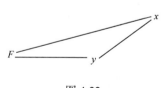

图 4-22

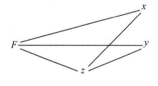

图 4-23

$$\begin{cases} \dfrac{\partial F}{\partial x} + \dfrac{\partial F}{\partial z}\dfrac{\partial z}{\partial x} = 0 \\[2mm] \dfrac{\partial F}{\partial y} + \dfrac{\partial F}{\partial z}\dfrac{\partial z}{\partial y} = 0 \end{cases}$$

如果 $F_z \neq 0$，那么

$$\begin{cases} \dfrac{\partial z}{\partial x} = -\dfrac{F_x}{F_z} \\[2mm] \dfrac{\partial z}{\partial y} = -\dfrac{F_y}{F_z} \end{cases}$$

例5 设 $z = f(x, y)$ 是由方程 $e^{-xy} = 2z - e^{-z}$ 确定的函数，求 $\dfrac{\partial z}{\partial x}$，$\dfrac{\partial z}{\partial y}$.

解 设 $F(x, y, z) = e^{-xy} - 2z + e^{-z}$，则

$$F_x = -ye^{-xy}, \quad F_y = -xe^{-xy}, \quad F_z = -2 - e^{-z}$$

从而有

$$\frac{\partial z}{\partial x} = -\frac{F_x}{F_z} = -\frac{-ye^{-xy}}{-2 - e^{-z}} = -\frac{ye^{-xy}}{2 + e^{-z}}$$

$$\frac{\partial z}{\partial y} = -\frac{F_y}{F_z} = -\frac{-xe^{-xy}}{-2 - e^{-z}} = -\frac{xe^{-xy}}{2 + e^{-z}}$$

此题也可以对方程两端取关于 x（或 y）的偏导数，会得到同样的结果.

练一练

1. 求由方程 $\dfrac{x^2}{a^2} + \dfrac{y^2}{b^2} + \dfrac{z^2}{c^2} = 1$ 所确定的隐函数 $z = z(x, y)$ 的偏导数 $\dfrac{\partial z}{\partial x}, \dfrac{\partial z}{\partial y}$.

习 题 4-4

1. 求下列复合函数的偏导数（或导数）：

(1) 设 $z = u^2 \ln v$，其中 $u = \dfrac{x}{y}, v = 3x - 2y$，求 $\dfrac{\partial z}{\partial x}, \dfrac{\partial z}{\partial y}$；

(2) 设 $z = u^2 v - uv^2$，其中 $u = x\cos y, v = x\sin y$，求 $\dfrac{\partial z}{\partial x}, \dfrac{\partial z}{\partial y}$；

(3) 设 $z = \arcsin(x - y)$，其中 $x = 3t, y = 4t^3$，求导数 $\dfrac{dz}{dt}$；

(4) 设 $u = e^{x^2 + y^2 + z^2}$，其中 $z = x^2 \sin y$，求 $\dfrac{\partial u}{\partial x}, \dfrac{\partial u}{\partial y}$；

(5) 设 $z = e^u \sin v$，其中 $u = x + 2y, v = xy^2$，求 $\dfrac{\partial z}{\partial x}, \dfrac{\partial z}{\partial y}$.

2. 求下列由方程所确定的隐函数的偏导数（或导数）：

(1) $x^2 + 2xy - y^2 = a^2$，求 $\dfrac{dy}{dx}$；

(2) $\dfrac{x}{z} = \ln \dfrac{z}{y}$，求 $\dfrac{\partial z}{\partial x}, \dfrac{\partial z}{\partial y}$；

(3) $e^z = xyz$，求 $\dfrac{\partial z}{\partial x}, \dfrac{\partial z}{\partial y}$.

3. 设 $2\sin(x + 2y - 3z) = x + 2y - 3z$，证明 $\dfrac{\partial z}{\partial x} + \dfrac{\partial z}{\partial y} = 1$.

4. 已知 $z = (3x^2 + y^2)^{4x + 2y}$，试利用多元复合函数的求导法则或隐函数的求导方法（先取对数）求 $\dfrac{\partial z}{\partial x}, \dfrac{\partial z}{\partial y}$.

第 5 节　多元函数的极值

在实际问题中，常常会遇到多元函数的最大值、最小值问题，与一元函数类似，多元函数的最值也和极值有密切联系，现在我们以二元函数为例，来讨论多元函数的极值问题.

一、多元函数的极值

1. 多元函数的极值的定义

定义 1　设函数 $z = f(x, y)$ 在点 (x_0, y_0) 的某邻域内有定义，对于该邻域内一切异于 (x_0, y_0) 的点 (x, y)，如果都有 $f(x, y) < f(x_0, y_0)$，则称函数在点 (x_0, y_0) 处有极大值 $f(x_0, y_0)$；如果都有 $f(x, y) > f(x_0, y_0)$，则称函数在点 (x_0, y_0) 处有极小值 $f(x_0, y_0)$. 极大值和极小值统称为**极值**，使函数取得极值的点称为**极值点**.

如函数 $z = \sqrt{16 - x^2 - y^2}$ 的图形是个半球面，该函数在点 $(0,0)$ 处有极大值 $z(0,0) = 4$（图 4-16），函数 $z = \sqrt{x^2 + y^2}$ 的图形是个圆锥面，该函数在点 $(0,0)$ 处有极小值 $z(0,0) = 0$，而函数 $z = xy$ 的图形是马鞍面，该函数在点 $(0,0)$ 处既不取得极大值，也不取得极小值.

以上关于二元函数极值的概念，可以推广到 n 元函数，设 n 元函数 $u = f(P)$ 在点 P_0 的某一邻域内有定义，如果对于该邻域内异于 P_0 的任何点 P，都有

$$f(P) < f(P_0) \quad (f(P) > f(P_0))$$

则称函数 $f(P)$ 在点 P_0 有极大值（极小值）$f(P_0)$.

2. 多元函数的极值的求解

设二元函数 $z = f(x, y)$ 在点 (x_0, y_0) 处取得极值，且偏导数存在. 固定 $y = y_0$，那么一元函数 $z = f(x, y_0)$ 在 $x = x_0$ 也取得极值，由一元函数的极值问题可知，$z = f(x, y_0)$ 在 $x = x_0$ 处的导数，即 $z = f(x, y)$ 在点 (x_0, y_0) 对 x 的偏导数等于 0，于是有 $f_x(x_0, y_0) = 0$，同理可知 $f_y(x_0, y_0) = 0$，因此有下面的定理.

定理 1（必要条件）　设函数 $z = f(x, y)$ 在点 (x_0, y_0) 处的两个偏导数存在，且在点 (x_0, y_0) 处取得极值，则它在该点的偏导数必为零，即

$$f_x(x_0, y_0) = 0, \quad f_y(x_0, y_0) = 0$$

（证明从略）

● 用语言表达为"偏导数存在的函数的极值点必定是驻点"，其中函数 $z = f(x, y)$ 的驻点是使 $f_x(x_0, y_0) = 0$，$f_y(x_0, y_0) = 0$ 同时成立的点 (x_0, y_0).

● 函数的驻点不一定是极值点，例如点 $(0,0)$ 是函数 $z = xy$ 的驻点，但函数在该点并无极值.

● 偏导数不存在的点也可能是极值点. 例如函数 $z = \sqrt{x^2 + y^2}$ 在点 $(0, 0)$ 处的偏导数不存在，但它在 $(0,0)$ 处取得极小值.

定理 2（充分条件）　设函数 $z = f(x, y)$ 在点 (x_0, y_0) 的某邻域内具有二阶连续偏导数，又 $f_x(x_0, y_0) = 0, f_y(x_0, y_0) = 0$，记 $f_{xx}(x_0, y_0) = A, f_{xy}(x_0, y_0) = B, f_{yy}(x_0, y_0) = C$，则

(1)如果 $B^2 - AC < 0$ ，那么点 $P_0(x_0, y_0)$ 是极值点，且当 $A < 0$ 时有极大值，当 $A > 0$ 时有极小值；

(2)如果 $B^2 - AC > 0$ ，那么点 $P_0(x_0, y_0)$ 不是极值点；

(3)如果 $B^2 - AC = 0$ ，那么点 $P_0(x_0, y_0)$ 可能是极值点，也可能不是极值点.

例 1 求函数 $f(x, y) = x^3 - y^3 + 3x^2 + 3y^2 - 9x$ 的极值.

解 先求偏导数，从而驻点应满足

$$\begin{cases} f_x(x, y) = 3x^2 + 6x - 9 = 0 \\ f_y(x, y) = -3y^2 + 6y = 0 \end{cases}$$

解之得，驻点为 $P_1(1, 0)$ ， $P_2(1, 2)$ ， $P_3(-3, 0)$ ， $P_4(-3, 2)$.

再求出二阶偏导数

$$f_{xx}(x, y) = 6x + 6, \quad f_{xy}(x, y) = 0, \quad f_{yy}(x, y) = -6y + 6$$

为方便判断极值，列表如下：

驻点	A	B	C	$B^2 - AC$	极值情况
$P_1(1, 0)$	12	0	6	−72	极小值 −5
$P_2(1, 2)$	12	0	−6	72	不是极值
$P_3(-3, 0)$	−12	0	6	72	不是极值
$P_4(-3, 2)$	−12	0	−6	−72	极大值 31

因此，该函数在 $P_1(1, 0)$ 处取得极小值−5，在 $P_4(-3, 2)$ 处取得极大值 31.

练一练

1. 为什么点 $(0, 0)$ 不是函数 $z = xy$ 的极值点？

2. 定理 2 中，如果 $B^2 - AC < 0$ ，当 $C < 0$ 时函数 $z = f(x, y)$ 在点 (x_0, y_0) 处有(   ).

A. 极大值   B. 极小值   C. 不是极值   D. 以上都有可能

二、多元函数的最值

与一元函数相类似，我们可利用函数的极值来求函数的最大值和最小值. 如果函数在有界闭区域 D 上连续，则它在 D 上一定存在最大值和最小值，这种使函数取得最值的点可能在 D 的内部，也可能在 D 的边界上. 假定函数在 D 上连续、可微并且有有限个驻点，因此我们可得求函数的最大值和最小值的一般方法如下：

求出函数 $f(x, y)$ 在 D 内的所有驻点处的函数值及在 D 的边界上的最大值和最小值，然后将它们相比较，其中最大的就是最大值，最小的就是最小值.

对许多实际问题，我们从问题自身就能确定它存在最大值或最小值，并且在区域 D 内部取得，如果在这个区域内有唯一的驻点，那么驻点处的函数值就是函数的最大值或最小值.

例 2　如图 4-24 所示，一长方体盒子的一个顶点位于坐标原点，相邻的三个面分别位于 xOy 平面、yOz 平面、zOx 平面，与坐标原点相对的顶点位于平面 $6x+4y+3z=24$ 上，试求盒子的最大体积.

解　因盒子的一个顶点位于平面 $6x+4y+3z=24$

上（$x>0, y>0$），设该点为 $\left(x,y,8-2x-\dfrac{4}{3}y\right)$，长方

体体积为 V，那么

$$V = xy\left(8-2x-\frac{4}{3}y\right) = 8xy - 2x^2y - \frac{4}{3}xy^2$$

由一阶偏导数求驻点得

$$\begin{cases} V_x = 8y - 4xy - \dfrac{4}{3}y^2 = 0 \\ V_y = 8x - 2x^2 - \dfrac{8}{3}xy = 0 \end{cases}$$

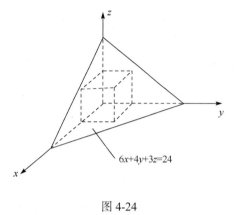

图 4-24

解之得驻点为 $\left(\dfrac{4}{3},2\right)$，另一解 $(0,0)$ 不合题意舍去.

由于长方体的体积在区域 $D=\{(x,y)\,|x>0,\ y>0\}$ 内一定有最大值，所以唯一的驻点 $\left(\dfrac{4}{3},2\right)$ 为最大值点，即当 $x=\dfrac{4}{3}, y=2$ 时体积 V 取得最大值 $\dfrac{64}{9}$.

三、条件极值

所谓条件极值，是指求某个目标函数的极值，但其中的变量受到一些条件的约束. 如例 2 可看作在 $6x+4y+3z=24$ 的条件下求长方体体积 $V=xyz$ 的最大值. 这种对自变量有附加条件的极值问题称为**条件极值**.

对于有些实际问题，可以把条件极值转化为无条件极值，如例 2，然后利用前面研究过的极值方法来解决，但在一般情况下，附加条件往往通过隐函数形式给出，并且不易甚至不能写成显函数形式，从而不易转化为无条件极值问题来解决.

下面我们考虑三元函数 $u=f(x,y,z)$ 在条件 $\varphi(x,y,z)=0$ 下的极值，介绍一种有效的直接求条件极值的方法——**拉格朗日乘数法**，具体步骤如下：

（1）构造辅助函数（称为拉格朗日函数）
$$L(x,y,z) = f(x,y,z) + \lambda\varphi(x,y,z)$$
其中 λ 为待定常数；

（2）解方程组：考虑函数 $L(x,y,z)$ 的驻点及约束条件 $\varphi(x,y,z)=0$ 有如下方程组
$$\begin{cases} f_x(x,y,z) + \lambda\varphi_x(x,y,z) = 0 \\ f_y(x,y,z) + \lambda\varphi_y(x,y,z) = 0 \\ f_z(x,y,z) + \lambda\varphi_z(x,y,z) = 0 \\ \varphi(x,y,z) = 0 \end{cases}$$

得到可能的极值点 (x,y,z)；

（3）判断上述 (x,y,z) 是否是极值点，通常由问题的实际意义判定.

这种方法也适用于二元函数或者条件多于一个的情形.

例 3　用拉格朗日乘数法求例 2 的问题.

解　设长方体盒子位于平面 $6x+4y+3z=24$ 上的顶点为 (x, y, z)，问题为求体积 $V=xyz$ 的最大值，附加条件是 $6x+4y+3z-24=0$.

构造函数

$$L(x,y,z) = xyz + \lambda(6x + 4y + 3z - 24)$$

由偏导数得到驻点应满足

$$\begin{cases} L_x = yz + 6\lambda = 0 \\ L_y = xz + 4\lambda = 0 \\ L_z = xy + 3\lambda = 0 \\ 6x + 4y + 3z = 24 \end{cases}$$

因 $x > 0, y > 0, z > 0$，所以由方程组可得驻点为 $\left(\dfrac{4}{3}, 2, \dfrac{8}{3}\right)$.

根据题意可知，所求体积在 $\{(x, y, z)|x>0, y>0, z>0\}$ 内一定存在最大值，所以唯一的驻点 $\left(\dfrac{4}{3}, 2, \dfrac{8}{3}\right)$ 即为最大值点，最大值为 $\dfrac{64}{9}$.

习　题　4-5

1. 求下列函数的极值：

(1) $z = x^2 + (y-1)^2$；

(2) $z = -x^2 + xy - y^2 + 2x - y$；

(3) $f(x,y) = e^{2x}(x + 2y + y^2)$；

(4) $z = xy + \dfrac{50}{x} + \dfrac{20}{y}$ $(x>0, y>0)$.

2. 将给定的正数 12 分为三个正数之和，问这三个数各为多少时，它们的乘积最大？

3. 求内接于半径为 a 的球且有最大体积的长方体.

4. 求二元函数 $z=x^2y(4-x-y)$ 在由直线 $x+y=6$，x 轴，y 轴所围闭区域上的最值.

5. 制作一个容积为 8π 的无盖圆柱形容器，容器的高和底半径各为多少时，所用材料最省？

6. 求表面积为 a^2 而体积为最大的长方体的体积.

第 6 节　多元微分在医药学上的应用

本节介绍多元微分在医药学中的相关应用.

一、最小二乘法

在自然科学和医药学实验中，往往要根据相关数据，建立变量间的相互关系. 这种关系用数学方程给出，叫做经验公式. 建立经验公式的一种常用方法就是最小二乘法.

下面用两个变量有线性关系的情形来说明. 为了确定一对变量 x,y 的相互关系，通过实验测得它们的 n 对数据如下：

$$(x_1,y_1),(x_2,y_2),\cdots,(x_n,y_n)$$

将这些数据在平面坐标上画出，如果这些点几乎在一条直线上，我们就认为 x 和 y 存在线性关系，设其方程为 $y=a+bx$. 现在考虑偏差平方和

$$Q(a,b)=\sum_{i=1}^{n}(y_i-a-bx_i)^2$$

为最小，这种以偏差平方和最小为条件来确定参数 a,b 的方法称为**最小二乘法**.

由二元函数取得极值的必要条件，有

$$\begin{cases} \dfrac{\partial Q}{\partial a}=-2\sum_{i=1}^{n}(y_i-a-bx_i)=0 \\[2mm] \dfrac{\partial Q}{\partial b}=-2\sum_{i=1}^{n}(y_i-a-bx_i)x_i=0 \end{cases}$$

整理得

$$\begin{cases} na+nb\overline{x}=n\overline{y} \\[2mm] na\overline{x}+b\sum_{i=1}^{n}x_i^2=\sum_{i=1}^{n}x_iy_i \end{cases}$$

解方程组得

$$\begin{cases} b=\dfrac{\displaystyle\sum_{i=1}^{n}(x_i-\overline{x})(y_i-\overline{y})}{\displaystyle\sum_{i=1}^{n}(x_i-\overline{x})^2}=\dfrac{\displaystyle\sum_{i=1}^{n}x_iy_i-n\overline{x}\,\overline{y}}{\displaystyle\sum_{i=1}^{n}x_i^2-n\overline{x}^2} \\[4mm] a=\overline{y}-b\overline{x} \end{cases}$$

其中 $\overline{x}=\dfrac{1}{n}\sum_{i=1}^{n}x_i$，$\overline{y}=\dfrac{1}{n}\sum_{i=1}^{n}y_i$.

实际计算时，可借助计算器或相关软件如 Excel 来进行，从而可以得到 y 和 x 之间的关系 $y=a+bx$.

例 1　对狗进行服用阿司匹林片的实验，记 y 为狗实验后的最高血药浓度，x 为阿司匹林片释放能力的指标，现有 6 批阿司匹林片，从每一批分别取样作体内外观察，得实验数据如下表所示.

x	0.5	0.94	1	1.24	1.3	1.45
y	213	179.6	179.6	150.4	134.4	132.2

试求 y 对 x 的线性回归方程.

解 将上述数据画在坐标平画内，可以看出数据几乎在一条直线 L 上，因此用最小二乘法进行分析.

$$n=6, \quad \bar{x}=1.072, \quad \bar{y}=164.867, \quad \sum_{i=1}^{n}x_iy_i-n\bar{x}\,\bar{y}=-52.595, \quad \sum_{i=1}^{n}x_i^2-n\bar{x}^2=0.569$$

从而

$$\begin{cases} b=\dfrac{\sum\limits_{i=1}^{n}x_iy_i-n\bar{x}\,\bar{y}}{\sum\limits_{i=1}^{n}x_i^2-n\bar{x}^2}=-92.434 \\ a=\bar{y}-b\bar{x}=263.956 \end{cases}$$

于是，y 对 x 的线性回归方程为

$$y=263.956-92.434x$$

有些变量间的关系不是线性的，通过取对数或取倒数的方法，可化为线性关系，从而利用最小二乘法分析. 如 Arrhenius 研究温度对反应速率的影响，得到了反应速率常数 k 与 T 的经验公式

$$k=Ae^{-\frac{E}{RT}}$$

其中 E 为活化能，R 为气体常数，T 为绝对温度.

通过取对数，可转化为线性关系

$$\ln k=\ln A-\frac{E}{R}\cdot\frac{1}{T}$$

令 $y=\ln k, a=\ln A, b=-\dfrac{E}{R}, x=\dfrac{1}{T}$ 可得

$$y=a+bx$$

二、全微分的应用

医药学研究中经常需要知道多元函数 $z=f(x,y)$ 或 $u=g(x,y,z)$ 的增量，但是函数的表达式往往是未知的，如果通过实验的方法测得偏导数的值，这时我们可以利用微分来近似代替函数的增量.

例2 某物体 A 的能量 E 是温度 T、气压 P、摩尔数 n 的函数，1mol 的物质 A 当温度从 20℃升高到 25℃，气压从 1atm 增加到 10atm 时，测得 $\dfrac{\partial E}{\partial T}$ 为 129.4，$\dfrac{\partial E}{\partial P}$ 为 8.51×10^{-4}. 试估计 1mol 的物质 A 的能量的变化.

解 由于 E 是 T，P，n 的三元函数，所以

$$dE=\frac{\partial E}{\partial T}dT+\frac{\partial E}{\partial P}dP+\frac{\partial E}{\partial n}dn$$

由于摩尔数未变，上式最后一项中偏导数 $\dfrac{\partial E}{\partial n}=0$，$dT=25-20=5$，$dP=10-1=9$，因此

$$dE = \frac{\partial E}{\partial T}dT + \frac{\partial E}{\partial P}dP + \frac{\partial E}{\partial n}dn$$
$$= 129.4 \times 5 + 8.51 \times 10^{-4} \times 9 \approx 647(J)$$

即 1 mol 的物质 A 的能量增加约 647J.

例 3　为了配制生理盐水，用 10000ml 的蒸馏水和 85g 盐. 现在已知水的误差不大于 20ml，盐的误差不大于 1g，求浓度的误差.

解　设有 $x$ml 的蒸馏水和 yg 盐，所配制生理盐水的浓度为 z，由于蒸馏水的比重为 1g/ml，从而 $x$ml 的蒸馏水重量为 xg，从而有

$$z = \frac{y}{x+y}$$

求偏导数有

$$f_x(x,y) = y(-1)(x+y)^{-2} = -\frac{y}{(x+y)^2}$$

$$f_y(x,y) = \frac{(x+y)-y}{(x+y)^2} = \frac{x}{(x+y)^2}$$

从而

$$f_x(10000,85) = -\frac{85}{10085^2}, \quad f_y(10000,85) = \frac{10000}{10085^2}$$

$$|dz| \leqslant |f_x(10000,85)||dx| + |f_y(10000,85)||dy|$$

$$\leqslant \frac{85}{10085^2} \times 20 + \frac{10000}{10085^2} \times 1 \approx 1.15 \times 10^{-4}$$

所以盐水浓度的误差不超过 0.0115%.

习　题　4-6

1. 利用紫外分光光度计测量某标准物浓度 x 与紫外线照射的吸收度 y 的数据如下，试建立 x 和 y 的经验公式.

浓度 $x/\%$	1	2	3	5	10
吸收度 y	0.10	0.36	0.57	1.09	2.5

2. 今分别取甲、乙、丙三种药液配成 a L 混合药液. 由于度量误差，使混合药液出现了 δL 的误差. 求三种药液的度量误差各为多少时，才能使它们的平方和最小？

3. 求本章第 1 节例 2 中药物反应 E 为最大时的药量和时间.

4. 某药厂为了从水层逐次提取三次酸，将苯的体积分为 x，y，z 三份，要使在苯的用量一定时得到完全的提取，应使 $u=(a+kx)(a+ky)(a+kz)$ (a，k 为常数)为最大，试问 x，y，z 三者之间有怎样的关系时，u 才能最大.

本章小结 4

一、知识结构图

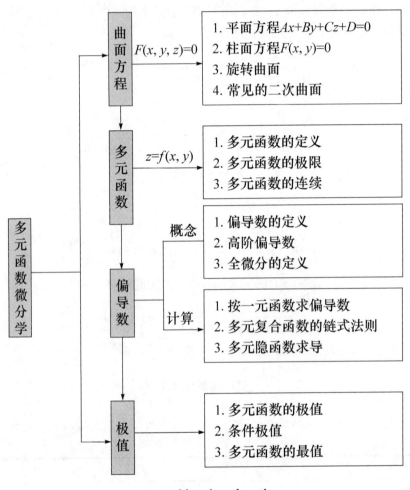

二、基 本 内 容

1. 曲面 S 和曲面方程 $F(x, y, z) = 0$

(1) 平面的一般式方程为：$Ax + By + Cz + D = 0$（A, B, C 不全为零）；

(2) 柱面：$F(x, y) = 0$ 表示母线平行于 z 轴的柱面；

(3) 旋转曲面

$$f(y, z) = 0 \text{（绕 } z \text{ 轴旋转）} \rightarrow f\left(\pm\sqrt{x^2 + y^2},\ z\right) = 0$$

(4) 常见的二次曲面（椭球面、单叶双曲面、双叶双曲面、椭圆抛物面、双曲抛物面、椭圆锥面等）.

2. 二元函数的连续和极限

(1)二元函数定义 $z = f(x, y)$，定义域为一平面区域 D，图形为空间上的一个曲面；

(2)二重极限 $\lim\limits_{\substack{x \to x_0 \\ y \to y_0}} f(x, y) = A$ 或 $\lim\limits_{P \to P_0} f(x, y) = A$；

(3)函数连续：$\lim\limits_{\substack{x \to x_0 \\ y \to y_0}} f(x, y) = f(x_0, y_0)$，一切多元初等函数在其定义区域内是连续的.

3. 偏导数

(1)定义

$$f_x(x_0, y_0) = \lim_{\Delta x \to 0} \frac{f(x_0 + \Delta x, y_0) - f(x_0, y_0)}{\Delta x}; \qquad f_y(x_0, y_0) = \lim_{\Delta y \to 0} \frac{f(x_0, y_0 + \Delta y) - f(x_0, y_0)}{\Delta y}$$

偏导数实质上是一元函数的导数，实际求解时，对一个变量求偏导时，把其余变量看作常量；

(2)几何意义：如 $f_x(x_0, y_0)$ 表示曲线在点 M_0 处沿 x 轴方向的切线的斜率；

(3)二阶偏导数：$\dfrac{\partial^2 z}{\partial x^2}, \dfrac{\partial^2 z}{\partial x \partial y}, \dfrac{\partial^2 z}{\partial y \partial x}, \dfrac{\partial^2 z}{\partial y^2}$.

4. 全微分

(1)定义：$\mathrm{d}z = \dfrac{\partial z}{\partial x}\mathrm{d}x + \dfrac{\partial z}{\partial y}\mathrm{d}y$；

(2)在近似计算中的应用

$$\Delta z \approx \mathrm{d}z \quad \text{或} \quad f(x + \Delta x, y + \Delta y) \approx f(x, y) + f_x(x, y)\Delta x + f_y(x, y)\Delta y$$

(3)连续、偏导数、可微的关系：

偏导数连续 $\longrightarrow$ 可微 $\begin{cases} \nearrow & \text{连续} \\ \searrow & \text{可偏导} \end{cases}$

5. 复合函数求偏导法则

$$\frac{\partial z}{\partial x} = \frac{\partial z}{\partial u} \cdot \frac{\partial u}{\partial x} + \frac{\partial z}{\partial v} \cdot \frac{\partial v}{\partial x}, \qquad \frac{\partial z}{\partial y} = \frac{\partial z}{\partial u}\frac{\partial u}{\partial y} + \frac{\partial z}{\partial v}\frac{\partial v}{\partial y}$$

多元复合函数求偏导数的关键是弄清中间变量、自变量以及因变量之间的关系，可借助复合关系图写出复合函数求导公式，注意偏导数和全导数、$\dfrac{\partial z}{\partial x}$ 与 $\dfrac{\partial f}{\partial x}$ 之间的区别.

6. 隐函数的求导

利用公式 $\dfrac{\partial z}{\partial x} = -\dfrac{F_x}{F_z}$，$\dfrac{\partial z}{\partial y} = -\dfrac{F_y}{F_z}$ 求由 $F(x, y, z) = 0$ 所确定的隐函数的偏导数.

7. 函数极值与最值

(1)极值定义：邻域内 $f(x, y) < f(x_0, y_0)$（或 $f(x, y) > f(x_0, y_0)$）.

(2)极值条件：驻点和偏导数不存在的点都可能是极值点.

(3)极值判定：对于驻点 $P_0(x_0, y_0)$，利用二阶偏导数的表达式 $B^2 - AC$ 的正负和 A 的符号判定是否为极值点. 如果 $B^2 - AC < 0$ 时，那么 P_0 是极值点（当 $A < 0$ 时极大值，$A > 0$ 极小值）；如果 $B^2 - AC > 0$ 时，那么点 P_0 不是极值点；如果 $B^2 - AC = 0$ 时，那么点 P_0 可能是极值点，也可能不是极值点.

(4)最值：函数极值是局部概念，而函数最值是整体概念；最大值和最小值由驻点和导数不存在的点及边界处的函数值比较而得；实际应用题中，一般在唯一驻点处的函数值即是所求最值.

(5)条件极值与拉格朗日乘数法.

拉格朗日函数：$L(x,y,z)=f(x,y,z)+\lambda\varphi(x,y,z)$.

由方程组 $\begin{cases}L_x=f_x+\lambda\varphi_x=0,\\L_y=f_y+\lambda\varphi_y=0,\\L_z=f_z+\lambda\varphi_z=0,\\\varphi(x,y,z)=0,\end{cases}$ 解出可能的极值点.

单元测试 4

一、填空题

1. $\lim\limits_{\substack{x\to0\\y\to2}}\dfrac{y\sin(xy)}{x}=$ _____，

$\lim\limits_{\substack{x\to0\\y\to0}}(1+xy)^{\frac{1}{y}}=$ _____.

2. $z=\sqrt{x-\sqrt{y}}$ 的定义域为_____.

3. 已知 $z=\ln\sin(2x-y)$，则 $\dfrac{\partial z}{\partial x}=$ _____.

4. 设 $z=\ln(x^2+y^2)$，则 $dz\big|_{(2,2)}=$ _____.

5. 设 $z=e^{x-2y}$，而 $x=\sin t,y=t^3$，则 $\dfrac{dz}{dt}=$ _____.

6. 将 zOx 坐标面上的直线 $z=x$ 绕 x 轴旋转一周，所生成的圆锥面的方程是_____.

二、单项选择题

1. 下列说法正确的是（ ）.

A. 如果函数 $z=f(x,y)$ 在 (x_0,y_0) 点连续，则 $\lim\limits_{x\to x_0}f(x,y_0)=f(x_0,y_0)$

B. 若函数 $f(x,y)$ 在 (x_0,y_0) 处的两个偏导数都存在，则 $f(x,y)$ 在 (x_0,y_0) 处连续

C. 若 $z=f(x,y)$ 在 (x_0,y_0) 处偏导数存在，则 $z=f(x,y)$ 在 (x_0,y_0) 处一定可微

D. 若函数 $z=f(x,y)$ 在点 $(0,0)$ 处取极小值，则必有 $f_x(0,0)=f_y(0,0)=0$

2. 设平面方程为 $x-y=0$，则其位置（ ）.

A. 平行于 x 轴　　B. 平行于 y 轴

C. 平行于 z 轴　　D. 过 z 轴

3. 过 $M_1(2,-1,4),M_2(-1,3,-2)$ 和 $M_3(0,2,3)$ 的平面方程（ ）.

A. $14x+9y-z-15=0$

B. $2x+7y-8z-6=0$

C. $14x-9y+z-15=0$

D. $14x+9y+z-15=0$

4. 已知 $f(x+y,x-y)=x^2-y^2$，则 $\dfrac{\partial f}{\partial x}+\dfrac{\partial f}{\partial y}=$（ ）.

A. $2x+2y$　　　　B. $2x-2y$

C. $x+y$　　　　　D. $x-y$

5. 函数 $z=2x^2-y^2$ 的极值点为（ ）.

A. $(0,0)$　　　　B. $(0,1)$

C. $(1,0)$　　　　D. 不存在

6. 函数 $f(x,y)=\begin{cases}\dfrac{xy}{x-y},&x\neq y\\0,&x=y\end{cases}$，在 $(0,0)$ 点处（ ）.

A. 极限值为 1　　B. 极限值为-1

C. 连续　　　　　D. 无极限

三、计算题

1. 求函数 $z=\dfrac{\sqrt{x-y^2}}{\ln(1-x^2-y^2)}$ 的定义域.

2. 设 $f(x,y)=xy^2+(x-2)\ln\dfrac{3x^2+y^2+2}{2y^2+x^2+1}$，求 $f_y(2,1)$.

3. 设 $z^x=y^z$，求 dz.

4. 设函数 $z=\dfrac{y}{x}$，而 $y=\sqrt{1-x^2}$，求 $\dfrac{dz}{dx}$.

5. 设 函 数 $z = \ln(x^2 + y), x = e^{t+s}, y = t^2 + s$，求 $\dfrac{\partial z}{\partial t}, \dfrac{\partial z}{\partial s}$.

6. 求函数 $z = x^3 - 4x^2 + 2xy - y^2$ 的极值.

四、某工厂生产甲、乙两种产品，当产量分别为 x 和 y 时，其成本

$$C(x, y) = 2x + 5y - 0.1(x^2 + xy + y^2) + 500$$

(1) 求每种产品的边际成本；

(2) 当出售两种产品的单价分别为 12 元和 15 元时，试求每种产品的边际利润.

五、在平面 $x + y + z = 1$ 上求一点，使它与 $A(1,0,1)$ 和 $B(2,0,1)$ 两点的距离平方和最小.

阅读材料 4

理发师悖论——第三次数学危机

有一位理发师，他的广告词是这样写的："本人的理发技艺十分高超，誉满全城. 我将为本城所有不给自己理发的人理发，我也只给这些人理发. 我对各位表示热诚欢迎！"来找他理发的人络绎不绝，自然都是那些不给自己理发的人. 现在的问题是：理发师应该为自己理发吗？

如果他不给自己理发，他就属于"不给自己理发的人"，他就要给自己理发，而如果他给自己理发呢？他又属于"给自己理发的人"，他就不该给自己理发. 理发师怎么回答都无法自圆其说，陷入了两难的境地.

上面的故事就是一个悖论. 悖论是表面上同一命题或推理中隐含着两个对立的结论，而这两个结论都能自圆其说. 历史上最有名的悖论就应属"罗素悖论"，其通俗形式就是上面讲的"理发师悖论".

从集合的角度来说，"罗素悖论"是这样的：集合从逻辑上可分为两种，第一种集合不以自身为元素，大部分集合都是这一类. 例如自然数集 N 是由全体自然数所组成的集合. 但 N 本身不是自然数. 第二种集合以其自身为元素，例如所有非正方形组成的集合 A，A 的元素可以为圆形，可以为太阳等，只要不是正方形就可以. 而集合 A 本身也不是正方形，所以它是第二种集合. 那么，对于任何一个集合 B，它不是第一种集合就是第二种集合. 假设第一种集合的全体构成一个集合 M，那么 M 属于哪种集合？如果 M 属于第一种集合，那么 M 应该是 M 的一个元素，即 $M \in M$，但是满足 $M \in M$ 关系的集合应属于第二种集合，由此出现矛盾. 而如果 M 属于第二种集合，那么 M 应该满足 $M \in M$ 的关系，这样一来 M 又属于第一种集合，再次出现矛盾.

罗素悖论非常浅显易懂，所涉及的只是集合论中最基本的东西，除了集合概念外并不涉及其他概念. 明白无疑地揭示了集合论本身确实存在矛盾，所以在当时的数学界与逻辑学界内引起了极大震惊. 这一悖论点燃了导致数学基础新危机的导火索. 数学家弗雷格 (G. Frege，1848—1925) 在他的专著《算数基础》即将完稿付印时，收到了罗素关于这一悖论的信. 他立刻发现这一件极其尴尬的事情：自己忙了很久得出的众多数学结论的基础却不敢保证. 他在书稿的末尾写道："一个科学家不会碰到比这更尴尬的事情了，即将完成一项工作时却发现它的基础却在崩溃."

为了保卫已经建立的数学大厦，数学家做了大量的研究工作，建立了公理化集合论，成功排除了集合论中出现的悖论，从而比较圆满地解决了第三次数学危机. 但在另一方面，

罗素悖论对数学而言有着更为深刻的影响. 它使得数学基础问题第一次以最迫切的需要的姿态摆到数学家面前，导致了数学家对数学基础的研究. 而这方面的进一步发展又极其深刻地影响了整个数学. 如围绕着数学基础之争，形成了现代数学史上著名的三大数学流派，而各派的工作又都促进了数学的大发展.

第5章 二重积分

阿基米德(Archimedes，约公元前 287—前 212)（图 5-1） 是古希腊物理学家、数学家．他发现了杠杆原理，提出了浮力定律．他比较早地运用分割求和的微元法思想，推出关于球与圆柱等几何体的面积、体积，被公认为微积分计算的鼻祖．

他重视实践，应用杠杆原理于战争，保卫西拉斯鸠，是"理论天才与实验天才合于一人的理想化身"，他曾说：

"给我一个支点，我能撬动地球．"

图 5-1 阿基米德

学 习 目 标

1. 理解二重积分的概念，了解二重积分的性质．
2. 掌握二重积分的计算方法(直角坐标系、极坐标系)．
3. 会进行二重积分的简单应用．

我们知道定积分是一种"和的极限"，体现了"分割、近似、求和、取极限"的思想，本章将这种思想推广到二元函数在平面区域上的积分——二重积分，介绍它的基本概念和计算方法，并举例介绍二重积分的简单应用．

第 1 节 二重积分的概念与性质

一、二重积分概念的引入

我们通过一个几何体的体积问题引入二重积分的概念．

设 $f(x,y) \geqslant 0$，如图 5-2 的几何体称为**曲顶柱体**，它的上底面是由二元函数 $z=f(x, y)$ 给出的曲面，下底面为 xOy 平面上的一个区域 D，侧面是以区域 D 的边界为准线、而母线与 z 轴平行的柱面．利用定积分的"分割、近似、求和、取极限"的思想，可按以下步骤研究它的体积．

1. 分割

将区域 D 分割成 n 个子区域

$$\Delta\sigma_1, \Delta\sigma_2, \Delta\sigma_3, \cdots, \Delta\sigma_n$$

这样就将曲顶柱体分割成 n 个小曲顶柱体($i=1,2,\cdots,n$)．

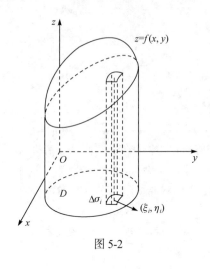

图 5-2

2. 近似

在 $\Delta\sigma_i$ 中任取一点 (ξ_i,η_i)，用平顶柱体的体积来近似表示小曲顶柱体的体积，即

$$\Delta V_i \approx f(\xi_i,\eta_i) \cdot \Delta\sigma_i$$

式中 $\Delta\sigma_i$ 也代表底面面积，$f(\xi_i,\eta_i)$ 近似代表平顶柱体的高.

3. 求和

n 个小柱体的体积的和就是所求的曲顶柱体的体积的近似值，即

$$V = \sum_{i=1}^{n} \Delta V_i \approx \sum_{i=1}^{n} f(\xi_i,\eta_i) \cdot \Delta\sigma_i$$

显然，对区域 D 划分得越细，近似程度越高.

4. 取极限

用 d_i 表示 $\Delta\sigma_i$ 中任意两点间的距离的最大者(也称为 $\Delta\sigma_i$ 的直径)，取

$$\lambda = \max\{d_1, d_2, \cdots, d_n\}$$

当 $\lambda \to 0$ 时，区域 $\Delta\sigma_i$ 就趋于一个点，这时如果上述和式的极限值存在，那么

$$V = \sum_{i=1}^{n} \Delta V_i = \lim_{\lambda \to 0} \sum_{i=1}^{n} f(\xi_i,\eta_i) \cdot \Delta\sigma_i$$

就是所求曲顶柱体的体积.

平面薄板的质量及其他相关实际问题，都有类似的解决方法，都可以归结为二元函数在平面区域上的和的极限. 因此抽去它们的具体意义，仿照定积分的定义，我们得到以下的二重积分定义.

二、二重积分的概念

1. 二重积分的定义

定义 1 设函数 $z=f(x,y)$ 在 xOy 平面的有界闭区域 D 上有定义，将区域 D 任意划分为 n 个小区域 $\Delta\sigma_i(i=1,2,\cdots,n)$，并用 $\Delta\sigma_i$ 表示第 i 个小区域的面积，用 d_i 表示小区域 $\Delta\sigma_i$ 的直径，在每个小闭区域 $\Delta\sigma_i$ 上任取一点 (ξ_i,η_i)，作和式

$$\sum_{i=1}^{n} f(\xi_i,\eta_i) \cdot \Delta\sigma_i$$

令 $\lambda = \max\{d_1,d_2,\cdots,d_n\}$，如果极限 $\displaystyle\lim_{\lambda \to 0} \sum_{i=1}^{n} f(\xi_i,\eta_i) \cdot \Delta\sigma_i$ 存在，则称函数 $f(x,y)$ 在闭区域 D 上可积，此极限值为 $f(x,y)$ 在区域 D 上的**二重积分**，记为

$$\iint\limits_{D} f(x,y)\mathrm{d}\sigma = \lim_{\lambda \to 0} \sum_{i=1}^{n} f(\xi_i,\eta_i) \cdot \Delta\sigma_i$$

其中 $f(x,y)$ 称为被积函数，$f(x,y)\mathrm{d}\sigma$ 称为被积表达式，$\mathrm{d}\sigma$ 称为面积元素，D 为积分区域，x,y 称为积分变量.

● 当 $f(x,y)$ 在区域 D 上可积时，上述极限值与区域 D 的分割无关，与点 (ξ_i,η_i) 的

选择无关.

- $\iint\limits_{D} f(x,y)\mathrm{d}\sigma$ 也可以表示为 $\iint\limits_{D} f(x,y)\mathrm{d}x\mathrm{d}y$.

- 当函数 $f(x,y)$ 在闭区域 D 上连续时，$f(x,y)$ 一定可积，今后总是假设所讨论的函数在区域 D 上连续.

2. 二重积分的几何意义

由以上讨论可知，当 $f(x,y)\geqslant 0$ 时，二重积分 $\iint\limits_{D} f(x,y)\mathrm{d}\sigma$ 表示以区域 D 为底面，以 $z=f(x,y)$ 为顶的曲顶柱体的体积，特别地，当 $f(x,y)=1$ 时，$\iint\limits_{D}\mathrm{d}\sigma$ 表示底面区域 D 的面积.

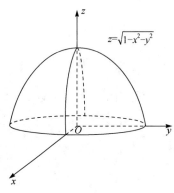

图 5-3

例 1 不用计算，利用二重积分的几何意义求 $\iint\limits_{D}\sqrt{1-x^2-y^2}\mathrm{d}\sigma$ 的大小.

解 $z=\sqrt{1-x^2-y^2}$ 可化为 $x^2+y^2+z^2=1$ $(z\geqslant 0)$，表示以 $O(0,0,0)$ 为球心，半径为 1 的上半球面（图 5-3）.

从而根据二重积分的几何意义，$\iint\limits_{D}\sqrt{1-x^2-y^2}\mathrm{d}\sigma$ 可看成以 $D=\{(x,y)\,|\,x^2+y^2\leqslant 1\}$ 为底面、以 $z=\sqrt{1-x^2-y^2}$ 为顶点的一个曲顶柱体（即半球）的体积，从而有

$$\iint\limits_{D}\sqrt{1-x^2-y^2}\mathrm{d}\sigma=\frac{1}{2}\times\frac{4}{3}\pi\times 1^3=\frac{2}{3}\pi$$

三、二重积分的性质

因为二重积分和定积分在定义方法上相同，所以两者的性质有许多类似之处.

性质 1 常数因子可提到积分号外，即
$$\iint\limits_{D} kf(x,y)\mathrm{d}\sigma=k\iint\limits_{D} f(x,y)\mathrm{d}\sigma$$

性质 2 函数和（差）的积分等于各自积分的和（差），即
$$\iint\limits_{D}[f(x,y)\pm g(x,y)]\mathrm{d}\sigma=\iint\limits_{D} f(x,y)\mathrm{d}\sigma\pm\iint\limits_{D} g(x,y)\mathrm{d}\sigma$$

性质 1 和性质 2 也称为二重积分的**线性性质**.

性质 3（积分区域的可加性） 设闭区域 D 被分为两部分 D_1 和 D_2，则有
$$\iint\limits_{D} f(x,y)\mathrm{d}\sigma=\iint\limits_{D_1} f(x,y)\mathrm{d}\sigma+\iint\limits_{D_2} f(x,y)\mathrm{d}\sigma$$

性质 4 如果在区域 D 上总有 $f(x,y)\leqslant g(x,y)$，则有
$$\iint\limits_{D} f(x,y)\mathrm{d}\sigma\leqslant\iint\limits_{D} g(x,y)\mathrm{d}\sigma$$

性质 5 设 M, m 分别为 $f(x,y)$ 在有界闭区域 D 上的最大值和最小值, σ 为区域 D 的面积, 则有

$$m\sigma \leqslant \iint\limits_{D} f(x,y)\mathrm{d}\sigma \leqslant M\sigma$$

性质 6(二重积分中值定理) 设 $f(x,y)$ 在有界闭区域 D 上连续, σ 是区域 D 的面积, 则在 D 上至少存在一点 (ξ, η), 使得

$$\iint\limits_{D} f(x,y)\mathrm{d}\sigma = f(\xi,\eta) \cdot \sigma$$

习 题 5-1

1. 试用二重积分 $\iint\limits_{D} f(x,y)\mathrm{d}\sigma$ 表示下列几何体的体积, 并指明区域 D:

(1)由平面 $x=1$, $y=2$, $z=3$ 和 $x=0$, $y=0$, $z=0$ 所围成的几何体;

(2)由平面 $\dfrac{x}{2}+\dfrac{y}{3}+\dfrac{z}{4}=1$ 和 $x=0$, $y=0$, $z=0$ 所围成的几何体;

(3)由球体 $x^2+y^2+z^2 \leqslant 4a^2$ 和柱面 $x^2+y^2=a^2$ 所围成的几何体;

(4)由 $z=x^2+y^2$ 和 $z=0$, $z=4$ 所围成的几何体.

2. 利用二重积分的几何意义, 不经计算, 直接给出下列积分的值:

(1)设 $D = \{(x,y) \mid -1 \leqslant x \leqslant 1, -1 \leqslant y \leqslant 1\}$, 求 $\iint\limits_{D} \mathrm{d}\sigma$;

(2)设 D 是由 xOy 平面上的 x 轴、y 轴和 $x+y=1$ 所围区域, 求 $\iint\limits_{D}(1-x-y)\mathrm{d}\sigma$;

(3)设 $D = \{(x,y) \mid x^2+y^2 \leqslant a^2\}$, 求 $\iint\limits_{D}\sqrt{a^2-x^2-y^2}\,\mathrm{d}\sigma$.

第 2 节 二重积分的计算

二重积分的计算本质上可化为二次定积分的计算——先对其中一个变量做定积分, 此时另一个变量相对固定, 看成常量, 然后再对另一个变量做定积分. 由于积分函数和积分区域的不同, 可以借助于直角坐标系或极坐标系来进行计算.

一、直角坐标系下的二重积分

1. 积分区域的类型

1)X 型区域

按照"从左到右, 从下到上"的顺序, 积分区域 D 可用如下联立不等式组表示:

$$\begin{cases} a \leqslant x \leqslant b \\ \varphi_1(x) \leqslant y \leqslant \varphi_2(x) \end{cases}$$

这样的区域称为 **X 型区域**, 其特点: 左右边界为垂直于 x 轴的直线, 上下边界可用连续函数 $y=\varphi_2(x)$ 和 $y=\varphi_1(x)$ 表示(图 5-4 是一个标准的 X 型区域).

2) Y 型区域

按照"从左到右，从下到上"的顺序，积分区域 D 可用如下联立不等式组表示:

$$\begin{cases} c \leqslant y \leqslant d \\ \phi_1(y) \leqslant x \leqslant \phi_2(y) \end{cases}$$

这样的区域称为 **Y 型区域**，其特点: 上下边界为垂直于 y 轴的直线, 左右边界可用连续函数 $x = \phi_1(y)$ 和 $x = \phi_2(y)$ 表示(图 5-5 是一个标准的 Y 型区域).

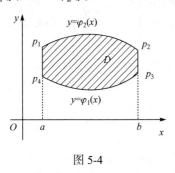

图 5-4

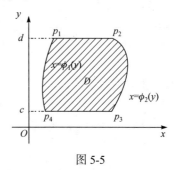

图 5-5

积分区域的识别是二重积分计算的一个重要环节, 为此我们必须注意:

● 有些区域既可看成 X 型区域, 也可看成 Y 型区域, 如图 5-6 的矩形区域和图 5-10 的三角形区域.

● 比较复杂的区域, 可以用一些平行于 x 轴或 y 轴的直线将它分解成几个部分, 从而使每一部分都是 X 型区域或 Y 型区域(图 5-7).

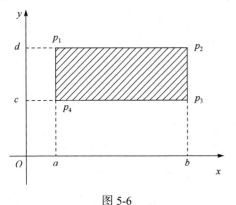

图 5-6

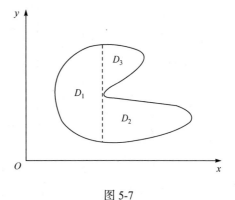

图 5-7

例 1 试将由 $y = x$, $y = 2$ 以及 $y = \dfrac{1}{x}$ 所围的区域 D 划分为 X 型区域或 Y 型区域.

解 首先画出对应的图形(图 5-8), 易求交点 $A(1, 1)$, $B\left(\dfrac{1}{2}, 2\right)$, $C(2, 2)$. 区域 D 可以看成 Y 型区域, 表示为

$$\begin{cases} 1 \leqslant y \leqslant 2 \\ \dfrac{1}{y} \leqslant x \leqslant y \end{cases}$$

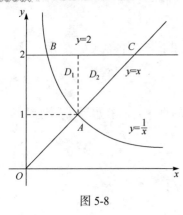

图 5-8

还可以用直线 $x=1$ 可将区域分为 D_1 和 D_2 两个部分，将它们看成 X 型区域，

$$D_1: \begin{cases} \dfrac{1}{2} \leqslant x \leqslant 1, \\ \dfrac{1}{x} \leqslant y \leqslant 2, \end{cases} \qquad D_2: \begin{cases} 1 \leqslant x \leqslant 2 \\ x \leqslant y \leqslant 2 \end{cases}$$

2. 二重积分的计算

当二重积分的积分区域 D 是 X 型区域或 Y 型区域时，采用直角坐标系计算二重积分较为简单.

如图 5-9 所示，设 $f(x,y) \geqslant 0$ ，积分区域 D 是 X 型区域，用不等式组表示为

$$\begin{cases} a \leqslant x \leqslant b \\ \varphi_1(x) \leqslant y \leqslant \varphi_2(x) \end{cases}$$

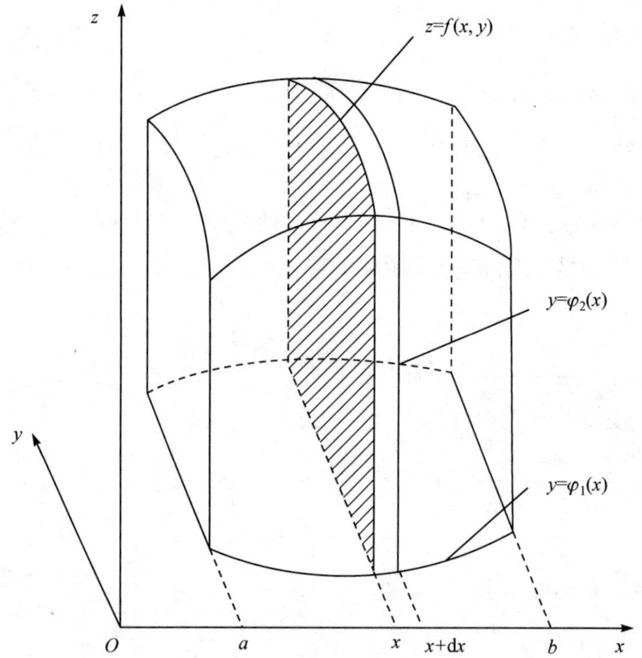

图 5-9

下面用微元法研究二重积分所表示的曲顶柱体的体积.

选 x 为积分变量，$x \in [a, b]$，任取子区间 $[x, x+\mathrm{d}x]$. 设 $A(x)$ 表示过 x 且垂直于 x 轴的平面与曲顶柱体相交的截面的面积 (图 5-9)，则曲顶柱体体积 V 的微元 $\mathrm{d}V$ 为

$$\mathrm{d}V = A(x)\,\mathrm{d}x$$

由图 5-9 可知，该截面是一个以区间 $[\varphi_1(x), \varphi_2(x)]$ 为底边，以曲线 $z = f(x,y)$ 为曲边的曲边梯形（x 是固定的），以 y 为积分变量，其面积表示为

$$A(x) = \int_{\varphi_1(x)}^{\varphi_2(x)} f(x,y)\,\mathrm{d}y$$

而

$$V = \int_a^b \mathrm{d}V = \int_a^b A(x)\mathrm{d}x = \int_a^b \left[\int_{\varphi_1(x)}^{\varphi_2(x)} f(x,y)\mathrm{d}y \right] \mathrm{d}x$$

即

$$\iint_D f(x,y)\mathrm{d}\sigma = \int_a^b \left[\int_{\varphi_1(x)}^{\varphi_2(x)} f(x,y)\mathrm{d}y \right] \mathrm{d}x$$

由以上可见, 二重积分的计算可化为二次积分: 先对 y 积分, 即计算 $\int_{\varphi_1(x)}^{\varphi_2(x)} f(x,y)\mathrm{d}y$, 此时将 x 看成常量, 结果一般是 x 的函数; 然后再对 x 积分, 计算出最后的结果. 通常也可记作

$$\iint_D f(x,y)\mathrm{d}\sigma = \int_a^b \mathrm{d}x \int_{\varphi_1(x)}^{\varphi_2(x)} f(x,y)\mathrm{d}y$$

对于一般的函数 $f(x,y)$, 我们有下面的定理.

定理 1　对于二重积分 $\iint_D f(x,y)\mathrm{d}\sigma$,

(1) 积分区域为 X 型区域, 即 $D = \{(x,y)\,|\,a \leqslant x \leqslant b, \varphi_1(x) \leqslant y \leqslant \varphi_2(x)\}$, 那么

$$\iint_D f(x,y)\mathrm{d}\sigma = \int_a^b \mathrm{d}x \int_{\varphi_1(x)}^{\varphi_2(x)} f(x,y)\mathrm{d}y$$

(2) 积分区域为 Y 型区域, 即 $D = \{(x,y)\,|\,c \leqslant y \leqslant d, \phi_1(y) \leqslant x \leqslant \phi_2(y)\}$, 那么

$$\iint_D f(x,y)\mathrm{d}\sigma = \int_c^d \mathrm{d}y \int_{\phi_1(y)}^{\phi_2(y)} f(x,y)\mathrm{d}x$$

● 积分区域 D 为矩形区域, 即 $D = \{(x,y)\,|\,a \leqslant x \leqslant b,\ c \leqslant y \leqslant d\}$, 有

$$\iint_D f(x,y)\mathrm{d}\sigma = \int_a^b \mathrm{d}x \int_c^d f(x,y)\mathrm{d}y = \int_c^d \mathrm{d}y \int_a^b f(x,y)\mathrm{d}x$$

例 2　计算 $I = \iint_D (x^2 - 2xy)\mathrm{d}\sigma$, D 为 $\begin{cases} 1 \leqslant x \leqslant 3, \\ -1 \leqslant y \leqslant 2. \end{cases}$

解　先对 y 积分, 再对 x 积分, 有

$$\begin{aligned} I &= \int_1^3 \mathrm{d}x \int_{-1}^2 (x^2 - 2xy)\mathrm{d}y \\ &= \int_1^3 (x^2 y - xy^2)\big|_{y=-1}^{y=2}\, \mathrm{d}x = \int_1^3 (3x^2 - 3x)\mathrm{d}x \\ &= \left(x^3 - \frac{3}{2}x^2 \right)\Bigg|_1^3 = 14 \end{aligned}$$

或者改变积分顺序, 有

$$\begin{aligned} I &= \int_{-1}^2 \mathrm{d}y \int_1^3 (x^2 - 2xy)\mathrm{d}x \\ &= \int_{-1}^2 \left(\frac{1}{3}x^3 - x^2 y \right)\Bigg|_{x=1}^{x=3} \mathrm{d}y = \int_{-1}^2 \left(\frac{26}{3} - 8y \right)\mathrm{d}y \\ &= \left(\frac{26}{3}y - 4y^2 \right)\Bigg|_{-1}^2 = 14 \end{aligned}$$

显然，将二重积分化为二次积分时，先对一个变量积分，此时另一变量可看成常量，然后再对另一变量积分. 特别地，如果积分区域为矩形区域时，并且函数 $f(x,y)=h(x)\cdot g(y)$，那么

$$\iint\limits_{D} h(x)g(y)\mathrm{d}\sigma = \int_a^b h(x)\mathrm{d}x \cdot \int_c^d g(y)\mathrm{d}y$$

例 3 计算 $I = \iint\limits_{D} \dfrac{\sin x}{x}\mathrm{d}\sigma$，$D$ 是由直线 $y=x$，$x=1$ 及 x 轴所围成的区域.

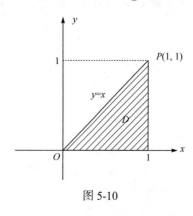

图 5-10

解 积分区域如图 5-10 所示，看成 X 型区域，用不等式组表示为

$$\begin{cases} 0 \leqslant x \leqslant 1 \\ 0 \leqslant y \leqslant x \end{cases}$$

因此，

$$I = \iint\limits_{D} \frac{\sin x}{x}\mathrm{d}\sigma = \int_0^1 \mathrm{d}x \int_0^x \frac{\sin x}{x}\mathrm{d}y$$

$$= \int_0^1 \left(\frac{\sin x}{x} \cdot y \right) \bigg|_{y=0}^{y=x} \mathrm{d}x = \int_0^1 \sin x \mathrm{d}x = (-\cos x)\big|_0^1 = 1 - \cos 1$$

如果把区域 D 看成 Y 型区域，则需先对 x 再对 y 积分，即

$$I = \iint\limits_{D} \frac{\sin x}{x}\mathrm{d}\sigma = \int_0^1 \mathrm{d}y \int_y^1 \frac{\sin x}{x}\mathrm{d}x$$

而积分 $\int \dfrac{\sin x}{x}\mathrm{d}x$ 是不能用初等函数表示的，因此二重积分的计算需根据积分区域和积分函数选择合适的积分次序.

例 4 计算 $I = \iint\limits_{D} xy\mathrm{d}\sigma$，其中 D 是由抛物线 $y^2 = x$，$y = x - 2$ 所围成的闭区域.

解 解方程组 $\begin{cases} y^2 = x, \\ y = x - 2 \end{cases}$ 得 $A(1, -1)$，$B(4, 2)$. 如图 5-11 所示，积分区域可表示为

$D = \{(x,y) \mid -1 \leqslant y \leqslant 2,\ y^2 \leqslant x \leqslant y + 2 \}$，用先对 x 后对 y 的积分次序，得

$$I = \iint\limits_{D} xy\mathrm{d}\sigma = \int_{-1}^2 \mathrm{d}y \int_{y^2}^{y+2} xy\mathrm{d}x = \int_{-1}^2 \left(\frac{x^2}{2} y \right) \bigg|_{x=y^2}^{x=y+2} \mathrm{d}y$$

$$= \frac{1}{2} \int_{-1}^2 [y(y+2)^2 - y^5]\mathrm{d}y = \frac{1}{2} \left(\frac{y^4}{4} + \frac{4}{3}y^3 + 2y^2 - \frac{y^6}{6} \right) \bigg|_{-1}^2$$

$$= \frac{45}{8}$$

如果用先对 y 后对 x 的积分次序，积分区域 D 分成两个区域，即

$$D_1 = \{(x,y) \mid 0 \leqslant x \leqslant 1, -\sqrt{x} \leqslant y \leqslant \sqrt{x} \}$$

$$D_2 = \{(x,y) \mid 1 \leqslant x \leqslant 4,\ x - 2 \leqslant y \leqslant \sqrt{x} \}$$

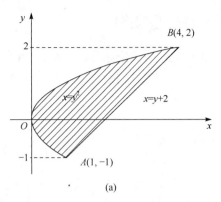 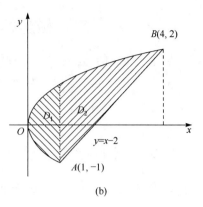

图 5-11

因此

$$I = \iint\limits_{D} xy \, d\sigma = \iint\limits_{D_1} xy \, d\sigma + \iint\limits_{D_1} xy \, d\sigma = \int_0^1 dx \int_{-\sqrt{x}}^{\sqrt{x}} xy \, dy + \int_1^4 dx \int_{x-2}^{\sqrt{x}} xy \, dy$$

这比第一种解法要复杂得多.

一般地, 我们可按以下步骤求解二重积分:

(1)画出积分区域的图形, 求出边界曲线交点坐标;

(2)根据被积函数和积分区域类型, 确定积分次序;

(3)确定积分限, 化为二次积分;

(4)计算两次积分, 即可得出结果.

例 5 交换二次积分 $\int_0^1 dy \int_{y^2}^{1+\sqrt{1-y^2}} f(x, y) dx$ 的

次序.

解 由已知可知 y 的变化范围为: $0 \leqslant y \leqslant 1$, 当 y 在[0, 1]上任意确定之后, x 的变化范围是: $y^2 \leqslant x \leqslant 1+\sqrt{1-y^2}$, 那么, 我们在坐标系下画出两条曲线 $x = y^2$ 和 $x = 1+\sqrt{1-y^2}$ 的图像, 积分区域 D 如图 5-12 所示, 并用直线 $x=1$ 分为 D_1, D_2 两个部分, 于是

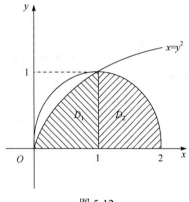

图 5-12

$$\int_0^1 dy \int_{y^2}^{1+\sqrt{1-y^2}} f(x, y) dx = \iint\limits_{D_1} f(x, y) dxdy + \iint\limits_{D_2} f(x, y) dxdy$$

$$= \int_0^1 dx \int_0^{\sqrt{x}} f(x, y) dy + \int_1^2 dx \int_0^{\sqrt{2x-x^2}} f(x, y) dy$$

练一练

1. 将二重积分 $\iint\limits_{D} f(x,y) d\sigma$ 化为二次积分, 其中 D 为

(1) $y=2x$, $y=x$ 及 $x=2$ 所围成的区域;

(2) $y=x^2$, $x+y=2$ 及 x 轴围成的区域.

二、极坐标系下的二重积分

如果有界闭区域 D 的边界曲线与圆弧或圆周有关，用极坐标方程表示比较简单，且被积函数 $f(x,y)$ 用极坐标表示也比较简单时，可以考虑用极坐标系来计算二重积分 $\iint\limits_{D} f(x,y)\mathrm{d}\sigma$.

根据直角坐标和极坐标之间的转化关系 $\begin{cases} x=r\cos\theta, \\ y=r\sin\theta, \end{cases}$ 有 $f(x,y)=f(r\cos\theta,r\sin\theta)$ ，面积元素 $\mathrm{d}\sigma=\mathrm{d}x\mathrm{d}y$ 可表达为 $r\mathrm{d}r\mathrm{d}\theta$ ，即 $\mathrm{d}\sigma=r\mathrm{d}r\mathrm{d}\theta$ ，从而有极坐标下二重积分的表达式

$$\iint\limits_{D} f(x,y)\mathrm{d}\sigma = \iint\limits_{D} f(r\cos\theta,r\sin\theta)r\mathrm{d}r\mathrm{d}\theta$$

因此，我们有以下定理.

定理 2 如果积分区域 D 在极坐标系下可表示为(图 5-13(a))
$$D=\{(r,\theta)\,|\,r_1(\theta)\leqslant r\leqslant r_2(\theta),\alpha\leqslant\theta\leqslant\beta\}$$
那么，

$$\iint\limits_{D} f(r\cos\theta,r\sin\theta)r\mathrm{d}r\mathrm{d}\theta = \int_\alpha^\beta \mathrm{d}\theta \int_{r_1(\theta)}^{r_2(\theta)} f(r\cos\theta,r\sin\theta)r\mathrm{d}r$$

这样的区域也称为 **θ 型区域**.

● 当极点在积分区域的边界上时，如图 5-13(b)所示，那么

$$\iint\limits_{D} f(r\cos\theta,r\sin\theta)r\mathrm{d}r\mathrm{d}\theta = \int_\alpha^\beta \mathrm{d}\theta \int_0^{r(\theta)} f(r\cos\theta,r\sin\theta)r\mathrm{d}r$$

● 当极点在积分区域的内部时，如图 5-13(c)所示，那么

$$\iint\limits_{D} f(r\cos\theta,r\sin\theta)r\mathrm{d}r\mathrm{d}\theta = \int_0^{2\pi} \mathrm{d}\theta \int_0^{r(\theta)} f(r\cos\theta,r\sin\theta)r\mathrm{d}r$$

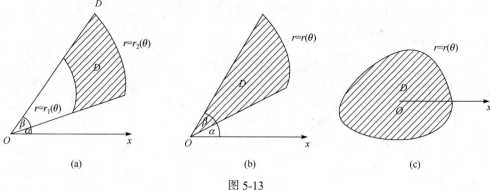

图 5-13

例 6 计算 $\iint\limits_{D}\arctan\dfrac{y}{x}\mathrm{d}x\mathrm{d}y$ ，其中 D 是由圆 $x^2+y^2=9$ ， $x^2+y^2=1$ 与 $y=x$, $y=0$ 所围成的第一象限内的区域.

解 区域 D 如图 5-14 所示，用极坐标可以表示为

$$1\leqslant r\leqslant 3,\quad 0\leqslant\theta\leqslant\frac{\pi}{4}$$

积分函数 $f(x,y)$ 可化为

$$\arctan\frac{y}{x} = \arctan(\tan\theta) = \theta$$

于是有

$$\iint\limits_{D}\arctan\frac{y}{x}\mathrm{d}x\mathrm{d}y = \iint\limits_{D}r\theta\mathrm{d}r\mathrm{d}\theta$$

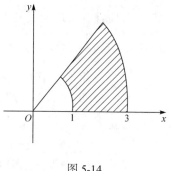

$$= \int_0^{\frac{\pi}{4}}\theta\mathrm{d}\theta \cdot \int_1^3 r\mathrm{d}r = \frac{1}{2}\theta^2\bigg|_0^{\frac{\pi}{4}} \cdot \frac{1}{2}r^2\bigg|_1^3 = \frac{\pi^2}{8}$$

图 5-14

例 7 计算 $\iint\limits_{D}\mathrm{e}^{-x^2-y^2}\mathrm{d}x\mathrm{d}y$，其中 D 是中心在原点、半径为 a 的圆周所围成的区域.

解 在极坐标下，区域 D 可表示为：$0 \leqslant r \leqslant a, 0 \leqslant \theta \leqslant 2\pi$，因此

$$\iint\limits_{D}\mathrm{e}^{-x^2-y^2}\mathrm{d}x\mathrm{d}y = \iint\limits_{D}\mathrm{e}^{-r^2}r\mathrm{d}r\mathrm{d}\theta = \int_0^{2\pi}\mathrm{d}\theta\int_0^a r\mathrm{e}^{-r^2}\mathrm{d}r$$

$$= \int_0^{2\pi}\left(-\frac{1}{2}\mathrm{e}^{-r^2}\right)\bigg|_0^a\mathrm{d}\theta = \int_0^{2\pi}\frac{1}{2}(1-\mathrm{e}^{-a^2})\mathrm{d}\theta = \pi(1-\mathrm{e}^{-a^2})$$

此题如果采用直角坐标来计算，则会遇到积分 $\int\mathrm{e}^{-x^2}\mathrm{d}x$，它不能用初等函数来表示，因而无法计算，由此可见利用极坐标计算二重积分的优越性.

例 8 计算 $\iint\limits_{D}\frac{1}{\sqrt{x^2+y^2}}\mathrm{d}x\mathrm{d}y$，其中 D 如图 5-15 所示，由圆 $x^2+y^2=1$，$x^2+y^2-2x=0$ 与 $y=0$ 所围成.

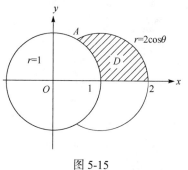

解 由于 $x=r\cos\theta$，$y=r\sin\theta$，所以两圆的极坐标方程为

$$r = 1 \quad \text{和} \quad r = 2\cos\theta$$

易求交点 $A\left(1,\frac{\pi}{3}\right)$，区域 D 可表示为

$$1 \leqslant r \leqslant 2\cos\theta, \quad 0 \leqslant \theta \leqslant \frac{\pi}{3}$$

图 5-15

于是

$$\iint\limits_{D}\frac{1}{\sqrt{x^2+y^2}}\mathrm{d}x\mathrm{d}y = \iint\limits_{D}\frac{1}{r}\cdot r\mathrm{d}r\mathrm{d}\theta = \int_0^{\frac{\pi}{3}}\mathrm{d}\theta\cdot\int_1^{2\cos\theta}\mathrm{d}r$$

$$= \int_0^{\frac{\pi}{3}}(2\cos\theta-1)\mathrm{d}\theta = (2\sin\theta-\theta)\bigg|_0^{\frac{\pi}{3}} = \sqrt{3}-\frac{\pi}{3}$$

综合上述例子，利用极坐标系求解二重积分时，应注意：

(1) 当二重积分的被积函数含有 x^2+y^2，积分区域边界为圆弧或直线段时，可优先考虑利用极坐标系计算；

(2)应熟悉常用曲线的极坐标方程，如 $x^2+y^2=1 \Leftrightarrow r=1$，$x^2+y^2-2x=0 \Leftrightarrow r=2\cos\theta$，$x=1 \Leftrightarrow r=\dfrac{1}{\cos\theta}$ 等，实际计算时可将 $x=r\cos\theta$ 和 $y=r\sin\theta$ 代入直角坐标方程即可；

(3)将直角坐标系的二重积分转化为极坐标系下的二重积分时，不仅要将 $f(x,y)$ 转化为 $f(r\cos\theta,r\sin\theta)$，而且要将 $d\sigma$ 转化为 $rdrd\theta$，其中"r"不能缺少.

练一练

1. 根据积分区域将 $\iint\limits_{D} f(x,y)d\sigma$ 化为极坐标系下的二次积分：

(1) $D: x^2+y^2 \leqslant a^2, x \geqslant 0$；

(2) $D: x^2+y^2 \leqslant a^2$，$y=x$ 及 x 轴围成的位于第一象限内的区域.

习　题　5-2

1. 计算下列二重积分：

(1) $\iint\limits_{D} ye^{xy}d\sigma$，　$D:-1 \leqslant x \leqslant 0, 0 \leqslant y \leqslant 1$；

(2) $\iint\limits_{D} \cos^2 x \cdot \cos^2 yd\sigma$，　$D:0 \leqslant x \leqslant \pi, 0 \leqslant y \leqslant \pi$；

(3) $\iint\limits_{D} xy\cos(xy^2)d\sigma$，　$D:0 \leqslant x \leqslant \dfrac{\pi}{2}, 0 \leqslant y \leqslant 1$；

(4) $\iint\limits_{D} \sin(x+y)d\sigma$，　$D:x+y=\pi, x=\pi, y=\pi$ 围成；

(5) $\iint\limits_{D} e^{x+y}d\sigma$，　$D: x+y=1, x=0$ 和 $y=0$ 围成.

2. 交换下列积分次序：

(1) $\int_0^1 dx \int_{\sqrt{1-x^2}}^{x+1} f(x,y)dy$；

(2) $\int_0^1 dy \int_{-\sqrt{1-y^2}}^{\sqrt{1-y^2}} f(x,y)dx$；

(3) $\int_1^2 dx \int_{2-x}^{\sqrt{2x-x^2}} f(x,y)dy$；

(4) $\int_0^1 dy \int_0^{2y} f(x,y)dx + \int_1^3 dy \int_0^{3-y} f(x,y)dx$.

3. 计算下列二重积分：

(1) $\iint\limits_{D} yd\sigma, D:x^2+y^2 \leqslant a^2$ 在第一象限内的区域；

(2) $\iint\limits_{D} \ln(1+x^2+y^2)d\sigma$，　$D:x^2+y^2 \leqslant 1$ 在第一象限内的区域；

(3) $\iint\limits_{D}(x^2+y^2)\mathrm{d}\sigma$，$D:1\leqslant x^2+y^2\leqslant 4$ 及 $x\geqslant 0$，$y\geqslant 0$ 所围成的区域.

第3节 二重积分的应用举例

我们在第 3 章介绍了微元法在定积分中的应用，这种方法也可推广到二重积分的应用中. 如果所要计算的某个量 A 对于闭区域 D 具有可加性(就是说，当闭区域 D 分成许多小闭区域时，所求量 A 相应地分成许多部分量，且 A 等于部分量之和)，并且在闭区域 D 内任取一个直径很小的闭区域 $\mathrm{d}\sigma$ 时，相应的部分量可近似地表示为

$$\mathrm{d}A=f(x,y)\mathrm{d}\sigma$$

那么

$$A=\iint\limits_{D}f(x,y)\mathrm{d}\sigma$$

一、平面区域的面积

由二重积分的几何意义可知当 $f(x,y)=1$ 时，二重积分 $\iint\limits_{D}\mathrm{d}\sigma$ 数值上等于底面区域 D 的面积.

例 1 求由圆 $x^2+y^2=3a^2$ 与 $x^2+y^2=2ax$ 围成的月牙区域的面积(图 5-16).

解 设所求月牙形区域为 D，其面积可以表示为 $\iint\limits_{D}\mathrm{d}\sigma$，由于积分区域与圆有关，所以考虑用极坐标系求二重积分.

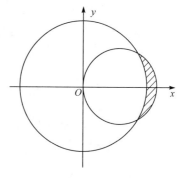

图 5-16

圆 $x^2+y^2=3a^2$ 的极坐标方程为 $r=\sqrt{3}a$，圆 $x^2+y^2=2ax$ 的极坐标方程为 $r=2a\cos\theta$，两圆的交点为 $\left(\sqrt{3}a,-\dfrac{\pi}{6}\right)$ 和 $\left(\sqrt{3}a,\dfrac{\pi}{6}\right)$，因此区域 D 可表示为

$$\sqrt{3}a\leqslant r\leqslant 2a\cos\theta,\quad -\frac{\pi}{6}\leqslant\theta\leqslant\frac{\pi}{6}$$

所求面积为

$$\iint\limits_{D}\mathrm{d}\sigma=\iint\limits_{D}r\mathrm{d}r\mathrm{d}\theta=\int_{-\frac{\pi}{6}}^{\frac{\pi}{6}}\mathrm{d}\theta\int_{\sqrt{3}a}^{2a\cos\theta}r\mathrm{d}r=\int_{-\frac{\pi}{6}}^{\frac{\pi}{6}}\frac{1}{2}r^2\bigg|_{\sqrt{3}a}^{2a\cos\theta}\mathrm{d}\theta$$

$$=\frac{1}{2}\int_{-\frac{\pi}{6}}^{\frac{\pi}{6}}(4a^2\cos^2\theta-3a^2)\mathrm{d}\theta=\frac{1}{2}\int_{-\frac{\pi}{6}}^{\frac{\pi}{6}}\left(4a^2\frac{1+\cos 2\theta}{2}-3a^2\right)\mathrm{d}\theta$$

$$=\frac{a^2}{2}\int_{-\frac{\pi}{6}}^{\frac{\pi}{6}}(2\cos 2\theta-1)\mathrm{d}\theta=a^2(\sin 2\theta-\theta)\bigg|_{0}^{\frac{\pi}{6}}=\left(\frac{\sqrt{3}}{2}-\frac{\pi}{6}\right)a^2$$

二、空间曲面围成的体积

由二重积分的几何意义可知，当 $f(x,y) \geqslant 0$ 时，$\iint\limits_{D} f(x,y)\mathrm{d}\sigma$ 表示以 D 为底面，以曲面

$z = f(x,y)$ 为顶面的曲顶柱体的体积，即

$$V = \iint\limits_{D} f(x,y)\mathrm{d}\sigma$$

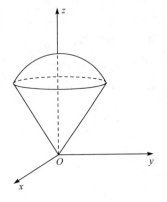

图 5-17

要计算空间曲面围成的体积，关键在于确定积分函数 $f(x,y)$ 和积分区域 D，其中区域 D 可看成空间几何体在 xOy 平面上的投影．

例 2 求旋转抛物面 $z = 2 - x^2 - y^2$ 与锥面 $z^2 = x^2 + y^2 (z \geqslant 0)$ 所围的体积(图 5-17)．

解 先确定积分区域 D．由

$$\begin{cases} z = 2 - x^2 - y^2 \\ z^2 = x^2 + y^2 \end{cases}$$

可得，$z^2 = 2 - z$，从而 $z = 1$ 或 $z = -2$（舍去），因此积分区域 D 为

$$D = \{ (x,y) \mid x^2 + y^2 \leqslant 1 \}$$

所求体积 V 可以表示为

$$V = \iint\limits_{D} (2 - x^2 - y^2)\mathrm{d}x\mathrm{d}y - \iint\limits_{D} \sqrt{x^2 + y^2}\,\mathrm{d}x\mathrm{d}y$$

$$= \iint\limits_{D} (2 - r^2 - r)r\mathrm{d}r\mathrm{d}\theta = \int_0^{2\pi} \mathrm{d}\theta \int_0^1 (2 - r^2 - r)r\mathrm{d}r$$

$$= 2\pi \cdot \left(r^2 - \frac{r^4}{4} - \frac{r^3}{3} \right)\Bigg|_0^1 = \frac{5\pi}{6}$$

例 3 求两个底半径均为 R 的直交圆柱面所围几何体的体积(图 5-18(a))．

解 设两圆柱面方程为

$$x^2 + y^2 = R^2 \quad \text{和} \quad x^2 + z^2 = R^2$$

由几何体的对称性可知，所求几何体的体积等于第一卦限部分的体积的 8 倍，设所求体积为 V，第一卦限部分的体积为 V_1，那么，V_1 是以四分之一圆形区域 D 为底，以圆柱面 $z = \sqrt{R^2 - x^2}$ 为顶点的曲顶柱体体积，因此

$$V_1 = \iint\limits_{D} \sqrt{R^2 - x^2}\,\mathrm{d}x\mathrm{d}y$$

其中 $D = \left\{ (x,y) \mid x^2 + y^2 \leqslant R^2, \ x \geqslant 0, \ y \geqslant 0 \right\}$(图 5-18(b))．

由于被积函数对变量 y 来说，形式更简单，从而考虑先对 y 求积分，于是

$$V_1 = \iint\limits_D \sqrt{R^2 - x^2}\,\mathrm{d}x\mathrm{d}y = \int_0^R \mathrm{d}x \int_0^{\sqrt{R^2-x^2}} \sqrt{R^2 - x^2}\,\mathrm{d}y$$

$$= \int_0^R (R^2 - x^2)\mathrm{d}x = \left(R^2 x - \frac{1}{3}x^3\right)\bigg|_0^R = \frac{2}{3}R^3$$

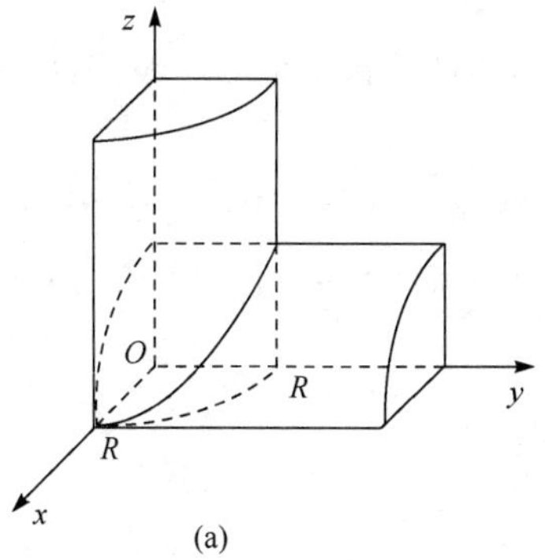

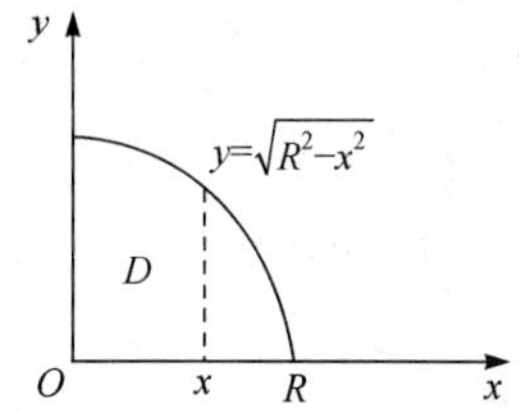

(a) (b)

图 5-18

因此，所求体积为

$$V = 8\,V_1 = \frac{16}{3}R^3$$

三、平面薄片的质量

设一平面薄片，在 xOy 平面上占据平面闭区域 D，已知薄片在 D 内每一点 (x, y) 的面密度为 $\rho = \rho(x, y)$，且 $\rho(x, y)$ 在 D 上连续. 在闭区域 D 上任取一直径很小的闭区域 $\mathrm{d}\sigma$，则薄片中对应于 $\mathrm{d}\sigma$($\mathrm{d}\sigma$ 也表示其面积)部分的质量可近似地表示为 $\rho(x,y)\mathrm{d}\sigma$，这就是微元质量，从而平面薄皮的质量表示为

$$M = \iint\limits_D \rho(x,y)\mathrm{d}\sigma$$

例 4 半径为 a 的圆形薄板，如果它的一点处的面密度与点到薄板中心的距离成正比，且薄板边缘处的密度为 b，求薄板的质量.

解 根据题意，以圆形薄板的圆心为极点建立极坐标系，积分区域为 $r = a$ 围成的圆形区域，$\rho(r,\theta) = kr$，当 $r=a$ 时，$\rho=b$，从而 $k = \dfrac{b}{a}, \rho(r,\theta) = \dfrac{b}{a}r$.

根据 $M = \iint\limits_D \rho(x,y)\mathrm{d}\sigma$，有

$$M = \iint\limits_D \rho(x,y)\mathrm{d}\sigma = \iint\limits_D \rho(r,\theta)r\mathrm{d}r\mathrm{d}\theta = \int_0^{2\pi} \mathrm{d}\theta \int_0^a \frac{b}{a}r^2\mathrm{d}r$$

$$= \int_0^{2\pi} \left(\frac{b}{3a}r^3\right)\bigg|_0^a \mathrm{d}\theta = \frac{2\pi a^2 b}{3}$$

习　题　5-3

1. 求由圆 $x^2+y^2=3$ 与 $x^2+y^2=2x$ 围成的月牙区域的面积.

2. 求曲面 $z=4-x^2-y^2$ 与 xOy 平面包围的体积.

3. 求由圆柱面 $x^2+y^2=4$、旋转抛物面 $z=x^2+y^2$ 及平面 $z=0$ 所围立体体积.

4. 求由 4 个平面 $x=0, y=0, x=1，y=1$ 所围的柱体被平面 $z=0$ 及平面 $2x+3y+z=6$ 截得的立体体积.

5. 求由上锥面 $z=x^2+y^2$，平面 $z=0$，圆柱面 $x^2+y^2=2x$ 所围的体积.

6. 设平面薄片所占的闭区域 D 是由直线 $x+y=2$，$y=x$ 和 x 轴所围成的，它的面密度为 $\rho(x,y)=x^2+y^2$，求该薄片的质量.

本章小结 5

一、知识结构图

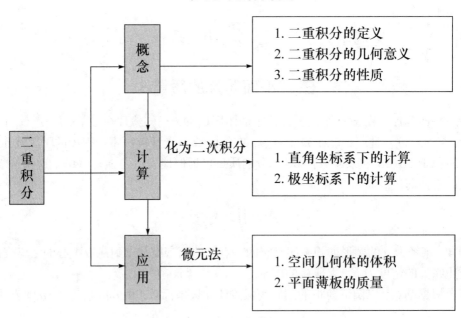

二、基 本 内 容

1. 二重积分的概念

二重积分和定积分一样，都来自非均匀分布量求和的需要，体现了"分割、近似、求和、取极限"的思想，它们的差异在于：定积分研究的是非均匀分布在区间上的量，而二重积分是研究非均匀分布在平面区域上的量.

$$\iint\limits_{D} f(x,y)\mathrm{d}\sigma = \lim_{\lambda \to 0}\sum_{i=1}^{n} f(\xi_i,\eta_i)\cdot \Delta\sigma_i$$

2. 二重积分的计算

二重积分计算的核心就是把它化成二次积分，然后利用一元函数定积分的计算方法(换元法和分步积分法)去进行计算，应该注意，对某一变量积分时，其余变量均视为常数. 如果积分区域是 X 型区域或 Y 型区域，则选择直角坐标系计算；如果积分区域与圆弧或直线段有关，或积分函数中含有 x^2+y^2，可考虑选用极坐标系. 把二重积分化为二次积分的关键在于正确地选择积分次序，确定定积分的上、下限.

$$\iint\limits_{D} f(x,y)\mathrm{d}\sigma = \int_a^b \mathrm{d}x \int_{\varphi_1(x)}^{\varphi_2(x)} f(x,y)\mathrm{d}y \quad (\text{X 型区域})$$

$$\iint\limits_{D} f(x,y)\mathrm{d}\sigma = \int_c^d \mathrm{d}y \int_{\phi_1(y)}^{\phi_2(y)} f(x,y)\mathrm{d}x \quad (\text{Y 型区域})$$

$$\iint\limits_{D} f(r\cos\theta, r\sin\theta)r\mathrm{d}r\mathrm{d}\theta = \int_\alpha^\beta \mathrm{d}\theta \int_{r_1(\theta)}^{r_2(\theta)} f(r\cos\theta, r\sin\theta)r\mathrm{d}r \quad (\theta \text{ 型区域})$$

3. 二重积分的应用

利用二重积分解决一些简单的问题，如求体积、面积、质量等.

单元测试 5

一、填空题

1. 若 $f(x,y)=1$，则二重积分 $\iint\limits_{D} f(x,y)\mathrm{d}\sigma$ 表示_____.

2. 设球面 $x^2+y^2+z^2=a^2$ 所围球体体积为 V，用二重积分表示 $V=$_____.

3. 已知 $D=\{(x,y)\,|\,x^2+y^2\leqslant 4, x\geqslant 0, y\geqslant 0\}$，则 $\iint\limits_{D}\sqrt{4-y^2}\mathrm{d}x\mathrm{d}y=$_____.

4. 将二重积分 $\int_0^2 \mathrm{d}y \int_0^{\sqrt{2y-y^2}} f(x,y)\mathrm{d}x$ 化为极坐标系下的逐次积分为_____.

5. 若积分区域 $D=\{(x,y)\,|\,0\leqslant x\leqslant 1, 2\leqslant y\leqslant 3\}$，则 $\iint\limits_{D} \mathrm{e}^{x+y}\mathrm{d}\sigma=$_____.

二、单项选择题

1. 当积分区域 D 为(   )时，二重积分 $\iint\limits_{D}\mathrm{d}\sigma=1$.

A. $D=\{(x,y)\,|\,0\leqslant x\leqslant 1, 0\leqslant y\leqslant 1\}$

B. $D=\left\{(x,y)\,|\,0\leqslant x\leqslant \dfrac{1}{2}, 0\leqslant y\leqslant \dfrac{1}{2}\right\}$

C. $D=\{(x,y)\,|\,|x|\leqslant 1, |y|\leqslant 1\}$

D. $D=\{(x,y)\,|\,0\leqslant x\leqslant 1, 0\leqslant y\leqslant x\}$

2. 设区域 $D=\{(x,y)\,|\,0\leqslant x\leqslant 1, 1\leqslant y\leqslant 2\}$，则 $\iint\limits_{D}(x+y)\mathrm{d}\sigma=$(   ).

A. 1 　　　　　　　　B. 2

C. 3 　　　　　　　　D. 4

3. 设 $f(x,y)$ 是闭区域 $D=\{(x,y)\,|\,x^2+y^2\leqslant a^2\}$ 上的连续函数，则极限 $\lim\limits_{a\to 0}\dfrac{1}{\pi a^2}\iint\limits_{D} f(x,y)\mathrm{d}\sigma=$(   ).

A. 0 　　　　　　　　B. ∞

C. $f(0,0)$ 　　　　　　D. 1

4. 设区域 $D=\{(x,y)\,|\,x^2+y^2\leqslant 1, x\geqslant 0, y\geqslant 0\}$，则在极坐标系下二重积分 $\iint\limits_{D} \mathrm{e}^{\sqrt{x^2+y^2}}\mathrm{d}\sigma=$(   ).

A. $\int_0^\pi \mathrm{d}\theta \int_0^1 \mathrm{e}^r\mathrm{d}r$ 　　B. $\int_0^\pi \mathrm{d}\theta \int_0^1 r\mathrm{e}^r\mathrm{d}r$

C. $\int_0^{\frac{\pi}{2}} \mathrm{d}\theta \int_0^1 r\mathrm{e}^r\mathrm{d}r$ 　　D. $\int_0^{\frac{\pi}{2}} \mathrm{d}\theta \int_0^1 \mathrm{e}^r\mathrm{d}r$

5. 设圆环域 $D=\left\{(x,y)\,\Big|\,\dfrac{1}{2}\leqslant x^2+y^2\leqslant 1\right\}$，$I_1=\iint\limits_{D}\ln(x^2+y^2)\mathrm{d}\sigma$，$I_2=\iint\limits_{D}\dfrac{1}{x^2+y^2}\mathrm{d}\sigma$，$I_3=\iint\limits_{D}(x^2+y^2)\mathrm{d}\sigma$，则 I_1，I_2，I_3 之间的大小关系是(   ).

A. $I_1<I_3<I_2$ 　　　　B. $I_2<I_1<I_3$

C. $I_2 < I_3 < I_1$ D. $I_3 < I_1 < I_2$

6. 设 $I = \iint\limits_{D} \sqrt[3]{x^2 + y^2 - 1} \, d\sigma$，其中 D 是由不等式 $1 \leqslant x^2 + y^2 \leqslant 2$ 确定的闭区域，则必有（   ）.

A. $I < 0$

B. $I = 0$

C. $I > 0$

D. $I \neq 0$，但符号无法判断

三、计算题

1. 计算 $\iint\limits_{D} \dfrac{xy}{1 + x^2} \, d\sigma$，其中 $D = \{(x, y) \mid -1 \leqslant x \leqslant 0, 0 \leqslant y \leqslant 2\}$.

2. 计算 $\iint\limits_{D} (x^2 + y^2 - y) \, d\sigma$，其中 D 是 $y = 2x$，$y = x$ 与 $x = 2$ 所围的区域.

3. 计算 $\iint\limits_{D} (3x + 2y) \, d\sigma$，其中 D 为两坐标轴与直线 $x + y = 2$ 所围成的区域.

4. 交换逐次积分次序 $\int_0^2 dy \int_{y^2}^{2y} f(x, y) \, dx$.

5. 计算 $\iint\limits_{D} \sqrt{x^2 + y^2} \, d\sigma$，其中 D 是圆周 $x^2 + y^2 = 4$ 与坐标轴所围的在第一象限内的区域.

四、 求曲面 $z = 1 - x^2 - y^2$ 与 xOy 面所围成的立体体积.

阅读材料 5

七桥问题与数学模型

哥尼斯堡是一个著名的大学城，位于布勒尔河两条支流之间，河上有 7 座桥. 哥尼斯堡的大学生们常在这里散步，他们总想一次不重复地走过这 7 座桥，但是没有人能够做到. 当时著名的数学家欧拉巧妙地解决了这个问题，并由此促进了对网络论的研究（图 5-19）.

1. 欧拉根据问题的特点，运用数学语言，抽象成一个数学问题，建立了合适的数学模型，把岛及陆地等抽象成数学上的 4 个"点"，把 7 座桥抽象成 7 条"线"，步行抽象成"画线"，这样就把"7 桥问题"抽象为"能否不重复地一笔画成一个几何图形的问题"，即"一笔画问题".

2. 分析数学模型，求出数学解. 一笔画有个起点和终点，除起点和终点外，在一笔画所出现的交点处，曲线总是一进一出，即通过交点处的曲线总是偶数条，至多只有起点和终点有可能通过奇数条，但 A，B，C，D 4 个点都通过奇数条曲线，由此可以断言它不是一笔能画出的图形（图 5-20）.

3. 欧拉将求得的数学结果再用回到实际问题中去，对问题做出解释和评价，形成对实际问题的判断：步行无法一次不重复地通过哥尼斯堡的 7 座桥.

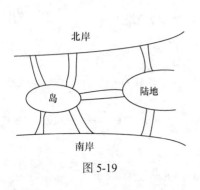

图 5-19

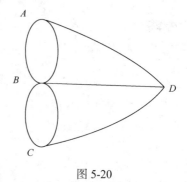

图 5-20

　　欧拉成功地解决了七桥问题，完成了一次数学建模，其中的一笔画模型已成为图论中的经典的数学模型.

　　数学模型（mathematical model）是一种模拟，是用数学符号、数学式子、程序、图形等对实际课题本质属性的抽象而又简洁的刻画，它或能解释某些客观现象，或能预测未来的发展规律，或能为控制某一现象的发展提供某种意义下的最优策略或较好策略. 数学模型一般并非现实问题的直接翻版，它的建立常常既需要人们对现实问题深入细微的观察和分析，又需要人们灵活巧妙地利用各种数学知识. 这种应用知识从实际课题中抽象、提炼出数学模型的过程就称为**数学建模**.

　　为培养数学应用、创新意识以及团队合作能力，中国工业与应用数学学会于 1992 年主办全国大学生数学建模竞赛（CUMCM），已经成为全国高校规模最大的基础性学科竞赛. 例如，2017 年，来自中国 34 个省级行政单位（包括香港、澳门和台湾）及新加坡和澳大利亚的 1418 所院校/校区、36375 个队、近 11 万名大学生报名参加本项竞赛. 竞赛每年举办一次，一般在 9 月份的某个周末前后的三天内举行. 大学生以队为单位参赛，每队 3 人（需属于同一所学校），专业不限. 竞赛分本科、专科两组进行. 竞赛期间参赛队员可以使用各种图书资料、计算机和相关软件，在国际互联网上浏览，但不得与队外任何人（包括在网上）讨论. 竞赛开始后，赛题将公布在指定的网址供参赛队下载，参赛队在规定时间内完成答卷，并准时交卷.

　　美国大学生数学建模竞赛（MCM/ICM）由美国数学及其应用联合会主办，是唯一的国际性数学建模竞赛，也是世界范围内最具影响力的数学建模竞赛. 赛题内容涉及经济、管理、环境、资源、生态、医学、安全、未来科技等众多领域. 竞赛要求三人（本科生）为一组，在四天时间内，就指定的问题完成从建立模型、求解、验证到论文撰写的全部工作，体现了参赛选手研究问题、解决方案的能力及团队合作精神，为现今各类数学建模竞赛之鼻祖.

第6章　常微分方程

欧拉(Euler Leonhard, 1707—1783)(图 6-1)　世界上最多产的一位数学家，几乎在数学的每个领域都能看到他的名字. 他和其他数学家一起创立了微分方程，他完整地解决了 n 阶常系数线性齐次方程的问题，对于非齐次方程，他提出了降低方程阶的解法.

他把数学研究之手深入到自然与社会的深层. 他不仅是位杰出的数学家，而且也是位理论联系实际的巨匠，应用数学大师.

图 6-1　欧拉

学习目标

1. 了解一阶线性微分方程、二阶常系数线性微分方程的解的结构.

2. 掌握分离变量法、一阶线性常微分方程的解法，掌握二阶常系数齐次方程和非齐次方程的解法.

3. 会用微分方程解决医药学上的一些简单数学模型.

高等数学的主要研究对象是函数. 当利用数学知识作为工具研究自然界各种现象及其规律时，往往不能直接得到反映这种规律的函数关系式. 但是，在许多实际问题中，可以建立所求函数的导数(或微分)的关系式. 这就是通常所说的微分方程. 因此，微分方程也是描述客观事物的数量关系的一种重要的数学模型. 本章主要介绍常微分方程的基本概念和几种常用的常微分方程的解法，并结合实际问题探讨微分方程建模知识和求解方法.

第1节　微分方程的概念

一、微分方程的建立

微分方程是关于导数或微分的方程，在自然科学及工程技术中有广泛的应用，我们通过几个实际的例子来建立相应的微分方程.

例1　一曲线通过点 $(1,2)$，且该曲线上任意点 $p(x,y)$ 处的切线斜率等于该点的纵坐标的平方，试建立曲线相应的微分方程.

解 设所求曲线的方程为 $y=y(x)$. 由导数的几何意义知，曲线 $y=y(x)$ 上任一点 $p(x,y)$ 处的切线斜率为 $\dfrac{dy}{dx}$，于是由题意可得

$$\frac{dy}{dx}=y^2$$

又因曲线通过点 $(1,2)$，故 $y=y(x)$ 应满足条件：

$$y(1)=2$$

于是所求曲线满足的微分方程为

$$\begin{cases} y'=y^2 \\ y(1)=2 \end{cases}$$

例 2 设跳伞运动员质量为 m，在空中开始跳伞后所受的空气阻力与他下落的速度成正比（比例系数为常数 $k>0$），起跳时的速度为 0，运动员在时刻 t 的速度为 $v=v(t)$，试建立 $v(t)$ 的微分方程.

解 设 $v=v(t)$ 为运动员在时刻 t 的速度，则运动的加速度为 $a=\dfrac{dv}{dt}$.

考虑运动员的受力情况：一是重力，大小为 mg，方向与速度方向一致；二是阻力，大小为 kv，方向与速度方向相反. 由牛顿第二定律 $F=ma$ 可知，

$$mg-kv=m\frac{dv}{dt}$$

其中 g 是重力加速度，它是一常数.

由于运动员起跳时的速度为 0，所以 $v=v(t)$ 还满足下列条件：

$$v(0)=0$$

因此，有微分方程为

$$\begin{cases} v'+\dfrac{k}{m}v=g \\ v(0)=0 \end{cases}$$

例 3 如图 6-2 所示，水平放置的轻弹簧一端固定，另一端系着质量为 m 的物体（弹簧的质量忽略不计）. 如果把物体从平衡位置移动至 x_0 后释放，在弹性恢复力的作用下，物体就在其平衡位置附近做往复振动. 在不考虑阻力的情况下，试求振动过程中位移 x 的变化规律.

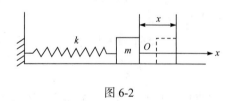

图 6-2

解 建立如图 6-2 的坐标系，以平衡位置为原点，水平向右方向为 x 轴的正向，则物体位移 x 是时间 t 的函数 $x=x(t)$. 物体在振动过程中，受到弹性恢复力 f 的作用，由胡克定律知，$f=-kx$，负号表示弹性恢复力与位移 x 方向相反，根据牛顿第二定律 $F=ma$，知

$$-kx=ma$$

其中 a 为加速度，$a=x''(t)$，从而有

$$x''+\frac{k}{m}x=0$$

考虑初始位移 x_0，初速度为 0，有

$$\begin{cases} x(0) = x_0 \\ x'(0) = 0 \end{cases}$$

从而位移所满足的微分方程为

$$\begin{cases} x'' + \dfrac{k}{m}x = 0 \\ x(0) = x_0 \\ x'(0) = 0 \end{cases}$$

在上面的三个例子中,我们利用几何、物理等相关知识建立的含有导数或微分的方程就是微分方程,这类问题及其解决问题的方法具有普遍意义,下面从数学的角度,引入关于微分方程的一般概念.

二、常微分方程的概念

定义 1 含有自变量、未知函数及未知函数的导数(或微分)的方程,称为**微分方程**,未知函数为一元函数的微分方程称为**常微分方程**. 如果未知函数及未知函数的导数都是一次的常微分方程称为**线性常微分方程**.

微分方程中未知函数的导数的最高阶数,称为微分方程的**阶**. 如例1、例2中的微分方程是一阶的,例3中微分方程是二阶的.

如果把某个定义在区间 I 上的连续可导的函数代入微分方程中,能使该方程成为恒等式,则称此函数为该微分方程在区间 I 上的一个**解**. 含有独立的任意常数的个数与微分方程的阶数相同的解,称为微分方程的**通解**.

用来确定通解中任意常数的条件称为**初始条件**. 通解中的任意常数由初始条件确定后所得到微分方程的解,称为微分方程的**特解**. 求微分方程满足初始条件的特解的问题称为**初值问题**.

微分方程的几何意义:微分方程的解的图形称为微分方程的积分曲线,通解的图形是一族积分曲线,称为微分方程的积分曲线族,特解的图形是满足给定初始条件的一条特定的积分曲线.

例4 验证函数 $y = C_1 e^{2x} + C_2 e^{-2x}(C_1, C_2$ 为任意常数) 是二阶微分方程

$$y'' - 4y = 0$$

的通解,并求此微分方程满足初始条件: $y\big|_{x=0} = 0$, $y'\big|_{x=0} = 1$ 的特解.

解 要验证一个函数是否是一个微分方程的通解,只需将该函数及其导数代入微分方程中,看是否使方程成为恒等式,再看通解中所含独立的任意常数的个数是否与方程的阶数相同.

将函数 $y = C_1 e^{2x} + C_2 e^{-2x}$ 分别求一阶及二阶导数,得

$$y' = 2C_1 e^{2x} - 2C_2 e^{-2x}$$

$$y'' = 4C_1 e^{2x} + 4C_2 e^{-2x}$$

把它们代入微分方程,得

$$y'' - 4y = 4C_1 e^{2x} + 4C_2 e^{-2x} - 4C_1 e^{2x} - 4C_2 e^{-2x} = 0$$

所以函数 $y = C_1 e^{2x} + C_2 e^{-2x}$ 是所给微分方程的解. 又因这个解中含有两个独立的任意常数，任意常数的个数与微分方程的阶数相同，所以它是该方程的通解.

把初始条件：$y|_{x=0}=0$，$y'|_{x=0}=1$ 分别代入 $y = C_1 e^{2x} + C_2 e^{-2x}$ 和 $y' = 2C_1 e^{2x} - 2C_2 e^{-2x}$ 中，得

$$\begin{cases} C_1 + C_2 = 0 \\ 2C_1 - 2C_2 = 1 \end{cases}$$

解得 $C_1 = \dfrac{1}{4}, C_2 = -\dfrac{1}{4}$. 于是所求微分方程满足所给初始条件的特解为

$$y = \frac{1}{4}\left(e^{2x} - e^{-2x} \right)$$

练一练

1. 判断下列说法正确与否：

(1) $(y')^2 + \sin y^2 = 1$ 是一阶微分方程；   (   )

(2) $y'' + xy + x^2 = 2$ 是二阶微分方程；   (   )

(3) 因方程 $y\mathrm{d}y + (x-y)\mathrm{d}x = 0$ 中不含未知函数的导数，故不是微分方程； (   )

(4) $y = C_1 e^{C_2 - 3x} - 1$（C_1 与 C_2 是任意常数）是微分方程 $y'' - 9y = 9$ 的解，但不是通解. (   )

习 题 6-1

1. 指出下列方程中哪些是微分方程?并说出它们的阶：

(1) $y' = xy$；   (2) $y^2 - 3y + 2 = 0$；

(3) $\mathrm{d}y = (2x+6)\mathrm{d}x$；   (4) $y'' + 3y' + 2y = x$；

(5) $\dfrac{\mathrm{d}^2 y}{\mathrm{d}x^2} + 4y = x$；   (6) $y = x+1$.

2. 验证下列各微分方程后面所列出的函数（其中 C_1, C_2, C 均为任意常数）是否为所给微分方程的解?如果是，判断是通解还是特解?

(1) $\dfrac{\mathrm{d}^2 x}{\mathrm{d}t^2} + 4x = 0$，$x = C_1 \cos 2t + C_2 \sin 2t$；

(2) $y'' + 9y = x + \dfrac{1}{2}$，$y = 5\cos 3x + \dfrac{x}{9} + \dfrac{1}{18}$；

(3) $y'' - 2y' + y = 0, y = C_1 e^x + C_2 e^{-x}$；

(4) $x\mathrm{d}x + y\mathrm{d}y = 0, x^2 + y^2 = C$.

3. 验证函数 $y = Ce^{-x} + x - 1$（C 是任意常数）是微分方程 $\dfrac{\mathrm{d}y}{\mathrm{d}x} + y = x$ 的通解，并求出满足初始条件 $y|_{x=0}=1$ 的特解.

4. 汽车在平直的公路上以 20m/s 的速度行驶，当制动时获得 $-0.4\mathrm{m/s}^2$ 的加速度，求汽车开始制动后的位移函数 $s=s(t)$ 所满足的微分方程.

第 2 节　一阶常微分方程

含有自变量、未知函数及其一阶导数(或微分)的方程称为**一阶常微分方程**. 其一般形式是

$$F(x,y,y')=0$$

假设能从这个方程解出未知函数的导数 $y'=\dfrac{\mathrm{d}y}{\mathrm{d}x}$，即有如下形式

$$y'=f(x,y)$$

特别说明：并不是所有的一阶微分方程都能求出它的解. 下面只介绍导数可解出的一阶微分方程的几种类型及其解法.

一、可分离变量的一阶常微分方程

定义 1　如果一阶常微分方程可以写成

$$y'=\frac{f(x)}{g(x)}$$

则称原方程为**可分离变量的一阶常微分方程**，其中 $f(x)$，$g(y)$ 是 x，y 的连续函数.

●　特点：右端为关于 x 的一元函数与关于 y 的一元函数相乘(或除).

●　可分离变量的微分方程的解法称为**分离变量法**.

●　解可分离变量的微分方程的一般步骤为：

(1)分离变量 $g(y)\mathrm{d}y=f(x)\mathrm{d}x$；

(2)两边积分 $\displaystyle\int g(y)\mathrm{d}y=\int f(x)\mathrm{d}x$；

(3)求解积分 $G(y)=F(x)+C$，其中 $G'(y)=g(y)$，$F'(x)=f(x)$；

(4)若给出初始条件，求出特解.

例 1　求微分方程 $\dfrac{\mathrm{d}y}{\mathrm{d}x}=2xy$ 的通解.

解　分离变量得

$$\frac{\mathrm{d}y}{y}=2x\mathrm{d}x$$

两端同时积分，得

$$\int\frac{\mathrm{d}y}{y}=\int 2x\mathrm{d}x$$

积分后得

$$\ln|y|=x^2+C_1$$

即

$$|y|=\mathrm{e}^{x^2+C_1}=\mathrm{e}^{C_1}\mathrm{e}^{x^2}$$

或

$$y=\pm\mathrm{e}^{C_1}\mathrm{e}^{x^2}$$

需要注意的是，由于 C_1 为任意常数，所以 $\pm e^{C_1}$ 表示正或负的任意常数，考虑到 $y=0$ 也是原方程的解，从而可将 $\pm e^{C_1}$ 记为任意常数 C（今后对这类问题不再详细说明），于是原方程的通解为

$$y = Ce^{x^2}$$

例 2 求微分方程 $x\left(1+y^2\right)\mathrm{d}x - \left(1+x^2\right)y\mathrm{d}y = 0$ 的通解.

解 分离变量得

$$\frac{y}{1+y^2}\mathrm{d}y = \frac{x}{1+x^2}\mathrm{d}x$$

两端同时积分，得

$$\int\frac{y}{1+y^2}\mathrm{d}y = \int\frac{x}{1+x^2}\mathrm{d}x$$

积分后得

$$\frac{1}{2}\ln\left(1+y^2\right) = \frac{1}{2}\ln\left(1+x^2\right) + C_1$$

由于积分后出现对数函数，为了便于利用对数运算法则来化简结果，可把任意常数 C_1 表示为 $\frac{1}{2}\ln C$ ，即

$$\frac{1}{2}\ln\left(1+y^2\right) = \frac{1}{2}\ln\left(1+x^2\right) + \frac{1}{2}\ln C \quad (C > 0)$$

化简得

$$1+y^2 = C\left(1+x^2\right)$$

这就是所求的微分方程的通解.

例 3 求微分方程 $2x\sin y\mathrm{d}x + \left(x^2+1\right)\cos y\mathrm{d}y = 0$ 满足初始条件 $y|_{x=1} = \frac{\pi}{6}$ 的特解.

解 先求所给方程的通解. 分离变量得

$$\frac{\cos y}{\sin y}\mathrm{d}y = -\frac{2x}{x^2+1}\mathrm{d}x$$

两端同时积分，得

$$\int\frac{\cos y}{\sin y}\mathrm{d}y = -\int\frac{2x}{x^2+1}\mathrm{d}x$$

积分后得

$$\ln|\sin y| = -\ln\left(x^2+1\right) + \ln C_1 \quad (C_1 > 0)$$

化简后所给方程的通解为

$$\left(x^2+1\right)|\sin y| = C_1$$

从而

$$\left(x^2+1\right)\sin y = C \quad (C = \pm C_1)$$

再求满足初始条件的特解. 把初始条件 $y|_{x=1}=\dfrac{\pi}{6}$ 代入通解中，得

$$\left(1^2+1\right)\sin\dfrac{\pi}{6}=C$$

即 $C=1$，于是，所求方程满足初始条件的特解为

$$\left(x^2+1\right)\sin y=1$$

练一练

1. $xy'=4y$ 的通解为＿＿＿＿＿＿.
2. $2x^2yy'=y^2+1$ 的满足初始条件 $y(0)=1$ 的通解为＿＿＿＿＿＿.

二、一阶线性微分方程

定义 2　形如

$$\dfrac{\mathrm{d}y}{\mathrm{d}x}+P(x)y=Q(x)$$

的方程，称为**一阶线性微分方程**. 其中 $P(x)$ 和 $Q(x)$ 是连续函数，$P(x)$ 是未知函数 y 的系数，$Q(x)$ 称为**自由项**.

- 如果 $Q(x)\neq 0$，对应的方程称为**一阶线性非齐次方程**；
- 如果 $Q(x)=0$，对应的方程称为**一阶线性齐次方程**，即

$$\dfrac{\mathrm{d}y}{\mathrm{d}x}+P(x)y=0$$

1. 一阶线性齐次方程

先讨论一阶线性齐次方程

$$\dfrac{\mathrm{d}y}{\mathrm{d}x}+P(x)y=0$$

的通解. 它是一个可分离变量的微分方程，分离变量后得

$$\dfrac{\mathrm{d}y}{y}=-P(x)\mathrm{d}x$$

两端同时积分，并把任意常数写成 $\ln C_1$ 的形式，得

$$\ln|y|=-\int P(x)\mathrm{d}x+\ln C_1$$

化简，得

$$|y|=C_1\mathrm{e}^{-\int P(x)\mathrm{d}x}$$

即

$$y=\pm C_1\mathrm{e}^{-\int P(x)\mathrm{d}x}$$

记 $C=\pm C_1$，得线性齐次方程的通解为

$$y=C\mathrm{e}^{-\int P(x)\mathrm{d}x}$$

其中 C 为任意常数.

特别地，如果 $P(x)=-a$，那么微分方程 $\dfrac{\mathrm{d}y}{\mathrm{d}x}=ay$ 的通解为

$$y=Ce^{ax}$$

2. 一阶线性非齐次方程

下面讨论一阶线性非齐次方程

$$y'+P(x)y=Q(x)$$

的通解.

方程两边同时乘以积分因子 $e^{\int P(x)\mathrm{d}x}$，有

$$y'\cdot e^{\int P(x)\mathrm{d}x}+y\cdot P(x)e^{\int P(x)\mathrm{d}x}=Q(x)e^{\int P(x)\mathrm{d}x}$$

注意到

$$\left(e^{\int P(x)\mathrm{d}x}\right)'=e^{\int P(x)\mathrm{d}x}\cdot\left(\int P(x)\mathrm{d}x\right)'=P(x)e^{\int P(x)\mathrm{d}x}$$

根据函数乘积的导数公式，有

$$\left(y\cdot e^{\int P(x)\mathrm{d}x}\right)'=Q(x)e^{\int P(x)\mathrm{d}x}$$

两边对 x 积分，得

$$y\cdot e^{\int P(x)\mathrm{d}x}=\int Q(x)e^{\int P(x)\mathrm{d}x}\mathrm{d}x+C$$

化简，得线性非齐次微分方程的通解为

$$y=e^{-\int P(x)\mathrm{d}x}\left[\int Q(x)e^{\int P(x)\mathrm{d}x}\mathrm{d}x+C\right]$$

需要说明的是，在方程两边 $y'+P(x)y=Q(x)$ 同乘以积分因子 $e^{\int P(x)\mathrm{d}x}$ 后，方程左边必然是 y 和 $e^{\int P(x)\mathrm{d}x}$ 乘积的导数，右边是 $Q(x)$ 和 $e^{\int P(x)\mathrm{d}x}$ 的乘积，这种求解微分方程的方法称为**积分因子法**，其中积分因子 $e^{\int P(x)\mathrm{d}x}$ 中的指数只需取任一个原函数即可.

利用积分因子法解题的步骤为：

(1)将一阶线性非齐次方程化为标准形式 $y'+P(x)y=Q(x)$；

(2)计算积分因子 $e^{\int P(x)\mathrm{d}x}$（只需取一个原函数即可）；

(3)原方程化为 $\left(y\cdot e^{\int P(x)\mathrm{d}x}\right)'=Q(x)e^{\int P(x)\mathrm{d}x}$；

(4)两边积分.

例 4　求微分方程 $\dfrac{\mathrm{d}y}{\mathrm{d}x}+2xy=2xe^{-x^2}$ 的通解.

解　它是标准的一阶线性非齐次微分方程，其中 $P(x)=2x,Q(x)=2xe^{-x^2}$，积分因子为

$$e^{\int P(x)dx} = e^{\int 2xdx} = e^{x^2} \quad (只取其中一个函数)$$

方程两边同时乘以积分因子 e^{x^2}，有

$$\frac{dy}{dx} \cdot e^{x^2} + y \cdot 2xe^{x^2} = 2xe^{-x^2} \cdot e^{x^2}$$

化简，得

$$(y \cdot e^{x^2})' = 2x$$

两边积分，有

$$y \cdot e^{x^2} = \int 2xdx = x^2 + C \quad (C 是任意常数)$$

故原线性非齐次方程的通解为

$$y = (x^2 + C)e^{-x^2}$$

我们也可以利用上述线性非齐次方程的通解公式直接代入求解.

因为 $P(x) = 2x, Q(x) = 2xe^{-x^2}$，代入得

$$y = e^{-\int 2xdx}\left[\int 2xe^{-x^2} \cdot e^{\int 2xdx}dx + C\right] = e^{-x^2}\left[\int 2xe^{-x^2} \cdot e^{x^2}dx + C\right]$$

$$= e^{-x^2}\left(\int 2xdx + C\right) = e^{-x^2}\left(x^2 + C\right)$$

例5 求微分方程 $x\frac{dy}{dx} + y = xe^x$ 的通解.

解 把所给方程变形，化为

$$\frac{dy}{dx} + \frac{1}{x}y = e^x \quad (x \neq 0)$$

这是一阶线性非齐次方程. 未知函数 y 的系数 $P(x) = \frac{1}{x}$，自由项 $Q(x) = e^x$，代入一阶线性非齐次方程的通解公式，得

$$y = e^{-\int\frac{1}{x}dx}\left[\int e^x \cdot e^{\int\frac{1}{x}dx}dx + C\right] = e^{\ln\frac{1}{x}}\left[\int e^x \cdot e^{\ln x}dx + C\right]$$

$$= \frac{1}{x}\left(\int xe^xdx + C\right) = \frac{1}{x}\left(\int xde^x + C\right) = \frac{1}{x}(xe^x - e^x + C)$$

于是，所求原方程的通解为

$$y = e^x - \frac{e^x}{x} + \frac{C}{x} \quad (x \neq 0, C 为任意常数)$$

本题如果利用积分因子法求解时，注意到原方程可化为 $(x \cdot y)' = xe^x$，那么可以直接从第3步开始计算，无须化为标准形式.

例6 求解第1节例2中的微分方程 $v' + \frac{k}{m}v = g$，$v(0) = 0$ 的特解.

解 这是一个一阶线性非齐次方程，其中 $P(t) = \frac{k}{m}, Q(t) = g$，积分因子为

$$e^{\int P(t)\mathrm{d}t} = e^{\int \frac{k}{m}\mathrm{d}t} = e^{\frac{k}{m}t}$$

方程两边同时乘以积分因子 $e^{\frac{k}{m}t}$，有

$$v' \cdot e^{\frac{k}{m}t} + v \cdot \frac{k}{m}e^{\frac{k}{m}t} = g \cdot e^{\frac{k}{m}t}$$

化简为

$$\left(v \cdot e^{\frac{k}{m}t}\right)' = g \cdot e^{\frac{k}{m}t}$$

两边积分得

$$v \cdot e^{\frac{k}{m}t} = \int g \cdot e^{\frac{k}{m}t}\,\mathrm{d}t = \frac{mg}{k}e^{\frac{k}{m}t} + C$$

即

$$v = \frac{mg}{k} + Ce^{-\frac{k}{m}t}$$

代入初始条件 $v(0) = 0$，得

$$C = -\frac{mg}{k}$$

从而原方程的通解为

$$v = \frac{mg}{k}\left(1 - e^{-\frac{k}{m}t}\right)$$

如果运动员跳伞的高度非常高时，考虑取 $t \to +\infty$ 时的极限，有

$$\lim_{t \to +\infty} v(t) = \lim_{t \to +\infty} \frac{mg}{k}\left(1 - e^{-\frac{k}{m}t}\right) = \frac{mg}{k}$$

今后，我们可能会遇到形如 $y^{(n)} = f(x)$ 或 $y'' = f(x, y')$ 的方程，通过降阶或换元（令 $y' = u(x)$，则 $y'' = u'(x)$）的方法可转化为一阶常微分方程求解.

例7 求微分方程 $(1 + x^2)y'' = 2xy'$ 的通解.

解 这是一个二阶微分方程，通过换元可以转化为一阶微分方程.

令 $u = y'$，那么 $y'' = u'$，从而原方程可以化为

$$(1 + x^2)u' = 2xu$$

分离变量，有

$$\frac{\mathrm{d}u}{u} = \frac{2x}{1 + x^2}\mathrm{d}x$$

两边积分，有

$$\int \frac{1}{u}\mathrm{d}u = \int \frac{2x}{1 + x^2}\mathrm{d}x$$

从而

$$\ln |u| = \ln(1+x^2) + \ln C$$

化简有

$$|u| = C(1+x^2)$$

记 $C_1 = \pm C$ ，有

$$u = C_1(1+x^2)$$

又 $u = y'$ ，所以

$$y' = C_1(1+x^2)$$

直接积分得

$$y = C_1\left(x + \frac{1}{3}x^3\right) + C_2 \quad (C_1，C_2 是任意常数)$$

练一练

1. $xy' + y = x^2 + 3x + 2$ 通解为_____.

2. 已知 $y = \dfrac{\sin x}{x^2}$ 是微分方程 $x^2 y' + P(x)y = \cos x$ 的一个特解，则 $P(x) =$_____，该方程的通解是_____.

习 题 6-2

1. 求下列可分离变量的微分方程的通解或特解：

(1) $\dfrac{dy}{dx} = 2xy^2$ ；

(2) $\dfrac{dy}{dx} = e^{2x-y}$ ；

(3) $y(1-x^2)dy + x(1+y^2)dx = 0$ ；

(4) $dy = e^{x-y}dx,\ y|_{x=0} = \ln 2$ ；

(5) $y' = \sqrt{\dfrac{1-y^2}{1-x^2}},\ y|_{x=0} = 1$ ；

(6) $(1+e^x)y\dfrac{dy}{dx} = e^x,\ y|_{x=0} = 1$.

2. 求下列一阶线性微分方程的通解或特解：

(1) $x^2 dy + (2xy - e^x)dx = 0$ ；

(2) $y' - y\tan x = \sec x$ ；

(3) $(x^2 - 1)y' + 2xy = \cos x$ ；

(4) $y' + y\cos x = e^{-\sin x}$ ；

(5) $x^2 dy + (2xy - x + 1)dx = 0,\ y|_{x=1} = 0$ ；

(6) $y' + \dfrac{y}{x} = \dfrac{\sin x}{x},\ y|_{x=\pi} = 1$.

3. 设 $y^*(x)$ 是 $y' + P(x)y = Q(x)$ 一个特解，$Y(x)$ 是该方程对应的齐次线性方程 $y' + P(x)y = 0$ 的通解，试证明 $y^*(x) + Y(x)$ 是 $y' + P(x)y = Q(x)$ 的通解.

4. 求一曲线的方程，这曲线通过原点，并且它在点 (x, y) 处的切线斜率等于 $2x + y$.

5. 快艇以匀速 $v_0 = 5m/s$ 在静水上前进，当停止发动机 5 s 后速度减至 3 m/s. 已知阻力与速度成正比，试求船速随时间的变化规律.

第 3 节　二阶常系数线性微分方程

本节主要讨论二阶常系数齐次线性微分方程的通解，对于二阶常系数非齐次线性微分方程，我们要求掌握 $f(x)$ 为多项式函数的情形，下面先给出它们的定义.

定义 1　形如

$$y'' + py' + qy = f(x)$$

的方程，称为**二阶常系数线性微分方程**，其中 p, q 是常数.

- 当 $f(x) \neq 0$ 时，对应的方程称为**二阶常系数线性非齐次微分方程**.
- 当 $f(x) = 0$ 时，对应的方程称为**二阶常系数线性齐次微分方程**，即

$$y'' + py' + qy = 0$$

定义 2　设 $y_1(x), y_2(x)$ 是定义在区间 I 上的两个函数，若存在常数 $k \neq 0$，使得对于区间 I 上的任一 x 恒有 $y_1(x) = ky_2(x)$ 成立，则称函数 $y_1(x), y_2(x)$ 在区间 I 上**线性相关**，否则称为**线性无关**.

如函数 $y = x^2$ 和 $y = x$ 在区间 $(-\infty, +\infty)$ 上是线性无关的，函数 $y = \ln x$ 和 $y = \ln x^3$ 在区间 $(0, +\infty)$ 上是线性相关的.

一、二阶常系数线性齐次方程

1. 二阶常系数齐次方程的解的结构

定理 1　设 $y_1(x), y_2(x)$ 是二阶常系数线性齐次方程 $y'' + py' + qy = 0$ 的两个解，则 $y = C_1 y_1(x) + C_2 y_2(x)$ 也是该方程的解，其中 C_1, C_2 是任意常数.

把 $y = C_1 y_1(x) + C_2 y_2(x)$ 代入方程即可证明.

定理 2　设 $y_1(x), y_2(x)$ 是二阶常系数线性齐次方程 $y'' + py' + qy = 0$ 的两个线性无关的特解，则 $y = C_1 y_1(x) + C_2 y_2(x)$ 就是该方程的通解，其中 C_1, C_2 是任意常数.

对于二阶常系数线性齐次方程 $y'' + p(x)y' + q(x)y = 0$，由定理 2 可知，只需找出它的两个线性无关的特解，即可得到它的通解.

2. 二阶常系数齐次方程的解

如何找出方程的两个线性无关的特解呢? 由于指数函数 e^{rx} 的各阶导数具有相同的形式，根据齐次方程中系数均为常数的特点，我们猜想 $y = e^{rx}$（r 为常数）是方程的解，则 $y' = re^{rx}, y'' = r^2 e^{rx}$，把 y, y', y'' 代入方程，整理后得

$$(r^2 + pr + q)e^{rx} = 0$$

因为 $e^{rx} > 0$，所以只有

$$r^2 + pr + q = 0$$

这个关于 r 的一元二次方程称为对应齐次方程的**特征方程**，它的根称为对应齐次方程的**特征根**. 根据判别式 $\Delta = p^2 - 4q$ 的三种情况，讨论二阶常系数线性齐次方程的通解.

(1)当 $\Delta = p^2 - 4q > 0$ 时，特征方程有两个不相等的实根 r_1 及 $r_2(r_1 \neq r_2)$ ，二阶常系数线性齐次方程的通解为

$$y = C_1 e^{r_1 x} + C_2 e^{r_2 x}$$

(2)当 $\Delta = p^2 - 4q = 0$ 时，特征方程有两个相等的实根：$r_1 = r_2 = -\dfrac{p}{2}$. 于是得到齐次方程的一个特解为

$$y_1 = e^{r_1 x}$$

可以验证 $y_2 = x e^{r_1 x}$ 是齐次方程的另一个特解，且与 $y_1 = e^{r_1 x}$ 线性无关，故二阶常系数线性齐次方程的通解为

$$y = (C_1 + C_2 x) e^{r_1 x}$$

(3)当 $\Delta = p^2 - 4q < 0$ 时，特征方程有一对共轭复根：$r_{1,2} = \alpha \pm \beta i$ ，可以证明 $e^{\alpha x} \cos \beta x$ 与 $e^{\alpha x} \sin \beta x$ 是齐次方程的两个线性无关的特解. 故二阶常系数线性齐次方程的通解为

$$y = e^{\alpha x}(C_1 \cos \beta x + C_2 \sin \beta x)$$

上述讨论的结果如表 6-1 所示.

表 6-1

特征方程的特征根	二阶常系数线性齐次方程的通解
不相等的实数根 $r_1 \neq r_2 (\Delta > 0)$	$y = C_1 e^{r_1 x} + C_2 e^{r_2 x}$
相等的实数根 $r_1 = r_2 (\Delta = 0)$	$y = (C_1 + C_2 x) e^{r_1 x}$
一对共轭复根 $r_{1,2} = \alpha \pm \beta i \ (\Delta < 0)$	$y = e^{\alpha x}(C_1 \cos \beta x + C_2 \sin \beta x)$

例1 求下列微分方程的通解：
(1) $y'' + 4y' + 3y = 0$ ； (2) $y'' + 4y' + 4y = 0$ ；
(3) $y'' + 4y' + 5y = 0$.

解 (1)因为 $y'' + 4y' + 3y = 0$ 的特征方程为

$$r^2 + 4r + 3 = 0$$

特征根为

$$r_1 = -1, \quad r_2 = -3$$

所以通解为

$$y = C_1 e^{-x} + C_2 e^{-3x}$$

(2)因为 $y'' + 4y' + 4y = 0$ 的特征方程为

$$r^2 + 4r + 4 = 0$$

特征根为

$$r_1 = r_2 = -2$$

所以通解为

$$y = C_1 e^{-2x} + C_2 x e^{-2x}$$

（3）因为 $y'' + 4y' + 5y = 0$ 的特征方程为

$$r^2 + 4r + 5 = 0$$

特征根为

$$r_{1,2} = -2 \pm i$$

所以通解为

$$y = C_1 e^{-2x} \cos x + C_2 e^{-2x} \sin x$$

例 2　求解本章第 1 节例 3 中的微分方程 $x'' + \dfrac{k}{m} x = 0$ 的通解.

解　这是一个二阶常系数线性齐次方程，对应的特征方程为

$$r^2 + \frac{k}{m} = 0$$

记 $\dfrac{k}{m} = \omega^2 \ (\omega > 0)$，特征根为

$$r_{1,2} = \pm \omega i$$

因此，所求方程的通解为

$$x = C_1 \cos \omega t + C_2 \sin \omega t$$

根据三角函数知识，$x = C_1 \cos \omega t + C_2 \sin \omega t$ 总可以表示为

$$x = A \sin(\omega t + \varphi)$$

练一练

　　1. 已知 $y_1 = \sin x$ 和 $y_2 = \cos x$ 是 $y'' + py' + qy = 0$（p, q 均为实常数）的两个解，则该方程的通解为_____.

　　2. 设二阶常系数齐次线性微分方程的特征方程的两个根为 $r_1 = 1 + 2i, r_2 = 1 - 2i$，则该二阶常系数线性齐次微分方程为_____.

二、二阶常系数线性非齐次方程

定理 3　设 $y^*(x)$ 是二阶常系数线性非齐次微分方程 $y'' + py' + qy = f(x)$（$f(x) \neq 0$）的一个特解，$Y = C_1 y_1(x) + C_2 y_2(x)$ 是对应的齐次方程 $y'' + py' + qy = 0$ 的通解，则

$$y = Y + y^* = C_1 y_1(x) + C_2 y_2(x) + y^*(x)$$

是所求非齐次方程 $y'' + py' + qy = f(x)$ 的通解.

把 $y = Y + y^*$ 代入方程即可证明.

由定理 3 知道，二阶常系数线性非齐次微分方程的通解结构为

$$y = Y + y^*$$

其中 Y 是所对应的齐次方程的通解，我们只需寻找到非齐次微分方程的一个特解 y^* 即可.

下面我们就方程右边 $f(x)$ 为多项式的情形给出 y^* 的求法.

当右边函数 $f(x)$ 为 n 次多项式 $P_n(x)$ 时，我们知道，多项式函数的导数仍是多项式函数，根据方程各项系数均为常数的特点，二阶常系数线性非齐次方程的特解可设为

$$y^* = x^k Q_n(x)$$

其中 $Q_n(x)$ 为 n 次多项式，k 的大小由特征方程 $r^2 + pr + q = 0$ 中为 0 的根的个数决定（$k=0,1,2$），即

(1)特征方程为 $r^2 + pr + q = 0$（$p \neq 0, q \neq 0$），此时在复数范围内有 2 根均不为 0，取 $k = 0$；

(2)特征方程为 $r^2 + pr = 0$（$p \neq 0$），此时方程有 2 根，一根为 0 和一非零根，取 $k = 1$；

(3)特征方程为 $r^2 = 0$，此时方程有二重根 $r=0$，取 $k = 2$.

然后将 $y^*, y^{*'}, y^{*''}$ 代入所给方程，根据多项式恒等的知识决定 $Q_n(x)$ 的大小.

例 3 求微分方程 $y'' + y' = 2x^2 - 3$ 满足初始条件：$y(0) = 0, y'(0) = -1$ 的特解.

解 对应的齐次方程的特征方程为

$$r^2 + r = 0$$

特征根为

$$r_1 = 0, \quad r_2 = -1$$

所以通解为

$$Y = C_1 + C_2 \mathrm{e}^{-x}$$

由于特征方程为 $r^2 + r = 0$，取 $k = 1$，故设非齐次方程的特解为

$$y^* = x(ax^2 + bx + c) = ax^3 + bx^2 + cx$$

则

$$y^{*'} = 3ax^2 + 2bx + c$$
$$y^{*''} = 6ax + 2b$$

将 $y^*, y^{*'}, y^{*''}$ 代入所给方程，整理后得

$$3ax^2 + (6a + 2b)x + (2b + c) = 2x^2 - 3$$

根据多项式恒等对应项系数相等，有 $\begin{cases} 3a = 2, \\ 6a + 2b = 0, \\ 2b + c = -3. \end{cases}$

解得

$$a = \frac{2}{3}, \quad b = -2, \quad c = 1$$

故非齐次方程的特解为

$$y^* = \frac{2}{3}x^3 - 2x^2 + x$$

因此，所求方程的通解为

$$y = \frac{2}{3}x^3 - 2x^2 + x + C_1 + C_2 e^{-x}$$

此题也可以采用降阶的方法，令 $u = y'$ 化为一阶微分方程 $u' + u = 2x^2 - 3$.

当方程右边 $f(x)$ 为 $P_n(x)e^{\lambda x}$ 时设 $y^* = x^k Q_n(x)e^{\lambda x}$（$P_n(x)$，$Q_n(x)$ 均为 n 次多项式），k 的大小由特征方程 $r^2 + pr + q = 0$ 中为 0 的根的个数决定（$k = 0,1,2$）.

练一练

1. 已知微分方程 $y'' - 3y' + 2y = 2x$，它的特解 $y^*(x)$ 可设为（　　　）.

A. ax　　　　　B. $x \cdot ax$　　　　　C. $ax + b$　　　　　D. $x(ax + b)$

习　题　6-3

1. 求下列微分方程的通解：

(1) $y'' - 9y = 0$；

(2) $y'' - 4y' = 0$；

(3) $y'' + 3y' + 2y = 0$；

(4) $y'' + 4y' + 13y = 0$；

(5) $y'' - 6y' + 9y = 0$；

(6) $y'' - 2y' + 5y = 0$.

2. 求下列微分方程满足所给初值条件的特解：

(1) $y'' - 3y' + 2y = 5$，$y(0) = 1$，$y'(0) = 2$；

(2) $y'' - y' = 4x$，$y(0) = 0$，$y'(0) = 1$；

(3) $y'' - 2y' - 3y = 3x + 1$；

(4) $y'' + y' - 2y = 2x^2 - 3$.

第 4 节　微分方程在医药学上的应用

随着生命科学的发展，数学在医药学上的应用日益广泛和深入，采用各种数学方法建立医药学数学模型，来解决医药学在深入发展中所遇到的各种问题，以提示其中数量的规律性. 而微分方程是建立数学模型时应用得最为广泛的工具之一. 本节仅就微分方程在医药学模型中的应用作简单介绍.

一、反应级数

化学反应中，若反应速度与反应物当时的浓度的 p 次方成正比，则称该反应为 **p 级反应**. 反应级数不一定是整数，可以是零、分数或小数. 反应级数的大小表明了浓度对反应速率的影响程度，反应级数越大，受浓度的影响越大.

下面讨论 $p = 0$，1，2 时的反应物浓度的变化规律.

设时刻 t 反应物的浓度为 $C = C(t)$，初始浓度为 C_0，k 为反应速率常数，$k > 0$，根据 p 级反应的意义得

$$\frac{\mathrm{d}C}{\mathrm{d}t} = -kC^p$$

1. 零级反应 $(p = 0)$

此时微分方程化为

$$C' = -k$$

考虑初始条件 $C(0) = C_0$，那么在 t 时刻反应物浓度的变化规律为

$$C(t) = C_0 - kt$$

2. 一级反应 $(p = 1)$

此时微分方程化为

$$\frac{\mathrm{d}C}{\mathrm{d}t} = -kC$$

将方程分离变量 $\dfrac{\mathrm{d}C}{C} = -k\mathrm{d}t$，并积分得（其中 A 是大于 0 的常数）

$$\ln C = -kt + \ln A$$

即

$$C = A\mathrm{e}^{-kt}$$

代入初始条件 $C(0) = C_0$，得

$$A = C_0$$

所以在时刻 t 反应物浓度的变化规律为

$$C(t) = C_0 \mathrm{e}^{-kt}.$$

3. 二级反应 $(p = 2)$

此时微分方程化为

$$\frac{\mathrm{d}C}{\mathrm{d}t} = -kC^2$$

将方程分离变量 $\dfrac{\mathrm{d}C}{C^2} = -k\mathrm{d}t$，并积分得

$$-\frac{1}{C} = -kt + A$$

代入初始条件 $C(0) = C_0$，得

$$A = -\frac{1}{C_0}$$

所以在时刻 t 反应物浓度的变化规律为

$$C(t) = \frac{1}{kt + C_0^{-1}}$$

二、药物动力学模型

在药物动力学中，常用室模型来研究药物在体内的吸收、分布、代谢和排泄的时间过程. 下面讨论快速静脉注射和恒速静脉滴注两个过程中常用的一室模型.

1．快速静脉注射

在快速静脉注射给药时，假设一次注射的剂量为 D ，V 为药物的表观分布容积，即理论上药物均匀分布所占有的体液容积，时刻 t 时体内的药量为 $x(t)$ ，k 为消除（包括代谢和排泄）速度常数. 设体内药量减小的速度与体内当时的药量成正比，即消除为一级速率过程，于是有如下数学模型（图 6-3）

$$\frac{\mathrm{d}x}{\mathrm{d}t} = -kx$$

初始条件 $x(0)=D$ ，式中负号表示药量在体内是减少的.

在上述初始条件下，微分方程的解为

$$x(t) = D\mathrm{e}^{-kt}$$

由于在体内的药量 x 无法测定，因此常常用相应时间的血药浓度来代替. 若 C 表示在时刻 t 的血药浓度，则 $C = \dfrac{x(t)}{V}$ ，于是有

$$C = C_0\mathrm{e}^{-kt}$$

称为静脉注射药物的一室模型方程式. 此式表示静脉注射药物在体内的血药浓度与时间的关系，如图 6-4 所示，式中 $C_0 = \dfrac{D}{V}$ 为初始血药浓度.

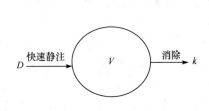

图 6-3　　　　　　　　　　图 6-4

2．恒速静脉滴注

假定药物以恒定的速率 k_0 进行静脉滴注，按一级速率过程（速率常数为 k）消除，时刻 t 时体内的药量为 $x(t)$ ，于是有如下数学模型（图 6-5）

$$\frac{\mathrm{d}x}{\mathrm{d}t} = k_0 - kx$$

这是一个一阶线性微分方程，易求它在 $x(0)=0$ 的初始条件的特解为

$$x = \frac{k_0}{k}(1-\mathrm{e}^{-kt})$$

两边除以该药物的表观分布容积 V，得血药浓度 C 随时间的变化规律：

$$C(t) = \frac{k_0}{Vk}(1-\mathrm{e}^{-kt})$$

由极限

$$\lim_{t\to\infty}C(t)=\lim_{t\to\infty}\frac{k_0}{Vk}(1-e^{-kt})=\frac{k_0}{Vk}$$

可知，血药浓度在开始滴定后随着时间的推移开始上升，并趋于一个稳定的水平（图 6-6）.

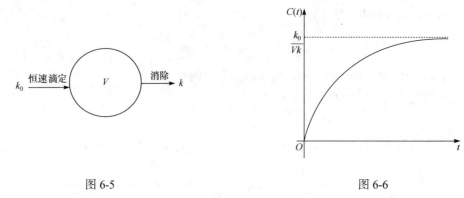

图 6-5   图 6-6

三、人口和种群增长模型

人类要控制自己的发展，就需要制定正确的人口政策. 而人口发展的估算和预报是制定政策所必须的定量根据. 同样，对生物种群人们也必须研究它们的数量变化规律以控制种群数量，以利人类的发展. 在数学处理上，研究人口与生物群体的方法是类似的.

1. 马尔萨斯(Malthus)人口模型

英国神父马尔萨斯(1766—1834)是较早研究人口增长模型的人. 他在 18 世纪出版的《人口论》一书中所提出的"人口按几何级数增长"理论，曾经受到很多人的质疑. 然而有许多人口增长的统计数字说明，他的理论在一定范围内是完全正确的.

Malthus 认为，人口自然增长率 r(=人口出生率与死亡率之差)是与时间无关的常数. 设 $N=N(t)$ 是在时间 t 时人群的总数，则人口的自然增长率可用 $\frac{N'(t)}{N(t)}$ 表示，因此，有微分方程

$$\frac{dN}{dt}=rN$$

解微分方程，得

$$N(t)=Ce^{rt}$$

马尔萨斯断言人口按几何级数增加. 经过对一些地区具体人口资料的分析，发现在人口基数较少时，人口的繁衍增长起重要作用，人口的自然增长率 r 基本为常数，但随着人口基数的增加，人口增长将越来越受自然资源、环境条件等的限制.

2. 逻辑斯谛(Logistic)人口模型

1837 年，荷兰生物学家 Verhulst 修改了上述模型，引入本地区自然资源和环境条件允许下的最大人口数目为 B，给出了生物反馈因子 $\left(1-\frac{N(t)}{B}\right)$，将 Malthus 模型中的假设条件"人口自然增长率 r 为常数"修正为人口自然增长率为 $r\left(1-\frac{N(t)}{B}\right),r>0$，得出上述模型的修正

模型

$$N'(t)=rN(t)\left(1-\frac{N(t)}{B}\right)$$

该模型为著名的逻辑斯谛模型.

分离变量，得

$$\frac{\mathrm{d}N}{N(B-N)}=\frac{r}{B}\mathrm{d}t$$

两边积分，得

$$\frac{1}{B}\int\left(\frac{1}{N}+\frac{1}{B-N}\right)\mathrm{d}N=\int\frac{r}{B}\mathrm{d}t$$

即

$$\ln N-\ln(B-N)=rt+\ln C\quad(C>0)$$

即

$$\frac{N}{B-N}=Ce^{rt}$$

所以通解为

$$N=\frac{B}{1+\dfrac{1}{C}e^{-rt}}$$

将初始条件 $N(t_0)=N_0$ 代入，则有 $C=\dfrac{N_0}{B-N_0}>0$ ，于

是通解化为

$$N(t)=\frac{B}{1+\dfrac{B-N_0}{N_0}e^{-rt}}$$

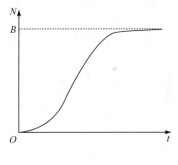

这里 $N(t)$ 不能超过 B ，并且 $N(t)$ 是单调增加的，当 $t\to+\infty$ 时， $N(t)\to B$. 图形为 S 型曲线(图 6-7).

图 6-7

此模型反映了人群增长速度的变化情况.

四、Lamber-Beer 定律

Lamber-Beer 定律，描述物质对单色光吸收强弱与液层厚度和待测物浓度的关系，是光吸收的基本定律，是紫外可见分光光度法定量的基础.

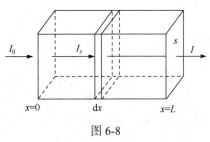

图 6-8

假设一束平行单色光通过一个含有吸光物质的物体(气体、液体或固体). 物体的截面积为 s ，厚度为 L ，如图 6-8 所示,物体中含有 n 个吸光质点(原子、离子或分子). 光通过此物体后，一些光子被吸收，光强从 I_0 降至 I .

今取物体中一个极薄的断层来讨论，设此断层中所含吸光质点数为 $\mathrm{d}n$ ，这些能捕获光子的质点可以

看成截面 s 上被占去一部分不让光子通过的面积，即

$$ds = kdn$$

则光子通过断层时，被吸收的概率是

$$\frac{ds}{s} = \frac{kdn}{s}$$

因而使投射于此断层的光强 I 被减弱了 dI，所以有微分方程

$$-\frac{dI}{I} = \frac{kdn}{s}$$

两边积分 $\int -\frac{dI}{I} = \int \frac{kdn}{s}$，得

$$-\ln I = \frac{kn}{s} + B \quad (B \text{ 为常数})$$

代入初始条件 $I(0) = I_0$，得 $B = -\ln I_0$，代入有

$$-\ln I = \frac{kn}{s} - \ln I_0$$

考虑到 $\frac{n}{s} = L \cdot C$，并设 $E = k\lg e$，有

$$-\lg \frac{I}{I_0} = ECL$$

这就是 Lamber-Beer 定律的数学表达式. 其中 $\frac{I}{I_0}$ 是透光率，用字母 T 表示，用 A 代表 $-\lg T$，并称之为吸光度，于是

$$A = -\lg T = ECL \quad \text{或} \quad T = 10^{-ECL}$$

可表述为：当一束平行的单色光通过溶液时，溶液的吸光度 (A) 与溶液的浓度 (C) 和厚度 (L) 的乘积成正比，它是分光光度法定量分析的依据.

习 题 6-4

1. 求在快速静脉注射一室模型中血药浓度的半衰期 $t_{1/2}$（提示：血半衰期指药物在血液中最高浓度降低一半所需的时间）.

2. 持续性颅内压与容积的关系表现为如下的微分方程：$\dfrac{dP}{dV} = aP(b - P)$，其中 P 是颅内压，V 是容积，求方程的解.

3. 设在一个理想的环境中，某种细胞的生长速率与当时的体积成正比，当 $t = 0$ 时，体积 $V = V_0$，试求细胞在任意时刻 t 的体积.

4. 已知每毫升含 400 单位的某药物，其分解为一级反应，分解速率常数为 0.8549，如果每毫升内药物的含量低于 300 单位时即为无效，试问该药的有效期有多长？

5. 将某药物 50g 溶解在装有 2000L 水的容器中，由于不断地搅拌，可认为药物在各处的浓度都是相同的. 这个容器有一个进口，每分钟有 10L 纯水流入容器；同时又有一个出口，每分钟有 10L 溶液流出容器. 试问容器内的药物含量随时间而减少的规律是怎样的？

本章小结 6

一、知识结构图

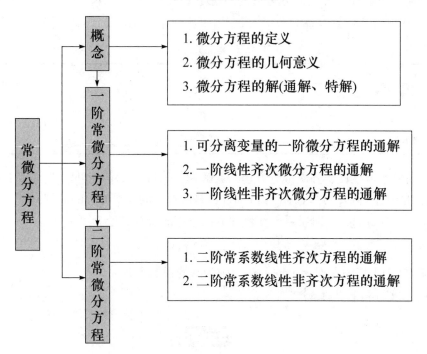

二、基 本 内 容

1. 微分方程的概念

(1)含有自变量、未知函数及未知函数的导数(或微分)的方程,称为微分方程.

(2)含有独立的任意常数的个数与微分方程的阶数相同的解,称为微分方程的通解.

(3)通解中的任意常数由初始条件确定后所得到微分方程的解,称为微分方程的特解.

(4)微分方程的几何意义:积分曲线族在某一给定点处,每条曲线的切线是互相平行的.

2. 一阶微分方程

(1) $g(y)\mathrm{d}y = f(x)\mathrm{d}x$ 为可分离变量的一阶微分方程,它的通解为

$$\int g(y)\mathrm{d}y = \int f(x)\mathrm{d}x + C$$

(2) $\dfrac{\mathrm{d}y}{\mathrm{d}x} + P(x)y = Q(x)$ 为一阶线性微分方程. 当 $Q(x) = 0$ 时为一阶线性齐次微分方程;当 $Q(x) \neq 0$ 时为一阶线性非齐次微分方程.

(3)一阶线性齐次微分方程可用分离变量法求得,通解为 $y = Ce^{-\int P(x)\mathrm{d}x}$ (C 为任意常数).

(4)一阶线性非齐次微分方程可用积分因子法或公式法求得,通解为 $y = e^{-\int P(x)\mathrm{d}x}$ $\left[\int Q(x)e^{\int P(x)\mathrm{d}x}\mathrm{d}x + C\right]$ (C 为任意常数).

3. 二阶常系数线性微分方程

(1) $y'' + py' + qy = f(x)$ 为二阶常系数线性微分方程. 当 $f(x) = 0$ 时为二阶常系数线性齐次微分方程；当 $f(x) \neq 0$ 时为二阶常系数线性非齐次微分方程.

(2) 二阶常系数线性齐次微分方程的通解是 $y = C_1 y_1(x) + C_2 y_2(x)$，函数 $y_1(x), y_2(x)$ 是二阶常系数线性齐次微分方程的两个线性无关的特解，C_1, C_2 是任意常数(表 6-2).

表 6-2

特征根	二阶常系数线性齐次方程的通解
不相等的实数根 $r_1 \neq r_2 (\Delta > 0)$	$y = C_1 e^{r_1 x} + C_2 e^{r_2 x}$
相等的实数根 $r_1 = r_2 (\Delta = 0)$	$y = (C_1 + C_2 x) e^{r_1 x}$
一对共轭复根 $r_{1,2} = \alpha \pm \beta i \ (\Delta < 0)$	$y = e^{\alpha x}(C_1 \cos \beta x + C_2 \sin \beta x)$

(3) 二阶常系数线性非齐次微分方程的通解为 $y = Y + y^*$，$y^*(x)$ 是二阶常系数线性非齐次微分方程的一个特解，$Y = C_1 y_1(x) + C_2 y_2(x)$ 是所对应的齐次方程的通解.

当 $f(x) = P_n(x)$ 时，二阶常系数线性非齐次方程的特解可设为

$$y^* = x^k Q_n(x)$$

其中，$k(k=0,1,2)$ 为特征方程 $r^2 + pr + q = 0$ 中为 0 的根的个数.

4. 微分方程在医药中的应用

单元测试 6

一、单项选择题

1. 下列函数中，微分方程 $dy - 2xdx = 0$ 的解是 (　　).

A. $y = 2x$ B. $y = x^2$

C. $y = -2x$ D. $y = -x^2$

2. 微分方程 $\dfrac{dy}{dx} - y = 1$ 的通解是 $y = $ (　　).

A. Ce^x B. $Ce^x + 1$

C. $Ce^x - 1$ D. $(C+1)e^x$

3. 微分方程 $\dfrac{dy}{dx} - \dfrac{1}{x}y = 0$ 的通解是 $y = $ (　　).

A. $\dfrac{C}{x}$ B. Cx

C. $\dfrac{1}{x} + C$ D. $x + C$

4. 微分方程 $y \ln x dx = x \ln y dy$ 满足初始条件 $y|_{x=1} = 1$ 的特解是 (　　).

A. $\ln^2 x + \ln^2 y = 0$ B. $\ln^2 x + \ln^2 y = 1$

C. $\ln^2 x = \ln^2 y$ D. $\ln^2 x = \ln^2 y + 1$

5. 在下列微分方程中，其通解为 $y = C_1 \cos x + C_2 \sin x$ 的是 (　　).

A. $y'' - y' = 0$ B. $y'' + y' = 0$

C. $y'' + y = 0$ D. $y'' - y = 0$

二、填空题

1. 微分方程 $x\dfrac{dy}{dx} = y$ 的类型是属于 _____ 方程，其通解为 _____.

2. 微分方程 $x\dfrac{dy}{dx} = y + x^2 \sin x$ 的类型是属于 _____ 方程，其通解为 _____.

3. 微分方程 $y' + 2xy = 0$ 的通解是 _____.

4. 微分方程 $y'' + y' - 2y = 0$ 的通解是 _____.

5. 微分方程 $xy' + y = 3$ 满足初始条件 $y(1) = 0$ 的特解是 _____.

三、求下列微分方程的通解

1. $(1 + x^2)(1 + y^2)dx + 2xydy = 0$;

2. $(x + y)dx - xdy = 0$;

3. $y'' - 2y' + 2y = 0$;

4. $3y'' - y = 0$.

四、求下列微分方程满足所给初始条件的特解

1. $y' - y\tan x = \sec x$，$y(0) = 0$；

2. $y'' + y' - 2y = 0$，$y(0) = 4$，$y'(0) = 1$.

五、一曲线过原点，且曲线上任一点 (x, y) 处的切线斜率等于该点的横坐标与纵坐标 3 倍的和. 求曲线方程.

六、在化学反应中反应速度常数 K 随温度 T 的变化而变化，由实验可知，K 对 T 的变化率与 K 成正比，与 T 的平方成反比，比例系数为 $\dfrac{E}{R}$（R 为气体常数，E 为活化能）. 若已知温度为 T_0 时，速度常数为 K_0. 试写出 K 所满足的微分方程及 K 随 T 的变化规律.

阅读材料6

蝴 蝶 效 应

余切序列 $a_{n+1} = \cot(a_n)$ 是蝴蝶效应的一个典型例子. 初值分别为 1, 1.00001, 1.0001，但是从第 10 项开始，三个数列开始形成巨大的分歧. 这就是混沌的数列，经过足够多项后，得到的数字完全可以看作随机的、混沌的（表 6-3）.

表 6-3

	a_1	a_2	a_3	a_4	a_5	a_6	$\cdots$	a_{10}
甲	1	0.642092616	1.337253178	0.237883877	4.124136332	0.667027903	$\cdots$	−44.37343796
乙	1.00001	0.642078493	1.337292556	0.237842271	4.124885729	0.66594562	$\cdots$	90.34813006
丙	1.0001	0.641951397	1.337647006	0.237467801	4.131642109	0.656236434	$\cdots$	2.767389601

"一只南美洲亚马孙河流域热带雨林中的蝴蝶，偶尔扇动几下翅膀，可以在两周以后引起美国德克萨斯州的一场龙卷风."这是蝴蝶效应最形象的比喻.

蝴蝶效应是气象学家洛伦茨提出来的. 1961 年冬季的一天，洛伦茨在皇家麦克比型计算机上进行关于天气预报的计算. 为了预报天气，他用计算机求解仿真地球大气的 13 个方程式. 为了考察一个很长的序列，他走了一条捷径，没有令计算机从头运行，而是从中途开始. 他把上次的输出直接打入作为计算的初值，然后他穿过大厅下楼，去喝咖啡. 一小时后，他回来时发生了出乎意料的事，他发现天气变化同上一次的模式迅速偏离，在短时间内，相似性完全消失了. 进一步的计算表明，输入的细微差异可能很快成为输出的巨大差别. 计算机没有毛病.

于是，洛伦茨认定，他发现了新的现象：对初始值的极端不稳定性，即"混沌"，又称"蝴蝶效应"，这个发现非同小可，以致科学家都不理解，几家科学杂志也都拒登他的文章，认为"违背常理"：相近的初值代入确定的方程，结果也应相近才对，怎么能大大远离呢！洛伦兹发现，由于误差会以指数形式增长，在这种情况下，一个微小的误差随着不断推移造成了巨大的后果. 后来，洛伦茨在一次演讲中提出了这一问题.他认为，在大气运动过程中，即使各种误差和不确定性很小，也有可能在过程中将结果积累起来，经过逐级放大，形成巨大的大气运动.

蝴蝶效应通常用于天气、股票市场等在一定时段难以预测的比较复杂的系统中. 如果这个差异越来越大，那这个差距就会形成很大的破坏力. 这就是为什么天气或者是股票市场会有不可预测的自然灾害和崩盘.

2003年，美国发现一宗疑似疯牛病案例，马上就给刚刚复苏的美国经济带来一场破坏性很强的飓风. 扇动"蝴蝶翅膀"的，是那头倒霉的"疯牛"，受到冲击的，首先是总产值高达1750亿美元的美国牛肉产业和140万个工作岗位；而作为养牛业主要饲料来源的美国玉米和大豆业，也受到波及，其期货价格呈现下降趋势.但最终推波助澜，将"疯牛病飓风"损失发挥到最大的，还是美国消费者对牛肉产品出现的信心下降. 在全球化的今天，这种恐慌情绪不仅造成了美国国内餐饮企业的萧条，甚至扩散到了全球，至少11个国家宣布紧急禁止美国牛肉进口，连远在大洋彼岸中国广东等地的居民都对西式餐饮敬而远之.

1998年亚洲发生的金融危机和美国曾经发生的股市风暴实际上就是经济运作中的"蝴蝶效应"；1998年太平洋上出现的"厄尔尼诺"现象就是大气运动引起的"蝴蝶效应"."蝴蝶效应"是混沌运动的表现形式.当我们进而考察生命现象时，既非完全周期，又非纯粹随机，它们既有"锁频"到自然界周期过程(季节、昼夜等)的一面，又保持着内在的"自治"性质.

第7章 线性代数初步

高斯(Carl Friedrich Gauss, 1777—1855)(图 7-1) 德国数学家，小时候便会利用等差数列的方法计算 $1+2+3+\cdots+100$，11 岁发现了二项式定理，17 岁创造了最小二乘法，18 岁成功得到正态分布曲线，19 岁完成了《正十七边形尺规作图之理论与方法》. 他对级数、复变函数、统计学、代数学都作出了重大的贡献.

高斯是近代数学奠基者之一，一生成就极为丰硕，以他名字"高斯"命名的成果达 110 个，属数学家中之最，并享有"数学王子"之称，他和阿基米德、牛顿并列为世界三大数学家.

图 7-1 高斯

学 习 目 标

1. 了解 n 阶行列式的定义、矩阵的定义.

2. 理解克拉默法则、矩阵的秩.

3. 掌握行列式的性质和计算方法，掌握矩阵的运算，掌握矩阵的初等变换.

4. 会求逆矩阵、矩阵的秩，会用高斯消元法求解一般的线性方程组.

行列式和矩阵是线性代数中的重要内容. 在自然科学、社会科学、工程技术及生产实际中，矩阵及其有关的理论都是必不可少的工具. 本章从线性方程组入手，引入行列式和矩阵的概念介绍它们的性质和计算，最后讨论线性方程组的解法.

第 1 节 行 列 式

本节从线性方程组出发，由二、三阶行列式的定义，用递归的方法引入 n 阶行列式的定义，介绍行列式的性质和计算，最后给出求解一类特殊的 n 元线性方程组的方法——克拉默(Cramer)法则.

一、n 阶行列式定义

1. 二、三阶行列式

中学我们讨论了二元一次方程组

$$\begin{cases} a_{11}x_1 + a_{12}x_2 = b_1 \\ a_{21}x_1 + a_{22}x_2 = b_2 \end{cases}$$

当 $a_{11}a_{22} - a_{12}a_{21} \neq 0$ 时，有

$$x_1 = \frac{b_1 a_{22} - b_2 a_{12}}{a_{11}a_{22} - a_{12}a_{21}}, \quad x_2 = \frac{b_2 a_{11} - b_1 a_{21}}{a_{11}a_{22} - a_{12}a_{21}}$$

为了便于记忆，引入行列式符号

$$D = \begin{vmatrix} a_{11} & a_{12} \\ a_{21} & a_{22} \end{vmatrix} = a_{11}a_{22} - a_{12}a_{21}$$

定义1 由 4 个元素 $a_{ij}(i,j=1,2)$ 排成两行两列的式子

$$\begin{vmatrix} a_{11} & a_{12} \\ a_{21} & a_{22} \end{vmatrix} = a_{11}a_{22} - a_{12}a_{21}$$

叫做**二阶行列式**.

显然，二阶行列式的值为主对角线两数之积减去副对角线两数之积，我们称之为**对角线法则**.

若记

$$D_1 = \begin{vmatrix} b_1 & a_{12} \\ b_2 & a_{22} \end{vmatrix} = b_1 a_{22} - b_2 a_{12}, \quad D_2 = \begin{vmatrix} a_{11} & b_1 \\ a_{21} & b_2 \end{vmatrix} = b_2 a_{11} - b_1 a_{21}$$

这样上述方程组的解可表示为

$$x_1 = \frac{D_1}{D}, \quad x_2 = \frac{D_2}{D}$$

我们可用类似的方法定义三阶行列式.

定义2 由 9 个元素 $a_{ij}(i,j=1,2,3)$ 排成三行三列的式子

$$\begin{vmatrix} a_{11} & a_{12} & a_{13} \\ a_{21} & a_{22} & a_{23} \\ a_{31} & a_{32} & a_{33} \end{vmatrix} = a_{11}a_{22}a_{33} + a_{12}a_{23}a_{31} + a_{13}a_{21}a_{32} - a_{13}a_{22}a_{31} - a_{12}a_{21}a_{33} - a_{11}a_{23}a_{32}$$

叫做**三阶行列式**.

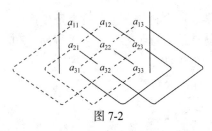

图 7-2

三阶行列式的展开式为六项的代数和，其规律遵循图 7-2 所示的**对角线法则**，每一项均为位于不同行不同列的三个元素之积，实线相连的三个元素之积带"+"，虚线相连的三个元素之积带"−".

我们注意到，三阶行列式可以表示为

$$D = \begin{vmatrix} a_{11} & a_{12} & a_{13} \\ a_{21} & a_{22} & a_{23} \\ a_{31} & a_{32} & a_{33} \end{vmatrix} = a_{11}(a_{22}a_{33} - a_{23}a_{32}) - a_{12}(a_{21}a_{33} - a_{23}a_{31}) + a_{13}(a_{21}a_{32} - a_{22}a_{31})$$

$$= a_{11} \begin{vmatrix} a_{22} & a_{23} \\ a_{32} & a_{33} \end{vmatrix} - a_{12} \begin{vmatrix} a_{21} & a_{23} \\ a_{31} & a_{33} \end{vmatrix} + a_{13} \begin{vmatrix} a_{21} & a_{22} \\ a_{31} & a_{32} \end{vmatrix}$$

其中 $\begin{vmatrix} a_{22} & a_{23} \\ a_{32} & a_{33} \end{vmatrix}$, $\begin{vmatrix} a_{21} & a_{23} \\ a_{31} & a_{33} \end{vmatrix}$, $\begin{vmatrix} a_{21} & a_{22} \\ a_{31} & a_{32} \end{vmatrix}$ 是三阶行列式分别划去 a_{11}, a_{12}, a_{13} 所在的行和列后剩下元素组成的二阶行列式(下面也称之为余子式).

同理，二阶行列式也有类似的表示：

$$D = \begin{vmatrix} a_{11} & a_{12} \\ a_{21} & a_{22} \end{vmatrix} = a_{11}a_{22} - a_{12}a_{21} = a_{11}|a_{22}| - a_{12}|a_{21}|$$

从而，三阶行列式可用二阶行列式表示，二阶行列式可用一阶行列式表示($|a_{22}|$, $|a_{21}|$ 是一阶

行列式，值为元素本身).

一般地，我们可用这种递归的方法来定义 n 阶行列式.

2. n 阶行列式

定义 3 由 n^2 个元素 $a_{ij}(i,j=1,2,\cdots,n)$ 排成 n 行 n 列的式子

$$D = \begin{vmatrix} a_{11} & a_{12} & a_{13} & \cdots & a_{1n} \\ a_{21} & a_{22} & a_{23} & \cdots & a_{2n} \\ a_{31} & a_{32} & a_{33} & \cdots & a_{3n} \\ \vdots & \vdots & \vdots & & \vdots \\ a_{n1} & a_{n2} & a_{n3} & \cdots & a_{nn} \end{vmatrix} = a_{11}(-1)^{1+1} \begin{vmatrix} a_{22} & a_{23} & \cdots & a_{2n} \\ a_{32} & a_{33} & \cdots & a_{3n} \\ \vdots & \vdots & & \vdots \\ a_{n2} & a_{n3} & \cdots & a_{nn} \end{vmatrix}$$

$$+ a_{12}(-1)^{1+2} \begin{vmatrix} a_{21} & a_{23} & \cdots & a_{2n} \\ a_{31} & a_{33} & \cdots & a_{3n} \\ \vdots & \vdots & & \vdots \\ a_{n1} & a_{n3} & \cdots & a_{nn} \end{vmatrix} + \cdots + a_{1n}(-1)^{1+n} \begin{vmatrix} a_{21} & a_{22} & \cdots & a_{2,n-1} \\ a_{31} & a_{32} & \cdots & a_{3,n-1} \\ \vdots & \vdots & & \vdots \\ a_{n1} & a_{n2} & \cdots & a_{n,n-1} \end{vmatrix}$$

称为 **n 阶行列式**.

这样 n 阶行列式就可由 $n-1$ 阶行列式表示，为了便于记忆，我们引入元素 a_{ij} 的**余子式**：由行列式 D 中划去 a_{ij} 所在的第 i 行和第 j 列后，余下的元素构成的 $n-1$ 阶行列式，记为 M_{ij}. 而式子 $A_{ij}=(-1)^{i+j}M_{ij}$ 称为元素 a_{ij} 的**代数余子式**.

如四阶行列式 $\begin{vmatrix} 1 & -1 & 2 & 0 \\ 1 & 1 & -1 & 2 \\ 0 & -1 & 1 & -1 \\ 1 & -1 & 1 & -1 \end{vmatrix}$ 中元素 a_{23} 的代数余子式为 $A_{23}=(-1)^{2+3}\begin{vmatrix} 1 & -1 & 0 \\ 0 & -1 & -1 \\ 1 & -1 & -1 \end{vmatrix}$. 因此，

n 阶行列式的定义可以简记为

$$D = a_{11}A_{11} + a_{12}A_{12} + a_{13}A_{13} + \cdots + a_{1n}A_{1n} = \sum_{j=1}^{n} a_{1j}A_{1j}$$

● n 阶行列式的定义是按第一行展开的.

● 当 $n=1$ 时，定义 $|a_{11}| = a_{11}$.

● 当 $n=2,3$ 时按对角线法则展开与该定义结果是等价的.

例 1 计算行列式：

(1) $D = \begin{vmatrix} 2 & -5 & 0 \\ 1 & 3 & -3 \\ 4 & -1 & 6 \end{vmatrix}$;

(2) $D = \begin{vmatrix} 1 & 1 & 0 & 2 \\ -1 & 0 & 1 & 0 \\ 1 & 0 & 3 & 1 \\ 0 & 1 & 0 & 0 \end{vmatrix}$.

解 (1)

$$D = \begin{vmatrix} 2 & -5 & 0 \\ 1 & 3 & -3 \\ 4 & -1 & 6 \end{vmatrix} = 2 \times (-1)^{1+1} \begin{vmatrix} 3 & -3 \\ -1 & 6 \end{vmatrix} + (-5) \times (-1)^{1+2} \begin{vmatrix} 1 & -3 \\ 4 & 6 \end{vmatrix} + 0 \times (-1)^{1+3} \begin{vmatrix} 1 & 3 \\ 4 & -1 \end{vmatrix}$$

$$= 2 \times [3 \times 6 - (-1) \times (-3)] - (-5) \times [1 \times 6 - 4 \times (-3)] + 0 \times [1 \times (-1) - 4 \times 3] = 120$$

其中二阶行列式用对角线法则计算更加简单.

(2)

$$D = \begin{vmatrix} 1 & 0 & 0 & 2 \\ -1 & 0 & 1 & 0 \\ 1 & 0 & 3 & 1 \\ 0 & 1 & 0 & 0 \end{vmatrix} = 1 \times \begin{vmatrix} 0 & 1 & 0 \\ 0 & 3 & 1 \\ 1 & 0 & 0 \end{vmatrix} - 0 \times \begin{vmatrix} -1 & 1 & 0 \\ 1 & 3 & 1 \\ 0 & 0 & 0 \end{vmatrix} + 0 \times \begin{vmatrix} -1 & 0 & 0 \\ 1 & 0 & 1 \\ 0 & 1 & 0 \end{vmatrix} - 2 \times \begin{vmatrix} -1 & 0 & 1 \\ 1 & 0 & 3 \\ 2 & 1 & 0 \end{vmatrix}$$

$$= 1 - 0 + 0 - 8 = -7$$

例2 证明**下三角行列式**(主对角线上方元素全为零)等于主对角线上元素的乘积, 即

$$D = \begin{vmatrix} a_{11} & 0 & 0 & \cdots & 0 \\ a_{21} & a_{22} & 0 & \cdots & 0 \\ a_{31} & a_{32} & a_{33} & \cdots & 0 \\ \vdots & \vdots & \vdots & & \vdots \\ a_{n1} & a_{n2} & a_{n3} & \cdots & a_{nn} \end{vmatrix} = a_{11}a_{22}a_{33}\cdots a_{nn}$$

证 逐次按第一行展开

$$D = a_{11}(-1)^{1+1} \begin{vmatrix} a_{22} & 0 & \cdots & 0 \\ a_{32} & a_{33} & \cdots & 0 \\ \vdots & \vdots & & \vdots \\ a_{n2} & a_{n3} & \cdots & a_{nn} \end{vmatrix} = a_{11}a_{22}(-1)^{1+1} \begin{vmatrix} a_{33} & 0 & \cdots & 0 \\ a_{43} & a_{44} & \cdots & 0 \\ \vdots & \vdots & & \vdots \\ a_{n3} & a_{n4} & \cdots & a_{nn} \end{vmatrix} = \cdots = a_{11}a_{22}\cdots a_{nn}$$

练一练

1. 计算下列行列式的值:

$$(1)\ D = \begin{vmatrix} 1 & -1 & 1 \\ 1 & 1 & -1 \\ -1 & 1 & 1 \end{vmatrix}; \qquad (2)\ D = \begin{vmatrix} 0 & -1 & 0 & 0 \\ 1 & 1 & -1 & 2 \\ 0 & -1 & 1 & -1 \\ 1 & -1 & 1 & -1 \end{vmatrix}.$$

二、行列式的性质

直接用行列式的定义计算行列式, 往往是比较复杂的, 下面我们给出行列式的一些性质, 以便简化行列式的计算.

记 D^{T} 为 D 的**转置行列式**, 即若

$$D = \begin{vmatrix} a_{11} & a_{12} & a_{13} & \cdots & a_{1n} \\ a_{21} & a_{22} & a_{23} & \cdots & a_{2n} \\ a_{31} & a_{32} & a_{33} & \cdots & a_{3n} \\ \vdots & \vdots & \vdots & & \vdots \\ a_{n1} & a_{n2} & a_{n3} & \cdots & a_{nn} \end{vmatrix}, \quad 则 \quad D^{\mathrm{T}} = \begin{vmatrix} a_{11} & a_{21} & a_{31} & \cdots & a_{n1} \\ a_{12} & a_{22} & a_{32} & \cdots & a_{n2} \\ a_{13} & a_{23} & a_{33} & \cdots & a_{n3} \\ \vdots & \vdots & \vdots & & \vdots \\ a_{1n} & a_{2n} & a_{3n} & \cdots & a_{nn} \end{vmatrix}$$

性质1 行列式与其转置行列式的值相等.

性质1说明行列式中行和列具有同样的地位, 因此, 凡是对行成立的命题对列也成立. 如

$$\begin{vmatrix} 1 & 2 & 3 \\ 4 & 5 & 6 \\ 7 & 8 & 9 \end{vmatrix} = \begin{vmatrix} 1 & 4 & 7 \\ 2 & 5 & 8 \\ 3 & 6 & 9 \end{vmatrix}$$

由于**上三角行列式**(主对角线下方元素全为零)为下三角行列式的转置，因此

$$D = \begin{vmatrix} a_{11} & a_{12} & a_{13} & \cdots & a_{1n} \\ 0 & a_{22} & a_{23} & \cdots & a_{2n} \\ 0 & 0 & a_{33} & \cdots & a_{3n} \\ \vdots & \vdots & \vdots & & \vdots \\ 0 & 0 & 0 & \cdots & a_{nn} \end{vmatrix} = a_{11}a_{22}a_{33}\cdots a_{nn}$$

性质 2　互换行列式的两行(列)，行列式的值仅改变符号. 如

$$\begin{vmatrix} 1 & 2 & 3 \\ 4 & 5 & 6 \\ 7 & 8 & 9 \end{vmatrix} = - \begin{vmatrix} 4 & 5 & 6 \\ 1 & 2 & 3 \\ 7 & 8 & 9 \end{vmatrix}$$

性质 3　把行列式某一行(列)的元素同乘以数 k，等于该行列式乘以数 k. 如

$$\begin{vmatrix} 1 & 2 & 3 \\ 4k & 5k & 6k \\ 7 & 8 & 9 \end{vmatrix} = k \begin{vmatrix} 1 & 2 & 3 \\ 4 & 5 & 6 \\ 7 & 8 & 9 \end{vmatrix}$$

性质 4　行列式可以按任意行(列)展开，值不变，即

按第 i 行展开($i=1,2,\cdots,n$)，　$D = a_{i1}A_{i1} + a_{i2}A_{i2} + \cdots + a_{in}A_{in} = \sum_{j=1}^{n} a_{ij}A_{ij}$.

按第 j 列展开($j=1,2,\cdots,n$)，　$D = a_{1j}A_{1j} + a_{2j}A_{2j} + \cdots + a_{nj}A_{nj} = \sum_{i=1}^{n} a_{ij}A_{ij}$.

性质 5　若行列式的某一行(列)元素都是两数之和，则可按此行(列)将行列式拆为两个行列式的和. 如

$$\begin{vmatrix} a_{11} & a_{12}+b_{12} & a_{13} \\ a_{21} & a_{22}+b_{22} & a_{23} \\ a_{31} & a_{32}+b_{32} & a_{33} \end{vmatrix} = \begin{vmatrix} a_{11} & a_{12} & a_{13} \\ a_{21} & a_{22} & a_{23} \\ a_{31} & a_{32} & a_{33} \end{vmatrix} + \begin{vmatrix} a_{11} & b_{12} & a_{13} \\ a_{21} & b_{22} & a_{23} \\ a_{31} & b_{32} & a_{33} \end{vmatrix}$$

性质 6　把行列式的某一行(列)中每个元素都乘以数 k，加到另一行(列)中对应元素上，行列式的值不变. 如

$$\begin{vmatrix} a_{11} & a_{12} & a_{13} \\ a_{21} & a_{22} & a_{23} \\ a_{31} & a_{32} & a_{33} \end{vmatrix} = \begin{vmatrix} a_{11} & ka_{11}+a_{12} & a_{13} \\ a_{21} & ka_{21}+a_{22} & a_{23} \\ a_{31} & ka_{31}+a_{32} & a_{33} \end{vmatrix}$$

由以上性质有下列推论.

推论 1　以下三种行列式的值为零：

(1) 行列式有某一行(列)的元素全为零；

(2) 行列式有两行(列)的元素完全相同；

(3) 行列式有两行(列)的元素成比例.

练一练

1. 如果 $D = \begin{vmatrix} a_{11} & a_{12} & a_{13} \\ a_{21} & a_{22} & a_{23} \\ a_{31} & a_{32} & a_{33} \end{vmatrix} = 1$，则 $M = \begin{vmatrix} 4a_{11} & 2a_{11}-3a_{12} & a_{13} \\ 4a_{21} & 2a_{21}-3a_{22} & a_{23} \\ 4a_{31} & 2a_{31}-3a_{32} & a_{33} \end{vmatrix}$ 的值为(　　).

A. 12   B. −12   C. 24   D. −24

2. 设 $\begin{vmatrix} a & 3 & 1 \\ b & 0 & 1 \\ c & 2 & 1 \end{vmatrix} = 1$，则 $\begin{vmatrix} a-3 & b-3 & c-3 \\ 5 & 2 & 4 \\ 1 & 1 & 1 \end{vmatrix} = $ _____.

三、行列式的计算

行列式的计算是本节的重点和难点，除了较简单的行列式可以用定义直接计算外，一般行列式计算的主要思路是利用行列式的性质作恒等变形化简，使行列式中出现较多的零元素，然后再来计算. 本节举例说明一些常用的方法和技巧.

计算行列式最常用的方法有：

(1) **上(下)三角法**   利用性质把行列式化为上(下)三角行列式，其值为主对角线元素之积；

(2) **降阶法**   利用性质把某行(列)的元素化为只剩下一个非零元素时，再按该行(列)展开，从而达到降阶的目的.

为了简便起见，我们用符号 $(m) \sim (n)$ 表示交换 m，n 两行(列)——性质2，用符号 $k(m)$ 表示把第 m 行(列)乘以 k——性质3，用符号 $k(m)+(n)$ 表示第 m 行(列)乘以 k 加到第 n 行(列)——性质6，并且规定：行变换写在"="的上面，列变换写在"="的下面.

例3   计算行列式

$$D = \begin{vmatrix} 1 & 2 & 3 & 4 \\ -2 & -1 & -5 & -2 \\ 3 & -5 & 6 & 3 \\ -4 & -2 & -3 & -4 \end{vmatrix}$$

解   我们注意到元素 $a_{11}=1$，以第一行元素为基础，采用行的变换把它化为上三角行列式.

$$D = \begin{vmatrix} 1 & 2 & 3 & 4 \\ -2 & -1 & -5 & -2 \\ 3 & -5 & 6 & 3 \\ -4 & -2 & -3 & -4 \end{vmatrix} \xrightarrow[\substack{2(1)+(2) \\ -3(1)+(3) \\ 4(1)+(4)}]{} \begin{vmatrix} 1 & 2 & 3 & 4 \\ 0 & 3 & 1 & 6 \\ 0 & -11 & -3 & -9 \\ 0 & 6 & 9 & 12 \end{vmatrix}$$

$$= 3 \begin{vmatrix} 1 & 2 & 3 & 4 \\ 0 & 3 & 1 & 6 \\ 0 & -11 & -3 & -9 \\ 0 & 2 & 3 & 4 \end{vmatrix} \xrightarrow[-(4)+(2)]{} 3 \begin{vmatrix} 1 & 2 & 3 & 4 \\ 0 & 1 & -2 & 2 \\ 0 & -11 & -3 & -9 \\ 0 & 2 & 3 & 4 \end{vmatrix}$$

$$\xrightarrow[\substack{11(2)+(3) \\ -2(2)+(4)}]{} 3 \begin{vmatrix} 1 & 2 & 3 & 4 \\ 0 & 1 & -2 & 2 \\ 0 & 0 & -25 & 13 \\ 0 & 0 & 7 & 0 \end{vmatrix} = 21 \begin{vmatrix} 1 & 2 & 3 & 4 \\ 0 & 1 & -2 & 2 \\ 0 & 0 & -25 & 13 \\ 0 & 0 & 1 & 0 \end{vmatrix}$$

$$\xrightarrow[(3)\sim(4)]{} -21 \begin{vmatrix} 1 & 2 & 3 & 4 \\ 0 & 1 & -2 & 2 \\ 0 & 0 & 1 & 0 \\ 0 & 0 & -25 & 13 \end{vmatrix} \xrightarrow[25(3)+(4)]{} -21 \begin{vmatrix} 1 & 2 & 3 & 4 \\ 0 & 1 & -2 & 2 \\ 0 & 0 & 1 & 0 \\ 0 & 0 & 0 & 13 \end{vmatrix}$$

$$= -21 \times 13 = -273$$

我们也可把行列式的某行(列)的元素尽可能化为零, 再按该行(列)展开, 从而降低行列式的阶数.

$$D = \begin{vmatrix} 1 & 2 & 3 & 4 \\ -2 & -1 & -5 & -2 \\ 3 & -5 & 6 & 3 \\ -4 & -2 & -3 & -4 \end{vmatrix} \xlongequal{(4)+(1)} \begin{vmatrix} -3 & 0 & 0 & 0 \\ -2 & -1 & -5 & -2 \\ 3 & -5 & 6 & 3 \\ -4 & -2 & -3 & -4 \end{vmatrix}$$

$$= -3(-1)^{1+1} \begin{vmatrix} -1 & -5 & -2 \\ -5 & 6 & 3 \\ -2 & -3 & -4 \end{vmatrix} \xlongequal[-2(1)+(3)]{-5(1)+(2)} -3 \begin{vmatrix} -1 & 0 & 0 \\ -5 & 31 & 13 \\ -2 & 7 & 0 \end{vmatrix}$$

$$= -3(-1)(-1)^{1+1} \begin{vmatrix} 31 & 13 \\ 7 & 0 \end{vmatrix} = 3(31 \times 0 - 13 \times 7) = -273$$

例 4 计算行列式

$$D = \begin{vmatrix} 1 & 1 & 1 & 1 \\ x & a_1 & a_2 & a_2 \\ a_2 & a_2 & x & a_3 \\ a_3 & a_3 & a_3 & x \end{vmatrix}$$

解 $D = \begin{vmatrix} 1 & 1 & 1 & 1 \\ x & a_1 & a_2 & a_2 \\ a_2 & a_2 & x & a_3 \\ a_3 & a_3 & a_3 & x \end{vmatrix} \xlongequal{(1)\sim(2)} - \begin{vmatrix} 1 & 1 & 1 & 1 \\ a_1 & x & a_2 & a_2 \\ a_2 & a_2 & x & a_3 \\ a_3 & a_3 & a_3 & x \end{vmatrix}$

$$\xlongequal[\substack{-a_2(1)+(3) \\ -a_3(1)+(4)}]{-a_1(1)+(2)} - \begin{vmatrix} 1 & 1 & 1 & 1 \\ 0 & x-a_1 & a_2-a_1 & a_2-a_1 \\ 0 & 0 & x-a_2 & x-a_2 \\ 0 & 0 & 0 & x-a_3 \end{vmatrix} = -(x-a_1)(x-a_2)(x-a_3)$$

例 5 计算 n 阶行列式

$$D = \begin{vmatrix} a & b & b & \cdots & b \\ b & a & b & \cdots & b \\ b & b & a & \cdots & b \\ \vdots & \vdots & \vdots & & \vdots \\ b & b & b & \cdots & a \end{vmatrix}$$

解

$$D \xlongequal[\substack{(3)+(1) \\ \vdots \\ (n)+(1)}]{(2)+(1)} \begin{vmatrix} a+(n-1)b & b & b & \cdots & b \\ a+(n-1)b & a & b & \cdots & b \\ a+(n-1)b & b & a & \cdots & b \\ \vdots & & \vdots & & \vdots \\ a+(n-1)b & b & b & \cdots & a \end{vmatrix} = [a+(n-1)b] \begin{vmatrix} 1 & b & b & \cdots & b \\ 1 & a & b & \cdots & b \\ 1 & b & a & \cdots & b \\ \vdots & \vdots & \vdots & & \vdots \\ 1 & b & b & \cdots & a \end{vmatrix}$$

$$
\begin{array}{c}
-(1)+(2) \\
-(1)+(3) \\
\vdots \\
\underline{-(1)+(n)} \\
\end{array}
[a+(n-1)b]
\begin{vmatrix}
1 & b & b & \cdots & b \\
0 & a-b & 0 & \cdots & 0 \\
0 & 0 & a-b & \cdots & 0 \\
\vdots & \vdots & \vdots & & \vdots \\
0 & 0 & 0 & \cdots & a-b
\end{vmatrix}
= [a+(n-1)b](a-b)^{n-1}
$$

练一练

1. 计算下列行列式的值:

$$
(1)\quad D =
\begin{vmatrix}
1 & 1 & 1 & 1 \\
-1 & 1 & 1 & 1 \\
-1 & -1 & 1 & 1 \\
-1 & -1 & -1 & 1
\end{vmatrix};
\qquad
(2)\quad
\begin{vmatrix}
a_{11} & a_{12} & 0 & 0 \\
a_{21} & a_{22} & 0 & 0 \\
c_{11} & c_{12} & b_{11} & b_{12} \\
c_{21} & c_{22} & b_{21} & b_{22}
\end{vmatrix}.
$$

四、克拉默法则

下面介绍利用行列式解一类特殊的线性方程组——方程个数等于未知数个数的线性方程组.

定理 1(克拉默法则) 如果 n 元线性方程组

$$
\begin{cases}
a_{11}x_1 + a_{12}x_2 + \cdots + a_{1n}x_n = b_1 \\
a_{21}x_1 + a_{22}x_2 + \cdots + a_{2n}x_2 = b_2 \\
\cdots\cdots \\
a_{n1}x_1 + a_{n2}x_2 + \cdots + a_{nn}x_n = b_n
\end{cases}
$$

的系数行列式

$$
D =
\begin{vmatrix}
a_{11} & a_{12} & \cdots & a_{1n} \\
a_{21} & a_{22} & \cdots & a_{2n} \\
\vdots & \vdots & & \vdots \\
a_{n1} & a_{n2} & \cdots & a_{nn}
\end{vmatrix} \neq 0
$$

那么此方程组有且仅有唯一解,且

$$
x_1 = \frac{D_1}{D}, \ x_2 = \frac{D_2}{D}, \cdots, x_n = \frac{D_n}{D}
$$

其中 $D_j (j=1,2,\cdots,n)$ 是把系数行列式 D 中的第 j 列的元素用方程组右端的常数列代替后所得到的行列式,即

$$
D_j =
\begin{vmatrix}
a_{11} & \cdots & a_{1,j-1} & b_1 & a_{1,j+1} & \cdots & a_{1n} \\
a_{21} & \cdots & a_{2,j-1} & b_2 & a_{2,j+1} & \cdots & a_{2n} \\
\vdots & & \vdots & \vdots & \vdots & & \vdots \\
a_{n1} & \cdots & a_{n,j-1} & b_n & a_{n,j+1} & \cdots & a_{nn}
\end{vmatrix}
$$

证明略.

● 用克拉默法则解线性方程组需要两个前提条件：方程个数等于未知数个数；系数行列式不等于零.

● 当 $b_1 = b_2 = \cdots = b_n = 0$ 时，对应的方程组称为齐次线性方程组(否则称为非齐次线性方程组). 由于 D_j 的第 j 列元素全部为 0，因此 $D_j=0$ ($j=1,2,\cdots,n$)，从而当 $D \neq 0$ 时，齐次线性方程组只有零解.

例 6　求解线性方程组

$$\begin{cases} x_2 + 2x_3 = -5 \\ x_1 + x_2 + 4x_3 = -11 \\ 2x_1 - x_2 = 1 \end{cases}$$

解　因为方程组的方程个数等于未知数个数，而系数行列式 $D = \begin{vmatrix} 0 & 1 & 2 \\ 1 & 1 & 4 \\ 2 & -1 & 0 \end{vmatrix} = 2$，由克拉

默法则可知方程组有唯一解，又

$$D_1 = \begin{vmatrix} -5 & 1 & 2 \\ -11 & 1 & 4 \\ 1 & -1 & 0 \end{vmatrix} = 4, \quad D_2 = \begin{vmatrix} 0 & -5 & 2 \\ 1 & -11 & 4 \\ 2 & 1 & 0 \end{vmatrix} = 6, \quad D_3 = \begin{vmatrix} 0 & 1 & -5 \\ 1 & 1 & -11 \\ 2 & -1 & 1 \end{vmatrix} = -8$$

所以

$$x_1 = \frac{D_1}{D} = 2, \quad x_2 = \frac{D_2}{D} = 3, \quad x_3 = \frac{D_3}{D} = -4$$

练一练

1. 用克拉默法则解线性方程组 $\begin{cases} 2x_1 - x_2 + x_3 = 3, \\ 3x_1 + x_2 - x_3 = 2, \\ x_1 - x_2 - x_3 = -4. \end{cases}$

习　题　7-1

1. 按行列式定义计算行列式:

(1) $\begin{vmatrix} 3 & 2 \\ 1 & -2 \end{vmatrix}$;

(2) $\begin{vmatrix} \sin\alpha & \cos\alpha \\ \sin\beta & \cos\beta \end{vmatrix}$;

(3) $\begin{vmatrix} 1 & 2 & 3 \\ 1 & 0 & 1 \\ 3 & -1 & -1 \end{vmatrix}$;

(4) $\begin{vmatrix} 1 & 2 & 3 \\ 0 & -1 & 1 \\ -5 & 1 & 2 \end{vmatrix}$;

(5) $\begin{vmatrix} 1 & -3 & 3 \\ 1 & -1 & 1 \\ 3 & 1 & -1 \end{vmatrix}$;

(6) $\begin{vmatrix} a^2 & ab & b^2 \\ 2a & a+b & 2b \\ 1 & 1 & 1 \end{vmatrix}$;

(7) $\begin{vmatrix} 2 & 0 & 1 & -1 \\ 1 & -5 & 3 & -3 \\ 3 & 1 & -1 & 2 \\ -5 & 1 & 3 & -4 \end{vmatrix}$; (8) $\begin{vmatrix} 1 & 1 & 1 & 1 \\ 1 & -1 & 1 & 1 \\ 1 & 1 & -1 & 1 \\ 1 & 1 & 1 & -1 \end{vmatrix}$.

2. 用克拉默法则解下列线性方程组:

(1) $\begin{cases} 7x_1 - 5x_2 = -17, \\ 3x_1 + 2x_2 = 1; \end{cases}$ (2) $\begin{cases} x_1 + 2x_2 + 3x_3 = -3, \\ x_1 + x_3 = -1, \\ 3x_1 - x_2 - x_3 = 1; \end{cases}$

(3) $\begin{cases} 2x_1 - x_2 + x_3 = 3, \\ 3x_1 + x_2 - x_3 = 2, \\ x_1 - x_2 - x_3 = -4; \end{cases}$ (4) $\begin{cases} x_1 + x_3 = 1, \\ 2x_1 + x_2 = 0, \\ x_1 + x_2 + x_3 = 2. \end{cases}$

第 2 节 矩 阵

本节首先引入矩阵概念，然后介绍有关矩阵的一些运算，运用矩阵初等变换求矩阵的秩和逆矩阵.

一、矩阵的概念

例 1 某超市有 A_1, A_2, A_3, A_4 四位顾客，他们购买货物数量如表 7-1 所示.

表 7-1

顾客	蛋	糖	奶粉	藕粉	香肠
A_1	4	1	0	4	0
A_2	7	10	5	0	0
A_3	10	8	7.5	100	31
A_4	2.5	7	6.4	232	9

这样的二维表格可以简单地表示为

$$\begin{pmatrix} 4 & 1 & 0 & 4 & 0 \\ 7 & 10 & 5 & 0 & 0 \\ 10 & 8 & 7.5 & 100 & 31 \\ 2.5 & 7 & 6.4 & 232 & 9 \end{pmatrix}$$

这样的表叫做矩阵，一般我们有如下定义.

定义 1 由 $m \times n$ 个元素 a_{ij} ($i=1,2,\cdots,m, j=1,2,\cdots,n$)排成 m 行 n 列的数表，称为一个 $m \times n$ 矩阵. 记作

$$\begin{pmatrix} a_{11} & a_{12} & \cdots & a_{1n} \\ a_{21} & a_{22} & \cdots & a_{2n} \\ \vdots & \vdots & & \vdots \\ a_{m1} & a_{m2} & \cdots & a_{mn} \end{pmatrix}$$

其中 $a_{ij}(i=1,2,\cdots,m,j=1,2,\cdots,n)$ 称为第 i 行第 j 列元素,矩阵一般用大写字母 $A,B,C,\cdots$ 表示，上述矩阵可简记为 $A_{m\times n}$ 或 $A=(a_{ij})_{m\times n}$ 或 (a_{ij}).

● $m=1$ 时的矩阵称为**行矩阵**，$n=1$ 时的矩阵称为**列矩阵**，$m=n$ 时的矩阵称为 n **阶方阵**或 n 阶矩阵.

● 元素全为零的矩阵称为**零矩阵**，记作 O.

● 如果矩阵 A，B 都是 $m\times n$ 矩阵，并且它们对应元素都相等，即 $a_{ij}=b_{ij}(i=1,2,\cdots,m,$ $j=1,2,\cdots,n)$，则称**矩阵 A，B 相等**，记作 $A=B$.

● 将 $m\times n$ 矩阵 A 的行和列互换，得到 $n\times m$ 矩阵，称为 A 的**转置矩阵**，记作 A^{T}.

● n 阶矩阵 A 的元素按原顺序构成的 n 阶行列式，称为**矩阵 A 的行列式**，记作 $|A|$.

● 在 n 阶方阵中，若主对角线左下侧的元素全为零，则称之为**上三角矩阵**；若主对角线右上侧的元素全为零，则称之为**下三角矩阵**；若主对角线两侧的元素全为零，则称之为**对角矩阵**. 主对角线上元素全为 1 的对角矩阵，叫做**单位矩阵**，记为 I，即

$$I = \begin{pmatrix} 1 & 0 & \cdots & 0 \\ 0 & 1 & \cdots & 0 \\ \vdots & \vdots & & \vdots \\ 0 & 0 & \cdots & 1 \end{pmatrix}$$

例 2　有两个儿童 A 和 B 在一起玩"石头—剪刀—布"游戏. 每个人的出法都只能在{石头，剪刀，布}中选择一种. 当 A，B 各自选定一个出法(亦称为策略)时，就确定了一个"局势"，也可以据此定出各自的输赢. 如果规定胜者得 1 分，负者得–1 分，平手时各得 0 分，则对应各种可能"局势"下的得分，可以用下面的矩阵表示

B 的策略

$$A \text{ 的策略} \quad \begin{matrix} & \text{石头} & \text{剪刀} & \text{布} \\ \text{石头} \\ \text{剪刀} \\ \text{布} \end{matrix} \begin{pmatrix} 0 & 1 & -1 \\ -1 & 0 & 1 \\ 1 & -1 & 0 \end{pmatrix}$$

这个矩阵在对策论中称为支付矩阵(或赢得矩阵).

二、矩阵的运算

1. 矩阵的加减

例 3　某药厂一、二车间生产甲、乙、丙三种药品，去年上半年和下半年的产量分别见表 7-2、表 7-3(单位：t)，求该厂去年全年的产量.

表 7-2			表 7-3		
产品	一车间	二车间	产品	一车间	二车间
甲	1050	980	甲	1100	1250
乙	1010	904	乙	980	1080
丙	1156	890	丙	1020	900

解　设某厂去年上半年和下半年三种药品的产量矩阵为 A 和 B，则

$$A = \begin{pmatrix} 1050 & 980 \\ 1010 & 904 \\ 1156 & 890 \end{pmatrix}, \quad B = \begin{pmatrix} 1100 & 1250 \\ 980 & 1080 \\ 1020 & 900 \end{pmatrix}$$

则该厂去年全年的产量为

$$C = \begin{pmatrix} 1050+1100 & 980+1250 \\ 1010+980 & 904+1080 \\ 1156+1020 & 890+900 \end{pmatrix} = \begin{pmatrix} 2150 & 2230 \\ 1990 & 1984 \\ 2176 & 1790 \end{pmatrix}$$

我们把矩阵 C 称作矩阵 A 和 B 的和.

定义 2　两个 m 行 n 列矩阵 A 和 B 中对应元素相加(减)得到的 $m \times n$ 矩阵，称为矩阵 A，B 的和(差)，记为 $A+B(A-B)$，即

$$A \pm B = (a_{ij})_{m \times n} \pm (b_{ij})_{m \times n} = (a_{ij} \pm b_{ij})_{m \times n}$$

矩阵加法满足下面的运算律：

设 A，B，C，O 都是 $m \times n$ 矩阵，那么有

(1) $A+B=B+A$；　　　　　　　　(2) $(A+B)+C=A+(B+C)$；

(3) $A+O=A$；　　　　　　　　　(4) $A-A=O$.

2. 矩阵的数乘

定义 3　用数 k 乘矩阵 A 中的每个元素得到的矩阵，称为**数 k 与矩阵 A 的乘积**，记为 kA，即

$$kA = k(a_{ij})_{m \times n} = (ka_{ij})_{m \times n}$$

如 $A = \begin{pmatrix} 2 & 4 \\ 3 & 6 \\ 5 & 1 \end{pmatrix}$，则 $3A = \begin{pmatrix} 6 & 12 \\ 9 & 18 \\ 15 & 3 \end{pmatrix}$.

矩阵的数乘满足下面的运算律：

设 A，B 都是 $m \times n$ 矩阵，k，l 是常数，那么有

(1) $1 \cdot A = A$；　　　　　　　　(2) $k(A+B) = kA + kB$；

(3) $(k+l)A = kA + lA$；　　　　　(4) $(kl)A = k(lA) = l(kA)$.

3. 矩阵的乘法

定义 4　如果矩阵 A 的列数与矩阵 B 的行数相同，即 A 是 $m \times s$ 矩阵，B 是 $s \times n$ 矩阵，那么由元素

$$c_{ij} = a_{i1}b_{1j} + a_{i2}b_{2j} + \cdots + a_{is}b_{sj} = \sum_{k=1}^{s} a_{ik}b_{kj} \quad (i=1,2,\cdots,m; j=1,2,\cdots,n)$$

构成的 $m \times n$ 矩阵 $\boldsymbol{C} = (c_{ij})_{m\times n}$ 称为矩阵 $\boldsymbol{A}, \boldsymbol{B}$ 的乘积，记作

$$\boldsymbol{C=AB} \quad 或 \quad \boldsymbol{C=A\cdot B}$$

● 矩阵相乘的条件是：左矩阵 $\boldsymbol{A}$ 的列数等于右矩阵 $\boldsymbol{B}$ 的行数.

● 矩阵 $\boldsymbol{C}$ 的第 i 行第 j 列的元素 c_{ij} 等于矩阵 $\boldsymbol{A}$ 的第 i 行元素 $a_{i1}, a_{i2}, \cdots, a_{is}$ 和矩阵 $\boldsymbol{B}$ 的第 j 列元素 $b_{1j}, b_{2j}, \cdots, b_{sj}$ 对应相乘，然后相加.

● 矩阵 $\boldsymbol{C}$ 的行数=矩阵 $\boldsymbol{A}$ 的行数，矩阵 $\boldsymbol{C}$ 的列数=矩阵 $\boldsymbol{B}$ 的列数，即

$$\boldsymbol{A}_{m\times s} \times \boldsymbol{B}_{s\times n} = \boldsymbol{C}_{m\times n}$$

例 4　$A = \begin{pmatrix} 1 & 2 & -1 \\ 3 & 1 & 4 \end{pmatrix}, B = \begin{pmatrix} -2 & 5 \\ 4 & -3 \\ 2 & 1 \end{pmatrix}$，求 AB 和 BA.

解　$AB = \begin{pmatrix} 1 & 2 & -1 \\ 3 & 1 & 4 \end{pmatrix}\begin{pmatrix} -2 & 5 \\ 4 & -3 \\ 2 & 1 \end{pmatrix}$

$$= \begin{pmatrix} 1\times(-2)+2\times4+(-1)\times2 & 1\times5+2\times(-3)+(-1)\times1 \\ 3\times(-2)+1\times4+4\times2 & 3\times5+1\times(-3)+4\times1 \end{pmatrix} = \begin{pmatrix} 4 & -2 \\ 6 & 16 \end{pmatrix}$$

$$BA = \begin{pmatrix} -2 & 5 \\ 4 & -3 \\ 2 & 1 \end{pmatrix}\begin{pmatrix} 1 & 2 & -1 \\ 3 & 1 & 4 \end{pmatrix}$$

$$= \begin{pmatrix} -2\times1+5\times3 & -2\times2+5\times1 & -2\times(-1)+5\times4 \\ 4\times1+(-3)\times3 & 4\times2+(-3)\times1 & 4\times(-1)+(-3)\times4 \\ 2\times1+1\times3 & 2\times2+1\times1 & 2\times(-1)+1\times4 \end{pmatrix}$$

$$= \begin{pmatrix} 13 & 1 & 22 \\ -5 & 5 & -16 \\ 5 & 5 & 2 \end{pmatrix}$$

本题说明：一般情况下，矩阵乘法不满足交换律.

矩阵乘法满足下面的运算律：设 A，B，C 能进行下列运算，那么有

(1) $(AB)C = A(BC)$;　　　　(2) $A(B+C) = AB+AC$;

(3) $(B+C)A = BA+CA$;　　　(4) $k(AB) = (kA)B = A(kB)$;

(5) 当 A，B 为 n 阶方阵时，它们乘积的行列式等于行列式的乘积，即 $|AB|=|A||B|$.

练一练

1. 已知 $A = \begin{pmatrix} 1 & 0 & 0 \\ 0 & 1 & 0 \end{pmatrix}, B = \begin{pmatrix} 1 & 0 \\ 0 & 1 \\ 0 & 0 \end{pmatrix}$，求 AB, BA.

三、矩阵的初等变换和矩阵的秩

矩阵的初等变换是线性代数中的基本变换，它为求矩阵的秩、逆矩阵和解线性方程组提供简便可行的方法.

1. 矩阵的初等变换

定义 5　矩阵的**初等变换**是指对矩阵 A 施行以下三种变换：

(1) 交换 m, n 两行(列)，记为 $(m) \sim (n)$；

(2) 把第 m 行(列)乘以非零常数 k，记为 $k(m)$；

(3) 第 m 行(列)乘以非零常数 k 加到第 n 行(列)上，记为 $k(m) + (n)$.

仅对矩阵的行(或列)施行的初等变换称为矩阵的**初等行(或列)变换**，初等行变换和初等列变换统称为**矩阵的初等变换**. 我们规定：初等行变换写在变换符号"$\to$"的上面，初等列变换写在变换符号"$\to$"的下面.

定义 6　满足下列条件的矩阵 A 称为**阶梯形矩阵**.

(1) 矩阵的零行(即元素全为 0 的行)在矩阵的下方(如果有零行的话)；

(2) 两个相邻的非零行中，下一行的主元(即从左边起的第一个非 0 元素)必位于上一行的主元的右边.

如 $\begin{pmatrix} 1 & -1 & 2 & 1 & 0 \\ 0 & 3 & 0 & 0 & 1 \\ 0 & 0 & 0 & -4 & 0 \\ 0 & 0 & 0 & 0 & 0 \end{pmatrix}$ 是阶梯形矩阵，而 $\begin{pmatrix} 1 & -1 & 2 & 1 & 0 \\ 0 & 3 & 0 & 0 & 1 \\ 0 & 2 & 0 & -4 & 0 \\ 0 & 0 & 0 & 0 & 0 \end{pmatrix}$ 不是阶梯形矩阵.

如果阶梯形矩阵非零行的第一个非零元素都是 1，且这一列的其余元素都是零，那么该矩阵称为**行最简形矩阵**.

定理 1　任意一个矩阵 $A=(a_{ij})_{m \times n}$，经过若干次初等行变换可化为阶梯形矩阵或行最简形矩阵. 即

$$A \xrightarrow{\text{初等行变换}} \text{阶梯形矩阵} \xrightarrow{\text{初等行变换}} \text{行最简形矩阵}$$

例 5　化矩阵 $A=\begin{pmatrix} 1 & 1 & 2 & 2 & 1 \\ 0 & 2 & 1 & 5 & -1 \\ 2 & 0 & 3 & -1 & 3 \\ 1 & 1 & 0 & 4 & -1 \end{pmatrix}$ 为阶梯形矩阵.

解　$\begin{pmatrix} 1 & 1 & 2 & 2 & 1 \\ 0 & 2 & 1 & 5 & -1 \\ 2 & 0 & 3 & -1 & 3 \\ 1 & 1 & 0 & 4 & -1 \end{pmatrix} \xrightarrow{(3)\sim(4)} \begin{pmatrix} 1 & 1 & 2 & 2 & 1 \\ 0 & 2 & 1 & 5 & -1 \\ 1 & 1 & 0 & 4 & -1 \\ 2 & 0 & 3 & -1 & 3 \end{pmatrix}$

$\xrightarrow[-2\times(1)+(4)]{-(1)+(3)} \begin{pmatrix} 1 & 1 & 2 & 2 & 1 \\ 0 & 2 & 1 & 5 & -1 \\ 0 & 0 & -2 & 2 & -2 \\ 0 & -2 & -1 & -5 & 1 \end{pmatrix} \xrightarrow{(2)+(4)} \begin{pmatrix} 1 & 1 & 2 & 2 & 1 \\ 0 & 2 & 1 & 5 & -1 \\ 0 & 0 & -2 & 2 & -2 \\ 0 & 0 & 0 & 0 & 0 \end{pmatrix}$

2. 矩阵的秩

定义 7　设矩阵 $A=(a_{ij})_{m \times n}$，从中任取 k 行 k 列 $(k \leqslant \min\{m, n\})$，位于行列交叉处的 k^2 个元素按原来的顺序所构成的 k 阶行列式，称为矩阵 A 的 $\pmb{k}$ **阶子式**.

如矩阵 $A = \begin{pmatrix} 1 & 4 & 1 & 0 \\ 2 & 1 & -1 & -3 \\ 0 & 7 & 3 & 3 \end{pmatrix}$，所有三阶子式均为零，即

$$\begin{vmatrix} 1 & 4 & 1 \\ 2 & 1 & -1 \\ 0 & 7 & 3 \end{vmatrix} = \begin{vmatrix} 1 & 4 & 0 \\ 2 & 1 & -3 \\ 0 & 7 & 3 \end{vmatrix} = \begin{vmatrix} 1 & 1 & 0 \\ 2 & -1 & -3 \\ 0 & 3 & 3 \end{vmatrix} = \begin{vmatrix} 4 & 1 & 0 \\ 1 & -1 & -3 \\ 7 & 3 & 3 \end{vmatrix} = 0$$

而二阶子式 $\begin{vmatrix} 1 & 4 \\ 2 & 1 \end{vmatrix} \neq 0$.

定义 8　矩阵 $A=(a_{ij})_{m \times n}$ 中不为零的子式的最大阶数 r 称为**矩阵的秩**，记作 $R(A)=r$.

(1) $0 \leqslant R(A) \leqslant \min\{m, n\}$.

(2) 初等变换不改变矩阵的秩.

例 6　设 $A = \begin{pmatrix} 1 & -2 & 1 & 0 & 2 \\ 0 & 3 & -2 & 2 & -1 \\ 0 & 0 & 0 & 3 & -1 \\ 0 & 0 & 0 & 0 & 0 \end{pmatrix}$，求 $R(A)$.

解　可以看出矩阵 A 的所有四阶子式都为零，而三阶子式

$$\begin{vmatrix} 1 & -2 & 2 \\ 0 & 3 & -1 \\ 0 & 0 & -1 \end{vmatrix} = -3 \neq 0$$

所以，$R(A)=3$.

一般地，**阶梯形矩阵的秩等于它的非零行的行数**(如例 5 中的矩阵的秩等于 3)，而一个矩阵通过有限次的初等行变换可化为阶梯形矩阵(定理 1)，因此，今后可以通过初等行变换来求矩阵的秩.

练一练

1. 下列矩阵是阶梯形矩阵的是(　　　).

A. $\begin{pmatrix} -1 & 1 & 4 & 0 \\ 0 & 1 & 2 & 0 \\ 0 & 0 & -3 & 4 \\ 0 & 0 & 1 & 5 \end{pmatrix}$ 　　　　　　B. $\begin{pmatrix} -1 & 1 & 4 & 0 \\ 0 & 1 & 2 & 0 \\ 0 & 0 & 0 & 0 \\ 0 & 0 & 1 & 5 \end{pmatrix}$

C. $\begin{pmatrix} -1 & 1 & 4 & 0 \\ 0 & 1 & 2 & 0 \\ 0 & 0 & 1 & 5 \\ 0 & 0 & 0 & 0 \end{pmatrix}$ 　　　　　　D. $\begin{pmatrix} -1 & 1 & 4 & 0 \\ 0 & 1 & 2 & 0 \\ 0 & 1 & -3 & 4 \\ 0 & 0 & 0 & 0 \end{pmatrix}$

2. 试将 $A = \begin{pmatrix} 1 & -2 & 1 & 5 \\ 2 & -4 & 3 & -3 \\ 1 & -2 & 4 & -34 \end{pmatrix}$ 化成阶梯形矩阵，并求 $R(A)$.

四、逆 矩 阵

定义 9 设 A 是 n 阶方阵,如果存在 n 阶方阵 B,有 $AB = BA = I$,则称 A 为可逆的或可逆矩阵,矩阵 B 叫矩阵 A 的**逆矩阵**,记为 $B = A^{-1}$.

● 如果矩阵 B 是矩阵 A 的逆矩阵,那么矩阵 A 也是矩阵 B 的逆矩阵,即 A,B 互为逆矩阵.

● 如果矩阵 A 可逆,那么 $|A^{-1}| \cdot |A| = 1$.

● 单位矩阵 I 是可逆的,且 $I^{-1} = I$,而零矩阵是不可逆的.

如

$$\begin{pmatrix} 3 & 2 \\ 7 & 5 \end{pmatrix} \begin{pmatrix} 5 & -2 \\ -7 & 3 \end{pmatrix} = \begin{pmatrix} 5 & -2 \\ -7 & 3 \end{pmatrix} \begin{pmatrix} 3 & 2 \\ 7 & 5 \end{pmatrix} = \begin{pmatrix} 1 & 0 \\ 0 & 1 \end{pmatrix} = I$$

所以,

$$\begin{pmatrix} 3 & 2 \\ 7 & 5 \end{pmatrix}^{-1} = \begin{pmatrix} 5 & -2 \\ -7 & 3 \end{pmatrix}$$

下面介绍求逆矩阵的两种方法.

1. 伴随矩阵法

定义 10 由方阵 $A = (a_{ij})$ 的代数余子式构成的转置矩阵称为 A 的**伴随矩阵**,记为 A^*,即

$$A^* = \begin{pmatrix} A_{11} & A_{21} & \cdots & A_{n1} \\ A_{12} & A_{22} & \cdots & A_{n2} \\ \vdots & \vdots & & \vdots \\ A_{1n} & A_{2n} & \cdots & A_{nn} \end{pmatrix}$$

定理 2 n 阶方阵 A 可逆的充分必要条件是 $|A| \neq 0$,并且有

$$A^{-1} = \frac{1}{|A|} A^*$$

证明略.

例 7 判断矩阵 $A = \begin{pmatrix} 1 & -1 & 2 \\ 2 & -3 & 5 \\ 3 & -2 & 4 \end{pmatrix}$ 是否可逆,若可逆求出逆矩阵.

解 因为

$$|A| = \begin{vmatrix} 1 & -1 & 2 \\ 2 & -3 & 5 \\ 3 & -2 & 4 \end{vmatrix} = \begin{vmatrix} 1 & 0 & 0 \\ 2 & -1 & 1 \\ 3 & 1 & -2 \end{vmatrix} = 1 \neq 0$$

所以 A 可逆.

下面求 A 的伴随矩阵.

$$A_{11} = -2; \qquad A_{21} = 0; \qquad A_{31} = 1$$

$$A_{12}=7;\quad A_{22}=-2;\quad A_{32}=-1$$
$$A_{13}=5;\quad A_{23}=-1;\quad A_{33}=-1$$

所以，

$$A^{-1}=\frac{1}{|A|}A^*=\begin{pmatrix}-2 & 0 & 1\\ 7 & -2 & -1\\ 5 & -1 & -1\end{pmatrix}$$

写伴随矩阵 A^* 时，要注意元素 a_{ij} 的代数余子式 A_{ij} 的符号和它在 A^* 中的位置是第 j 行 i 列.

2. 初等变换法

定理 3　设 A 是 n 阶可逆矩阵，对 $n\times2n$ 并排矩阵 $(A\,|\,I)$ 进行一系列的初等行变换，使得 $(A\,|\,I)\to(I\,|\,B)$，则 $B=A^{-1}$，即

$$(A\,|\,I)\xrightarrow{\text{初等行变换}}(I\,|\,A^{-1})$$

证明略.

例 8　用初等变换法求例 7 中矩阵 A 的逆矩阵.

解　因为

$$(A\,|\,I)=\begin{pmatrix}1 & -1 & 2 & 1 & 0 & 0\\ 2 & -3 & 5 & 0 & 1 & 0\\ 3 & -2 & 4 & 0 & 0 & 1\end{pmatrix}$$

$$\xrightarrow[-3(1)+(3)]{-2(1)+(2)}\begin{pmatrix}1 & -1 & 2 & 1 & 0 & 0\\ 0 & -1 & 1 & -2 & 1 & 0\\ 0 & 1 & -2 & -3 & 0 & 1\end{pmatrix}\xrightarrow[(2)+(3)]{-(2)+(1)}\begin{pmatrix}1 & 0 & 1 & 3 & -1 & 0\\ 0 & -1 & 1 & -2 & 1 & 0\\ 0 & 0 & -1 & -5 & 1 & 1\end{pmatrix}$$

$$\xrightarrow[(3)+(2)]{(3)+(1)}\begin{pmatrix}1 & 0 & 0 & -2 & 0 & 1\\ 0 & -1 & 0 & -7 & 2 & 1\\ 0 & 0 & -1 & -5 & 1 & 1\end{pmatrix}\xrightarrow[-(3)]{-(2)}\begin{pmatrix}1 & 0 & 0 & -2 & 0 & 1\\ 0 & 1 & 0 & 7 & -2 & -1\\ 0 & 0 & 1 & 5 & -1 & -1\end{pmatrix}$$

所以 A 可逆，且 $A^{-1}=\begin{pmatrix}-2 & 0 & 1\\ 7 & -2 & -1\\ 5 & -1 & -1\end{pmatrix}$.

例 9　解线性方程组

$$\begin{cases}x_1-x_2+2x_3=-5\\ 2x_1-3x_2+5x_3=-11\\ 3x_1-2x_2+4x_3=1\end{cases}$$

解　将线性方程组表示为 $AX=B$，其中

$$A=\begin{pmatrix}1 & -1 & 2\\ 2 & -3 & 5\\ 3 & -2 & 4\end{pmatrix},\quad B=\begin{pmatrix}-5\\ -11\\ 1\end{pmatrix},\quad X=\begin{pmatrix}x_1\\ x_2\\ x_3\end{pmatrix}$$

那么，由方程 $AX=B$ 两边同时左乘 A^{-1}，有

$$A^{-1}(AX) = A^{-1}B$$

化简

$$(A^{-1}A)X = IX = A^{-1}B$$

即

$$X = A^{-1}B$$

由例 8 可知

$$A^{-1} = \begin{pmatrix} -2 & 0 & 1 \\ 7 & -2 & -1 \\ 5 & -1 & -1 \end{pmatrix}$$

那么，$X = \begin{pmatrix} x_1 \\ x_2 \\ x_3 \end{pmatrix} = A^{-1}B = \begin{pmatrix} -2 & 0 & 1 \\ 7 & -2 & -1 \\ 5 & -1 & -1 \end{pmatrix} \begin{pmatrix} -5 \\ -11 \\ 1 \end{pmatrix} == \begin{pmatrix} 11 \\ -14 \\ -15 \end{pmatrix}$.

例 10(密码问题) 在军事通信中，常将字符(信号)与数字对应，

a	b	c	d	e	…	x	y	z
1	2	3	4	5	…	24	25	26

如信息 are 对应一个矩阵 B=(1 18 5)，但若按这种方式传输，则很容易被敌人破译. 于是必须采取加密措施，即用一个约定的加密矩阵 A 乘以原信号 B，传输信号为 $C = AB^{\mathrm{T}}$ (加密)，收到信号的一方再将信号还原(破译) $B^{\mathrm{T}} = A^{-1}C$. 如果敌方不知道加密矩阵，则很难破译. 设收到的信号为 C=$(-9\ 16\ 32)^{\mathrm{T}}$，并已知加密矩阵为 $A = \begin{pmatrix} -1 & 0 & 1 \\ 0 & 1 & 1 \\ 1 & 1 & 1 \end{pmatrix}$，问原信号是什么？

解 先求 A 的逆矩阵.

$$(A \mid I) = \begin{pmatrix} -1 & 0 & 1 & 1 & 0 & 0 \\ 0 & 1 & 1 & 0 & 1 & 0 \\ 1 & 1 & 1 & 0 & 0 & 1 \end{pmatrix} \rightarrow \begin{pmatrix} -1 & 0 & 1 & 1 & 0 & 0 \\ 0 & 1 & 1 & 0 & 1 & 0 \\ 0 & 1 & 2 & 1 & 0 & 1 \end{pmatrix}$$

$$\rightarrow \begin{pmatrix} -1 & 0 & 1 & 1 & 0 & 0 \\ 0 & 1 & 1 & 0 & 1 & 0 \\ 0 & 0 & 1 & 1 & -1 & 1 \end{pmatrix} \rightarrow \begin{pmatrix} -1 & 0 & 0 & 0 & 1 & -1 \\ 0 & 1 & 0 & -1 & 2 & -1 \\ 0 & 0 & 1 & 1 & -1 & 1 \end{pmatrix}$$

$$\rightarrow \begin{pmatrix} 1 & 0 & 0 & 0 & -1 & 1 \\ 0 & 1 & 0 & -1 & 2 & -1 \\ 0 & 0 & 1 & 1 & -1 & 1 \end{pmatrix}$$

则

$$A^{-1} = \begin{pmatrix} 0 & -1 & 1 \\ -1 & 2 & -1 \\ 1 & -1 & 1 \end{pmatrix}$$

那么

$$B^{\mathrm{T}} = A^{-1}C = \begin{pmatrix} 0 & -1 & 1 \\ -1 & 2 & -1 \\ 1 & -1 & 1 \end{pmatrix}\begin{pmatrix} -9 \\ 16 \\ 32 \end{pmatrix} = \begin{pmatrix} 16 \\ 9 \\ 7 \end{pmatrix}$$

即

$$B = (16 \quad 9 \quad 7) \text{ 对应信息是 pig}$$

练一练

1. 试用初等变换法和伴随矩阵法求矩阵 $A = \begin{pmatrix} 2 & 2 & 3 \\ 1 & -1 & 0 \\ -1 & 2 & 1 \end{pmatrix}$ 的逆矩阵.

习　题　7-2

1. 已知 $A = \begin{pmatrix} 3 & -1 & 2 & 0 \\ 1 & 5 & 7 & 9 \\ 2 & 4 & 6 & 3 \end{pmatrix}$，$B = \begin{pmatrix} 7 & 5 & -2 & 4 \\ 5 & 1 & 9 & 7 \\ 6 & 4 & -2 & 7 \end{pmatrix}$，$A + 2X = B$，求 X.

2. 设 $A = \begin{pmatrix} 1 & 2 & 3 \\ 4 & 5 & 6 \end{pmatrix}$，$B = \begin{pmatrix} 1 & -1 \\ -1 & 2 \\ 2 & -3 \end{pmatrix}$，求 AB，BA，$A-(3B)^{\mathrm{T}}$，$B^{\mathrm{T}}A^{\mathrm{T}}$.

3. 某学校有四位学生的期中考试与期末考试语文、数学、英语三门课程的成绩，分别表示为如下成绩矩阵：

$$A = \begin{pmatrix} 81 & 90 & 96 \\ 72 & 76 & 78 \\ 62 & 84 & 73 \\ 76 & 82 & 81 \end{pmatrix}, \quad B = \begin{pmatrix} 94 & 92 & 91 \\ 75 & 82 & 76 \\ 78 & 86 & 79 \\ 75 & 83 & 80 \end{pmatrix}$$

若期中和期末考试成绩分别占总成绩的 40% 与 60%，则试用矩阵表示该四名学生三门课程的总评成绩.

4. 判断是非，若错误请举反例：

(1) 若矩阵 A，B，C 满足 $AB=AC$，则 $B=C$；

(2) 若 $A^2=O$，则 $A=O$；

(3) 若 $A^2=A$，则 $A=O$ 或 $A=I$；

(4) 若 A，B 是满足 $AB=BA$ 的方阵，则 $(A+B)^2=A^2+2AB+B^2$.

5. 利用矩阵的初等行变换，将下列矩阵变换为阶梯形矩阵.

(1) $\begin{pmatrix} 1 & 2 & 4 & 1 \\ 3 & 6 & 2 & 0 \\ 2 & 4 & 8 & 2 \end{pmatrix}$;

(2) $\begin{pmatrix} 2 & 1 & 2 & 3 \\ 4 & 1 & 3 & 5 \\ 2 & 0 & 1 & 2 \end{pmatrix}$.

6. 试用伴随矩阵法或初等变换法求下列矩阵的逆矩阵：

(1) $\boldsymbol{A} = \begin{pmatrix} 1 & 0 & 1 \\ 2 & 1 & 0 \\ -3 & 2 & -5 \end{pmatrix}$;

(2) $\boldsymbol{A} = \begin{pmatrix} 1 & 2 & -1 \\ 3 & 4 & -2 \\ 0 & -4 & 1 \end{pmatrix}$.

7. 求下列矩阵的秩：

(1) $\begin{pmatrix} 2 & -4 & 3 & -3 & 5 \\ 1 & -2 & 1 & 5 & 3 \\ 1 & -2 & 4 & -34 & 0 \end{pmatrix}$;

(2) $\begin{pmatrix} 1 & 0 & 0 & 1 \\ 1 & 2 & 0 & -1 \\ 3 & -1 & 0 & 4 \\ 1 & 4 & 5 & 1 \end{pmatrix}$.

8. 利用逆矩阵，解下列矩阵方程：

(1) $\begin{pmatrix} 2 & 5 \\ 1 & 3 \end{pmatrix} \boldsymbol{A} = \begin{pmatrix} 1 & 1 \\ -1 & 0 \end{pmatrix}$;

(2) $\begin{pmatrix} 2 & 3 & -1 \\ 1 & 2 & 0 \\ -1 & 2 & 2 \end{pmatrix} \boldsymbol{X} = \begin{pmatrix} 1 \\ 2 \\ 4 \end{pmatrix}$.

第 3 节　线性方程组及应用

m 个方程 n 个未知数(即 n 元)的线性方程组

$$\begin{cases} a_{11}x_1 + a_{12}x_2 + \cdots + a_{1n}x_n = b_1 \\ a_{21}x_1 + a_{22}x_2 + \cdots + a_{2n}x_2 = b_2 \\ \cdots\cdots \\ a_{m1}x_1 + a_{m2}x_2 + \cdots + a_{mn}x_n = b_m \end{cases}$$

等价于矩阵表示

$$\boldsymbol{AX} = \boldsymbol{B}$$

其中

$$\boldsymbol{A} = \begin{pmatrix} a_{11} & a_{12} & \cdots & a_{1n} \\ a_{21} & a_{22} & \cdots & a_{2n} \\ \vdots & \vdots & & \vdots \\ a_{m1} & a_{m2} & \cdots & a_{mn} \end{pmatrix}, \quad \boldsymbol{X} = \begin{pmatrix} x_1 \\ x_2 \\ \vdots \\ x_n \end{pmatrix}, \quad \boldsymbol{B} = \begin{pmatrix} b_1 \\ b_2 \\ \vdots \\ b_m \end{pmatrix}$$

$\boldsymbol{A}$ 叫做系数矩阵，$\boldsymbol{B}$ 叫做常数项矩阵，系数矩阵和常数项矩阵的并排矩阵

$$(\boldsymbol{A} \mid \boldsymbol{B}) = \left(\begin{array}{cccc|c} a_{11} & a_{12} & \cdots & a_{1n} & b_1 \\ a_{21} & a_{22} & \cdots & a_{2n} & b_2 \\ \vdots & \vdots & & \vdots & \vdots \\ a_{m1} & a_{m2} & \cdots & a_{mn} & b_m \end{array} \right)$$

叫做增广矩阵.

当线性方程组的常数项不全为零时，这样的线性方程组称为**非齐次线性方程组**. 当线性方程组的常数项全为零时，这样的线性方程组称为**齐次线性方程组**，其一般形式为

$$\begin{cases} a_{11}x_1 + a_{12}x_2 + \cdots a_{1n}x_n = 0 \\ a_{21}x_1 + a_{22}x_2 + \cdots a_{2n}x_2 = 0 \\ \cdots\cdots \\ a_{m1}x_1 + a_{m2}x_2 + \cdots a_{mn}x_n = 0 \end{cases}$$

当方程个数 m 与未知数个数 n 相等时，此时系数矩阵 A 是方阵，如果系数矩阵的行列式不等于零，即 $|A| \neq 0$ 时，可以用克拉默法则或逆矩阵求解. 本节主要介绍线性方程组的高斯消元法，讨论线性方程组的解的判定和解法.

一、高斯消元法

一般线性方程组都可以用高斯消元法即加减消元法来解. 高斯消元法主要是对线性方程组的增广矩阵进行初等行变换(必要时交换系数矩阵的两列，此时只改变解的顺序)，这样经过初等变换后对应的方程组与原方程组同解.

设 $R(A)=r$，由矩阵秩的概念可知，矩阵 A 必有不为零的 r 阶子式，不失一般性，设矩阵 A 的左上角的 r 阶子式不为零，那么 $(A|B)$ 可以化为

$$(A|B) \xrightarrow[\text{系数矩阵交换列变换}]{\text{初等行变换}} \begin{pmatrix} 1 & 0 & \cdots & 0 & c_{1,r+1} & c_{1,r+2} & \cdots & c_{1n} & d_1 \\ 0 & 1 & \cdots & 0 & c_{2,r+1} & c_{2,r+2} & \cdots & c_{2n} & d_2 \\ \vdots & \vdots & & \vdots & \vdots & \vdots & & \vdots & \vdots \\ 0 & 0 & \cdots & 1 & c_{r,r+1} & c_{r,r+2} & \cdots & c_{rn} & d_r \\ 0 & 0 & \cdots & 0 & 0 & 0 & \cdots & 0 & d_{r+1} \\ 0 & 0 & \cdots & 0 & 0 & 0 & \cdots & 0 & 0 \\ \vdots & \vdots & & \vdots & \vdots & \vdots & & \vdots & \vdots \\ 0 & 0 & \cdots & 0 & 0 & 0 & \cdots & 0 & 0 \end{pmatrix}$$

(1) 当 $d_{r+1} \neq 0$ 时，即 $R(A|B) \neq R(A)$，此时第 $r+1$ 行对应的方程为 $0x + 0x_2 \cdots + 0x_n = d_{r+1}$，不成立，从而原方程组无解.

(2) 当 $d_{r+1} = 0$ 且 $r = n$ 时，即 $R(A|B) = R(A) = n$，从而 $(A|B)$ 可以化为

$$(A|B) \xrightarrow[\text{系数矩阵交换列变换}]{\text{初等行变换}} \begin{pmatrix} 1 & 0 & \cdots & 0 & d_1 \\ 0 & 1 & \cdots & 0 & d_2 \\ \vdots & \vdots & & \vdots & \vdots \\ 0 & 0 & \cdots & 1 & d_n \end{pmatrix}$$

此时方程组有唯一解，即

$$X = \begin{pmatrix} x_1 \\ x_2 \\ \vdots \\ x_n \end{pmatrix} = \begin{pmatrix} d_1 \\ d_2 \\ \vdots \\ d_n \end{pmatrix}$$

(3) 当 $d_{r+1} = 0$ 且 $r < n$ 时，即 $R(A|B) = R(A) < n$，此时方程组可化为

$$\begin{cases} x_1 & +c_{1,r+1}x_{r+1} & + \cdots + & c_{1n}x_n & = d_1 \\ & x_2 & +c_{2,r+1}x_{r+1} & + \cdots + & c_{2n}x_n & = d_2 \\ & & \ddots & \cdots & \cdots \\ & & x_r & +c_{r,r+1}x_{r+1} & + \cdots + & c_{rn}x_n & = d_r \end{cases}$$

从而有

$$\begin{cases} x_1 = d_1 - c_{1,r+1}x_{r+1} - \cdots - c_{1n}x_n \\ x_2 = d_2 - c_{2,r+1}x_{r+1} - \cdots - c_{2n}x_n \\ \cdots\cdots \\ x_r = d_r - c_{r,r+1}x_{r+1} - \cdots - c_{rn}x_n \end{cases}$$

其中 $x_{r+1}, x_{r+2}, \cdots, x_n$ 可以取任意数值, 所以称为自由未知量.

当自由未知量 $x_{r+1}, x_{r+2}, \cdots, x_n$ 分别取 $k_1, k_2, \cdots, k_{n-r}$ 时, 方程组的解可以表示成通解形式

$$\begin{cases} x_1 = d_1 - c_{1,r+1}k_1 - \cdots - c_{1n}k_{n-r} \\ x_2 = d_2 - c_{2,r+1}k_1 - \cdots - c_{2n}k_{n-r} \\ \cdots\cdots \\ x_r = d_r - c_{r,r+1}k_1 - \cdots - c_{rn}k_{n-r} \\ x_{r+1} = \qquad\quad k_1 \\ \cdots\cdots \\ x_n = \qquad\qquad\quad k_{n-r} \end{cases}$$

此时方程组有无穷多解.

定理 1 线性方程组 $AX = B$ 有解的充分必要条件是: $R(A\,|\,B) = R(A)$. 当 $R(A\,|\,B) = n$ 时, 方程组 $AX = B$ 有唯一解; 当 $R(A\,|\,B) < n$ 时, 方程组 $AX = B$ 有无穷多解.

实际求解线性方程组时, 先用初等行变换将方程组的增广矩阵 $(A\,|\,B)$ 化为阶梯形矩阵或行最简形矩阵, 再写出阶梯形矩阵或行最简形矩阵所对应的方程组, 然后逐步回代, 求出方程组的解. 因为它们为同解方程组, 所以也就得到了原方程组的解, 这种方法被称为**高斯消元法**.

例 1 用高斯消元法解线性方程组

$$\begin{cases} x_2 + 2x_3 = -5 \\ x_1 + x_2 + 4x_3 = -11 \\ 2x_1 + 2x_2 + 8x_3 = 2 \end{cases}$$

解 利用初等行变换将增广矩阵化为阶梯形矩阵, 有

$$(A\,|\,B) = \begin{pmatrix} 0 & 1 & 2 & -5 \\ 1 & 1 & 4 & -11 \\ 2 & 2 & 8 & 2 \end{pmatrix} \xrightarrow[(1)\sim(2)]{\frac{1}{2}(3)} \begin{pmatrix} 1 & 1 & 4 & -11 \\ 0 & 1 & 2 & -5 \\ 1 & 1 & 4 & 1 \end{pmatrix}$$

$$\xrightarrow{-(1)+(3)} \begin{pmatrix} 1 & 1 & 4 & -11 \\ 0 & 1 & 2 & -5 \\ 0 & 0 & 0 & 12 \end{pmatrix}$$

因为 $R(A\,|\,B) = 3 > R(A) = 2$, 所以此线性方程组无解.

例 2　用高斯消元法解线性方程组

$$\begin{cases} x_1 + x_2 + 2x_3 = -3 \\ 3x_1 + x_2 + 4x_3 = -7 \\ 2x_1 - 2x_2 + x_3 = -6 \end{cases}$$

解　利用初等行变换将增广矩阵化为阶梯形矩阵或行最简形矩阵，有

$$(A \mid B) = \begin{pmatrix} 1 & 1 & 2 & -3 \\ 3 & 1 & 4 & -7 \\ 2 & -2 & 1 & -6 \end{pmatrix} \xrightarrow[-2(1)+(3)]{-3(1)+(2)} \begin{pmatrix} 1 & 1 & 2 & -3 \\ 0 & -2 & -2 & 2 \\ 0 & -4 & -3 & 0 \end{pmatrix}$$

$$\xrightarrow[-\frac{1}{2}(2)]{-2(2)+(3)} \begin{pmatrix} 1 & 1 & 2 & -3 \\ 0 & 1 & 1 & -1 \\ 0 & 0 & 1 & -4 \end{pmatrix} \xrightarrow[-2(3)+(1)]{-(3)+(2)} \begin{pmatrix} 1 & 1 & 0 & 5 \\ 0 & 1 & 0 & 3 \\ 0 & 0 & 1 & -4 \end{pmatrix}$$

$$\xrightarrow{-(2)+(1)} \begin{pmatrix} 1 & 0 & 0 & 2 \\ 0 & 1 & 0 & 3 \\ 0 & 0 & 1 & -4 \end{pmatrix}$$

因为 $R(A \mid B) = R(A) = 3$，此时线性方程组的解为

$$X = \begin{pmatrix} x_1 \\ x_2 \\ x_3 \end{pmatrix} = \begin{pmatrix} 2 \\ 3 \\ -4 \end{pmatrix}$$

利用矩阵的初等行变换求解线性方程组的步骤如下：

(1) 增广矩阵 $(A \mid B)$ 化为阶梯形矩阵或行最简形矩阵；

(2) 根据定理 1 判断方程组是否有解；

(3) 将阶梯形矩阵或行最简形矩阵还原为线性方程组(在方程组有解的情况下)；

(4) 求解(3)中的新方程组．

例 3　解线性方程组

$$\begin{cases} x_1 + x_2 - 2x_3 - x_4 = -1 \\ x_1 + 5x_2 - 3x_3 - 2x_4 = 0 \\ 3x_1 - x_2 + x_3 + 4x_4 = 2 \\ -2x_1 + 2x_2 + x_3 - x_4 = 1 \end{cases}$$

解　利用初等行变换将增广矩阵化为行最简形矩阵，有

$$(A \mid B) = \begin{pmatrix} 1 & 1 & -2 & -1 & -1 \\ 1 & 5 & -3 & -2 & 0 \\ 3 & -1 & 1 & 4 & 2 \\ -2 & 2 & 1 & -1 & 1 \end{pmatrix} \xrightarrow[2(1)+(4)]{\substack{-(1)+(2) \\ -3(1)+(3)}} \begin{pmatrix} 1 & 1 & -2 & -1 & -1 \\ 0 & 4 & -1 & -1 & 1 \\ 0 & -4 & 7 & 7 & 5 \\ 0 & 4 & -3 & -3 & -1 \end{pmatrix}$$

$$\xrightarrow[-(2)+(4)]{(2)+(3)} \begin{pmatrix} 1 & 1 & -2 & -1 & -1 \\ 0 & 4 & -1 & -1 & 1 \\ 0 & 0 & 6 & 6 & 6 \\ 0 & 0 & -2 & -2 & -2 \end{pmatrix} \xrightarrow{\frac{1}{3}(3)+(4)} \begin{pmatrix} 1 & 1 & -2 & -1 & -1 \\ 0 & 4 & -1 & -1 & 1 \\ 0 & 0 & 6 & 6 & 6 \\ 0 & 0 & 0 & 0 & 0 \end{pmatrix}$$

$$\xrightarrow[\substack{\frac{1}{6}(3) \\ 2(3)+(1) \\ (3)+(2)}]{} \begin{pmatrix} 1 & 1 & 0 & 1 & \big| & 1 \\ 0 & 4 & 0 & 0 & \big| & 2 \\ 0 & 0 & 1 & 1 & \big| & 1 \\ 0 & 0 & 0 & 0 & \big| & 0 \end{pmatrix} \xrightarrow[\substack{\frac{1}{4}(2) \\ -(2)+(1)}]{} \begin{pmatrix} 1 & 0 & 0 & 1 & \big| & 1/2 \\ 0 & 1 & 0 & 0 & \big| & 1/2 \\ 0 & 0 & 1 & 1 & \big| & 1 \\ 0 & 0 & 0 & 0 & \big| & 0 \end{pmatrix}$$

上述矩阵对应的方程组为

$$\begin{cases} x_1 + x_4 = \dfrac{1}{2} \\[2mm] x_2 = \dfrac{1}{2} \\[2mm] x_3 + x_4 = 1 \end{cases}$$

将此方程组中含 x_4 的项移到等号的右端，就得到原方程组的一般解，

$$\begin{cases} x_1 = -x_4 + \dfrac{1}{2} \\[2mm] x_2 = \dfrac{1}{2} \\[2mm] x_3 = -x_4 + 1 \end{cases}$$

其中 x_4 可以任意取值.

设 x_4 为自由未知量，取一任意常数 k，即令 $x_4 = k$，那么方程组的通解为

$$\begin{cases} x_1 = -k + \dfrac{1}{2} \\[2mm] x_2 = \dfrac{1}{2} \\[2mm] x_3 = -k + 1 \\[2mm] x_4 = k \end{cases}$$

其中 k 为任意常数. 用矩阵形式表示为

$$\begin{pmatrix} x_1 \\ x_2 \\ x_3 \\ x_4 \end{pmatrix} = \begin{pmatrix} -k + \dfrac{1}{2} \\[2mm] \dfrac{1}{2} \\[2mm] -k + 1 \\[2mm] k \end{pmatrix} = k \begin{pmatrix} -1 \\ 0 \\ -1 \\ 1 \end{pmatrix} + \begin{pmatrix} \dfrac{1}{2} \\[2mm] \dfrac{1}{2} \\[2mm] 1 \\[2mm] 0 \end{pmatrix}$$

其中 k 为任意常数.

注意，自由未知量的选取不是唯一的，如本题也可以将 x_3 取作自由未知量.

最后讨论齐次线性方程组 $\boldsymbol{AX} = \boldsymbol{O}$，它的一般形式为

$$\begin{cases} a_{11}x_1 + a_{12}x_2 + \cdots + a_{1n}x_n = 0 \\ a_{21}x_1 + a_{22}x_2 + \cdots + a_{2n}x_2 = 0 \\ \cdots\cdots \\ a_{m1}x_1 + a_{m2}x_2 + \cdots + a_{mn}x_n = 0 \end{cases}$$

由于增广矩阵 $R(A|O) = R(A)$，所以齐次线性方程组一定有解，由定理 1 可知，当 $R(A) = n$ 时，方程组 $AX = B$ 只有零解；当 $R(A) < n$ 时，方程组 $AX = B$ 有无穷多解，即得如下定理.

定理 2 齐次线性方程组 $AX = O$ 有非零解的充分必要条件是：$R(A) < n$.

练一练

1. 线性方程组 $AX = B$ 有解的充分必要条件为：_____，当_____时，必有唯一解，当_____时，该方程组必有无穷多解.

2. 求解非齐次方程组 $\begin{cases} 9x_1 - 3x_2 + 5x_3 + 6x_4 = 4, \\ 6x_1 - 2x_2 + 3x_3 + 4x_4 = 5, \\ 3x_1 - x_2 + 3x_3 + 14x_4 = -8. \end{cases}$

二、线性方程组应用举例

例 4（百鸡百钱） 今有百钱买百鸡. 鸡翁一值钱五，鸡母一值钱三，鸡雏三值钱一，问鸡翁、鸡母、鸡雏各几何?

解 设鸡翁、鸡母、鸡雏各买 x，y，z 只. 依题意得方程组

$$\begin{cases} x + y + z = 100 \\ 5x + 3y + \dfrac{1}{3}z = 100 \end{cases} \rightarrow \begin{cases} x + y + z = 100 \\ 15x + 9y + z = 300 \end{cases}$$

其增广矩阵为

$$(A|B) \rightarrow \begin{pmatrix} 1 & 1 & 1 & \Big| & 100 \\ 15 & 9 & 1 & \Big| & 300 \end{pmatrix} \rightarrow \begin{pmatrix} 1 & 1 & 1 & \Big| & 100 \\ 0 & -6 & -14 & \Big| & -1200 \end{pmatrix}$$

$$\rightarrow \begin{pmatrix} 1 & 1 & 1 & \Big| & 100 \\ 0 & 1 & \dfrac{7}{3} & \Big| & 200 \end{pmatrix} \rightarrow \begin{pmatrix} 1 & 0 & -\dfrac{4}{3} & \Big| & -100 \\ 0 & 1 & \dfrac{7}{3} & \Big| & 200 \end{pmatrix}$$

同解的方程组为

$$\begin{cases} x = \dfrac{4}{3}z - 100 \\ y = 200 - \dfrac{7}{3}z \end{cases}$$

考虑 x，y，$z \geq 0$，且 x，y，z 必须为非负整数，所以 z 为 3 的倍数，且

$$75 \leqslant z \leqslant \frac{600}{7}$$

所有可能的解为

$$\begin{cases} x = 0, \\ y = 25, \\ z = 75, \end{cases} \quad \begin{cases} x = 4, \\ y = 18, \\ z = 78, \end{cases} \quad \begin{cases} x = 8, \\ y = 11, \\ z = 81, \end{cases} \quad \begin{cases} x = 12 \\ y = 4 \\ z = 84 \end{cases}$$

例 5 兽医推荐某宠物的饮食每天应包含蛋白质 100 单位，糖类 200 单位，脂肪 50 单位. 现宠物食品店有四种食品：A，B，C，D. 每盒 A，B，C，D 的蛋白质、糖类、脂肪的

含量(单位)如表 7-4 所示.

表 7-4

食品	蛋白质	糖类	脂肪
A	5	20	2
B	4	25	2
C	7	10	10
D	10	5	6

问：该店是否存在满足兽医推荐的食品组合？

解 设食品 A, B, C, D 分别需要 x_1, x_2, x_3, x_4 盒. 根据题意有下列方程组

$$\begin{cases} 5x_1 + 4x_2 + 7x_3 + 10x_4 = 100 \\ 20x_1 + 25x_2 + 10x_3 + 5x_4 = 200 \\ 2x_1 + 2x_2 + 10x_3 + 6x_4 = 50 \end{cases}$$

对上述方程组的增广矩阵进行初等行变换得

$$(A|B) = \begin{pmatrix} 5 & 4 & 7 & 10 & | & 100 \\ 20 & 25 & 10 & 5 & | & 200 \\ 2 & 2 & 10 & 6 & | & 50 \end{pmatrix} \xrightarrow[\frac{1}{5}(2)]{\substack{\frac{1}{2}(3)\\(3)\sim(1)}} \begin{pmatrix} 1 & 1 & 5 & 3 & | & 25 \\ 4 & 5 & 2 & 1 & | & 40 \\ 5 & 4 & 7 & 10 & | & 100 \end{pmatrix}$$

$$\xrightarrow[-5(1)+(3)]{-4(1)+(2)} \begin{pmatrix} 1 & 1 & 5 & 3 & | & 25 \\ 0 & 1 & -18 & -11 & | & -60 \\ 0 & -1 & -18 & -5 & | & -25 \end{pmatrix} \xrightarrow[-(3)]{(2)+(3)} \begin{pmatrix} 1 & 1 & 5 & 3 & | & 25 \\ 0 & 1 & -18 & -11 & | & -60 \\ 0 & 0 & 36 & 16 & | & 85 \end{pmatrix}$$

因为 $R(A|B)=R(A)=3<4$, 此时线性方程组有无穷多解.

上面最后一个梯形矩阵对应的方程组是

$$\begin{cases} x_1 + x_2 + 5x_3 + 3x_4 = 25 \\ x_2 - 18x_3 - 11x_4 = -60 \\ 36x_3 + 16x_4 = 85 \end{cases}$$

把 x_4 当作自由变量, 令 $x_4 = k$, 得 $x_1 = -\frac{34}{9}k + \frac{1105}{36}$, $x_2 = 3k - \frac{35}{2}$, $x_3 = -\frac{4}{9}k + \frac{85}{36}$.

考虑 $x_1, x_2, x_3, x_4 \geqslant 0$, 由 $x_1 \geqslant 0$, $x_2 \geqslant 0$ 和 $x_3 \geqslant 0$ 得

$$\frac{35}{6} \leqslant k \leqslant \frac{85}{16}$$

这是不可能的, 即该店不存在满足兽医推荐的食品组合.

例 6 现有一个木工、一个电工和一个油漆工, 三人相互同意彼此装修他们自己的房子, 在装修之前, 他们达成了如下协议：

(1) 每人总共工作 10 天(包括给自己家干活在内)；

(2) 每人的日工资根据一般的市价 60—80 元；

(3) 每人的日工资数应使得每人的总收入与总支出相等.

表 7-5 是他们协商后制定出的工作天数的分配方案, 如何计算出他们每人应得的工资？

表 7-5

天数　　　　　　工种	木工	电工	油漆工
在木工家的工作天数	2	1	6
在电工家的工作天数	4	5	1
在油漆工家的工作天数	4	4	3

解　以 x_1 表示木工的日工资；x_2 表示电工的日工资；x_3 表示油漆工的日工资. 根据协议中每人总支出与总收入相等的原则，分别考虑木工、电工及油漆工的总收入和总支出，得到如下方程组：

$$\begin{cases} 2x_1 + x_2 + 6x_3 = 10x_1 \\ 4x_1 + 5x_2 + x_3 = 10x_2 \\ 4x_1 + 4x_2 + 3x_3 = 10x_3 \end{cases}$$

整理得

$$\begin{cases} -8x_1 + x_2 + 6x_3 = 0 \\ 4x_1 - 5x_2 + x_3 = 0 \\ 4x_1 + 4x_2 - 7x_3 = 0 \end{cases}$$

由于

$$(A \mid B) \rightarrow \begin{pmatrix} -8 & 1 & 6 & 0 \\ 4 & -5 & 1 & 0 \\ 4 & 4 & -7 & 0 \end{pmatrix} \rightarrow \begin{pmatrix} 4 & 4 & -7 & 0 \\ 4 & -5 & 1 & 0 \\ -8 & 1 & 6 & 0 \end{pmatrix}$$

$$\rightarrow \begin{pmatrix} 4 & 4 & -7 & 0 \\ 0 & -9 & 8 & 0 \\ 0 & 9 & -8 & 0 \end{pmatrix} \rightarrow \begin{pmatrix} 4 & 4 & -7 & 0 \\ 0 & -9 & 8 & 0 \\ 0 & 0 & 0 & 0 \end{pmatrix}$$

同解的方程组为

$$\begin{cases} 4x_1 + 4x_2 - 7x_3 = 0 \\ -9x_2 + 8x_3 = 0 \end{cases}$$

从而，方程组的通解为

$$X = \begin{pmatrix} x_1 \\ x_2 \\ x_3 \end{pmatrix} = k \begin{pmatrix} \dfrac{31}{36} \\ \dfrac{8}{9} \\ 1 \end{pmatrix}, \quad k \text{ 为任意实数}$$

由于每人的日工资在 60—80 元，故选择 $k=72$，从而木工、电工及油漆工每人每天的日工资为

$$x_1 = 62; \quad x_2 = 64; \quad x_3 = 72$$

习　题　7-3

1. 用高斯消元法解线性方程组:

(1) $\begin{cases} 3x_1 - 2x_2 + x_3 = 2, \\ 2x_1 - 3x_2 + 4x_3 = 3, \\ x_1 - x_2 + x_3 = 2; \end{cases}$

(2) $\begin{cases} 2x_1 - x_2 + x_3 = 3, \\ 3x_1 + x_2 - x_3 = 2, \\ x_1 - x_2 + x_3 = -4; \end{cases}$

(3) $\begin{cases} -2x_1 - x_2 + 3x_3 + x_4 = -4, \\ x_1 - 2x_2 + x_3 - 3x_4 = -8, \\ x_1 - x_2 - 2x_4 = -4; \end{cases}$

(4) $\begin{cases} x_1 + x_2 + x_3 + x_4 = 2, \\ 2x_1 + 2x_2 + 3x_3 + 4x_4 = 5, \\ 4x_1 + 4x_2 + 5x_3 + 6x_4 = 9. \end{cases}$

2. a 为何值时, 线性方程组 $\begin{cases} x_1 - 2x_2 + 3x_3 - 4x_4 = 4, \\ x_2 - x_3 + x_4 = -3, \\ x_1 + 3x_2 - 3x_4 = 1, \\ -7x_2 + 3x_3 + x_4 = a \end{cases}$ 有解? 无解? 在有解的情况下求其解.

3. 问 λ, μ 为何值时, 齐次线性方程组 $\begin{cases} \lambda x_1 + x_2 + x_3 = 0, \\ x_1 + \mu x_2 + x_3 = 0, \\ x_1 + 2\mu x_2 + x_3 = 0 \end{cases}$ 有非零解?

本章小结 7

一、知识结构图

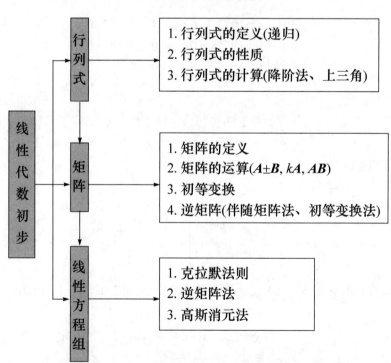

二、基 本 内 容

1. 行列式的定义

(1) 二阶、三阶行列式，理解行列式的对角线法则.

(2) n 阶行列式，用递归定义

$$D = \begin{vmatrix} a_{11} & a_{12} & a_{13} & \cdots & a_{1n} \\ a_{21} & a_{22} & a_{23} & \cdots & a_{2n} \\ a_{31} & a_{32} & a_{33} & \cdots & a_{3n} \\ \vdots & \vdots & \vdots & & \vdots \\ a_{n1} & a_{n2} & a_{n3} & \cdots & a_{nn} \end{vmatrix} = a_{11}A_{11} + a_{12}A_{12} + \cdots + a_{1n}A_{1n} = \sum_{j=1}^{n} a_{1j}A_{1j}$$

2. 行列式的性质(6 个性质略)

3. 行列式的计算

(1) 对角线法则：对于二阶、三阶行列式，用对角线法则展开；

(2) 降阶法：对于 n 阶行列式，利用行列式性质将某行(列)的元素化为只剩下一个非零元素，然后按此行(列)展开，从而达到降阶的目的；

(3) 上三角法：利用行列式性质将行列式化为上三角行列式.

4. 矩阵的定义

了解行矩阵、列矩阵、方阵、零矩阵、单位矩阵、上三角矩阵、下三角矩阵、对角矩阵、矩阵相等、转置矩阵、矩阵的行列式等基本概念.

5. 矩阵的运算

$$A \pm B = (a_{ij})_{m \times n} \pm (b_{ij})_{m \times n} = (a_{ij} \pm b_{ij})_{m \times n}; \quad kA = k(a_{ij})_{m \times n} = (ka_{ij})_{m \times n}$$

$$C = AB = (c_{ij})_{m \times n}$$

其中 $c_{ij} = a_{i1}b_{1j} + a_{i2}b_{2j} + \cdots + a_{is}b_{sj} = \sum_{k=1}^{s} a_{ik}b_{kj} (i = 1, 2, \cdots, m; j = 1, 2, \cdots, n)$.

6. 矩阵的初等变换

矩阵的初等变换在求矩阵的秩、逆矩阵及解线性方程组中起着重要的作用，有以下三种：交换变换、倍乘变换、倍加变换.

$$A \xrightarrow{\text{初等行变换}} \text{阶梯形矩阵} \xrightarrow{\text{初等行变换}} \text{行最简形矩阵}$$

7. 逆矩阵

(1) 矩阵 A 的逆矩阵 A^{-1} 有：$AA^{-1} = A^{-1}A = I$.

(2) 求逆矩阵的方法：

伴随矩阵法：$A^{-1} = \dfrac{1}{|A|}A^*$，要注意代数余子式 A_{ij} 的符号和在 A^* 中的位置；

初等变换法：$(A \mid I) \xrightarrow{\text{初等行变换}} (I \mid A^{-1})$.

8. 线性方程组 $AX = B$

(1) 克拉默法则：当方程个数 m=未知数个数 n，且 $D \neq 0$ 时

$$x_1 = \frac{D_1}{D}, \quad x_2 = \frac{D_2}{D}, \quad \cdots, \quad x_n = \frac{D_n}{D}$$

(2) 逆矩阵法：当方程个数 m=未知数个数 n，且 $|A| \neq 0$ 时，

$$X = A^{-1}B$$

(3) 高斯消元法：

$$(A \mid B) \xrightarrow[\text{系数矩阵交换列变换}]{\text{初等行变换}} \begin{pmatrix} I_r & C_{r\times(n-r)} & D_{r\times 1} \\ O & O & d_{r+1} \\ O & O & O \end{pmatrix}$$

其中初等列变换只改变解的顺序，这样初等变换后的对应的方程组与原方程组同解：

(1) $R(A \mid B) \neq R(A)$ 时，$AX = B$ 无解；

(2) $R(A \mid B) = R(A) = n$ 时，$AX = B$ 有唯一解；

(3) $R(A \mid B) = R(A) < n$ 时，$AX = B$ 有无穷解.

实际求解线性方程组时，先用初等行变换将方程组的增广矩阵 $(A \mid B)$ 化为阶梯形矩阵或行最简形矩阵，再写出对应的线性方程组，从而就可以求出原方程组的解.

单元测试 7

一、填充题

1. $\lambda=$ ＿＿＿＿＿＿时，行列式 $\begin{vmatrix} 1-\lambda & 2 \\ 2 & 1-\lambda \end{vmatrix} = 0$.

2. $\begin{vmatrix} 2 & 2 & 2 \\ 3 & 3 & 3 \\ 4 & 5 & 6 \end{vmatrix} =$ ＿＿＿＿＿＿，$\begin{vmatrix} 1 & 1 & 1 & 1 \\ 1 & 2 & 3 & 4 \\ 1 & 4 & 9 & 16 \\ 1 & 8 & 27 & 64 \end{vmatrix} =$ ＿＿＿＿＿＿.

3. $\begin{vmatrix} 2a & 2b & 2c \\ 2d & 2e & 2f \\ 2h & 2i & 2k \end{vmatrix} =$ ＿＿＿＿＿＿ $\begin{vmatrix} a & b & c \\ d & e & f \\ h & i & k \end{vmatrix}$，

$\begin{pmatrix} 2a & 2b & 2c \\ 2d & 2e & 2f \\ 2h & 2i & 2k \end{pmatrix} =$ ＿＿＿＿＿＿ $\begin{pmatrix} a & b & c \\ d & e & f \\ h & i & k \end{pmatrix}$.

4. 已知 $A = \begin{pmatrix} 1 & 2 \\ 3 & 4 \end{pmatrix}$，$B = \begin{pmatrix} -1 & 2 \\ 0 & 3 \end{pmatrix}$，则 $AB =$ ＿＿＿＿＿＿，$BA =$ ＿＿＿＿＿＿.

5. 试按第二行展开 $\begin{vmatrix} 2 & -3 & 4 \\ -5 & 1 & 6 \\ -3 & 2 & 7 \end{vmatrix} =$ ＿＿＿＿＿＿.

6. 非齐次线性方程组 $\begin{cases} x_1 - 3x_2 + 2x_3 = 1, \\ -2x_1 + 6x_2 - 4x_3 = -2 \end{cases}$ 的通解中自由未知量的个数为＿＿＿＿＿＿.

二、单项选择题

1. 若行列式 $\begin{vmatrix} 2 & -1 & 0 \\ 1 & x & -2 \\ 3 & -1 & 2 \end{vmatrix} = 0$，则 $x=$（　　）.

A. -2 B. 2

C. -1 D. 1

2. 关于齐次方程组 $\begin{cases} x_1 - 3x_2 + 2x_3 = 0, \\ -2x_1 + 6x_2 - 4x_3 = 0, \end{cases}$ 说法正确的是（　　）.

A. 无数解   B. 无解

C. 零解   D. 以上都不对

3. 如行列式 $\begin{vmatrix} a_{11} & a_{12} & a_{13} \\ a_{21} & a_{22} & a_{23} \\ a_{31} & a_{32} & a_{33} \end{vmatrix} = d$，则 $\begin{vmatrix} 3a_{31} & 3a_{32} & 3a_{33} \\ 2a_{21} & 2a_{22} & 2a_{23} \\ -a_{11} & -a_{12} & -a_{13} \end{vmatrix} =$（　　）.

A. $3d$ B. $6d$

C. $2d$ D. $-6d$

4. $n>1$ 时 n 阶行列式 $\begin{vmatrix} 0 & 0 & \cdots & 0 & 1 \\ 0 & 0 & \cdots & 1 & 0 \\ \vdots & \vdots & & \vdots & \vdots \\ 0 & 1 & \cdots & 0 & 0 \\ 1 & 0 & \cdots & 0 & 0 \end{vmatrix}$ 的值

为(　　).

 A. $(-1)^n$ B. $(-1)^{\frac{1}{2}n(n-1)}$

 C. $(-1)^{\frac{1}{2}n(n+1)}$ D. 1

5. 设二阶方阵 A 的行列式 $|A|=1$，则 $3A$ 的行列式 $|3A|$ 的值为(　　).

 A. 1   B. 2

 C. 3   D. 9

三、计算题

1. 求行列式 $D=\begin{vmatrix} 5 & 0 & 4 & 2 \\ 1 & -1 & 2 & 1 \\ 4 & 1 & 2 & 0 \\ 1 & 1 & 1 & 1 \end{vmatrix}$ 的值.

2. 已知 $A=\begin{pmatrix} 3 & 7 & -3 \\ -2 & -5 & 2 \\ -4 & -10 & 3 \end{pmatrix}$，求 A^{-1}.

3. 已知 $A=\begin{pmatrix} 3 & 2 & -1 & -3 & -2 \\ 2 & -1 & 3 & 1 & -3 \\ 4 & 5 & -5 & -6 & 1 \end{pmatrix}$，求 A 的秩.

4. 用高斯消元法解线性方程组

$$\begin{cases} x_1 + 2x_2 + x_3 - x_4 = 4 \\ 3x_1 + 6x_2 - x_3 - 3x_4 = 8 \\ 5x_1 + 10x_2 + x_3 - 5x_4 = 16 \end{cases}$$

阅读材料 7

美丽的分形

一粒沙里看出一个世界，
一朵花里看出一个天堂，
把无限放在你的手掌，
把永恒在一刹那间收藏.

——威廉·布莱克

图 7-3

20 世纪几何学的两次飞跃分别是从有限维到无限维(上半世纪)和从整数维到分数维(下半世纪)，后者被称为分形几何学，它是新兴的科学分支——混沌理论的数学基础(图 7-3). 拥有法国和美国双重国籍、波兰出生的数学家曼德勃罗(Mandelbrot，1924—2010)通过自相似性建立起这门全新的几何学，这是有关斑痕、麻点、破碎、扭曲、缠绕、纠结的几何学，它的维数居然可以不是整数.

曼德勃罗想用分形(fractal)来描述自然界中传统几何学所不能描述的一大类复杂无规的几何对象. 例如，弯弯曲曲的海岸线，起伏不平的山脉，粗糙不堪的断面，变幻无常的浮云，九曲回肠的河流，纵横交错的血管，令人眼花缭乱的满天繁星等. 它们的特点是，极不规则或极不光滑. 直观而粗略地说，这些对象都是分形.

1967 年，曼德勃罗发表了《英国的海岸线有多长?》的文章. 在查阅了西班牙和葡萄牙、比利时和荷兰的百科全书后，人们发现这些国家对于它们共同边界的估计相差 20%. 事实上，无论是海岸线还是国境线，其长度取决于测量度的大小. 一位试图从人造卫星上估计海岸线长度的观察者，相比海湾和海滩上的踏勘者，将得出较小的数值. 而后者相较爬过每一枚鹅卵石的蜗牛来，又会得出较小的结果. 常识告诉我们，虽然这些估值一个比一个大，可是它们会趋近于某个特定的值，即海岸线的真正长度. 但曼德勃罗却证明了任何海岸线在一定意义上都是无限长的，因为海湾和半岛会显露出越来越小的子海湾和子半岛. 这就是所谓的自相似性，它是一种特殊的跨越不同尺度的对称性，它意味着递归，即图案之中套着图案. 这个概念在西方文化中由来已久, 早在 17 世纪, 莱布尼茨就设想过一滴水中包含着整个多彩的宇宙.

曼德勃罗考虑了一个简单的函数 $f(x)=x^2+c$, 其中 x 是复变量, c 是复参数. 从某个初始值 a_0 开始令 $a_{n+1}=f(a_n)$, 就产生了点集 $\{a_i, i=0, 1, 2, \cdots\}$. 1980 年, 曼德勃罗发现, 对于有些参数 c, 迭代会在复平面的某几点之间循环反复; 而对于另外一些参数 c, 迭代结果却毫无规律可言. 前一种参数 c 叫吸引子, 后一种叫混沌, 所有吸引子的复平面子集如今被命名为 "曼德勃罗集合".

由于复数迭代过程即便对于较为简单的方程(动力系统)也需要海量的计算, 因此分形几何学和混沌理论的研究只有借助高速计算机才能进行, 结果也产生了许多精美奇妙的分形图案, 不仅被用来做书籍插图, 还被出版商拿去制作挂历. 在实际应用中, 分形几何学和混沌理论在描述和探索许许多多的不规则现象(如海岸线形状、大气运动、海洋湍流、野生生物群, 乃至股票、基金价格的涨落等)方面, 均起到十分重要的作用.

"谁不知道熵概念就不能被认为是科学上的文化人, 将来谁不知道分形概念, 也不能称为有知识." ——物理学家惠勒

第 8 章　MathStudio 与数学实验

图灵(Alan Mathison Turing, 1912—1954)(图 8-1)　英国数学家、逻辑学家，他被誉为"计算机之父"．

1999 年《时代》周刊将图灵评为"20 世纪最重要的一百人"之一，因为今天我们每个人都工作在一台"图灵机"上．

他成功破译了纳粹德国复杂严密的密码系统，让希特勒的战争部署赤裸裸暴露在盟军面前．可以说，他用自己的天才，改变了整个英国，乃至全人类的命运走向．

图 8-1　图灵

前面几章我们学习了微积分和线性代数的相关知识，需要掌握大量的公式、方法和技巧，这些工作使一些学生看到数学就望而生畏，直接影响了学习兴趣，同时也影响了对数学概念的理解和数学的应用．随着智能手机的普及，手机软件 MathStudio 这样具有符号推导功能的软件应运而生，给数学的学习带来了一场变革．

本章以 MathStudio Express 6.0.5 为例，介绍 MathStudio 在微积分、线性代数等方面的基本应用．大家可以通过前面各章的例题或习题用 MathStudio 来求解，不再另行安排习题．

第 1 节　MathStudio 简介与曲线作图

MathStudio 俗称数学宝典，它前身是 SpaceTime，是一款小巧而强大的科学计算和符号运算软件，具有 Mathematica 和 Matlab 等软件的基本功能．由于其容量仅为 1M 多，随着智能手机和 ipad 等的日益普及，目前已为 Android 和 ios 系统下最实用的数学软件．经过数学家和计算机工程师的不懈努力，已发展到 6.0.5 的版本．

MathStudio 的官方网站为 www. MathStud. io，分为 Android 版、ios 版和 Windows 版，安卓用户可借助手机软件管理助手进行下载与安装．由于目前 MathStudio Express 6.0.5 版本是免费的，所以本书都是基于 MathStudio Express 6.0.5 版本，图 8-2 是打开软件后的界面．MathStudio 能解决微积分、线性代数、统计分析等方面的运算，还具有编程功能．

一、MathStudio 操作界面

MathStudio 界面简洁，操作简单，整个界面分为菜单区、编辑区、功能区、键盘区，如图 8-2 所示．

1. 菜单区

菜单区在界面的最上面一行，因屏幕大小只显示 MathStudio(主界面)、Catalog(函数目录)、Options(设置选项)、Menu(菜单)四个选项，单击 Menu 选项还会显示如图 8-3 的 Edit、

Entries、Tutorials、Demos、Tips、About MathStudio 等菜单，选项后的"▷"和"▽"可展开或折叠子菜单.

图 8-2

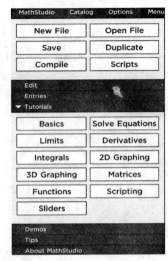

图 8-3

其中 Tutorials(教程)菜单一步一步地引导读者进行常用的极限、求导、积分、作图等数学方法的操作，是初学者自学的良友；Demos(范例)菜单提供常用的极限、求导、积分、作图等方法的一些范例.

2. 编辑区

编辑区用于指令的输入和输出,包括图形的显示,如图 8-4 所示,其中指令"Plot(sin(x)/x)"用于画出函数 $y = \dfrac{\sin x}{x}$ 的图形，指令"Limit(sin(x)/x,x,0)"用于计算函数 $y = \dfrac{\sin x}{x}$ 当 $x \to 0$ 时的极限.

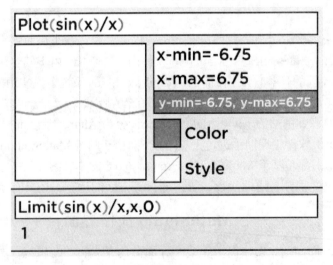

图 8-4

3. 功能区

功能区用于对编辑区的指令进行各种操作，如图 8-5 所示，左右拖动便可看到所有按键.

图 8-5

4. 键盘区

键盘区分为 6 个部分，通过在主键盘区上下左右滑动选择不同的键盘来输入，它们的相对位置如图 8-6 所示.

(1) 主键盘：有一般计算器的按键，并有少数特殊运算符和函数(图 8-6).

(2) 函数键盘：有常用的函数和常量，如图 8-7，其中最右一列中"D"表示求导，" $\int$ "表示求积分，"Limit"表示求极限，这三个键涵盖了微积分最基本的三种运算.

图 8-6　　　　　　　　　　　　　　　　图 8-7

(3) 编程键盘：有各种脚本语言编写的关键字以及运算符.

(4) 字符键盘：有英文字符(大写字母需先按向上键)和常用标点符号.

(5) 绘图键盘：有两个绘图键盘，有各种绘图函数和指令.

二、MathStudio 中的函数

1. 常量和变量

MathStudio 中的常量，包括数学、物理中常见的某些常数，用特殊字母表示，这些数的概念同数学中的概念完全一样.

符号　　　π　　　　　　∞　　　　　　e　　　　　　i　　　　γ　　　ans
常数　3.14159…　　无穷大　2.71828…　虚数单位　欧拉常数　指令计算结果

MathStudio 中的变量名必须是以字母开头的并由字母或数字组成的字符串，但是不能含有空格或标点符号，大写与小写字母用来表示不同的变量. 例如 x，a1，N2 和 TL 都是合法的变量名，2 a 不是合法的变量名，a1 与 A1 是不同的变量.

2. 算术运算符

可利用键盘区的主键盘中的加、减、乘、除、乘方和开方等键，完成基本表达式的输入，点击功能区的 Solve 键即可完成求解,再次点击 Solve 键可以交替显示结果的精确数和浮点数(或近似数)方式,如输入"1/3+1",运算一次显示"4/3",再运算一次,则显示"1.33333".

符号　　　　　+　　　　　－　　　　　*　　　　　/　　　　　^
运算　　　加法　　　减法　　　乘法　　　除法　　　乘方

3. 函数

MathStudio 提供的函数种类繁多且功能强大，函数一词也不限于数学上的含义，有实

现各种操作的函数. 我们将 MathStudio 本身的内部函数统称为系统函数，还可以由用户自定义函数.

函数的调用方法为**函数名(z)**，其中 z 可以是常数、变量、表达式.

(1) **对数函数**   用函数 $\log(a, z)$ 来表示以常数 a 为底的实数 z 的对数. 特别地，用函数 $\ln(z)$ 表示以 e 为底的对数，用函数 $\log(z)$ 表示以 10 为底的对数.

(2) **三角函数和反三角函数**   6 个三角函数和 3 个反三角函数的操作如图 8-8 所示，三角函数的中的角可以为角度或弧度，反三角函数值通过设置 Options 菜单的 AngleMode 选项可以改变结果的显示为角度还是弧度.

sin(π/4)	csc(45°)	asin(1/2)
0.70711	$\sqrt{2}$	0.5236
cos(30°)	sec(30°)	acos(1/2)
$\dfrac{\sqrt{3}}{2}$	$\dfrac{2}{\sqrt{3}}$	60
tan(315°)	cot(315°)	atan($\sqrt{(3)}$)
-1	-1	60

图 8-8

(3) **初等函数**   可以用运算符号和"( )"表示数学中的初等函数，如 Sin(Exp(x))/x+(x+x^2-3x^4)/(1-x^2)表示数学函数 $\dfrac{\sin(e^x)}{x} + \dfrac{x + x^2 - 3x^4}{1 - x^2}$.

(4) **自定义函数**   MathStudio 支持自定义函数计算，如图 8-9 所示，我们先定义函数 $f(x) = 2x^2 - 3x + 1$，然后用 $f(2)$ 来求值.

(5) **分段函数**   用 Choose(test1, value1, test2, value2, ⋯)表示，如图 8-9 所示，其中 Choose(x>0,x,x≤0,-x)定义一个分段函数 $g(x) = \begin{cases} x, & x > 0, \\ -x, & x \leqslant 0, \end{cases}$ 实际上 $g(x) = |x|$.

说明：

● 函数的输入可按照有关字符逐字输入，常用的函数可以在函数键盘上选择，不常用的函数还可以在 Catalog 菜单下按照首字母寻找；

● MathStudio 严格区分大小写，一般地，系统函数的首写字母必须大写，但也有一些函数的首字母大小写皆可，如图 8-10 所示中的 plot 函数.

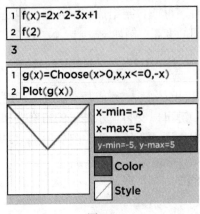

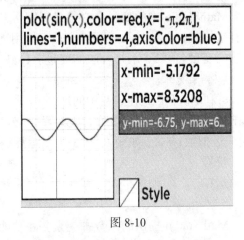

图 8-9

图 8-10

三、曲线作图

MathStudio 可以非常方便地作出任意函数的图像，让我们对于抽象的函数有具体的认识，从而使我们对高等数学的认识不再高深莫测. MathStudio 能绘制直角坐标系函数图形、极坐标系函数图形、参数方程图形、隐函数图形等，下面介绍各种绘图方法.

1. Plot 绘图

方法 1：直接输入函数，然后点击功能区的 Plot 键即可. 点击【Color】可以改变图形显示的颜色，点击【Style】可以切换图形的显示方式(图 8-10).

方法 2：Plot(函数，[参数 1]，[参数 2]，…)

如图 8-10，Color=red 表示图形颜色为红色，x=[−π, 2π]表示显示 x 的范围为[−π, 2π]，lines=1 表示线条的粗细，numbers=4 表示设置坐标轴刻度为 4 的倍数，axisColor=blue 表示坐标轴颜色为蓝色.

双击图形，则放大图形如图 8-11 所示，其中图形下方"Move Trace Focus Table"分别表示图形的移动、追踪、放大和表格形式，"Zeros Minima Maxima"对应函数的零点、最小值、最大值开关，为我们今后学习函数的零点和最值提供必要的帮助.

2. 参数方程作图

由于 Plot 绘图更多的是单值函数，所以对于像单位圆这样的曲线，我们可用参数方程作图.

例 1　用参数方程作图法绘制单位圆$\begin{cases} x = \cos u, \\ y = \sin u. \end{cases}$

解　方法 1：在绘图键盘单击 Parametric 键，即可显示参数方程输入指令框，输入 x 和 y 关于参数 u 的方程就可绘制参数方程图形(图 8-12(a)).

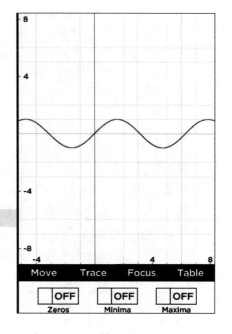

图 8-11

方法 2：用绘图函数，可方便地设置图形属性(图 8-12(b))，格式如下：
ParametricPlot(函数，[参数]，…)，其中参数设置方法可参考 Plot 作图.

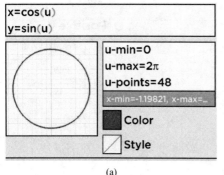

(a)

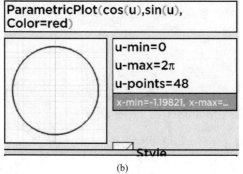

(b)

图 8-12

3. 极坐标作图

例2 用极坐标作图法绘制单位圆 $r=1$.

解 方法1：在绘图键盘上单击 Polar 键，即可显示极坐标方程输入指令框，输入极坐标方程 $r=1$ 就可绘制对应的单位圆(图 8-13(a)).

方法2：用绘图函数，可方便地设置图形属性(图 8-13(b))，格式如下.

PolarPlot(函数, [参数], …)

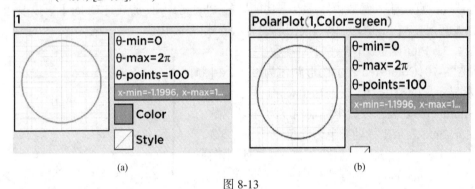

(a)   (b)

图 8-13

4. 隐函数作图

例3 用隐函数作图法绘制单位圆 $x^2+y^2-1=0$ 的图形.

解 方法1：在绘图键盘上单击 Implict 键，再在编辑区输入 x^2+y^2-1，点击 Plot 键就可绘制对应图形(图 8-14(a)).

方法2：用绘图函数，可方便地设置图形属性(图 8-14(b))，格式如下：

implictPlot(函数, [参数], …)，其中参数设置方法可参考 Plot 作图.

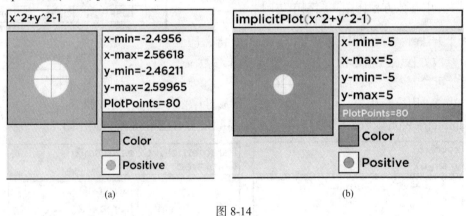

(a)   (b)

图 8-14

5. MultiPlot 同时画几个函数图像

格式 MultiPlot(图 1, 图 2, …)

例4 在同一坐标系中同时画出圆 $x^2+y^2=4$、双曲线 $\dfrac{x^2}{4}-\dfrac{y^2}{9}=1$ 及渐近线 $y=\pm\dfrac{3}{2}x$.

解 用极坐标作图作出圆($r=2$)，用隐函数作图法画双曲线 $\dfrac{x^2}{4}-\dfrac{y^2}{9}=1$，用 Plot 画两条直线 $y=\pm\dfrac{3}{2}x$，如图 8-15 所示.

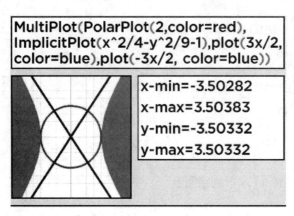

图 8-15

6. 动画绘图

(1) 时间变量 T 动画：在任何方式绘图的情况下，将某个变量加上一个时间变量 T，那么图形就会随着时间变量的变化，显示为动画的效果(图 8-16(a)).

(2) Slider 滑动动画：格式 Slider(参数，初值，终值，步长).

在数学函数中设置某个参数在一范围中变化，可以观察到图形的变化，如图 8-16(b)所示，在图形的最下方可以用手指调节参数 a 的大小，可以观察到图形随着 a 变化而变化.

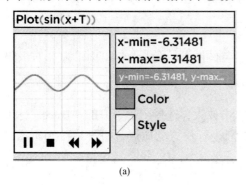

(a)

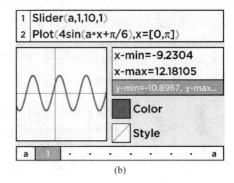

(b)

图 8-16

第 2 节　MathStudio 与极限

Limit(f，x，a)表示 $x \to a$ 时 $f(x)$ 的极限，默认右极限
Limit(f，x，a，1)表示 $x \to a$ 时 $f(x)$ 的右极限
Limit(f，x，a，−1)表示 $x \to a$ 时 $f(x)$ 的左极限
Limit(f，x，∞)表示 $x \to +\infty$ 时 $f(x)$ 的极限
Limit(f，x，−∞)表示 $x \to -\infty$ 时 $f(x)$ 的极限

例 1　利用 MathStudio 求极限 $\lim\limits_{x \to 0^+} \mathrm{e}^{\frac{1}{x}}$ 和 $\lim\limits_{x \to 0^-} \mathrm{e}^{\frac{1}{x}}$.

解　如图 8-17 所示.

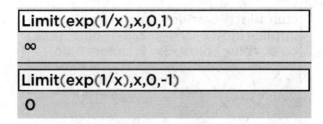

Limit(exp(1/x),x,0,1)

∞

Limit(exp(1/x),x,0,-1)

0

图 8-17

例 2 利用 MathStudio 求下列极限：

(1) $\lim\limits_{x\to 0}\dfrac{\sqrt{1+x}-1}{x}$； (2) $\lim\limits_{x\to 1}\left(\dfrac{2}{x^2-1}-\dfrac{1}{x-1}\right)$； (3) $\lim\limits_{x\to 2}(x-1)^{\frac{1}{x-2}}$； (4) $\lim\limits_{x\to\infty}\left(\dfrac{3x+4}{3x-1}\right)^{x+1}$.

解 如图 8-18 所示. 注意(4)计算的结果是 $e^{\frac{5}{3}}\approx 5.29449$.

Limit((√(1+x)-1)/x,x,0)	Limit((x-1)^(1/(x-2)),x,2)
0.5	e
Limit(2/(x^2-1)-1/(x-1),x,1)	Limit(((3x+4)/(3x-1))^(x+1),x,∞)
-0.5	5.29449005047

图 8-18

例 3 利用 MathStudio 画出函数 $f(x)=\dfrac{\sin x}{x}$ 的图形，分析 $x\to 0$ 时的左、右极限，并判断极限 $\lim\limits_{x\to 0}f(x)$ 是否存在？

解 利用 MathStudio 画出函数的图形，双击放大，选择图形下方的"Trace"标签，我们观察到：当手指滑动时，图形上出现一个标有坐标位置的质点，如图 8-19(a)所示，当质点从 y 轴左边向 y 轴接近时，y 的值越来越接近于 1，即 $\lim\limits_{x\to 0^-}\dfrac{\sin x}{x}=1$；当质点从 y 轴右边向 y 轴接近时，y 的值越来越接近于 1，即 $\lim\limits_{x\to 0^+}\dfrac{\sin x}{x}=1$，从而左、右极限存在且相等，于是有 $\lim\limits_{x\to 0}\dfrac{\sin x}{x}=1$.

如果选择图形下方的"Table"标签，调整初值" Start = –0. 1"和步长"Step = 0.0066"(调整的目的是使 $x\to 0^-$)，出现如图 8-19(b)所示的表格形式，同样调整初值"Start = 0.1"和步长"Step=–0.0066"(调整的目的是使 $x\to 0^+$)，我们从表格数据中也能观察得到 $\lim\limits_{x\to 0}\dfrac{\sin x}{x}=1$.

上面介绍的是一元函数的极限，对于多元函数，求极限的方法是类似的，只不过需要用到求极限函数的嵌套来实现.

例 4 利用 MathStudio，求：(1) $\lim\limits_{\substack{x\to 0\\y\to 1}}\dfrac{1-xy}{x^2+y^2}$； (2) $\lim\limits_{\substack{x\to 0\\y\to 0}}\dfrac{\sqrt{xy+1}-1}{xy}$.

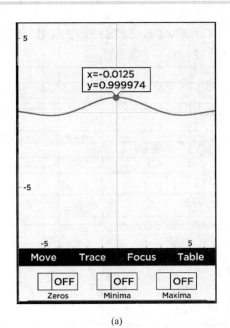

x	y
-0.1	0.99833
-0.0934	0.99855
-0.0868	0.99874
-0.0802	0.99893
-0.0736	0.9991
-0.067	0.99925
-0.0604	0.99939
-0.0538	0.99952
-0.0472	0.99963
-0.0406	0.99973
-0.034	0.99981
-0.0274	0.99987
-0.0208	0.99993
-0.0142	0.99997
-0.0076	0.99999
-0.001	1
0.0056	0.99999

Start=-0.1　　Step=0.0066

(a)　　　　　　(b)

图 8-19

解　如图 8-20 所示.

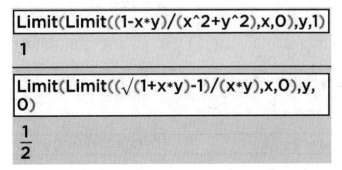

图 8-20

第 3 节　MathStudio 与导数

> D(f,x)　求函数 $f(x)$ 的导数/$f(x,y)$ 对 x 的偏导数
> D(f,x,n)　求函数 $f(x)$ 的 n 阶导数/$f(x,y)$ 对 x 的 n 阶偏导数
> '命令先自定义函数 $f(x)$，然后用 $f'(x), f''(x), \cdots$ 求各阶导数
> iDiff(f(x,y),y,x,n)　求隐函数 $f(x,y)=0$ 所确定的 y 关于 x 的 n 阶导数
> fDiff(f(x,y),[x,y])　求二元函数 $z=f(x,y)$ 的全微分

例 1　(1)已知 $y=\sin 2x$，求 $y', y^{(6)}$；

(2) 已知 $y=x^6+3x^3+2x^2+x-8$，求 $f'(x), f''(x), f^{(6)}(x)$.

解　如图 8-21 所示.

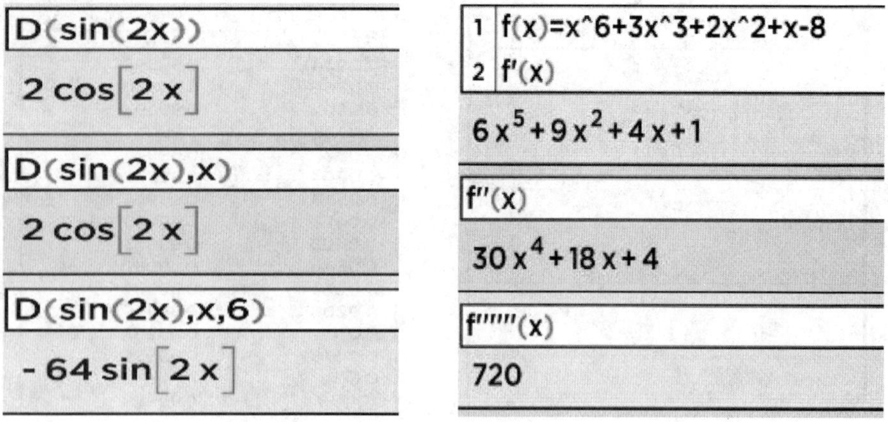

D(sin(2x))		1	f(x)=x^6+3x^3+2x^2+x-8
$2\cos\left[2x\right]$		2	f'(x)

D(sin(2x))

$2\cos\left[2x\right]$

D(sin(2x),x)

$2\cos\left[2x\right]$

D(sin(2x),x,6)

$-64\sin\left[2x\right]$

---

1 | f(x)=x^6+3x^3+2x^2+x-8
2 | f'(x)

$6x^5+9x^2+4x+1$

f''(x)

$30x^4+18x+4$

f'''''(x)

720

图 8-21

例 2 (1)已知 $x^3+y^3=3xy$，求 $\dfrac{dy}{dx}$；(2)已知 $x^2+y^2=16$，求 $\dfrac{d^2y}{dx^2}$．

解 如图 8-22 所示．软件所得结果还需化简．

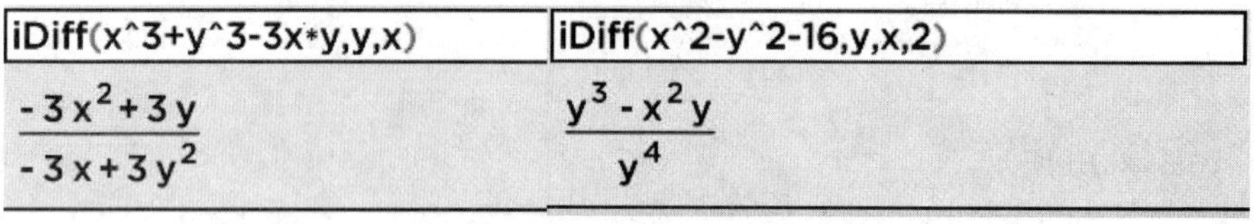

iDiff(x^3+y^3-3x*y,y,x)	iDiff(x^2-y^2-16,y,x,2)
$\dfrac{-3x^2+3y}{-3x+3y^2}$	$\dfrac{y^3-x^2y}{y^4}$

图 8-22

例 3 已知 $z=x^2\sin 2y$，求

(1) 一阶偏导数 $\dfrac{\partial z}{\partial x},\dfrac{\partial z}{\partial y}$；(2)二阶偏导数 $\dfrac{\partial^2 z}{\partial x^2},\dfrac{\partial^2 z}{\partial y\partial x},\dfrac{\partial^2 z}{\partial x\partial y},\dfrac{\partial^2 z}{\partial y^2}$．

解 如图 8-23 所示．

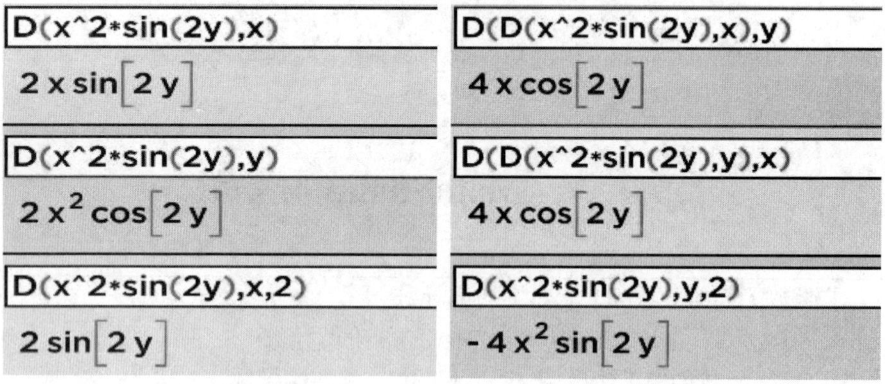

D(x^2*sin(2y),x)	D(D(x^2*sin(2y),x),y)
$2x\sin\left[2y\right]$	$4x\cos\left[2y\right]$
D(x^2*sin(2y),y)	D(D(x^2*sin(2y),y),x)
$2x^2\cos\left[2y\right]$	$4x\cos\left[2y\right]$
D(x^2*sin(2y),x,2)	D(x^2*sin(2y),y,2)
$2\sin\left[2y\right]$	$-4x^2\sin\left[2y\right]$

图 8-23

例 4 动画演示：判断函数 $f(x)=x^{\frac{2}{3}}$ 在 $x=0$ 处是否有切线？

解 如图 8-24 所示，第一行用 Slider 函数设置参数 a 从初值 10 到终值 0，步长为 -0.001；

第二行自定义函数 $f(x)=x^{\frac{2}{3}}$；第三行同时显示函数 $f(x)$ 和过坐标原点的割线 OP(即过原点和 $f(x)$ 上的点 $P(a,f(a))$)的图形，滑动 a 从初值 10 到终值 0(即 $x\to 0^+$)，可以发现割线 OP

越来越接近 y 轴,同理修改第一句为 "Slider(a,–10,0,0.001)" (即 $x \to 0^-$),也能有同样的结果,所以该函数在 $x=0$ 处有切线为 y 轴.

我们知道,对于可导函数而言,函数的极值点一定是驻点,即一阶导数 $f'(x)$ 等于 0 的点,而函数的拐点一定是二阶导数 $f''(x)$ 等于 0 的点.

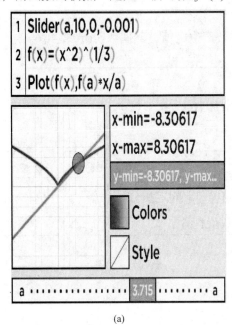

(a)

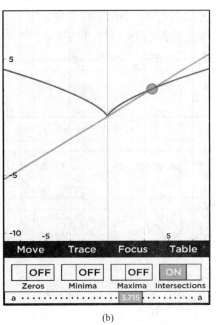

(b)

图 8-24

例 5　以函数 $f(x)=2\mathrm{e}^{-x^2}$ 为例,观察函数的极值点、拐点与 $f'(x)$ 和 $f''(x)$ 的关系.

解　如图 8-25(a)所示.

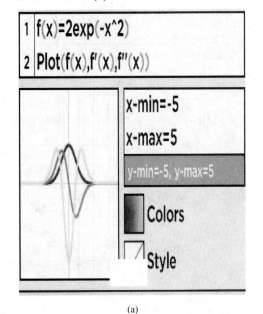

(a)

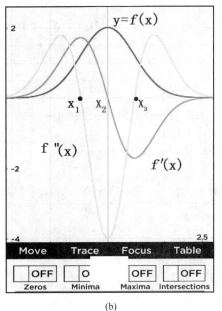

(b)

图 8-25

在图 8-25(b)中，x_2 是函数 $f(x)$ 的极大值点，也是函数 $f'(x)$ 的零点和 $f''(x)$ 的极小值点，x_1，x_3 是函数 $f(x)$ 的拐点，也是函数 $f'(x)$ 的极值点和 $f''(x)$ 的零点.

读者可以在这个基础上加上 $f'''(x)$，$f^{(4)}(x)$ 的图像，进一步理解：

(1) 函数的极值点，其奇数阶($n=1, 3, \cdots$)的导数为零，其偶数阶($n=2, 4, 6, \cdots$)的导数取得极值(极大值和极小值交替出现).

(2) 函数的拐点，其奇数阶($n=1, 3, \cdots$)的导数产生极值，其偶数阶($n=2, 4, 6, \cdots$)的导数为零(极大值和极小值交替出现).

第 4 节　MathStudio 与积分

$\int(f,x)$ 或 integrate(f,x)　求函数 $f(x)$ 的不定积分

$\int(f,x,a,b)$ 或 integrate(f,x,a,b)　求函数 $f(x)$ 在区间 $[a, b]$ 上的定积分

Nintegrate(f,x,a,b)　求函数 $f(x)$ 在区间 $[a, b]$ 上的数值积分

注：符号 "$\int$" 可从函数键盘中直接输入.

例 1　求(1) $\displaystyle\int_0^\pi \mathrm{e}^x \sin x \mathrm{d}x$；(2) $\displaystyle\int \mathrm{e}^x \sin x \mathrm{d}x$.

解　见图 8-26.

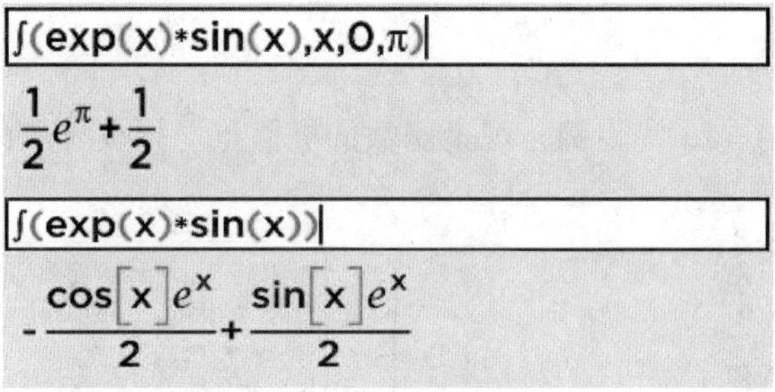

$\int(\exp(x)*\sin(x),x,0,\pi)$

$$\frac{1}{2}e^\pi + \frac{1}{2}$$

$\int(\exp(x)*\sin(x))$

$$-\frac{\cos\left[x\right]e^x}{2} + \frac{\sin\left[x\right]e^x}{2}$$

图 8-26

我们知道，不定积分 $\displaystyle\int \frac{\sin x}{x}\mathrm{d}x$，$\displaystyle\int \mathrm{e}^{-x^2}\mathrm{d}x$ 是无法用初等函数表示的，但其相应的定积分是可以计算的.

例 2　我们在第 2 章第 7 节介绍了标准正态分布 $N(0,1)$ 的密度函数 $f(x) = \dfrac{\mathrm{e}^{-\frac{x^2}{2}}}{\sqrt{2\pi}}$ 的图形，

求(1) $\displaystyle\int \frac{\mathrm{e}^{-\frac{x^2}{2}}}{\sqrt{2\pi}}\mathrm{d}x$；(2) $\displaystyle\int_{-3}^3 \frac{\mathrm{e}^{-\frac{x^2}{2}}}{\sqrt{2\pi}}\mathrm{d}x$.

解　如图 8-27 所示.

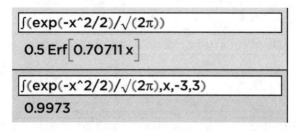

图 8-27

所以，如果 $\xi \sim N(0,1)$，它落在 $(-3，3)$ 区间上的概率 $P(-3 < \xi < 3) = 99.73\%$.

利用定积分的嵌套可以方便地求解二重积分或二次积分.

例 3　求: (1) $\iint\limits_{D} (x^2 - 2xy)\mathrm{d}\sigma$，$D = \{(x,y) \mid 1 \leqslant x \leqslant 3, -1 \leqslant y \leqslant 2\}$;

(2) $\int_0^1 \mathrm{d}x \int_0^x \dfrac{\sin x}{x}\mathrm{d}y$;　　　(3) $\int_{-1}^2 \mathrm{d}y \int_{y^2}^{y+2} xy\mathrm{d}x$.

解　如图 8-28 所示. 其中二重积分先化为二次积分，即

$$\iint\limits_{D} (x^2 - 2xy)\mathrm{d}\sigma = \int_1^3 \left[\int_{-1}^2 (x^2 - 2xy)\,\mathrm{d}y \right]\mathrm{d}x .$$

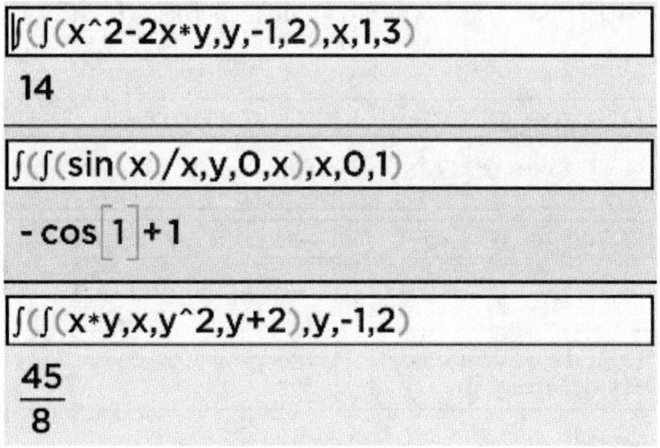

图 8-28

第 5 节　MathStudio 与常微分方程

> DSolve(equation,y(x),no)　求无初值的微分方程的通解 $y(x)$
>
> DSolve(equation,y(x), y(x$_0$)= y$_0$)　求满足 $y(x_0)=y_0$ 的一阶微分方程的特解 $y(x)$
>
> DSolve(equation,y(x), y(x$_0$) = y$_0$,y'(x$_1$) = y$_1$)求满足 $y(x_0) = y_0, y'(x_1) = y_1$ 的二阶微分方程的特解 $y(x)$
>
> DSolve(equation,y(x),[y$_0$,y$_1$])　求满足 $y(0) = y_0, y'(0) = y_1$ 的二阶微分方程的特解 $y(x)$

说明：其中微分方程中涉及 y 均写成 $y(x)$，y' 均写成 $y'(x)$，y'' 均写成 $y''(x)$，依次类推.

例 1　求(1)微分方程 $xy' + 2y = x^2$ 的通解；(2)满足初始条件 $y(1)=0$ 的特解.

解 如图 8-29 所示.

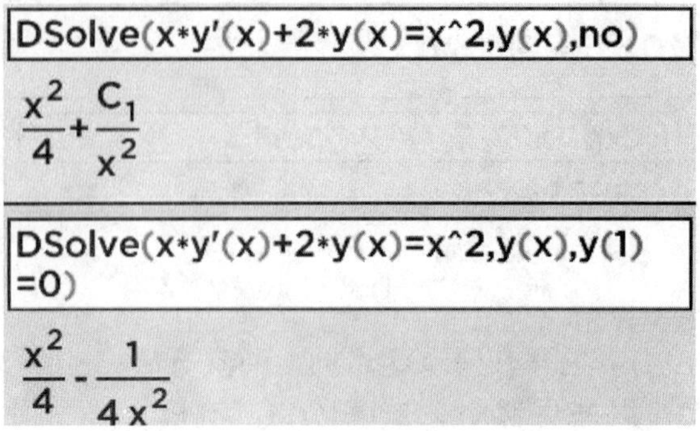

DSolve(x*y'(x)+2*y(x)=x^2,y(x),no)

$$\frac{x^2}{4}+\frac{C_1}{x^2}$$

DSolve(x*y'(x)+2*y(x)=x^2,y(x),y(1)=0)

$$\frac{x^2}{4}-\frac{1}{4x^2}$$

图 8-29

例 2 求解二阶常系数微分方程，并分析二阶常系数微分方程解的结构.

(1) $y''-y'=0$ ；(2) $y''-y'=\mathrm{e}^x$ ；

(3) 求 $y''-y'=\mathrm{e}^x$ 满足初始条件 $y(1)=1,y'(1)=5$ 的特解；

(4) 求 $y''-y'=\mathrm{e}^x$ 满足初始条件 $y(0)=1,y'(0)=9$ 的特解.

解 方程(1) $y''-y'=0$ 是二阶常系数齐次微分方程，它的通解为 $y=c_1\mathrm{e}^x+c_2$ ，其中 $c_1=y'[0]$, $c_2=y[0]-y'[0]$ ；方程(2) $y''-y'=\mathrm{e}^x$ 是非齐次方程，通解为 $y=x\mathrm{e}^x+c_1\mathrm{e}^x+c_2$ ，$c_1=y'[0]-1$, $c_2=y[0]-y'[0]+1$ ，方程(3)和(4)都是带初始条件的非齐次方程. 如图 8-30 所示.

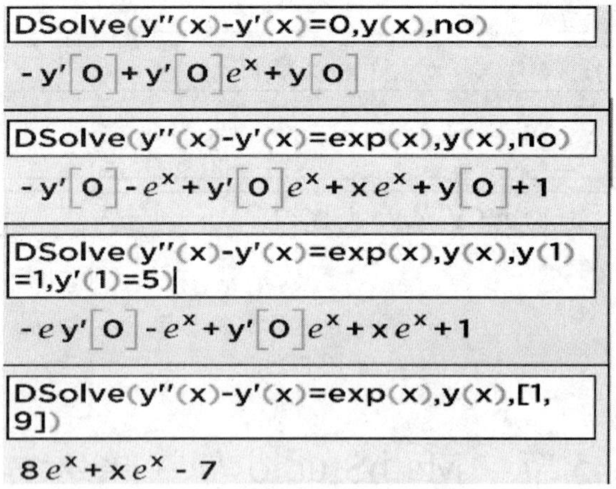

DSolve(y''(x)-y'(x)=0,y(x),no)

$- y'\boxed{0} + y'\boxed{0}\,e^x + y\boxed{0}$

DSolve(y''(x)-y'(x)=exp(x),y(x),no)

$- y'\boxed{0} - e^x + y'\boxed{0}\,e^x + x\,e^x + y\boxed{0} + 1$

DSolve(y''(x)-y'(x)=exp(x),y(x),y(1)=1,y'(1)=5)

$- e\,y'\boxed{0} - e^x + y'\boxed{0}\,e^x + x\,e^x + 1$

DSolve(y''(x)-y'(x)=exp(x),y(x),[1,9])

$8\,e^x + x\,e^x - 7$

图 8-30

第 6 节　MathStudio 与曲面作图

MathStudio 可以作出任意曲面的图形，用 MathStudio 作曲面的图形，需要输入操作命令、函数表达式和函数的图像范围，这个范围一般是矩形 $\{(x,y)\mid a\leqslant x\leqslant b,\ c\leqslant y\leqslant d\}$，称其为图像的矩形观察区. 如果观察区选择不当，计算机会显示一个不完整，甚至会使人产生误解的图形. 因此在确定观察区时，先要对函数作初步分析，或在作图时对观察区的取值作调整，以便得到最能体现函数特征的图像. 下面介绍各种绘图方法.

1. Plot 绘图

直接输入函数, 然后点击功能区的 Plot 键即可.

双击图形, 则放大图形如图 8-31 所示, 图 8-31 对应的是二元函数 $z = \sin(x + y)$ 的图形, 其中图形下方"Rotate Move Window"标签分别表示图形的旋转、移动、窗口, 选择"Colors"调整图形或线条的颜色; 选择不同数字改变图形显示方式, 如数字 1: style(风格), 数字 2: solid(连续), 数字 3: Lines(线条), 数字 4: Points(点).

2. Plot3D(函数, [参数 1], [参数 2], …)

几种常见的参数设置如下:

颜色的设置, 最常用的是直接输入颜色的名称, 如图形的颜色 Color = red, 图形中点的颜色 pointColor = green, 图形中线的颜色 lineColor = yellow, 图形背景颜色 backgroundColor= blue.

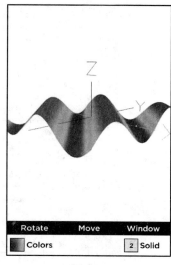

图 8-31

窗口的设置, 如[x,–20,20,60]表示 x 在区间[–20,20], points=60 是可选项.

3. 参数方程作图

由于 Plot3D 绘图处理对象是单值函数, 所以对于常见的曲面, 我们更多地用参数方程作图.

例 1　用参数方程作图法绘制球心在坐标原点的单位球(图 8-32).

解　所求单位球的参数方程为 $\begin{cases} x = \sin u \cos v, \\ y = \sin u \sin v, \\ z = \cos u, \end{cases}$ 可通过下列两种方法绘制单位球.

方法 1: 在绘图键盘上单击 Parametric3D 键, 即可显示参数方程输入指令框, 输入 x, y 和 z 关于参数 u, v 的方程, 再点击 Plot 键就可绘制图形(图 8-32(a)).

方法 2: 输入绘图函数 ParametricPlot3D, 可方便地设置图形属性(图 8-32(b)), 格式如下:

ParametricPlot3D(函数,[参数], …), 其中参数设置方法可参考 Plot3D 作图.

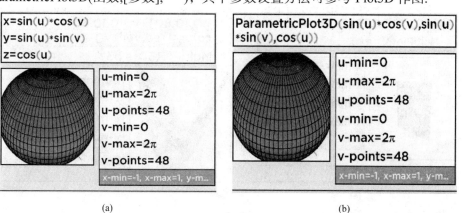

(a)　　　　　　　　　　　(b)

图 8-32

下面列出常见的二次曲面的参数方程便于读者参考.

(1) 椭球 $\dfrac{x^2}{a^2}+\dfrac{y^2}{b^2}+\dfrac{z^2}{c^2}=1$ 的参数方程为 $\begin{cases} x=a\sin u\cos v,\\ y=b\sin u\sin v,\\ z=c\cos u; \end{cases}$

(2) 单叶双曲面 $\dfrac{x^2}{a^2}+\dfrac{y^2}{b^2}-\dfrac{z^2}{c^2}=1$ 的参数方程为 $\begin{cases} x=a\sec u\cos v,\\ y=b\sec u\sin v,\\ z=c\tan u; \end{cases}$

(3) 双叶双曲面 $\dfrac{x^2}{a^2}+\dfrac{y^2}{b^2}-\dfrac{z^2}{c^2}=-1$ 的参数方程为 $\begin{cases} x=a\tan u\cos v,\\ y=b\tan u\sin v,\\ z=c\sec u; \end{cases}$

(4) 椭圆锥面 $\dfrac{x^2}{a^2}+\dfrac{y^2}{b^2}-\dfrac{z^2}{c^2}=0$ 的参数方程为 $\begin{cases} x=au\cos v,\\ y=bu\sin v,\\ z=cu; \end{cases}$

(5) 椭圆抛物面 $\dfrac{x^2}{a^2}+\dfrac{y^2}{b^2}=\dfrac{z}{c}$ 的参数方程为 $\begin{cases} x=au\cos v,\\ y=bu\sin v,\\ z=cu^2; \end{cases}$

(6) 双曲抛物面 $\dfrac{x^2}{a^2}-\dfrac{y^2}{b^2}=\dfrac{z}{c}$ 的参数方程为 $\begin{cases} x=a(u+v),\\ y=b(u-v),\\ z=4cuv. \end{cases}$

4. MultiPlot3D 同时画几个函数图像

格式 MultiPlot3D(图 1, 图 2, …).

例 2 用截痕法观察椭球面 $\dfrac{x^2}{4}+\dfrac{y^2}{9}+\dfrac{z^2}{16}=1$(图 8-33).

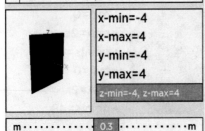

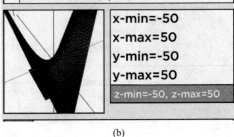

图 8-33

解 先用参数方程 $\begin{cases} x = 2\sin u\cos v, \\ y = 3\sin u\sin v, \\ z = 4\cos u \end{cases}$ 作出椭球 $\dfrac{x^2}{4}+\dfrac{y^2}{9}+\dfrac{z^2}{16}=1$(变量 a)，再用 Slider 语句

和参数方程 $\begin{cases} x = m, \\ y = u, \\ z = v \end{cases}$ 做一个运动的平面 $x=m$(变量 b_1)，再用 MultiPlot3D 语句同时画出图形 a

和 b_1，同理把平面 $x=m$(变量 b_1)换成平面 $y=m$(变量 b_2)和平面 $z=m$(变量 b_3)。

读者可以试着把椭球面换成其他曲面，观察截痕的变化，如图 8-33(b)就是用截痕法来

观察双曲面 $\begin{cases} x = (u+v), \\ y = (u-v), \\ z = 0.5uv, \end{cases}$ 即 $x^2 - y^2 = 8z$ 被平面 $z=m$ 所截得的截痕.

例 3 作出由旋转抛物面 $z=2-x^2-y^2$ 与锥面 $z^2=x^2+y^2(z\geqslant 0)$ 所围成的几何体(见第 5 章第 3 节例 2).

解 虽然两个曲面都可以用 Plot3D 画图，但由于观察区域的局限性，所画出的图形并不美观，所以考虑用参数方程法来画图形(图 8-34).

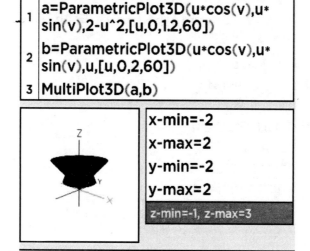

图 8-34

其中旋转抛物面(变量 a) $z=2-x^2-y^2$ 的参数方程 $\begin{cases} x = u\cos v, \\ y = u\sin v, \\ z = 2-u^2, \end{cases}$ 锥面(变量 b) $z^2=x^2+y^2(z\geqslant 0)$

的参数方程 $\begin{cases} x = u\cos v, \\ y = u\sin v, \\ z = u, \end{cases}$ 其中 "[u, 0, 1.2, 60]" 表示参数 u 的范围是[0, 1.2]，u-points=60.

例 4 作出两个底半径均为 2 的直交圆柱面 $x^2 + y^2 = 4$ 和 $x^2 + z^2 = 4$ 所围成的几何体(见第 5 章第 3 节例 3).

解 考虑用参数方程法来画图形. 其中圆柱面(变量 a) $x^2 + y^2 = 4$ 的参数方程为

$$\begin{cases} x = 2\cos v, \\ y = 2\sin v, \\ z = u, \end{cases}$$ 圆柱面(变量 b) $x^2 + z^2 = 4$ 的参数方程 $$\begin{cases} x = 2\cos v, \\ y = u, \\ z = 2\sin v, \end{cases}$$ 注意图 8-35(b)显示的是所围

几何体在第一卦限中的图形,其中"$[v, 0, \pi/2, 60]$"表示参数 v 的范围是 $[0, \pi/2]$,v-points=60.

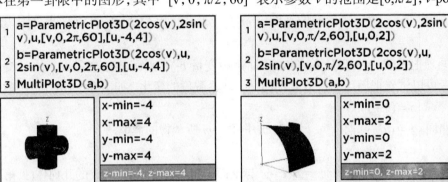

(a)   (b)

图 8-35

第 7 节   MathStudio 与矩阵

A+B	计算矩阵 $A+B$
kA	常数 k 乘以矩阵 A
A*B	两个矩阵相乘
A^n	矩阵 A 的 n 次方运算
Inverse(A)	求矩阵 A 的逆矩阵
Transpose(A)	求矩阵 A 的转置
Det(A)	计算矩阵 A 的行列式

一、矩阵的表示

在 MathStudio 中,向量和矩阵是以表的形式给出的. 一层表在线性代数中表示向量,二层表表示矩阵,如矩阵 $\begin{pmatrix} 2 & 3 \\ 4 & 5 \end{pmatrix}$ 可以用数表[[2,3], [4,5]]表示.

例 1 试用 A 表示矩阵 $\begin{pmatrix} 1 & 2 & 3 \\ 4 & 5 & 6 \\ 7 & 8 & 9 \end{pmatrix}$,并以矩阵的形式输出.

解 如图 8-36 所示.

二、矩阵的运算

例 2 设 $A = \begin{pmatrix} 3 & 4 & 5 \\ 4 & 2 & 6 \end{pmatrix}$,$B = \begin{pmatrix} 4 & 2 & 7 \\ 1 & 9 & 2 \end{pmatrix}$,求 $A+B$,$4B - 2A$.

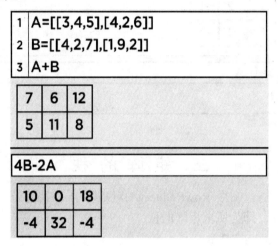

```
A=[[1,2,3],[4,5,6],[7,8,9]]
```

1	2	3
4	5	6
7	8	9

图 8-36

解　如图 8-37 所示.

```
1 A=[[3,4,5],[4,2,6]]
2 B=[[4,2,7],[1,9,2]]
3 A+B
```

7	6	12
5	11	8

```
4B-2A
```

10	0	18
-4	32	-4

图 8-37

如果矩阵 $\boldsymbol{A}$ 的列数等于矩阵 $\boldsymbol{B}$ 的行数，则可进行求 $\boldsymbol{AB}$ 的运算. 系统中乘法运算符为“∗”，即用 A∗B 求 $\boldsymbol{A}$ 与 $\boldsymbol{B}$ 的乘积.

例 3　设 $\boldsymbol{A}=\begin{pmatrix}-1 & 1 & 1\\ 1 & -1 & 1\\ 1 & 2 & 3\end{pmatrix}, \boldsymbol{B}=\begin{pmatrix}3 & 2 & 1\\ 0 & 4 & 1\\ -1 & 2 & -4\end{pmatrix}$，求 $3\boldsymbol{AB}-2\boldsymbol{A}$ 及 $\boldsymbol{A}^{\mathrm{T}}\boldsymbol{B}$.

解　如图 8-38 所示.

```
1 A=[[-1,1,1],[1,-1,1],[1,2,3]]
2 B=[[3,2,1],[0,4,1],[-1,2,-4]]
3 3A*B-2A
```

-10	10	-14
4	2	-14
-2	44	-33

```
Transpose(A)*B
```

-4	4	-4
1	2	-8
0	12	-10

图 8-38

例 4 设 $A = \begin{pmatrix} 1 & -1 & 2 \\ 2 & -3 & 5 \\ 3 & -2 & 4 \end{pmatrix}$,求 A^{-1} 和 $|A|$.

解 如图 8-39 所示.

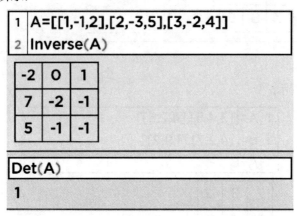

图 8-39

三、矩 阵 的 秩

求矩阵的秩,可以通过命令 RowReduce(A) 对矩阵 A 作初等行变换化成作行最简形,观察其中非零行的行数,即为所求矩阵的秩.

例 5 设 $A = \begin{pmatrix} 2 & -3 & 8 & 2 \\ 2 & 12 & -2 & 12 \\ 1 & 3 & 1 & 4 \end{pmatrix}$,求矩阵 A 的秩.

解 如图 8-40 所示.

A=[[2,-3,8,2],[2,12,-2,12],[1,3,1,4]]

2	-3	8	2
2	12	-2	12
1	3	1	4

RowReduce(A)

1	0	3	2
0	1	$-\frac{2}{3}$	$\frac{2}{3}$
0	0	0	0

图 8-40

由于非零行的行数为 2，因此 A 的秩为 2.

第 8 节　MathStudio 与方程(组)

对于一般的方程或方程组，都可以通过 Solve 命令求解；对于线性方程(组) $AX = b$，如果 A 可逆，得 $X = A^{-1} \cdot b$.

命令格式如下：

Solve(f(x),x) 给出一般方程 $f(x)$=0 的解
nSolve(f(x),x,a) 给出一般方程 $f(x)$=0 在 a 附近的解

例 1　解方程 $x^3 + 3x^2 - 5x - 15 = 0$.

解　如图 8-41 所示.

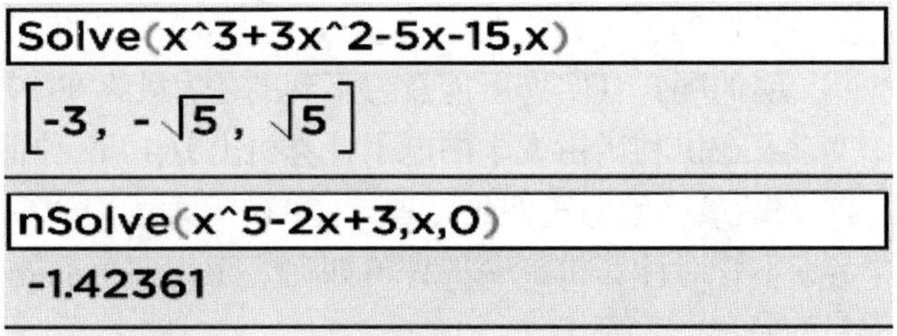

Solve(x^3+3x^2-5x-15,x)

$$\left[-3, \ -\sqrt{5}, \ \sqrt{5} \right]$$

nSolve(x^5-2x+3,x,O)

-1.42361

图 8-41

例 2　解方程组 $\begin{cases} 3x + 2y + z = 7, \\ x - y + 3z = 6, \\ 2x + 4y - 4z = -2. \end{cases}$

解　如图 8-42 所示.

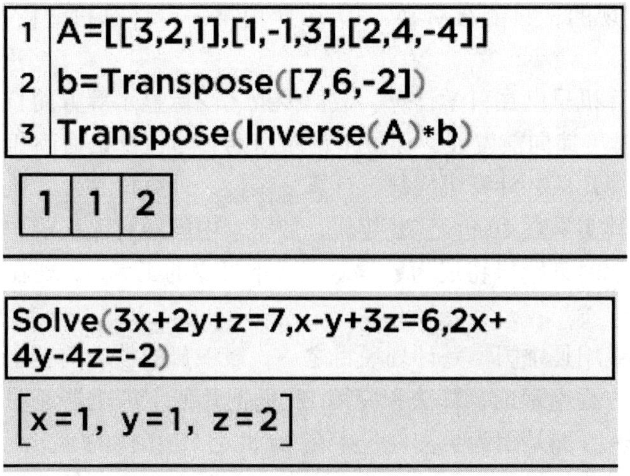

1　A=[[3,2,1],[1,-1,3],[2,4,-4]]
2　b=Transpose([7,6,-2])
3　Transpose(Inverse(A)*b)

$$\boxed{1} \ \boxed{1} \ \boxed{2}$$

Solve(3x+2y+z=7,x-y+3z=6,2x+4y-4z=-2)

$$\left[x=1, \ y=1, \ z=2 \right]$$

图 8-42

阅读材料 8

计算机与数学

同学们经常看地图，但是有没有发现一个有趣的现象："每幅地图都可以用四种颜色着色使得有共同边界的国家都被上不同的颜色."您有没有想过这个现象能不能从数学上加以严格证明呢(图 8-43)？

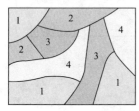

这就是著名的**四色定理**，用数学语言表示就是"将平面任意地细分为不相重叠的区域，每个区域总可以用 1, 2, 3, 4 这四个数字之一来标记，而不会使相邻的两个区域有相同的数字".100 多年来，这个定理使得无数数学家绞尽脑汁，所引进的概念和方法也发展了拓扑学与图论，但一直都无法得出证明.最后是怎么证明的呢？其实您可能意想不到的是，最终在 1976 年，由美国数学家在伊利诺伊大学的电子计算机上分 1482 种情况检查，历时 1200

图 8-43

个小时，作了 100 亿个判断最终证明了四色定理.人类破天荒运用计算机证明著名数学猜想，轰动了整个数学界.不管对计算机证明的评价如何，至少四色问题的计算机解决给数学研究带来了许多重要的新思维、新方法.

计算机是数学与工程技术相结合的产物，也是数学研究的崭新的手段，日益改变着数学的面貌.计算机提高了数学家工作的效率.数学家把大量重复性、机械性的劳动交给了计算机，自己可以从事更抽象、更富于创新精神的思考.大家也许知道，没有计算机，天气预报是不可能成功实现的.19 世纪末，已经有学者指出天气预报的中心问题是求解有关的流体力学方程.1922 年，有一位英国人提出了数值解法，想建立一支由数学家指挥的巨大的天气预报人工计算队伍，但是需要的人员太庞大了，大约要 64000 人！这几乎是不可能实现的，只能在后来，1950 年由第一台计算机"ENIAC"完成了数值天气预报的计算.

无须多言，计算机早已在科学计算、数值模拟、图像显示等方面日益改变着数学研究的面貌.它推动数学飞速向前发展，促进了许多新的、与计算机血肉相连的数学分支的诞生：计算数学、计算几何、计算机代数、计算复杂性、计算可靠性、机器证明、计算机作图、动态几何……其实早在 20 世纪 70 年代，数学家中已经有人展望"将来会出现一个数学研究的新时代，那时计算机将成为数学研究必不可少的工具".现在看来，这一时代已经来临了.

机器证明及其应用是中国攀登计划项目之一，该项目的核心内容主要是几何定理机器证明和非线性代数方程组理论、算法和应用.我们把几何定理机器证明和非线性代数方程组作为主攻方向，一方面是因为吴文俊先生在 20 世纪 70 年代的突出工作，使中国在此方向上具有了领先的优势；另一方面，这两个方向有鲜明的应用背景，近年来在机器证明领域也确是十分活跃的，值得重视.

　　数学实验是人们借助于数学软件去理解数学概念方法，解决数学实际问题. 常见数学软件包括：MATLAB、Mathematica、Maple 等(包括本书第 8 章 MathStudio 手机软件)，MATLAB 以数值计算见长，Mathematica 以符号运算为主. 通过数学实验，可以提高学生学习数学的积极性，提高学生对数学的应用意识并培养学生用所学的数学知识和计算机技术去认识问题和解决实际问题的能力. 不同于传统的数学学习方式，它强调以学生动手为主的数学学习方式.

参 考 文 献

罗伯特·埃利斯, 丹尼·格里克. 1987. 微积分. 潘鹊屏译. 南京：江苏科学技术出版社

谭杰锋, 郑爱武. 2005. 高等数学. 北京：清华大学出版社; 北京：北京交通大学出版社

同济大学应用数学系. 2002. 高等数学. 5 版. 北京：高等教育出版社

周怀梧, 薛祉绥, 吴季俭, 等. 1987. 临床药学的数学原理和方法. 重庆：科学技术文献出版社重庆分社

附　　录

附录 1　基本初等函数的图形和性质

1. 幂函数

幂函数	定义域	性质	图形
$y=x^2$	$(-\infty, +\infty)$	· 图形经过$(0,0)$, $(1,1)$ · 在$(0, +\infty)$内单调增加 · 偶函数	
$y=x^3$	$(-\infty, +\infty)$	· 图形经过$(0,0)$, $(1,1)$ · 在$(0, +\infty)$内单调增加 · 奇函数	
$y=x^{\frac{3}{2}}$	$[0, +\infty)$	· 图形经过$(0,0)$, $(1,1)$ · 在$(0, +\infty)$内单调增加 · 非奇非偶函数	

幂函数	定义域	性质	图形
$y = x^{\frac{1}{2}}$	$[0, +\infty)$	• 图形经过$(0, 0), (1, 1)$ • 在$(0, +\infty)$内单调增加 • 非奇非偶函数	
$y = x^{\frac{2}{3}}$	$(-\infty, +\infty)$	• 图形经过$(0, 0), (1, 1)$ • 在$(0, +\infty)$内单调增加 • 偶函数	
$y = x^{-1}$	$(-\infty, 0) \bigcup (0, +\infty)$	• 图形经过$(1, 1)$ • 在$(0, +\infty)$内单调减少 • 奇函数	

2. 指数函数

指数函数	定义域	性质	图形
$y = a^x$ $(a > 1)$	$(-\infty, +\infty)$	• 经过$(0, 1)$ • 图形在 x 轴的上方 • 单调增加	
$y = a^x$ $(0 < a < 1)$	$(-\infty, +\infty)$	• 经过$(0, 1)$ • 图形在 x 轴的上方 • 单调减少	

3. 对数函数

对数函数	定义域	性质	图形
$y = \log_a x$ $(a > 1)$	$(0, +\infty)$	• 经过$(1, 0)$ • 图形在 y 轴的右侧 • 单调增加	

续表

对数函数	定义域	性质	图形
$y = \log_a x$ $(0<a<1)$	$(0, +\infty)$	• 经过$(1, 0)$ • 图形在 y 轴的右侧 • 单调减少	

4. 三角函数

三角函数	定义域	性质	图形
$y=\sin x$	$(-\infty, +\infty)$	• $|\sin x|\leqslant 1$ 有界函数 • 奇函数 • 周期 $T=2\pi$ • $\left[2k\pi-\dfrac{\pi}{2}, 2k\pi+\dfrac{\pi}{2}\right]$ 单增 $\left[2k\pi+\dfrac{\pi}{2}, 2k\pi+\dfrac{3\pi}{2}\right]$ 单减	
$y=\cos x$	$(-\infty, +\infty)$	• $|\cos x|\leqslant 1$ 有界函数 • 偶函数 • 周期 $T=2\pi$ • $[2k\pi-\pi, 2k\pi]$单增 $[2k\pi, 2k\pi+\pi]$单减	
$y=\tan x$	$x \neq k\pi+\dfrac{\pi}{2}$	• $-\infty<\tan x<+\infty$无界函数 • 奇函数 • 周期 $T=\pi$ • $\left(k\pi-\dfrac{\pi}{2}, k\pi+\dfrac{\pi}{2}\right)$单增	

三角函数	定义域	性质	图形
$y=\cot x$	$x \neq k\pi$	• $-\infty<\cot x<+\infty$ 无界函数 • 奇函数 • 周期 $T=\pi$ • $(k\pi, k\pi+\pi)$ 单减	

5. 反三角函数

反三角函数	定义域	性质	图形	备注
$y=\arcsin x$	$[-1, 1]$	• $-\dfrac{\pi}{2} \leqslant y \leqslant \dfrac{\pi}{2}$ • 单调增加 • 奇函数		• 反函数为 $\sin x$ 　$x \in \left[-\dfrac{\pi}{2}, \dfrac{\pi}{2}\right]$ • y 的单位为弧度
$y=\arccos x$	$[-1, 1]$	• $0 \leqslant y \leqslant \pi$ • 单调减少 • 非奇非偶函数		• 反函数为 $\cos x$ 　$x \in [0, \pi]$ • y 的单位为弧度
$y=\arctan x$	$(-\infty, +\infty)$	• $-\dfrac{\pi}{2} < y < \dfrac{\pi}{2}$ • 单调增加 • 奇函数		• 反函数为 $\tan x$ 　$x \in \left(-\dfrac{\pi}{2}, \dfrac{\pi}{2}\right)$ • y 的单位为弧度

续表

反三角函数	定义域	性质	图形	备注
$y=\text{arccot}x$	$(-\infty, +\infty)$	• $0<y<\pi$ • 单调减少 • 非奇非偶函数		• 反函数为 $\cot x$, $x \in (0, \pi)$ • y 的单位为弧度

附录2 高等数学教学基本要求

一、课程教学目标

高等数学是医药学高职高专药学等专业学生的一门必修的重要基础课. 它是为培养我国社会主义现代化建设所需要的高质量专门人才服务的.通过本课程的学习要使学生获得一元函数微积分学、多元函数微积分学、常微分方程、线性代数初步、MathStudio 的应用等方面的基本概念、基本理论和基本运算技能.

在逐步传授知识的同时，要通过各个教学环节，逐步培养学生具有一定的抽象思维能力、逻辑推理能力、空间想象能力和自学能力，比较熟练的运算能力和综合运用所学知识去分析和解决实际问题(特别是医药学问题)的能力. 为学生学习后续课程和提高综合素质奠定必要的数学基础.

二、教学内容和要求

教学内容	了解	理解	掌握	教学内容	了解	理解	掌握
第1章 函数、极限和连续				三、无穷小量的比较		√	
第1节 函数				第4节 极限的运算			
一、函数的概念	√			一、极限的四则运算			√
二、函数的表示法		√		二、两个重要极限			√
三、函数的基本性质	√			三、等价无穷小的代换			√
四、反函数		√		第5节 函数的连续性			
五、三角函数和反三角函数			√	一、连续函数的概念			√
六、复合函数			√	二、函数的间断点		√	
七、初等函数		√		三、初等函数的连续性	√		
八、建立函数模型		√		四、闭区间上连续函数的性质	√		
第2节 极限				**第2章 一元函数微分学**			
一、数列的极限	√			第1节 导数的概念			
二、函数 $f(x)$ 当 $x \to \infty$ 时的极限		√		一、两个引例		√	
三、函数 $f(x)$ 当 $x \to x_0$ 时的极限		√		二、函数在一点处的导数			√
第3节 无穷小和无穷大				三、函数的导函数			√
一、无穷小		√		四、导数的进一步解释		√	
二、无穷大	√			五、可导和连续的关系		√	

续表

教学内容	了解	理解	掌握	教学内容	了解	理解	掌握
第2节 函数的求导法则				三、直接积分法			√
一、函数的和、差、积、商的导数			√	第2节 不定积分的换元积分法			
二、反函数的导数	√			一、第一换元积分法(凑微分法)			√
三、复合函数的求导法则			√	二、第二换元积分法(去根号法)			√
四、初等函数求导		√		第3节 不定积分的分部积分法			√
第3节 隐函数、参数方程求导和高阶导数				第4节 定积分的概念和性质			
一、隐函数求导			√	一、定积分的概念			√
二、参数方程求导	√			二、定积分的性质		√	
三、高阶导数		√		第5节 牛顿-莱布尼茨公式			
第4节 微分				一、变上限积分	√		
一、微分的概念			√	二、牛顿-莱布尼茨公式			√
二、微分的几何意义	√			第6节 定积分的计算			
三、微分基本公式和微分运算法则		√		一、定积分的换元积分法			√
四、微分的应用	√			二、定积分的分部积分法			√
第5节 中值定理和洛必达法则				三、无穷区间上的广义积分	√		
一、中值定理		√		第7节 定积分在几何、物理上的应用			
二、洛必达法则		√		一、微元法	√		
第6节 函数的单调性和极值				二、平面图形的面积			√
一、函数的单调性		√		三、旋转体的体积			√
二、函数的极值		√		四、物理学中的应用——变力做功	√		
三、函数的最值		√		第8节 一元积分学在医药学上的应用			
第7节 曲线的凹凸性和函数的绘图				一、药-时曲线下面积 AUC	√		
一、曲线的凹凸性		√		二、平均值问题	√		
*二、函数的绘图	√			三、梯形法则	√		
第8节 一元微分学在医药学上的应用				四、血流量问题	√		
一、导数光谱介绍	√			**第4章 多元函数微分学**			
二、电位滴定法	√			第1节 空间直角坐标系和常见的曲面			
三、萃取问题	√			一、空间直角坐标系	√		
四、血药浓度问题	√			二、曲面方程		√	
五、经济问题	√			三、常见的二次曲面		√	
第3章 一元函数积分学				第2节 多元函数的极限和连续			
第1节 不定积分的概念和性质				一、多元函数的概念		√	
一、原函数的概念		√		二、二元函数的极限		√	
二、不定积分的概念			√	三、二元函数的连续性	√		

续表

教学内容	教学要求			教学内容	教学要求		
	了解	理解	掌握		了解	理解	掌握
第3节 偏导数和全微分				二、一阶线性微分方程			√
一、偏导数			√	第3节 二阶常系数线性微分方程			
二、高阶偏导数		√		一、二阶常系数线性齐次方程			√
三、全微分		√		二、二阶常系数线性非齐次方程		√	
第4节 多元复合函数和隐函数求导				第4节 微分方程在医药学上的应用			
一、多元复合函数的求导法则		√		一、反应级数		√	
二、隐函数的求导		√		二、药物动力学模型		√	
第5节 多元函数的极值				三、人口和种群增长模型	√		
一、多元函数的极值		√		四、Lamber-Beer 定律	√		
二、多元函数的最值		√		**第7章 线性代数初步**			
三、条件极值		√		第1节 行列式			
第6节 多元微分在医药学上的应用				一、n 阶行列式定义		√	
一、最小二乘法	√			二、行列式的性质		√	
二、全微分的应用	√			三、行列式的计算			√
第5章 二重积分				四、克拉默法则	√		
第1节 二重积分的概念与性质				第2节 矩阵			
一、二重积分概念的引入	√			一、矩阵的概念	√		
二、二重积分的概念	√			二、矩阵的运算			√
三、二重积分的性质		√		三、矩阵的初等变换和矩阵的秩		√	
第2节 二重积分的计算				四、逆矩阵		√	
一、直角坐标系下的二重积分			√	第3节 线性方程组及应用			
二、极坐标系下的二重积分		√		一、高斯消元法			√
第3节 二重积分的应用举例				二、线性方程组应用举例		√	
一、平面区域的面积		√		**第8章 MathStudio 与数学实验**			
二、空间曲面围成的体积		√		第1节 MathStudio 简介与曲线作图			√
三、平面薄板的质量	√			第2节 MathStudio 与极限			√
第6章 常微分方程				第3节 MathStudio 与导数			√
第1节 微分方程的概念				第4节 MathStudio 与积分			√
一、微分方程的建立		√		第5节 MathStudio 与微分方程			√
二、常微分方程的概念		√		第6节 MathStudio 与曲面作图		√	
第2节 一阶常微分方程				第7节 MathStudio 与矩阵			√
一、可分离变量的一阶常微分方程			√	第8节 MathStudio 与方程(组)			√

三、学时分配建议

序号	内容	课时分配		
		理论课	习题课	共计
1	第 1 章　函数、极限和连续	14	4	18
2	第 2 章　一元函数微分学	20	4	24
3	第 3 章　一元函数积分学	20	4	24
4	第 4 章　多元函数微分学	12	2	14
5	第 5 章　二重积分	8	2	10
6	第 6 章　常微分方程	8	2	10
7	第 7 章　线性代数初步	8	2	10
8	第 8 章　MathStudio 与数学实验	4	6	10
合计		94	26	120

附录 3　常见曲线的参数方程和极坐标方程

一、参　数　方　程

在平面直角坐标系中，如果曲线上 S 的点 $P(x, y)$ 的 x，y 都是某个变量 t 的函数，即

$$\begin{cases} x = \varphi(t) \\ y = \psi(t) \end{cases}$$

并且对于 t 的每一个数值，由该方程组确定的点 P 在曲线 S 上，那么此方程组叫做曲线 S 的参数方程，变量 t 叫做参数，可以有物理或几何上的意义，也可以没有具体的含义.

(1) 圆 $(x - x_0)^2 + (y - y_0)^2 = a^2$ 的参数方程为 $\begin{cases} x = x_0 + a\cos t, \\ y = y_0 + a\sin t, \end{cases}$ 参数 t 表示圆心角.

(2) 过点 $P_0(x_0, y_0)$、倾斜角为 θ 的直线的参数方程为 $\begin{cases} x = x_0 + t\cos\theta, \\ y = y_0 + t\sin\theta. \end{cases}$ 当然也可以用 $\begin{cases} x = x_0 + at, \\ y = y_0 + bt \end{cases}$ 表示，参数 t 没有几何意义.

(3) 椭圆 $\dfrac{x^2}{a^2} + \dfrac{y^2}{b^2} = 1$ 的参数方程可用 $\begin{cases} x = a\cos\theta, \\ y = b\sin\theta \end{cases}$ 表示.

(4) 双曲线 $\dfrac{x^2}{a^2} - \dfrac{y^2}{b^2} = 1$ 的参数方程可用 $\begin{cases} x = a\sec\theta, \\ y = b\tan\theta \end{cases}$ 表示.

(5) 抛物线 $y^2 = 2px$ 的参数方程可用 $\begin{cases} x = 2pt^2, \\ y = 2pt \end{cases}$ 表示.

二、极坐标方程

1. 极坐标系

在平面上从一定点 O 出发，引一条射线 OX，同时确定一个长度单位和计算角度的正方向(通常取逆时针方向为正方向)，这样就建立了一个极坐标系，其中 O 称为极点，射线 OX 称为极轴.

设 P 是平面上任意一点，用 r 表示线段 OP 的长度，用 θ 表示以射线 OX 为始边，射线 OP 为终边所成的角. 那么，有序数对 (r, θ) 就叫做点 P 的极坐标. 其中 r 叫做点 P 的极径，θ 叫做点 P 的极角.

(1) 极点 O 的极径 $r = 0$，极角 θ 是任意的.

(2) 当限制 $r \geq 0$，$0 \leq \theta < 2\pi$ 时，平面上的点 P(极点 O 除外)与实数对 (r, θ) 之间具有一一对应关系.

2. 直角坐标系和极坐标系的坐标转化关系

$$\begin{cases} x = r\cos\theta, \\ y = r\sin\theta, \end{cases} \quad \text{或} \quad \begin{cases} r = \sqrt{x^2 + y^2} \\ \tan\theta = \dfrac{y}{x} \end{cases}$$

其中 $r \geqslant 0$，θ 的大小由点 P 所在的象限决定，一般取最小正角($0 \leqslant \theta < 2\pi$)，这样直角坐标和极坐标可相互转化.

3. 曲线的极坐标方程

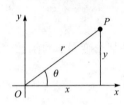

(1) 直线 $x = a$ 的极坐标方程为 $r = \dfrac{a}{\cos\theta}$；

(2) 直线 $y = a$ 的极坐标方程为 $r = \dfrac{a}{\sin\theta}$；

(3) 圆 $x^2 + y^2 = a^2$ ($a>0$)的极坐标方程为 $r = a$；

(4) 圆 $(x-a)^2 + y^2 = a^2$ ($a>0$)的极坐标方程为 $r = 2a\cos\theta$；

(5) 圆 $x^2 + (y-a)^2 = a^2$ ($a>0$)的极坐标方程为 $r = 2a\sin\theta$.

附录4　习题参考答案

习题1-1

1. (1)$[-1,1]$；(2)$\left(\dfrac{1}{3},+\infty\right)$；(3)$(-\infty,-1]\bigcup$
$[3,4)\bigcup(4,+\infty)$；(4)$[0,1]$.

2. (1)$y=\dfrac{1-x}{1+x}$；(2)$y=10^x+2$.

3. (1)偶；(2)偶；(3)奇；(4)奇.

4. 定义域$(-\infty,+\infty)$；$f(-\pi)=1$；$f(\pi)=$
$\ln\pi+1$.

5. (1)$y=\sin 3x$；(2)$y=\sin^3 x$；

(3)$y=\ln(\tan 3x)$；(4)$y=e^{\sin[\tan(x^2+1)]}$.

6. (1)$y=\sqrt{u}$，$u=1-x^2$；

(2)$y=\ln u$，$u=\arcsin x$；

(3)$y=4^u$，$u=v^2$，$v=x-1$；

(4)$y=\ln u$，$u=v^2$，$v=\ln w$，$w=\ln x$；

(5)$y=e^u$，$u=\tan v$，$v=x^2$；

(6)$y=u^2$，$u=\ln v$，$v=\arccos w$，$w=e^x$.

7. $s=-x^2+\dfrac{1}{2}x$，$D=\left(0,\dfrac{1}{2}\right)$.

8. $y=2\pi x^2+\dfrac{2V}{x}$，$D=(0,+\infty)$.

9. (1)固定成本100元,成本函数$C(q)=$
$100+3q$；(2)总成本$C=700$(元),平均成本
3.5(元).

10. (1)11.5(万元). (2)11.59(万元);

习题1-2

1. (1)无极限；(2)1；(3)1；(4)无极限.

2. (1)0；(2)无；(3)$\dfrac{\pi}{2}$；(4)0；(5)1；(6)0.

3. 不存在.

习题1-3

1. (1)无穷小量；(2)无穷小量；(3)无穷
大量；(4)无穷小量；(5)既不是无穷大量也
不是无穷小量；(6)无穷小量.

2. (1)低阶无穷小；(2)同阶无穷小；

(3)高阶无穷小；(4)等价无穷小.

3. (1)0；(2)0.

习题1-4

1. (1)2；(2)$\dfrac{\pi\sqrt{2}}{8}$；(3)1；(4)1；(5)$\dfrac{1}{2}$；

(6)2；(7)∞；(8)$-\dfrac{1}{2}$.

2. (1)$\dfrac{1}{3}$；(2)$\dfrac{2}{3}$；(3)3；(4)e^{-1}；(5)e^4；

(6)$e^{\frac{5}{3}}$；(7)e；(8)e^2.

3. (1)-3；(2)2；(3)$\dfrac{1}{4}$；(4)0.

习题1-5

1. (1)5；(2)2.25.

2. (1)间断；(2)连续.

3. $(-2,0)\bigcup(0,+\infty)$.

4. (1)$x=\dfrac{1}{2}k\pi(k\in\mathbf{Z})$；(2)$x=1$和$x=2$.

5. (1)3；(2)$\dfrac{\pi}{4}$；(3)$\dfrac{1}{4}$；(4)0；(5)$\dfrac{1}{e}$；(6)-2.

6. 略.

7. 略.

8. $a=b=4$.

单元测试1

一、填空题

1. $[-4,3)$；

2. $\dfrac{x}{1-3x}$；

3. $y=\dfrac{2x+1}{x+3}$；

4. 4；

5. 1；

6. e^4；

7. 3；

8. -2.

二、单项选择题

1. C；2. A；3. D；4. D；5. A；6. C；7. B.

三、计算题

1. (1)4； (2)$\dfrac{\sqrt{2}}{2}$； (3)2； (4)−2； (5)1；

(6)e^{-1}； (7)1； (8)$\dfrac{1}{2}$.

2. 在 $x=0$ 处不连续.

3. 因为 $f(0) \cdot f(2) = (-1) \times 5 = -5 < 0$.

习题 2-1

1. (1)$\sqrt{}$； (2)×； (3)×； (4)×.

2. (1)$\Delta s = 6\Delta t - 2(\Delta t)^2$； (2)4，5.8，5.98；

(3)6.

3. (1)$3x^2$； (2)e^x.

4. (1)切线 $x - ey = 0$； (2)切线 $x + y - 2 = 0$.

5. (1)不可导； (2)y 轴.

6. 24.

习题 2-2

1. (1)$\dfrac{7}{2}x^{\frac{5}{2}} + 3x^{\frac{1}{2}} + \dfrac{3}{2}x^{-\frac{1}{2}} - \dfrac{1}{2}x^{-\frac{3}{2}}$；

(2)$2^x \ln 2 + 2x$； (3)$e^x(\cos x - \sin x)$；

(4)$\dfrac{x^2}{\ln 2} + 3x^2 \log_2 x$； (5)$-\dfrac{1+x}{\sqrt{x}(1-x)^2}$；

(6)$-\dfrac{1 + \sin x + \cos x}{(1 + \sin x)^2}$.

2. (1)$20(3x+2)(3x^2 + 4x + 5)^9$；

(2)$-\dfrac{x}{\sqrt{a^2 - x^2}}$； (3)$\dfrac{2x}{1 + x^2}$；

(4)$e^{\sin x} \cos x$； (5)$\dfrac{1}{2\sqrt{x - x^2}}$；

(6)$-2\sec^2(4 - 2x)$； (7)$\dfrac{14}{\sin 14x}$；

(8)$-\dfrac{2\arccos \dfrac{x}{2}}{\sqrt{4 - x^2}}$； (9)$-\dfrac{e^{\arctan \sqrt{x}}}{2(1+x)\sqrt{x}}$；

(10)$\dfrac{\sin 2^{\frac{1}{x}} \cdot 2^{\frac{1}{x}} \ln 2}{x^2}$.

3. (1)$\dfrac{2\sqrt{x} - 1}{4\sqrt{x^2 - x\sqrt{x}}}$； (2)$2x \arctan x + 1$；

(3)$-\dfrac{\sin x + 2\cos x}{e^{2x}}$； (4)$-\dfrac{1}{\sqrt{x^2 + 9}}$.

4. 切线： $y - \dfrac{4}{\pi} = -\dfrac{16}{\pi^2}\left(x - \dfrac{\pi}{4}\right)$； 法线：

$y - \dfrac{4}{\pi} = -\dfrac{\pi^2}{16}\left(x - \dfrac{\pi}{4}\right)$.

习题 2-3

1. (1)$\dfrac{x}{y}$； (2)$-\sqrt{\dfrac{y}{x}}$； (3)$\dfrac{y(1-x)}{x(y-1)}$；

(4)$\dfrac{x+y}{x-y}$.

2. (1)$\left(1 + \dfrac{1}{x}\right)^x \left[\ln\left(1 + \dfrac{1}{x}\right) - \dfrac{1}{1+x}\right]$；

(2)$\left(\dfrac{a}{b}\right)^x \left(\dfrac{b}{x}\right)^a \left(\dfrac{x}{a}\right)^b \left(\ln \dfrac{a}{b} + \dfrac{b-a}{x}\right)$.

3. $-e$.

4. (1)$\dfrac{b}{a}\csc\theta$； (2)$\dfrac{3t}{2} - \dfrac{1}{2t}$.

5. (1)$\dfrac{a^2}{(a^2 + x^2)^{\frac{3}{2}}}$； (2)$\dfrac{2\ln x - 3}{x^3}$.

6. (1)$\cos\left(x + \dfrac{n\pi}{2}\right)$；

(2)$(-1)^{n-1}(n-1)! \cdot (x-1)^{-n}$.

7. 4π (mm³/min).

习题 2-4

1. (1)$\dfrac{2}{(1-x)^2}dx$； (2)$\dfrac{x}{\sqrt{x^2 - 1}}dx$；

(3)$-20(1 - 2x)^9 dx$； (4)$\dfrac{e^x}{1 + e^{2x}}dx$；

(5)$\left(\dfrac{1 + \sin^2 x}{2\sqrt{x}} + \sqrt{x}\sin 2x\right)dx$；

(6)$-\dfrac{2\ln(1-x)}{1-x}dx$.

2. 1.118g.

3. (1)0.0175； (2)0.99.

4. (1)$3x + C$； (2)$\dfrac{x^2}{2} + C$； (3)$2\sqrt{x} + C$；

(4)$\dfrac{1}{2}\ln|2x+1| + C$； (5)$-\dfrac{1}{2}e^{-2x} + C$；

(6) $\frac{1}{2}\sin 2x + C$; (7) $2\tan\frac{x}{2} + C$;

(8) $\frac{1}{2}\arctan\frac{x}{2} + C$.

习题 2-5

1. (1)1；(2)1；(3) $\frac{m}{n}a^{m-n}$ ；(4)2；

(5) $-\frac{1}{8}$ ；(6)1.

2. (1) $+\infty$ ；(2) $\frac{1}{2}$ ；(3)0；(4) e^{-1} ；

(5)0；(6)1.

3. 提示：(1)设 $f(t) = t^3$ ，区间 $[a,b]$ ；
(2)设 $f(t) = \ln(1+t)$ ，区间 $[0,x]$.

习题 2-6

1. (1)当 $x = 1$ 时，y 取得极小值 2；

(2) 当 $x = -1$ 时，y 取得极大值 3，当 $x = 3$ ，y 取得极小值 -61 ；

(3) $x = 1$ 时 y 取得极小值 e；

(4) 当 $x = 1 - \sqrt{2}$ 时，y 取得极小值 $-\frac{\sqrt{2}+1}{2}$ ，当 $x = 1 + \sqrt{2}$ ，y 取得极大值 $\frac{\sqrt{2}-1}{2}$ ；

(5) $x = 1$ 时 y 取得极小值 3；

(6) 当 $x = 1$ 时，y 取得极小值 $-\frac{1}{2}$ ，当 $x = 0$ ，y 取得极大值 0.

2. (1) $y_{\min}(2) = -18$ ，$y_{\max}(3) = 7$ ；

(2) $y_{\min}(-5) = \sqrt{6} - 5$ ，$y_{\max}\left(\frac{3}{4}\right) = \frac{5}{4}$.

3. $y = x^3 - 3x + 1$.

4. $AD = 15\,\text{km}$.

5. 当底边为 6cm 和 3cm（ $x = 1\text{cm}$ ）时，体积 V 有最大值 $18\,\text{cm}^3$.

6. 200t，150000 元.

7. $r = 2$.

习题 2-7

1. (1)凹： $(-\infty,0)$ 和 $(1,+\infty)$ ，凸： $(0,1)$ ，拐点为 $(0,1)$ 和 $(1,0)$ ；

(2) 凹： $(2,+\infty)$ ，凸： $(-\infty,2)$ ，拐点为 $(2, 2e^{-2})$.

2. (1)水平渐近线： $y = 0$ ，垂直渐近线： $x = 1$ ；(2)水平渐近线： $y = 1$ ，无垂直渐近线.

3. 略.

习题 2-8

1. 当 $x = \frac{a}{2}$ 时，反应速度 V 最大.

2. 当 $t = \frac{1}{2.1}\ln\frac{23}{2} \approx 1.16$ 时，血药浓度最大.

3. 当 $t \approx 16.6$ 时，患病率最高 30.3%.

4. 当 $x = 5 \times 10^4$ 时，利润最大.

5. 当 $x = 1.682$ 时，y 最大为 1.118(mg/100ml).

单元测试 2

一、填空题

1. $-2A$ ；2. $2x\cos x^2 2^{\sin x^2}\ln 2$ ；3. $-9!$ ；

4. 2；5. $f(x) = g(x) + C$ ；6. $2\sqrt{x} + C$.

二、单项选择题

1. B；2. A；3. A；4. D；5. D；6. C.

三、计算题

1. $2x - y - 2 = 0$ ，$2x - y + 2 = 0$ ；

2. $y' = (1 + x\ln 3)\cdot 3^x + \frac{2}{4x^2 - 1}$ ；

3. $y'' = \dfrac{1}{(1+x^2)^{\frac{3}{2}}}$ ；

4. $y'|_{x=0} = -1 - \frac{\pi}{2}$ ；

5. (1) $\frac{1}{3}$ ，(2)1；

6. 极大值 $f(0) = 0$ ，极小值 $f(2) = -3\sqrt[3]{4}$.

四、 当 $r = 1$ 时，$h = 5$ ，总费用 F 最少.

习题 3-1

1. 略.

2. $y = \frac{1}{2}x^2 + 1$.

3. $S = \sin t + 9$.

4. (1) $\dfrac{2}{5}x^{\frac{5}{2}} + C$；(2) $\dfrac{1}{3}x^3 - \dfrac{3}{2}x^2 + \dfrac{1}{2}x + C$；

(3) $2\sqrt{x} + \ln x + C$；(4) $\dfrac{2^x \cdot e^x}{1 + \ln 2} + C$；

(5) $\sec x + \tan x + C$；

(6) $-\dfrac{1}{x} - \arctan x + C$；

(7) $\dfrac{1}{5\ln 2 \cdot 2^x} - \dfrac{1}{2\ln 5 \cdot 5^x} + C$；

(8) $\dfrac{x + \sin 2x}{2} + C$；(9) $\tan x - x + C$；

(10) $\sin x + \cos x + C$.

习题 3-2

1. (1) 2；(2) $\dfrac{1}{2x}$；(3) $-\dfrac{1}{2}$；(4) $\dfrac{1}{3}$；(5) $\dfrac{1}{3}x^3$；

(6) $\dfrac{2^x}{\ln 2}$；(7) $-2\cos\dfrac{x}{2}$；(8) $\dfrac{\arcsin 3x}{3}$.

2. (1) $-\dfrac{1}{3}e^{-3x} + C$；

(2) $\dfrac{1}{2}\ln|2x + 5| + C$；

(3) $\dfrac{1}{5}\ln|2 + 5\ln x| + C$；

(4) $2\arctan\sqrt{x} + C$；

(5) $\dfrac{1}{2}x + \dfrac{1}{12}\sin 6x + C$；

(6) $-\dfrac{1}{3}(1 - x^2)^{\frac{3}{2}} + C$；

(7) $x - \ln(1 + e^x) + C$；

(8) $\dfrac{1}{2}\arcsin 2x + C$；

(9) $\arctan(x + 2) + C$；

(10) $\dfrac{1}{2}\ln\left|\dfrac{x+1}{x+3}\right| + C$.

3. (1) $\dfrac{3}{2}\sqrt[3]{x^2} - 3\sqrt[3]{x} + 3\ln|1 + \sqrt[3]{x}| + C$；

(2) $\dfrac{2}{5}(x+2)^{\frac{5}{2}} - \dfrac{4}{3}(x+2)^{\frac{3}{2}} + C$；

(3) $6\sqrt[6]{x} - 6\arctan\sqrt[6]{x} + C$；

(4) $\dfrac{2}{3}(x+1)^{\frac{3}{2}} - 2(x+1)^{\frac{1}{2}} + C$；

(5) $2\arcsin\dfrac{x}{2} + \dfrac{x\sqrt{4 - x^2}}{2} + C$；

(6) $\arctan\sqrt{x^2 - 1} + C$.

习题 3-3

1. (1) $x\ln(1 + x) - x + \ln|1 + x| + C$；

(2) $2x(x+1)^{\frac{1}{2}} - \dfrac{4}{3}(x+1)^{\frac{3}{2}} + C$；

(3) $x\arctan x - \dfrac{1}{2}\ln(1 + x^2) + C$；

(4) $2e^x - 2xe^x + x^2 e^x + C$；

(5) $\dfrac{1}{2}e^x(\sin x + \cos x) + C$；

(6) $\dfrac{1}{2}(x^2 + 1)\arctan x - \dfrac{1}{2}x + C$；

(7) $\dfrac{1}{3}x^3\ln x - \dfrac{1}{9}x^3 + C$；

(8) $(2 - x^2)\cos x + 2x\sin x + C$；

(9) $x\tan x + \ln|\cos x| + C$；

(10) $2(x - 2\sqrt{x} + 2)e^{\sqrt{x}} + C$.

2. $\cos x - \dfrac{2\sin x}{x} + C$.

习题 3-4

1. $\dfrac{b^2 - a^2}{2}$.

2. (1) $\displaystyle\int_0^1 x^2 \,dx$；(2) $\displaystyle\int_{-3}^1 (x^2 + 1)\,dx$；

(3) $\displaystyle\int_0^4 (t^2 + 3)\,dt$.

3. (1) $>$；(2) $>$；(3) $>$；(4) $<$.

4. (1) $\dfrac{\pi}{4}$；(2) $\dfrac{5}{2}$.

习题 3-5

1. (1) $-\sqrt{1 + x^2}$；(2) $\dfrac{4x}{1 + 4x^4}$.

2. (1) 1；(2) $4\dfrac{1}{4}$；(3) $e - 1$；(4) $\dfrac{1}{\ln 2} + \dfrac{2}{3}$；

(5) $\dfrac{\pi}{6}$；(6) $1 - \dfrac{\pi}{4}$.

3. $7\dfrac{1}{6}$.

习题 3-6

1.（1）4π；（2）$\dfrac{1}{2}\arctan\dfrac{1}{2}$；

（3）$\dfrac{22}{3}$；（4）$2\sqrt{1+\ln 2}-2$；

（5）$4-2\ln 3$；（6）$2+\ln\dfrac{3}{2}$；

（7）0；（8）$\dfrac{2\pi}{3}$.

2.（1）$\dfrac{1}{2}(1-\ln 2)$；（2）$1+\dfrac{\pi}{6}-\dfrac{\sqrt{3}}{2}$；

（3）$-1+\dfrac{\pi}{2}$；（4）$4(2\ln 2-1)$；

（5）$\dfrac{1}{2}(1+e^{\pi})$；（6）2.

3.（1）1；（2）$\dfrac{\pi}{2}$.

4. 略.

习题 3-7

1.（1）$\dfrac{32}{3}$；（2）$\dfrac{3}{2}-\ln 2$；（3）$\dfrac{9}{2}$；（4）$\dfrac{1}{3}$.

2.（1）$V_X=\dfrac{31}{5}\pi, V_Y=\dfrac{15}{2}\pi$；

（2）$V_X=\dfrac{2}{3}\pi, V_Y=2\pi$；

（3）$V_X=\dfrac{4}{3}\pi ab^2, V_Y=\dfrac{4}{3}\pi a^2 b$.

3. $\dfrac{9}{4}$.

4. 2.5J.

习题 3-8

1. $\dfrac{81}{80}$.

2. 7.2.

3. $118.75(\mu g\cdot h/ml)$.

4. $\dfrac{1}{k^2}-e^{-kT}\left(\dfrac{T}{k}+\dfrac{1}{k^2}\right)$.

单元测试 3

一、填空题

1. $\dfrac{1}{1+x^2}$；

2. $e^{2x}-x-1$；

3. $2\sin\dfrac{x}{2}+C$；4. >；5. 0.

二、单项选择题

1. C；2. C；3. B；4. C；5. C.

三、计算题

1. $\ln\left|\dfrac{\sqrt{1+e^x}-1}{\sqrt{1+e^x}+1}\right|+C$；

2. $-\dfrac{1}{2}\arcsin\dfrac{2x}{3}-\dfrac{\sqrt{9-4x^2}}{4}+C$；

3. 2；

4. $\dfrac{\pi}{4}$；

5. $-2+\pi$；

6. $\dfrac{4}{3}$.

四、 $\dfrac{3}{2}\ln 2$.

五、略.

习题 4-1

1. $\sqrt{5}$.

2. $x=1$ 或 $x=-5$.

3. $2x-6y+2z-7=0$.

4.（1）$x+3y=0$；（2）$7y+z-5=0$.

5.（1）$x^2+y^2+z^2-2x+4y+2z=0$；

（2）$4(x^2+y^2)=(3z-1)^2$；

（3）$y^2+z^2=5x$；

（4）$\dfrac{x^2}{2}-\dfrac{y^2}{3}=1$.

6.（1）圆锥面(旋转面)；（2）抛物柱面；
（3）椭圆抛物面(旋转面)；（4）椭球面(旋转面)；
（5）双曲抛物面；（6）单叶双曲面(旋转面).

习题 4-2

1.（1）$f(x-y,x+y)=x^2+3y^2$；（2）$f(x,y)=\dfrac{2xy}{x^2+y^2}$.

2.（1）$D=\{(x,y)\,|\,y^2>4x-8\}$；（2）$D=\{(x,y)\,|\,x^2+y^2<1, x\geqslant 0, y>x\}$.

3. (1) $\ln 2$；(2)2；(3)4；(4)0.

4. 提示：从 x 轴和 $y=x$ 趋近于$(0,0)$.

习题 4-3

1. 不存在.

2. (1) $\dfrac{\partial z}{\partial x}=4x^3-8xy^2$，$\dfrac{\partial z}{\partial y}=4y^3-8x^2y$；

(2) $\dfrac{\partial z}{\partial x}=\dfrac{1}{2x\sqrt{\ln(xy)}}$，$\dfrac{\partial z}{\partial y}=\dfrac{1}{2y\sqrt{\ln(xy)}}$；

(3) $\dfrac{\partial z}{\partial x}=\dfrac{2}{y}\csc\dfrac{2x}{y}$，$\dfrac{\partial z}{\partial y}=-\dfrac{2x}{y^2}\csc\dfrac{2x}{y}$；

(4) $\dfrac{\partial z}{\partial x}=2x\sin 2y$，$\dfrac{\partial z}{\partial y}=2x^2\cos 2y$；

(5) $\dfrac{\partial z}{\partial x}=-\sin y\tan x(\cos x)^{\sin y}$，

$\dfrac{\partial z}{\partial y}=\ln|\cos x|(\cos x)^{\sin y}\cos y$；

(6) $\dfrac{\partial u}{\partial x}=\dfrac{x}{\sqrt{x^2+y^2+z^2}}$，$\dfrac{\partial u}{\partial y}=\dfrac{y}{\sqrt{x^2+y^2+z^2}}$，

$\dfrac{\partial u}{\partial z}=\dfrac{z}{\sqrt{x^2+y^2+z^2}}$.

3. (1) $\dfrac{\partial z}{\partial x}\Big|_{(1,2)}=8$，$\dfrac{\partial z}{\partial y}\Big|_{(1,2)}=7$；

(2) $f_x(2,3)=-\dfrac{\sqrt{3}}{3}$，$f_y(2,3)=-\dfrac{\sqrt{3}}{2}$.

4. (1) $\dfrac{\partial^2 z}{\partial x^2}=6xy-6y^3$，$\dfrac{\partial^2 z}{\partial y^2}=-18x^2y$，

$\dfrac{\partial^2 z}{\partial y\partial x}=3x^2-18xy^2$；

(2) $\dfrac{\partial^2 z}{\partial x^2}=\dfrac{y^2-x^2}{(x^2+y^2)^2}$，$\dfrac{\partial^2 z}{\partial y^2}=\dfrac{x^2-y^2}{(x^2+y^2)^2}$，

$\dfrac{\partial^2 z}{\partial y\partial x}=\dfrac{-2xy}{(x^2+y^2)^2}=\dfrac{\partial^2 z}{\partial x\partial y}$.

5. 提示：$\dfrac{\partial^2 u}{\partial x^2}=\dfrac{y^2-x^2}{(x^2+y^2)^2}$，

$\dfrac{\partial^2 u}{\partial y^2}=\dfrac{x^2-y^2}{(x^2+y^2)^2}$.

6. (1) $dz=\left(y+\dfrac{1}{y}\right)dx+\left(x-\dfrac{x}{y^2}\right)dy$；

(2) $dz=e^x\cos y\,dx-e^x\sin y\,dy$；

(3) $dz=\left(-\dfrac{y^2}{x^2}\right)e^{\frac{y}{x}}dx+\dfrac{1}{x}e^{\frac{y}{x}}dy$；

(4) $du=yzx^{yz-1}dx+zx^{yz}\ln x\,dy+yx^{yz}\ln x\,dz$.

7. $\Delta z=22.75$，$dz=22.4$.

8. 1.04.

习题 4-4

1. (1) $\dfrac{\partial z}{\partial x}=\dfrac{2x}{y^2}\ln(3x-2y)+\dfrac{3x^2}{y^2(3x-2y)}$，

$\dfrac{\partial z}{\partial y}=-\dfrac{2x^2}{y^3}\ln(3x-2y)-\dfrac{2x^2}{y^2(3x-2y)}$；

(2) $\dfrac{\partial z}{\partial x}=\dfrac{3}{2}x^2\sin 2y(\cos y-\sin y)$，

$\dfrac{\partial z}{\partial y}=x^3[\cos^3 y+\sin^3 y-\sin 2y(\sin y+\cos y)]$；

(3) $\dfrac{dz}{dt}=\dfrac{3(1-4t^2)}{\sqrt{1-(3t-4t^3)^2}}$；

(4) $\dfrac{\partial u}{\partial x}=2x(1+2x^2\sin^2 y)e^{x^2+y^2+x^4\sin^2 y}$，

$\dfrac{\partial u}{\partial y}=(2y+x^4\sin 2y)e^{x^2+y^2+x^4\sin^2 y}$；

(5) $\dfrac{\partial z}{\partial x}=e^{x+2y}\sin(xy^2)+e^{x+2y}y^2\cos(xy^2)$，

$\dfrac{\partial z}{\partial y}=e^{x+2y}\sin(xy^2)+2xye^{x+2y}\cos(xy^2)$.

2. (1) $\dfrac{dy}{dx}=\dfrac{x+y}{y-x}$；

(2) $\dfrac{\partial z}{\partial x}=\dfrac{z}{x+z}$，$\dfrac{\partial z}{\partial y}=\dfrac{z^2}{(x+z)y}$；

(3) $\dfrac{\partial z}{\partial x}=\dfrac{yz}{e^z-xy}$，$\dfrac{\partial z}{\partial y}=\dfrac{xz}{e^z-xy}$.

3. 提示：$\dfrac{\partial z}{\partial x}=\dfrac{1}{3}$，$\dfrac{\partial z}{\partial y}=\dfrac{2}{3}$.

4. $\dfrac{\partial z}{\partial x}=4z\cdot\left[\ln(3x^2+y^2)+\dfrac{3x(2x+y)}{3x^2+y^2}\right]$，

$\dfrac{\partial z}{\partial y}=2z\cdot\left[\ln(3x^2+y^2)+\dfrac{y(4x+2y)}{3x^2+y^2}\right]$.

习题 4-5

1. (1)极小值为 $z(0,1)=0$；(2)极大值

$z(1,0)=1$；(3)极小值 $f\left(\dfrac{1}{2},-1\right)=-\dfrac{\mathrm{e}}{2}$；

(4) $z(5,2)=30$ 为函数的极小值.

2. 得 $x=y=4$，即当分成的三个数相等时积最大.

3. 即边长均为 $\dfrac{2\sqrt{3}a}{3}$ 的立方体体积最大.

4. 最大值为 $f(2,1)=4$，最小值为 $f(4,2)=-64$.

5. $h=r=2$.

6. $V=\dfrac{\sqrt{6}}{36}a^{3}$.

习题 4-6

1. $y=-0.198+0.267x$.

2. $\dfrac{\delta}{3},\dfrac{\delta}{3},\dfrac{\delta}{3}$.

3. $\dfrac{2}{3}a$.

4. $x=y=z$.

单元测试 4

一、填空题

1. $4,1$；

2. $\{(x,y)\,|\,0\leqslant y\leqslant x^{2}\}$；

3. $2\cot(2x-y)$；

4. $\dfrac{1}{2}\mathrm{d}x+\dfrac{1}{2}\mathrm{d}y$；

5. $\mathrm{e}^{\sin t-2t^{3}}(\cos t-6t^{2})$；

6. $z^{2}+y^{2}=x^{2}$.

二、单项选择题

1. A；2. D；3. A；4. C；5. D；6. D.

三、计算题

1. $D=\{(x,y)\,|\,x-y^{2}\geqslant 0,0<x^{2}+y^{2}<1\}$；

2. $f_{y}(2,1)=4$；

3. $\mathrm{d}z=\dfrac{z\ln z}{z\ln y-x}\mathrm{d}x+\dfrac{z^{2}}{(x-z\ln y)y}\,\mathrm{d}y$；

4. $\dfrac{\mathrm{d}z}{\mathrm{d}x}=-\dfrac{1}{x^{2}y}$；

5. $\dfrac{\partial z}{\partial t}=\dfrac{2}{x^{2}+y}(x\mathrm{e}^{t+s^{2}}+t)$，

$\dfrac{\partial z}{\partial s}=\dfrac{1}{x^{2}+y}(4sx\mathrm{e}^{t+s^{2}}+1)$；

6. 有极大值 $f(0,0)=0$，$(2,2)$ 不是极值点.

四、(1) $C_{x}=2-0.1(2x+y)$，$C_{y}=5-0.1(x+2y)$；(2)13.9 元、14.2 元 $(L_{x}=10+0.2x+0.1y,L_{y}=10+0.1x+0.2y)$.

五、 $\left(1,-\dfrac{1}{2},\dfrac{1}{2}\right)$，距离平方和最小为 2.

习题 5-1

1. (1) $f(x,y)=3,D=\{(x,y)\,|\,0\leqslant x\leqslant 1,0\leqslant y\leqslant 2\}$；

(2) $f(x,y)=4-2x-\dfrac{4y}{3}$，$D$ 是由 $x=0$，$y=0$ 及 $3x+2y=6$ 围成的区域；

(3) $f(x,y)=2\sqrt{4a^{2}-x^{2}-y^{2}}$，$D=\{(x,y)\,|\,x^{2}+y^{2}\leqslant a^{2}\}$；

(4) $f(x,y)=4-x^{2}-y^{2}$，$D=\{(x,y)\,|\,x^{2}+y^{2}\leqslant 4\}$.

2. (1)4；(2) $\dfrac{1}{6}$；(3) $\dfrac{2}{3}\pi a^{3}$.

习题 5-2

1. (1) $\dfrac{1}{\mathrm{e}}$；(2) $\dfrac{\pi^{2}}{4}$；(3) $\dfrac{1}{2}$；(4) $-\pi$；(5)1.

2. (1) $\displaystyle\int_{0}^{1}\mathrm{d}y\int_{\sqrt{1-y^{2}}}^{1}f(x,y)\mathrm{d}x+\int_{1}^{2}\mathrm{d}y\int_{y-1}^{1}f(x,y)\mathrm{d}x$；

(2) $\displaystyle\int_{-1}^{1}\mathrm{d}x\int_{0}^{\sqrt{1-x^{2}}}f(x,y)\mathrm{d}y$；

(3) $\displaystyle\int_{0}^{1}\mathrm{d}y\int_{2-y}^{1+\sqrt{1-y^{2}}}f(x,y)\mathrm{d}x$；

(4) $\displaystyle\int_{0}^{2}\mathrm{d}x\int_{\frac{x}{2}}^{3-x}f(x,y)\mathrm{d}y$.

3. (1) $\dfrac{1}{3}a^{3}$；(2) $\dfrac{\pi(\ln 4-1)}{4}$；(3) $\dfrac{15}{8}\pi$.

习题 5-3

1. $\dfrac{\sqrt{3}}{2}-\dfrac{\pi}{6}$.

2. 8π.

3. 8π.

4. $\dfrac{7}{2}$.

5. $\dfrac{3}{2}\pi$.

6. $\dfrac{4}{3}$.

单元测试 5

一、填空题

1. D 的面积;

2. $2\displaystyle\iint_D \sqrt{a^2 - x^2 - y^2}\,\mathrm{d}x\mathrm{d}y$, 其中 $D: x^2 + y^2 \leqslant a^2$;

3. $\dfrac{16}{3}$;

4. $\displaystyle\int_0^{\frac{\pi}{2}}\mathrm{d}\theta\int_0^{2\sin\theta} rf(r\cos\theta, r\sin\theta)\,\mathrm{d}r$;

5. $\mathrm{e}^2(\mathrm{e}-1)^2$.

二、单项选择题

1. A; 2. B; 3. C; 4. C; 5. A; 6. C.

三、计算题

1. $-\ln 2$; 2. $\dfrac{28}{3}$; 3. $\dfrac{20}{3}$;

4. $\displaystyle\int_0^4 \mathrm{d}x\int_{\frac{1}{2}x}^{\sqrt{x}} f(x,y)\,\mathrm{d}y$; 5. $\dfrac{4}{3}\pi$.

四、 $\dfrac{\pi}{2}$.

习题 6-1

1. (1)是，一阶; (2)不是; (3)是，一阶; (4)是，二阶; (5)是，二阶; (6)不是.

2. (1)是，通解; (2)是，特解; (3)不是解; (4) 是，通解.

3. 略.

4. $\begin{cases} s''(t) = -0.4, \\ s'(0) = 20, \\ s(0) = 0. \end{cases}$

习题 6-2

1. (1) $y = -\dfrac{1}{x^2 + C}$; (2) $y = \ln\left(\dfrac{1}{2}\mathrm{e}^{2x} + C\right)$;

(3) $1 + y^2 = C(1 - x^2)$; (4) $y = \ln(\mathrm{e}^x + 1)$;

(5) $\arcsin y - \arcsin x = \dfrac{\pi}{2}$;

(6) $y^2 = 2\ln(1 + \mathrm{e}^x) + (1 - 2\ln 2)$.

2. (1) $y = \dfrac{\mathrm{e}^x + C}{x^2}$; (2) $y = \sec x(x + C)$;

(3) $y = \dfrac{\sin x + C}{x^2 - 1}$; (4) $y = (x + C)\mathrm{e}^{-\sin x}$;

(5) $y = \dfrac{1}{2} - \dfrac{1}{x} + \dfrac{1}{2x^2}$;

(6) $y = \dfrac{1}{x}(\pi - 1 - \cos x)$.

3. 略.

4. $y = 2\mathrm{e}^x - 2x - 2$.

5. $v(t) = 5\mathrm{e}^{\frac{t}{5}\ln\frac{3}{5}}$.

习题 6-3

1. (1) $y = C_1\mathrm{e}^{3x} + C_2\mathrm{e}^{-3x}$;

(2) $y = C_1 + C_2\mathrm{e}^{4x}$;

(3) $y = C_1\mathrm{e}^{-x} + C_2\mathrm{e}^{-2x}$;

(4) $y = \mathrm{e}^{-2x}(C_1\cos 3x + C_2\sin 3x)$;

(5) $y = (C_1 + C_2 x)\mathrm{e}^{3x}$;

(6) $y = \mathrm{e}^x(C_1\cos 2x + C_2\sin 2x)$.

2. (1) $y = -5\mathrm{e}^x + \dfrac{7}{2}\mathrm{e}^{2x} + \dfrac{5}{2}$;

(2) $y = 5\mathrm{e}^x - 2x^2 - 4x - 5$;

(3) $y = C_1\mathrm{e}^{-x} + C_2\mathrm{e}^{3x} - x + \dfrac{1}{3}$;

(4) $y = C_1\mathrm{e}^{-2x} + C_2\mathrm{e}^x - x^2 - x$.

习题 6-4

1. $t = \dfrac{\ln 2}{K}$.

2. $P = \dfrac{b}{1 + c\mathrm{e}^{-abv}}$.

3. $V(t) = V_0\mathrm{e}^{\lambda t}\ (\lambda > 0)$.

4. 336.5 天.

5. $c(t) = 50\mathrm{e}^{-0.005t}$.

单元测试 6

一、单项选择题

1. B; 2. C; 3. B; 4. C; 5. C.

二、填空题

1. 可分离变量，$y = Cx$；

2. 一阶线非齐次，$y = x(-\cos x + C)$；

3. $y = Ce^{-x^2}$；

4. $y = C_1 e^{-2x} + C_2 e^x$；

5. $y = 3\left(1 - \dfrac{1}{x}\right)$.

三、计算题

1. $x(1 + y^2)e^{\frac{x^2}{2}} = C$；2. $y = x(\ln|x| + C)$；

3. $y = e^x(C_1 \cos x + C_2 \sin x)$；

4. $y = C_1 e^{\frac{x}{\sqrt{3}}} + C_2 e^{\frac{x}{\sqrt{3}}}$.

四、1. $y = x\sec x$；2. $y = e^{-2x} + 3e^x$.

五、$y = \dfrac{1}{9}e^{3x} - \dfrac{1}{3}x - \dfrac{1}{9}$.

六、$\dfrac{dk}{dT} = \dfrac{Ek}{RT^2}$，当 $T = T_0$ 时，$k = k_0$，

$k = k_0 e^{\frac{E}{R}\left(\frac{1}{T_0} - \frac{1}{T}\right)}$.

习题 7-1

1. (1)−8；(2)$\sin(\alpha - \beta)$；(3)6；(4)−28；

(5)0；(6)$(a - b)^3$；(7)40；(8)−8.

2. (1) $\begin{cases} x_1 = -1, \\ x_2 = 2; \end{cases}$ (2) $\begin{cases} x_1 = 0, \\ x_2 = 0, \\ x_3 = -1; \end{cases}$

(3) $\begin{cases} x_1 = 1, \\ x_2 = 2, \\ x_3 = 3; \end{cases}$ (4) $\begin{cases} x_1 = -\dfrac{1}{2}, \\ x_2 = 1, \\ x_3 = \dfrac{3}{2}. \end{cases}$

习题 7-2

1. $X = \begin{pmatrix} 2 & 3 & -2 & 2 \\ 2 & -2 & 1 & -1 \\ 2 & 0 & -4 & 2 \end{pmatrix}$.

2. $AB = \begin{pmatrix} 5 & -6 \\ 11 & -12 \end{pmatrix}$,

$BA = \begin{pmatrix} -3 & -3 & -3 \\ 7 & 8 & 9 \\ -10 & -11 & -12 \end{pmatrix}$,

$A - (3B)^T = \begin{pmatrix} -2 & 5 & -3 \\ 7 & -1 & 15 \end{pmatrix}$,

$B^T A^T = \begin{pmatrix} 5 & 11 \\ -6 & -12 \end{pmatrix}$.

3. $C = 0.4A + 0.6B$

$= \begin{pmatrix} 88.8 & 91.2 & 93 \\ 73.8 & 79.6 & 76.8 \\ 71.6 & 85.2 & 76.6 \\ 75.4 & 82.6 & 80.4 \end{pmatrix}$.

4. (1)×；(2)×；(3)×；(4)√.

5. (1) $\begin{pmatrix} 1 & 2 & 0 & -0.2 \\ 0 & 0 & 1 & 0.3 \\ 0 & 0 & 0 & 0 \end{pmatrix}$；

(2) $\begin{pmatrix} 1 & 0 & 0.5 & 1 \\ 0 & 1 & 1 & 1 \\ 0 & 0 & 0 & 0 \end{pmatrix}$.

6. (1) $A^{-1} = \begin{pmatrix} -\dfrac{5}{2} & 1 & -\dfrac{1}{2} \\ 5 & -1 & 1 \\ \dfrac{7}{2} & -1 & \dfrac{1}{2} \end{pmatrix}$；

(2) $A^{-1} = \begin{pmatrix} -2 & 1 & 0 \\ -\dfrac{3}{2} & \dfrac{1}{2} & -\dfrac{1}{2} \\ -6 & 2 & -1 \end{pmatrix}$.

7. (1)2；(2)3.

8. (1) $A = \begin{pmatrix} 8 & 3 \\ -3 & -1 \end{pmatrix}$；(2) $x = \begin{pmatrix} 2 \\ 0 \\ 3 \end{pmatrix}$.

习题 7-3

1. (1)无解；(2) $\begin{pmatrix} x_1 \\ x_2 \\ x_3 \end{pmatrix} = \begin{pmatrix} 1 \\ 2 \\ 3 \end{pmatrix}$；

(3) $\begin{pmatrix} x_1 \\ x_2 \\ x_3 \\ x_4 \end{pmatrix} = \begin{pmatrix} k_1 + k_2 \\ 4 + k_1 - k_2 \\ k_1 \\ k_2 \end{pmatrix}$;

(4) $\begin{pmatrix} x_1 \\ x_2 \\ x_3 \\ x_4 \end{pmatrix} = \begin{pmatrix} 1 - k_1 + k_2 \\ k_1 \\ 1 - 2k_2 \\ k_2 \end{pmatrix}$.

2. 当 $a \neq -3$ 时，无解；当 $a = -3$ 时，

有无穷解，$\begin{pmatrix} x_1 \\ x_2 \\ x_3 \\ x_4 \end{pmatrix} = \begin{pmatrix} -8 \\ 3+k \\ 6+2k \\ k \end{pmatrix}$，其中 x_4 是自由

变量.

3. $\lambda = 1$ 或 $\mu = 0$.

单元测试 7
一、填空题
1. -1 或 3；2. 0 和 12；3. 8 和 2；

4. $\begin{pmatrix} -1 & 8 \\ -3 & 18 \end{pmatrix}$ 和 $\begin{pmatrix} 5 & 6 \\ 9 & 12 \end{pmatrix}$；

5. $(-5) \times (-1) \times \begin{vmatrix} -3 & 4 \\ 2 & 7 \end{vmatrix} + 1 \times \begin{vmatrix} 2 & 4 \\ -3 & 7 \end{vmatrix}$

$+ 6 \times (-1) \begin{vmatrix} 2 & -3 \\ -3 & 2 \end{vmatrix}$；

6. 2.

二、单项选择题
1. C；2. A；3. B；4. B；5. D.

三、计算题
1. -7；

2. $A^{-1} = \begin{pmatrix} 5 & 9 & -1 \\ -2 & -3 & 0 \\ 0 & 2 & -1 \end{pmatrix}$；3. $R(A) = 3$；

4. $\begin{pmatrix} x_1 \\ x_2 \\ x_3 \\ x_4 \end{pmatrix} = \begin{pmatrix} 3 - 2k_1 + k_2 \\ k_1 \\ 1 \\ k_2 \end{pmatrix}$.